U0891651

高等学校土木工程专业规划教材

工 程 制 图

龚 伟 主 编
陈素维 副主编

人民交通出版社股份有限公司
China Communications Press Co.,Ltd.

内 容 提 要

本书是根据现行有关国家制图标准，在总结多年来工程制图教学经验的基础上编写而成的。

全书内容包括：制图和投影的基本知识，点、直线、平面的投影，基本体的投影，立体表面的交线，轴测投影，组合体的投影，建筑形体的表达方法，建筑施工图，结构施工图，正投影中的阴影和透视投影。每章之末有复习思考题。与本书配套的《工程制图习题集》同时出版，供学习使用。

本书可作为高等学校本、专科土木（建筑）、工程管理、造价等专业及其它相关专业的教材，也可供其他类型学校与职工大学、函授大学、电视大学等有关专业使用。

图书在版编目（CIP）数据

工程制图 / 龚伟主编. —北京 ：人民交通出版社股份有限公司，2015.8

ISBN 978-7-114-12432-7

Ⅰ.①工… Ⅱ.①龚… Ⅲ.①工程制图—高等学校—教材 Ⅳ.①TB23

中国版本图书馆 CIP 数据核字（2015）第 183610 号

高等学校土木工程专业规划教材

书　　名：工程制图
著 作 者：龚　伟
责任编辑：郑蕉林　李　瑞
出版发行：人民交通出版社股份有限公司
地　　址：（100011）北京市朝阳区安定门外外馆斜街 3 号
网　　址：http://www.ccpress.com.cn
销售电话：（010）59757973
总 经 销：人民交通出版社股份有限公司发行部
经　　销：各地新华书店
印　　刷：北京武英文博科技有限公司
开　　本：787 x 1092　1/16
印　　张：17.25
字　　数：385 千
版　　次：2015 年 8 月　第 1 版
印　　次：2021 年 7 月　第 4 次印刷
书　　号：ISBN 978-7-114-12432-7
定　　价：38.00 元

前　言

本书是根据现行有关国家标准，在总结编者多年教学经验的基础之上，参考各方面的建议编写而成的。

本教材主要有以下特点：

1. 减少画法几何的内容，加强工程形体投影的介绍，理论联系实际，突出实用性、适用性，重点培养学生的识图能力和空间想象能力。

2. 内容精炼，深入浅出，图文并茂，通俗易懂，符合学习者的认知规律，便于教学与自学。

3. 每章后均附有复习思考题，可作为学生自我检测的一种手段，以利及时巩固每章所学的知识。

本教材由龚伟担任主编，陈素维担任副主编。参加编写工作的有：李娟（第一章）、龚伟（第二章、第三章、第四章、第六章、第七章、第八章、第十一章）、魏蔚（第五章）、陈素维（第九章、第十章）、张彬（第十二章）。

本书可作为高等学校本、专科土木（建筑）、工程管理、造价等专业及其他相关专业的教材，也可供其他类型学校与职工大学、函授大学、电视大学等有关专业使用。

在本书的编写过程中得到了许多教师的帮助和支持，长安大学和人民交通出版社给予了大力协助，在此一并表示谢意。限于我们的业务水平和教学经验，不妥之处恳切使用本教材的教师和读者批评指正。

编　者

2015 年 5 月

目　　录

第一章 制图的基本知识

基本要求：

1. 了解"国标"对绘制工程图的基本要求及规定。
2. 正确掌握绘图仪器和工具的使用方法。
3. 掌握常用的几何作图方法及平面图形画法。
4. 掌握徒手作图的基本方法。

在绘制和阅读工程图样之前，需要熟悉制图基本知识和国家制图标准的有关规定，能正确使用绘图工具，掌握绘图的方法和技巧；同时需要学习和掌握常用的几何作图方法及平面图形画法、徒手作图的技巧。

第一节 建筑制图国家标准的有关规定

为了统一建筑制图规则，保证制图质量，提高制图效率，便于工程建设及技术交流，国家有关部门制定出建筑制图国家标准。凡是从事建筑工程专业的技术人员，都应该熟悉"国标"的有关知识及要求，并严格遵守执行。本章将主要介绍《建筑制图标准》(GB/T 50104—2010)和《房屋建筑制图统一标准》(GB/T 50001—2010)的有关内容。

我国国家标准(简称国标)的代号是GB，例如在GB/T 50001—2010中，GB表示国标(国标的汉语拼音缩写)，T表示推荐使用，50001表示该标准的编号，2010表示颁布年号。

一、图纸幅面规格

(一)图纸幅面

图纸幅面是指图纸本身的大小规格。为了合理使用图纸并便于图纸管理和装订，"制图标准"对绘制建筑工程图的图纸幅面做出了规定。图纸幅面及图框尺寸应符合表1-1的规定，其格式和代号如图1-1所示。

图纸幅面和图框尺寸(单位：mm) 表1-1

尺寸代号 \ 幅面代号	A0	A1	A2	A3	A4
$b \times L$	841×1189	594×841	420×594	297×420	210×297
c	10			5	
a	25				

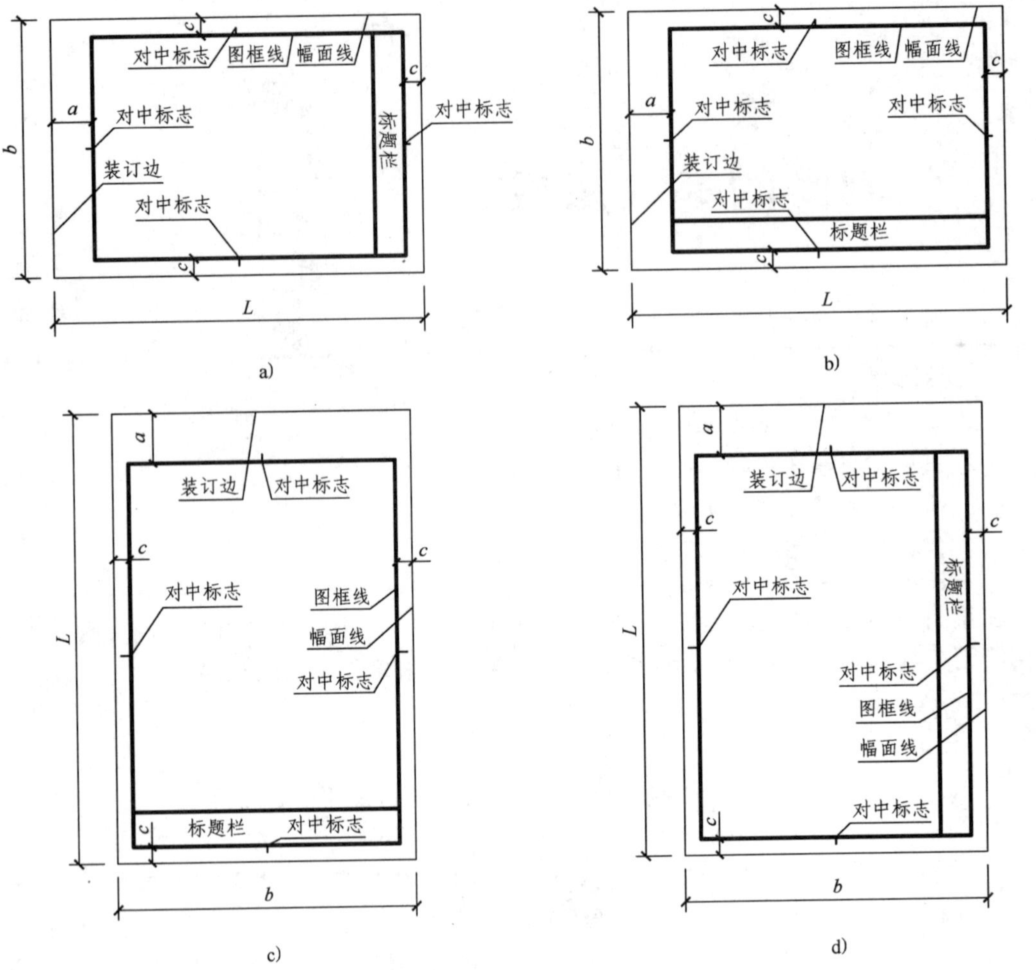

图 1-1　图纸幅面

a) AO ~ A3 横式幅面(一);b) AO ~ A3 横式幅面(二);c) AO ~ A4 立式幅面(一);d) AO ~ A4 立式幅面(二)

必要时,图纸幅面可按表 1-2 加长长边。

图纸长边加长尺寸(单位:mm)　　表 1-2

幅面代号	长边尺寸	长边加长后尺寸
A0	1189	1486(*A*0 +1/4*L*)　1635(*A*0 +3/8*L*)　1783(*A*0 +1/2*L*)　1932(*A*0 +5/8*L*)　2080(*A*0 +3/4*L*)　2230(*A*0 +7/8*L*)　2378(*A*0 +*L*)
A1	841	1051(*A*1 +1/4*L*)　1261(*A*1 +1/2*L*)　1471(*A*1 +3/4*L*)　1682(*A*1 +*L*)　1892(*A*1 +5/4*L*)　2102(*A*1 +3/2*L*)
A2	594	743(*A*2 +1/4*L*)　891(*A*2 +1/2*L*)　1041(*A*2 +3/4*L*)　1189(*A*2 +*L*)　1338(*A*2 +5/4*L*)　1486(*A*2 +3/2*L*)　1635(*A*2 +7/4*L*)　1783(*A*2 +2*L*)　1932(*A*2 +9/4*L*)　2080(*A*2 +5/2*L*)
A3	420	630(*A*3 +1/2*L*)　841(*A*3 +*L*)　1051(*A*3 +3/2*L*)　1261(*A*3 +2*L*)　1471(*A*3 +5/2*L*)　1682(*A*3 +3*L*)　1892(*A*3 +7/2*L*)

注:有特殊要求的图纸,可采用 $b \times L$ 为 841mm × 891mm 与 1189mm × 1261mm 的幅面。

图纸分为横式和立式两种形式。图纸以短边作为垂直边称为横式,以短边作为水平边称为立式。一般 A0 ~ A3 图纸宜横式使用;必要时,也可立式使用。一个工程设计中,每个专业所使用的图纸,一般不宜多于两种幅面,不含目录及表格所采用的 A4 幅面。

在图纸上必须用粗实线画出图框。图框是图纸上限定绘图区域的线框。图框线与图幅线之间的间隔 a 和 c 应符合表 1-1 的规定。

（二）标题栏

在每张正式的工程图纸上都有工程名称、图名、图纸编号、设计单位、设计人、绘图人、校核人等签字的栏目，把它们集中列成表格形式，就是图纸的标题栏，简称图标。标题栏应符合图 1-2的规定，根据工程的需要确定其尺寸、格式及分区。签字区应包括实名列和签名列。涉外工程的标题栏内，各项内容的中文下方应附有译文，设计单位的上方或左方，应加“中华人民共和国”字样；在计算机制图文件中，当使用电子签名与认证时，应符合国家有关电子签名法的有关规定。

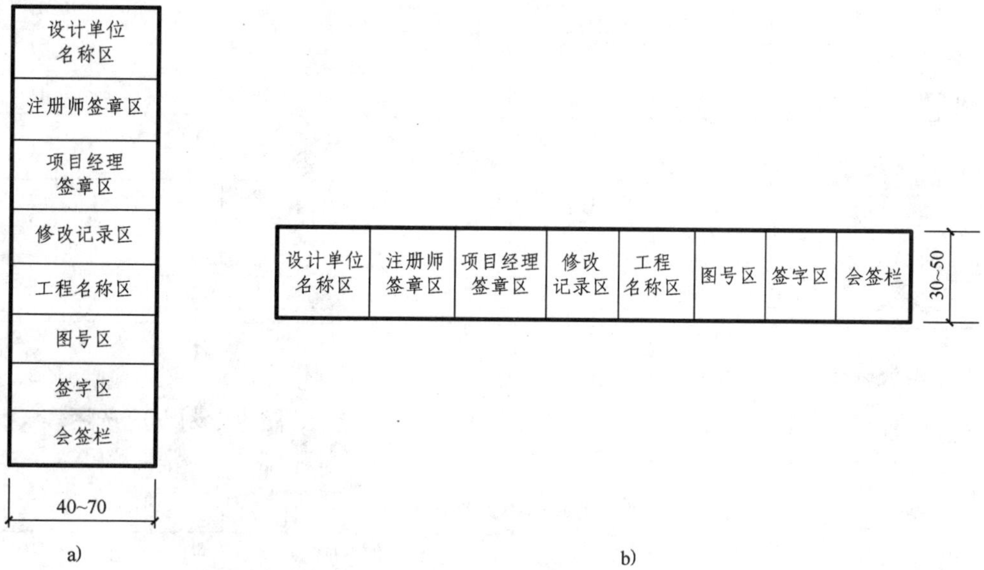

图 1-2　标题栏

a）标题栏（一）；b）标题栏（二）

本课程的作业和练习都不是生产用的图纸，学习阶段建议采用图 1-3 所示的标题栏，其中图名用 10 号字、校名用 10 号或 7 号字、其余汉字除签名外均用 5 号字书写。

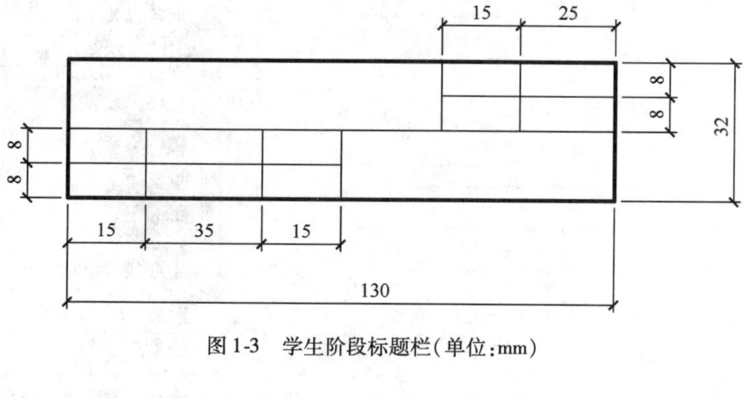

图 1-3　学生阶段标题栏（单位：mm）

二、图线

图线对工程图是很重要的，它不仅确定了图形的范围，而且还表示一定的含义。因此需要有统一规定。

(一)图线的宽度

国标规定图线的宽度有粗线、中粗线、中线和细线之分。

每个图样,应根据复杂程度与比例大小,先确定基本线宽 b。b 值宜从下列线宽系列中选取:1.4mm、1.0mm、0.7mm、0.5 mm、0.35mm、0.25mm、0.18mm、0.13mm,图线宽度不应小于0.1mm,并选用表 1-3 中相应的线宽组。图纸的图框和标题栏,可采用表 1-4 的线宽。

同一张图纸内,相同比例的各图样,应选用相同的线宽组。

线　宽　组(单位:mm)　　表 1-3

线宽比	线宽组			
b	1.4	1.0	0.7	0.5
$0.7b$	1.0	0.7	0.5	0.35
$0.5b$	0.7	0.5	0.35	0.25
$0.25b$	0.35	0.25	0.18	0.13

图线宽和标题栏线的宽度　　表 1-4

幅面宽度	图框线	标题栏外框线	标题栏分格线
A0、A1	b	$0.5b$	$0.25b$
A2、A3、A4	b	$0.7b$	$0.35b$

(二)图线线型

《房屋建筑制图统一标准》(GB/T 50001—2010)中规定,工程建设制图应选用表 1-5 所示的图线。

图线的种类及其用途　　表 1-5

名称		线型	线宽	一般用途
实线	粗		b	主要可见轮廓线
	中粗		$0.7b$	可见轮廓线
	中		$0.5b$	可见轮廓线、变更云线
	细		0.25b	图例填充线、家具线
虚线	粗		b	见各有关专业制图标准
	中粗		$0.7b$	不可见轮廓线、拟建扩建轮廓线
	中		$0.5b$	不可见轮廓线
	细		$0.25b$	图例填充线、家具线
单点长画线	粗		b	见各有关专业制图标准
	中		$0.5b$	见各有关专业制图标准
	细		$0.25b$	中心线、对称线、轴线等
双点长画线	粗		b	见各有关专业制图标准
	中		$0.5b$	见各有关专业制图标准
	细		0.25b	假想轮廓线、成型前原始轮廓线
折断线			$0.25b$	断开界线
波浪线			$0.25b$	断开界线

(三)图线的画法

(1)相互平行的图线,其净间隙或线中间隙不宜小于0.2mm,如图1-4a)所示。

(2)虚线、单点长画线或双点长画线的线段长度和间隔,宜各自相等,建议画法如图1-4b)所示。

(3)单点长画线或双点长画线的两端,不应是点,如图1-4c)所示。点画线与点画线交接或点画线与其他图线交接时,应是线段交接。

(4)单点长画线或双点长画线,当在较小图形中绘制有困难时,可用细实线代替,如图1-4d)所示。

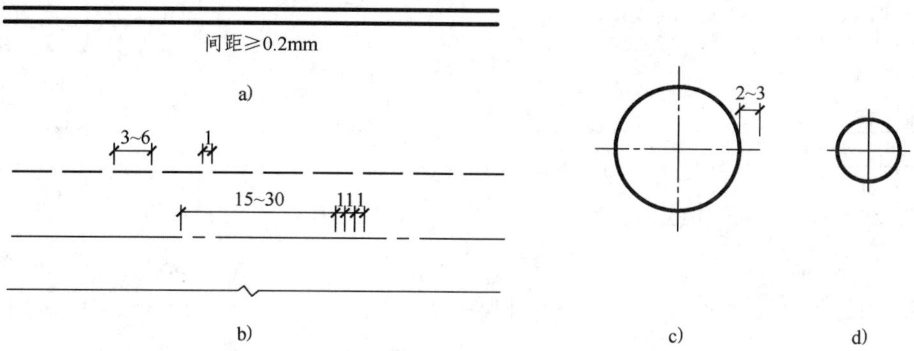

图1-4　图线的画法和交接(单位:mm)

a)互相平行的图线;b)建议画法;c)半径较大;d)半径较小

(5)虚线与虚线交接或虚线与其他图线交接时,应是线段交接。虚线为实线的延长线时,不得与实线连接,如图1-5所示。

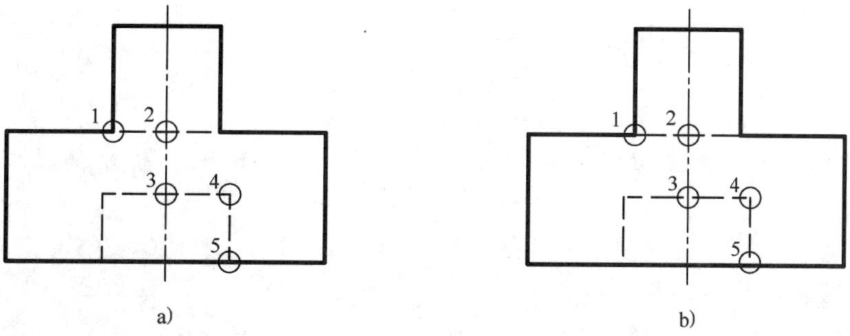

图1-5　图线的交接

a)正确交接;b)错误交接

(6)图线不得与文字、数字或符号重叠、混淆;不可避免时,应首先保证文字等的清晰。

三、字体

图纸上所需书写的文字、数字或符号等,均应笔画清晰、字体端正、排列整齐;标点符号应清楚正确。

(一)汉字

图样中的汉字,应采用国家公布的简化汉字,并用长仿宋字体或黑体书写。同一图纸字体种类不应超过两种。字高与字宽的比例大约为1:0.7,应符合表1-6的规定。汉字的字高代表字体的号数。国标规定字体高度的公称尺寸系列为1.8mm、2.5mm、3.5mm、5mm、7mm、

10mm、14mm、20mm(如需书写更大的字,其高度应按 $\sqrt{2}$ 的比值递增)。字高大于 10mm 的文字宜采用 True type 字体。

长仿宋字体高宽关系(单位:mm)　　表 1-6

字高	20	14	10	7	5	3.5
字宽	14	10	7	5	3.5	2.5

书写长仿宋体字的要领是:横平竖直,起落有锋,结构均匀,填满方格。长仿宋字字体样式如图 1-6 所示。

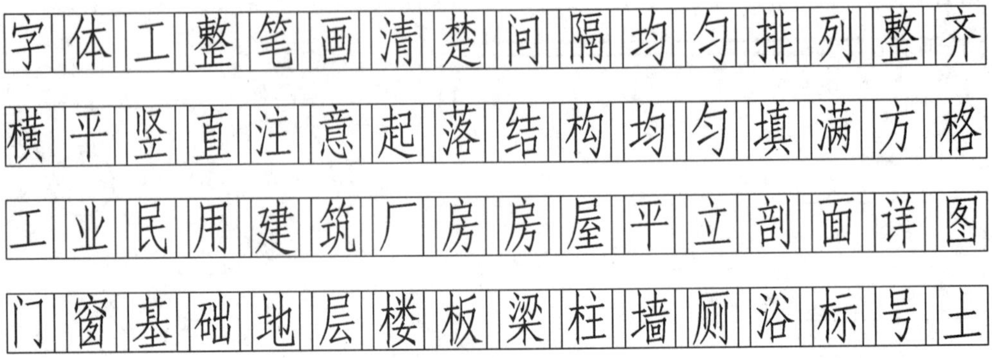

图 1-6　长仿宋字体示例

(二)字母和数字

工程图中的字母和数字宜采用单线简体或 Roman 字体书写,笔画粗细应一致,不显笔锋。字母和数字可写成斜体和直体。斜体字字头向右倾斜,与水平基准线成 75°角,如图 1-7 所示。

字母和数字的字高不应小于 2.5mm。

四、比例

图样的比例为图形与实物相对应的线性尺寸之比。比例的大小是指其比值的大小,如 1:50 大于1:100。

比例的符号为":",比例应以阿拉伯数字表示,如 1:1、1:2、1:100 等。

比例宜注写在图名的右侧,比例的字高宜比图名的字高小一号或二号,如:平面图 1:100。

绘图所用的比例,应根据图样的用途与被绘对象的复杂程度从表 1-7 中选用,并优先选用表中常用比例。

绘图所用的比例　　表 1-7

常用比例	1:1、1:2、1:5、1:10、1:20、1:50、1:100、1:150、1:200、1:500、1:1000、1:2000、1:5000、1:10000、1:20000、1:50000、1:100000、1:200000
可用比例	1:3、1:4、1:6、1:15、1:25、1:30、1:40、1:60、1:80、1:250、1:300、1:400、1:600

一般情况下,一个图样应选用一种比例。根据专业制图需要,同一图样可选用两种比例。

五、尺寸标注

建筑工程图是施工的依据,图样上的尺寸是图纸的重要组成部分,标注尺寸必须准确、详尽和清晰。

图 1-7　字母、数字示例

a)大写拉丁字母(直体);b)小写拉丁字母(直体);c)大写拉丁字母(斜体);d)小写拉丁字母(斜体);e)阿拉伯数字(斜体);f)阿拉伯数字(直体);g)罗马数字(斜体);h)希腊字母(直体)

图样上的尺寸包括尺寸界线、尺寸线、尺寸起止符号和尺寸数字,如图 1-8 所示。

(一)尺寸界线、尺寸线及尺寸起止符号

尺寸界线应用细实线绘制,一般应与被注长度垂直,其一端应离开图样轮廓线不小于 2mm,另一端宜超出尺寸线 2 ~ 3mm。图样轮廓线可用作尺寸界线,如图 1-9 所示。

尺寸线应用细实线绘制,且应与被注长度平行。图样本身的任何图线均不得用作尺寸线。

尺寸起止符号一般用中粗斜短线绘制,其倾斜方向应与尺

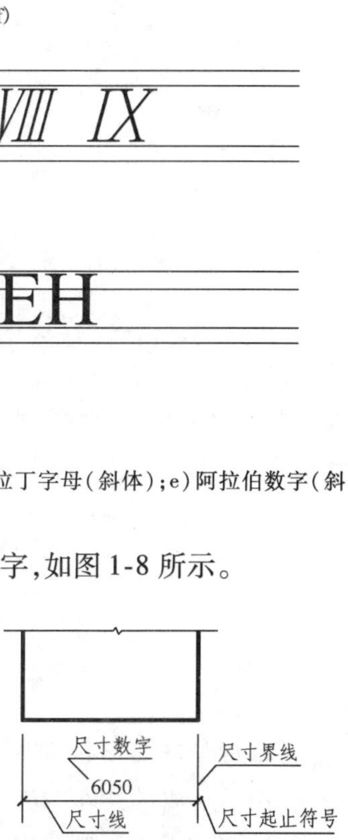

图 1-8　尺寸的组成

寸界线成顺时针 45°,长度宜为 2 ~ 3mm。半径、直径、角度与弧长的尺寸起止符号,宜用箭头表示,尺寸箭头的画法如图 1-10 所示。

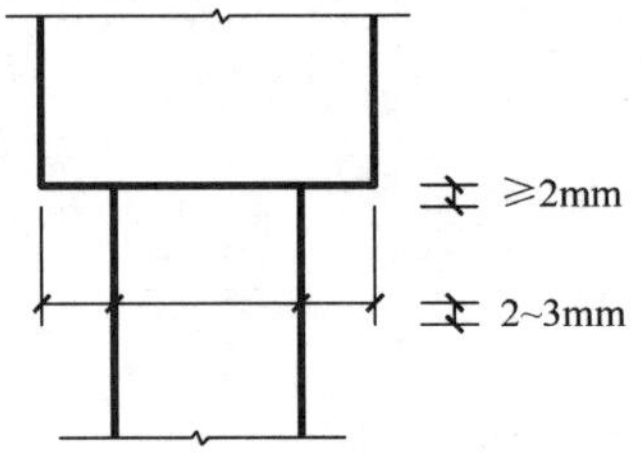

图 1-9　尺寸界线

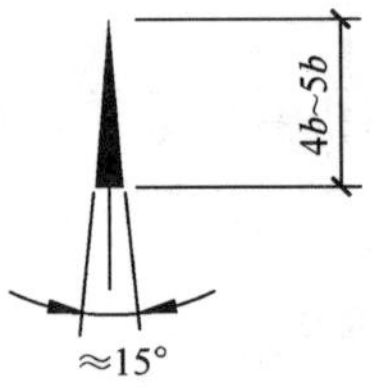

图 1-10　箭头的表示方法

(二)尺寸数字

图样上的尺寸,应以尺寸数字为准,不得从图样上直接量取。

图样上的尺寸单位,除标高(公路行业习惯称“高程”)及总平面图是以米(m)为单位外,其他必须以毫米(mm)为单位。

尺寸数字的方向,应按图 1-11a)的规定注写。若尺寸数字在 30°斜线区内,宜按图 1-11b)的形式注写。

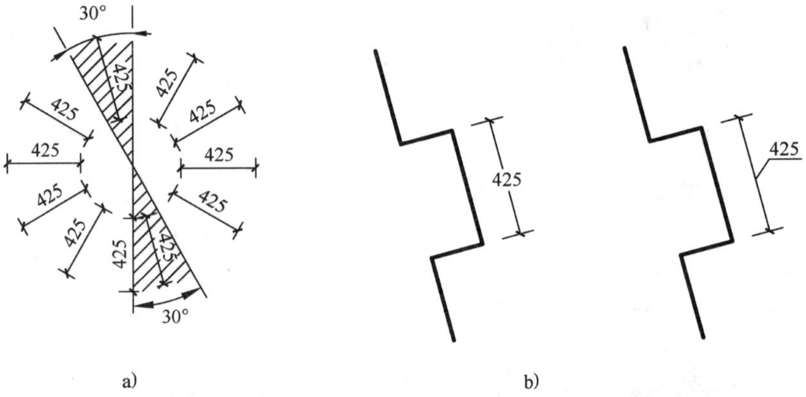

图 1-11　尺寸数字的注写方向

尺寸数字一般应依据其方向注写在靠近尺寸线的上方中部。如没有足够的注写位置时,最外边的尺寸数字可注写在尺寸界线的外侧,中间相邻的尺寸数字可上下错开注写,引出线端部用圆点表示标注尺寸的位置,如图 1-12 所示。

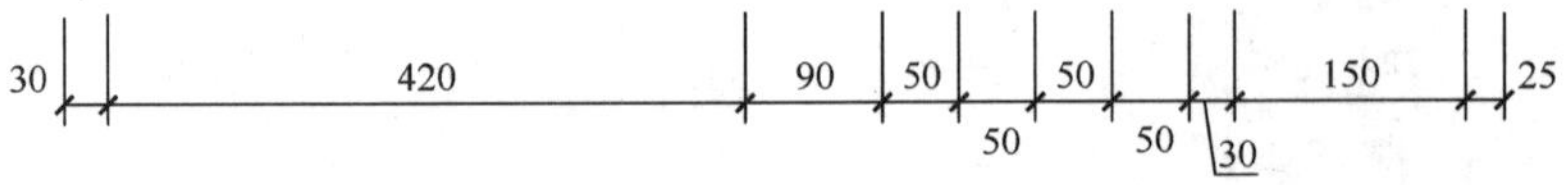

图 1-12　尺寸数字的注写位置

(三)尺寸的排列与布置

(1)尺寸宜标注在图样轮廓以外,不宜与图线、文字及符号等相交,如图 1-13 所示。

(2)互相平行的尺寸线,应从被注写的图样轮廓线由近向远整齐排列,较小尺寸应离轮廓线较近,较大尺寸应离轮廓线较远,如图 1-14 所示。

(3)图样轮廓线以外的尺寸界线，距图样最外轮廓之间的距离，不宜小于10mm。平行排列的尺寸线的间距，宜为7～10mm，并应保持一致。总尺寸的尺寸界线应靠近所指部位，中间的分尺寸的尺寸界线可稍短，但其长度应相等，如图1-14所示。

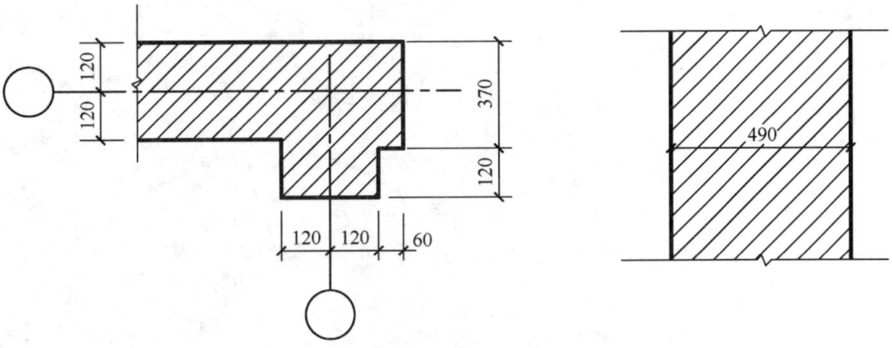

图1-13　尺寸数字的注写

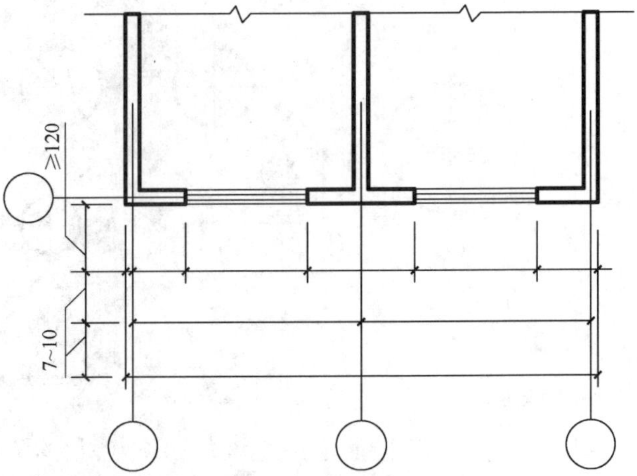

图1-14　尺寸的排列

(四)半径、直径，球径的尺寸标注

半径尺寸线的一端应从圆心开始，另一端画箭头指向圆弧。半径数字前应加注半径符号"*R*"，如图1-15所示。

较小圆弧的半径，可按图1-16形式标注；较大圆弧的半径，可按图1-17形式标注。

标注圆的直径尺寸时，直径数字前应加直径符号"ϕ"。在圆内标注的尺寸线应通过圆心，两端画箭头指至圆弧，如图1-18所示。

较小圆的直径尺寸，可标注在圆外，如图1-19所示。

标注球的半径尺寸时，应在尺寸前加注符号"*SR*"，标注球的直径尺寸时，应在尺寸数字前加注符号"$S\phi$"。注写方法与圆弧半径和圆直径的尺寸标注方法相同。

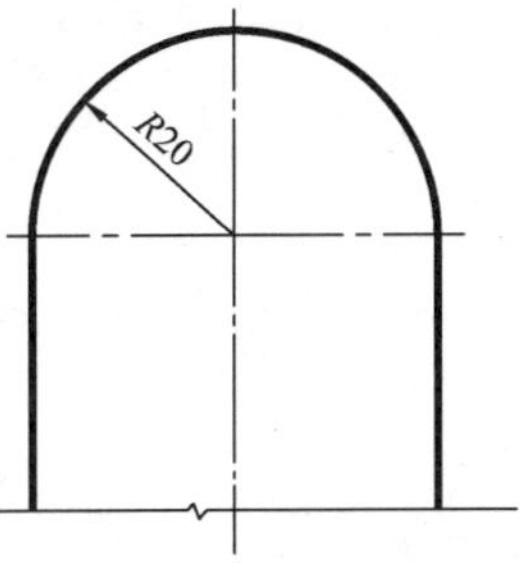

图1-15　半径标注方法

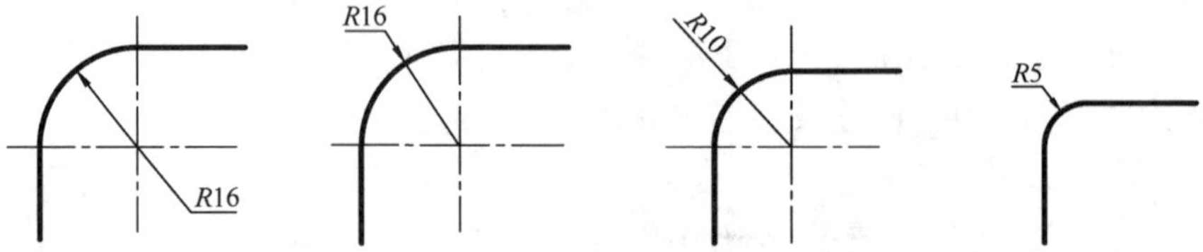

图 1-16　小圆弧半径的标注方法

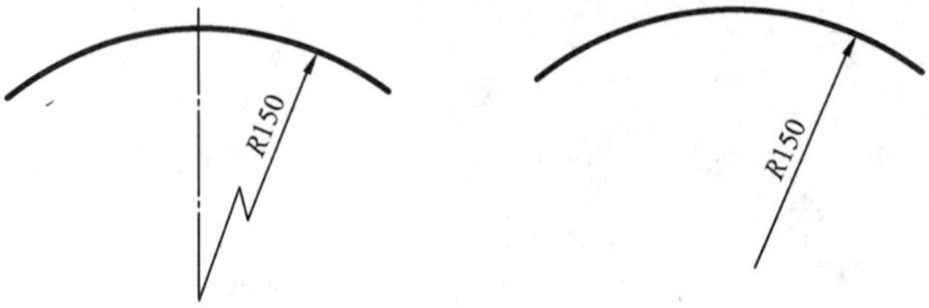

图 1-17　大圆弧半径的标注方法

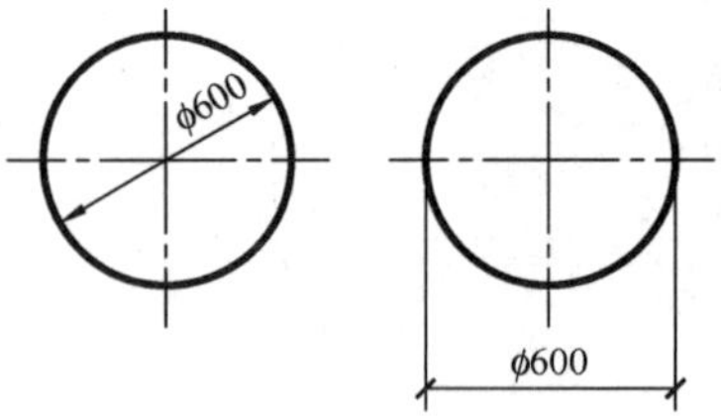

图 1-18　圆直径的标注方法

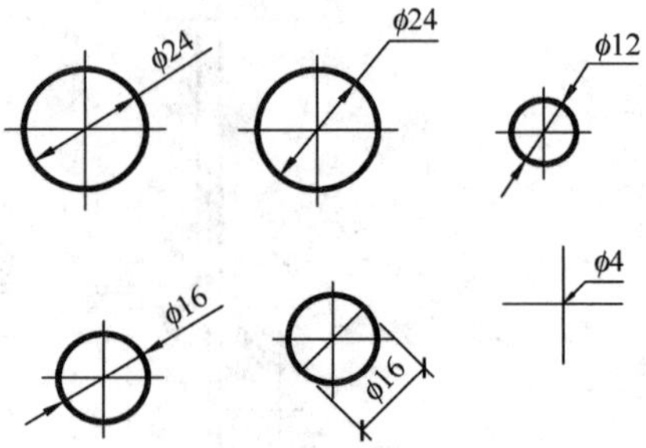

图 1-19　小圆直径的标注方法

(五)角度、弧长、弦长的标注

角度的尺寸线应以圆弧表示,该圆弧的圆心应是该角的顶点,角的两条边为尺寸界线。起止符号应以箭头表示,如没有足够位置画箭头,可用圆点代替,角度数字应按水平方向注写,如图 1-20 所示。

标注圆弧的弧长时,尺寸线应与该圆弧同心的圆弧线表示,尺寸界线应垂直于该圆弧的弦,起止符号用箭头表示,弧长数字上方应加注圆弧符号,如图 1-21 所示。

标注圆弧的弦长时,尺寸线应以平行于该弦的直线表示,尺寸界线应垂直于该弦,起止符号用中粗斜短线表示,如图 1-22 所示。

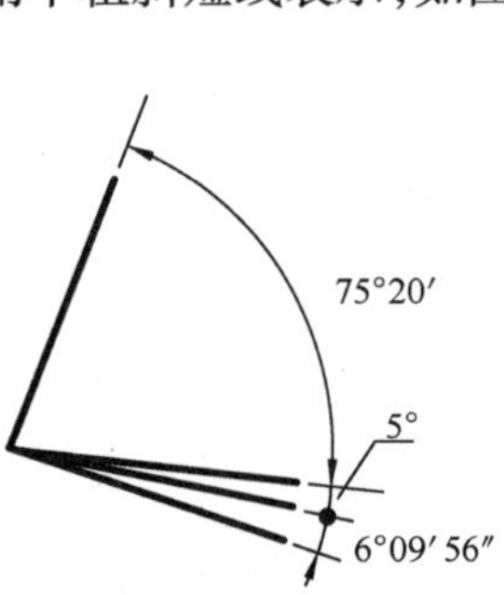

图 1-20　角度标注方法

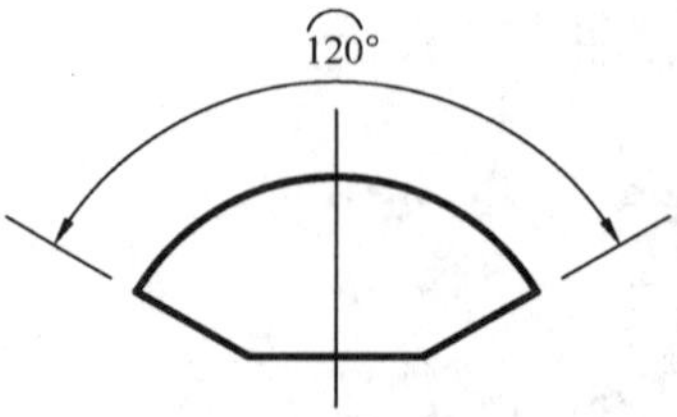

图 1-21　弧长标注方法

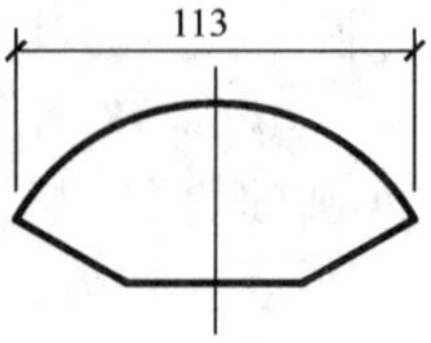

图 1-22　弦长标注方法

第二节　几 何 作 图

几何作图是根据已知条件，按几何原理，利用绘图工具和仪器准确画出图形。以下说明常用的几种几何作图的方法和步骤。

一、作正多边形

（一）作已知圆的内接正五边形

作图：

（1）作已知圆 O［图 1-23a）］；

（2）半径 OF 的等分点为 G，以 G 点为圆心、AG 为半径作圆弧，交直径于 H［图 1-23b）］；

（3）以 AH 为半径，分圆周为五等分。连接各等分点 A、B、C、D、E，即为所求［图 1-23c）］。

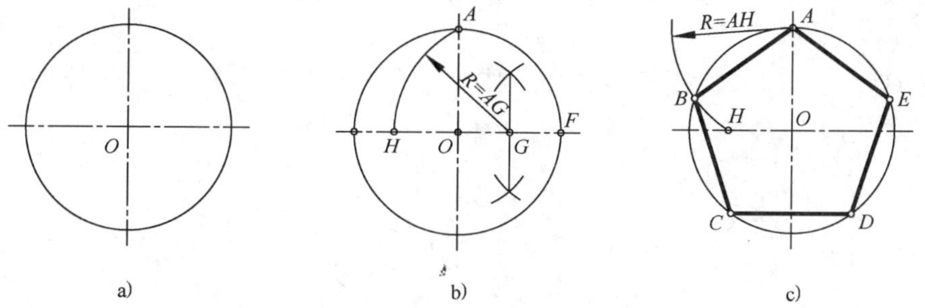

图 1-23　作圆 O 的内接正五边形

（二）作已知圆的内接正六边形

作图：

（1）作已知半径为 R 的圆［图 1-24a）］；

（2）用 R 划分圆周为六等分［图 1-24b）］；

（3）顺序将各等分点连起来，即为所求［图 1-24c）］。

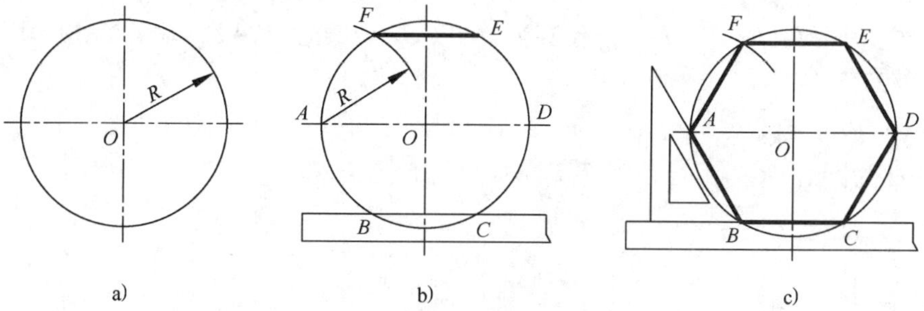

图 1-24　作圆 O 的内接正六边形

二、圆弧连接

（一）作圆弧与已知相交两直线连接［图 1-25a）］

作图：

（1）分别作与 M、N 平行且相距为 R 的两直线，交点 O 即为所求圆弧的圆心［图 1-25b）］；

(2)过点 O 分别作 M 和 N 的垂线，垂足 T_1 和 T_2 即为所求的切点[图 1-25c)]；

(3)以 O 为圆心、R 为半径，作弧 T_1T_2，即为所求[图 1-25c)]。

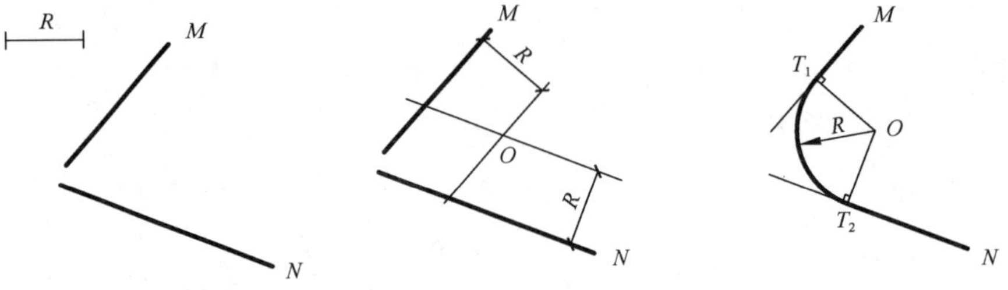

a) b) c)

图 1-25 作半径为 R 的圆弧连接相交的两直线 M 和 N

(二)作圆弧与已知直线和圆弧连接[图 1-26a)]

(1)作直线 M 平行于 L 且相距为 R；又以 O_1 为圆心、$R+R_1$ 为半径作圆弧，交直线 M 于点 O[图 1-26b)]；

(2)连 OO_1 交已知圆弧 O_1 于切点 T_1，作 OT_2 垂直于 L，得另一切点 T_2[图 1-26c)]；

(3)以 O 为圆心、R 为半径作弧 T_1T_2 即为所求[图 1-26c)]。

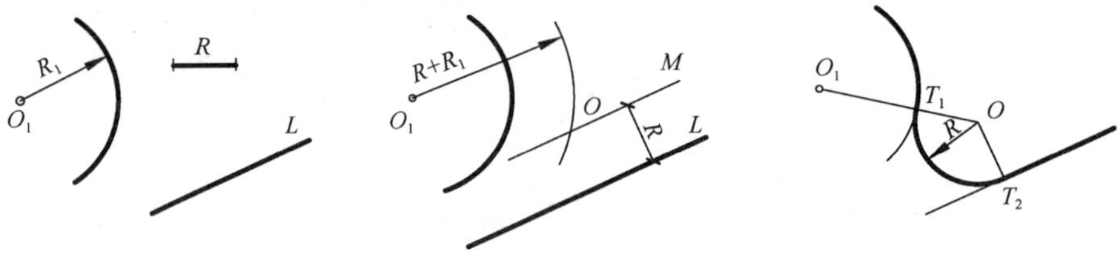

a) b) c)

图 1-26 作半径为 R 的圆弧连接直线 L 和圆弧 O_1

(三)作圆弧与两已知圆弧内切连接[图 1-27a)]

作图：

(1)以 O_1 为圆心、$R-R_1$ 为半径作圆弧，又以 O_2 为圆心、$R-R_2$ 为半径作圆弧，两弧相交于点 O[图 1-27b)]；

(2)延长 OO_1，交圆弧 O_1 于切点 T_1；延长 OO_2，交圆弧 O_2 于切点 T_2[图 1-27c)]；

(3)以 O 为圆心、R 为半径作弧 T_1T_2 即为所求[图 1-27c)]。

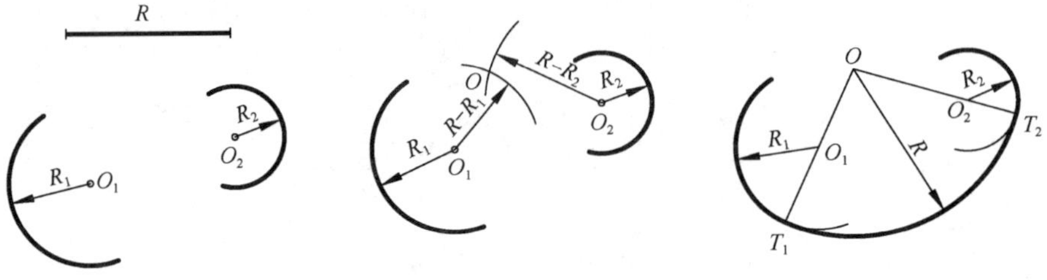

a) b) c)

图 1-27 作半径为 R 的圆弧与圆弧 O_1、O_2 内切连接

(四)作圆弧与两已知圆弧外切连接[图1-28a)]

作图:

(1)以 O_1 为圆心、$R+R_1$ 为半径作圆弧,又以 O_2 为圆心、$R+R_2$ 为半径作圆弧,两圆弧相交于 O [图1-28b)];

(2)连接 O 和 O_1,交圆弧 O_1 于切点 T_1;连 OO_2 交圆弧 O_2 于切点 T_2[图1-28c)];

(3)以 O 为圆心、R 为半径,作圆弧 T_1T_2,即为所求[图1-28c)]。

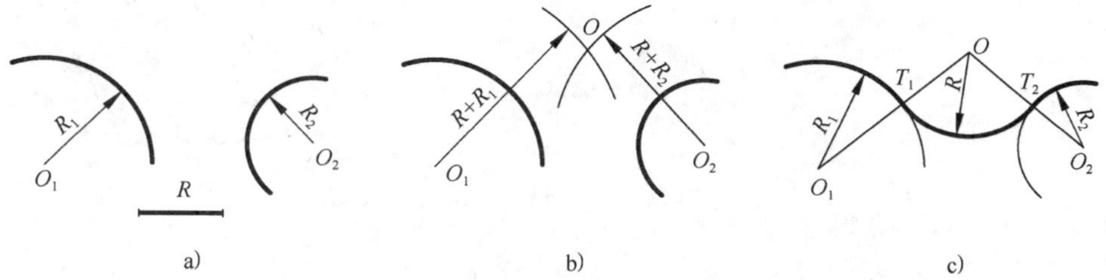

图1-28　作半径为 R 的圆弧与圆弧 O_1、O_2 外切连接

三、椭圆画法

非圆曲线中,椭圆应用较为广泛。国内外虽有多种椭圆规,但至今尚未普及。目前工程中除用计算机绘制外,还使用直尺、曲线板、圆规等仪器作椭圆或作近似椭圆。以下介绍两种画法。

(一)同心圆法

作图:

(1)分别以长轴 AB、短轴 CD 的一半为半径,以 O 为圆心作两个同心辅助圆[图1-29a)];

(2)画出若干条(本例为六条)同心辅助圆的直径,与两圆周分别交得若干点;过直径与大圆的交点作竖直线(//CD),过同一直径与小圆的交点作水平线(//AB),两线相交即得椭圆上的点1、2、……[图1-29b)];

(3)曲线板顺序光滑连接,即成一椭圆[图1-29c)]。

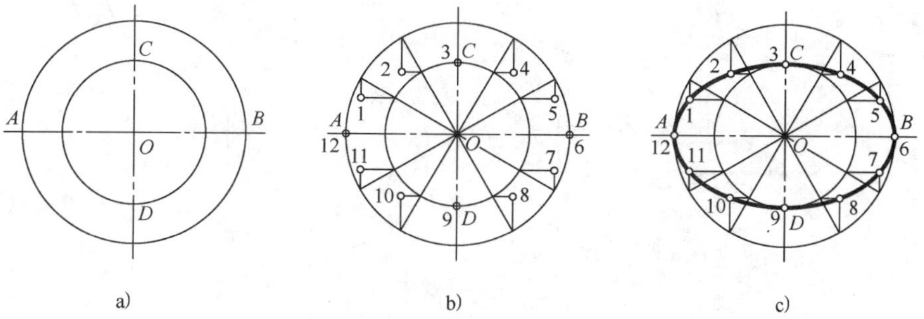

图1-29　同心圆法画椭圆

(二)四心圆法

作图:

(1)连接长短轴的端点,如 AC,并在其上截取 $CF=CE=(AO-CO)$[图1-30a)];

(2)作 AF 的中垂线,交 OA 于 O_1 点,交 OD 于 O_2 点[图 1-30b)];

(3)分别在 OB、OC 上求得 O_1、O_2 的对称点 O_3、O_4[图 1-30b)];

(4)连接 O_1O_4、O_1O_2、O_2O_3、O_3O_4;分别以 O_1、O_3 为圆心,以 $O_1A(=O_3B)$为半径画弧;再分别以 O_2、O_4 为圆心,以 $O_2C(=O_4D)$为半径画弧,四段圆弧在连心线处相接,成为以 T_1、T_2、T_3、T_4 为切点的椭圆[图 1-30c)]。

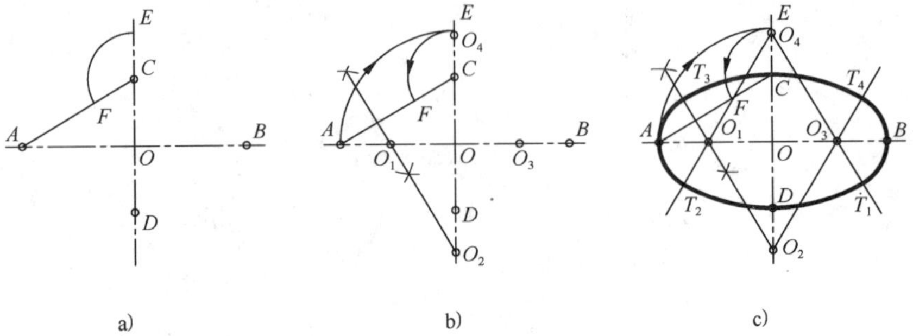

图 1-30　四心圆法画椭圆

第三节　平面图形的画法

一、平面图形的线段分析及尺寸分析

平面图形通常由直线线段、曲线线段或直线线段和曲线线段共同构成,曲线线段以圆弧为最多。画图之前,要对图形各线段进行分析,明确每一线段的形状、大小和相对位置,然后分段画出,连接成一图形。各线段的大小和位置,可根据图中所注尺寸确定。用来确定几何元素的大小的尺寸,称为定形尺寸。用来确定几何元素与基准之间或各元素之间的相对位置的尺寸,称为定位尺寸。有些定形尺寸,同时起定位作用。图 1-31a)是一水坝断面图,图中 8000、1400、3300、R1500、R800 等是定形尺寸,1500 是定位尺寸,R5000 既是定形尺寸又是定位尺寸。一般连接圆弧都可用作图方法确定其圆心,所以不必标出圆心的定位尺寸。

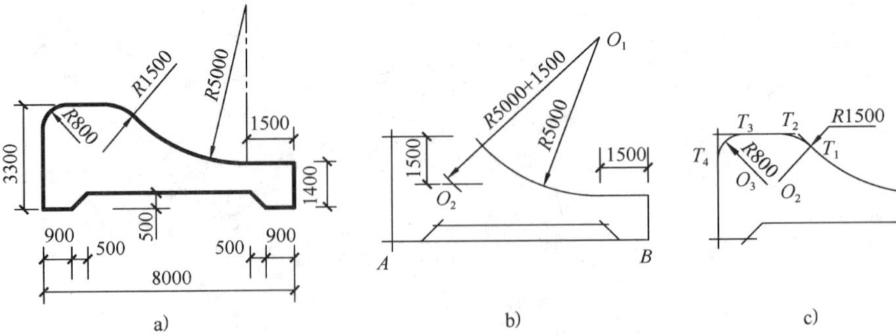

图 1-31　水坝断面画法

二、平面图形的作图步骤

(1)选定比例,布置图面,使图形在图纸上位置适中;

(2)选定基准线(如水坝断面图可以坝底线作为基准),对称图形一般以对称线作为基准;

(3)经过对图形进行线段分析和尺寸分析,明确哪些是已知的,可先画出,哪些要通过几何作图才能画出;

(4)画出所有大小和位置都已确定的直线和圆弧;

(5)用几何作图方法画连接圆弧;

(6)分别标注定形尺寸和定位尺寸。

水坝断面图的作图步骤如图1-31b)、c)所示。首先画出坝底线并作为基准,然后作所有已知大小和位置的直线和圆弧 O_1,并作图求出圆心 O_2。最后用圆弧连接方法,作弧 T_1T_2 和 T_3T_4,即为所求。

第四节 徒 手 作 图

用绘图仪器画出的图,称为仪器图;不用仪器、徒手画出的图,称为草图。草图是技术人员交谈、记录、构思、创作的有力工具。技术人员必须熟练掌握徒手作图的技巧。

草图的"草"字只是指徒手作图而言,并没有允许潦草的含义。草图上的线条也要粗细分明,基本平直,方向正确,长短大致符合比例,线型符合国家标准。画草图的铅笔最好用较软的铅笔,如B或2B,笔杆要长,笔尖要圆,不要太尖锐。握笔的位置要高一些,手指要放松,以使笔杆在手中有较大的活动范围。

一、画直线

画水平线时笔杆要放平些;画竖直线时笔杆要立直些;画斜线时应从上左端开始,也可将纸转动,按水平线画出。

画较长直线的底稿,眼睛不要看笔尖,要盯住终点,用较快的速度画出;加深或加粗底稿时,眼睛则要盯着笔尖,用较慢的速度画。

二、目测尺寸和角度

(一)目测尺寸

图1-32a)表示拟在直线 AM 上定出长度为67的 AB 段的方法:由点 A 向右估出10,以此份为标准,向右逐次点出20、30、…、70,将最后一份(60~70)分为两等份得(65)点,在65~70段的约2/5处点出点 B 即为所求。

图1-32b)表示目测对称于 O_1O_2 轴、长度为50的直线段的方法:从对称点 O 分别向两侧各估出5,再各估出两个10,得 A、B 点。

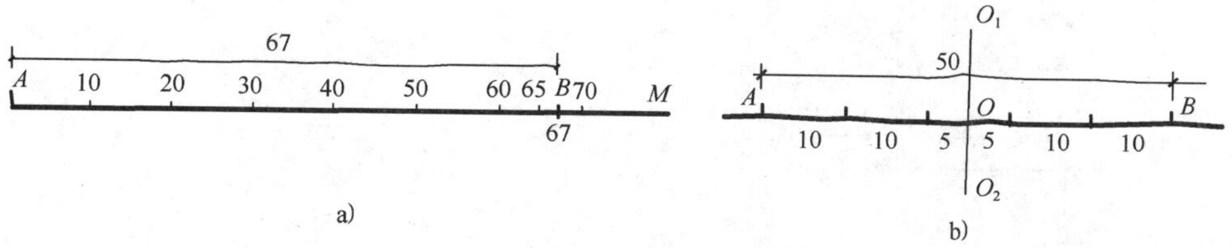

图1-32 目测尺寸

(二)目测角度

图 1-33 所示为一种估画角度的办法:先画出相互垂直的两条直线,以其交点为圆心,以适当长度为半径,勾画出 1/4 圆周。如要画 45°角,可将该 1/4 圆周估计分为两等份[图 1-33a)];如分成三等份,则每份为 30°[图 1-33b)]。

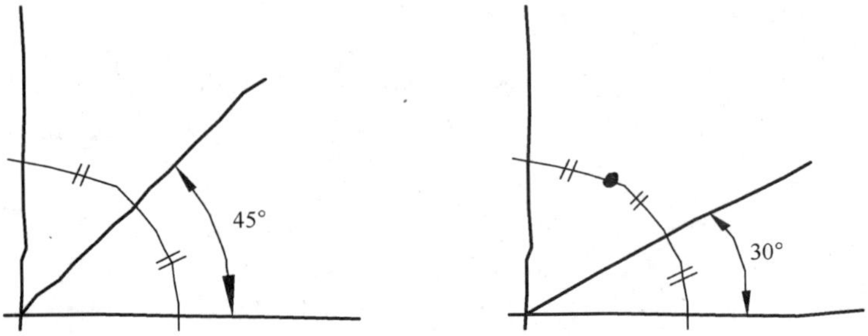

a) b)

图 1-33 目测角度

三、画圆和椭圆

画小圆时,一般只画出垂直相交的中心线,并在其上按半径定出 4 个点,然后勾画成圆[图 1-34a)]。画较大圆,可加画两条 45°斜线,并按半径在其上再定 4 个点,连成一圆[图 1-34b)]。更大的圆,可先画出圆的外切正方形,并将任一条对角线的一半等分三份,在距圆心 2/3 多一点处定出圆周上一点,再相应画出对角线上的其他三点,将八点连成圆[图 1-34c)]。

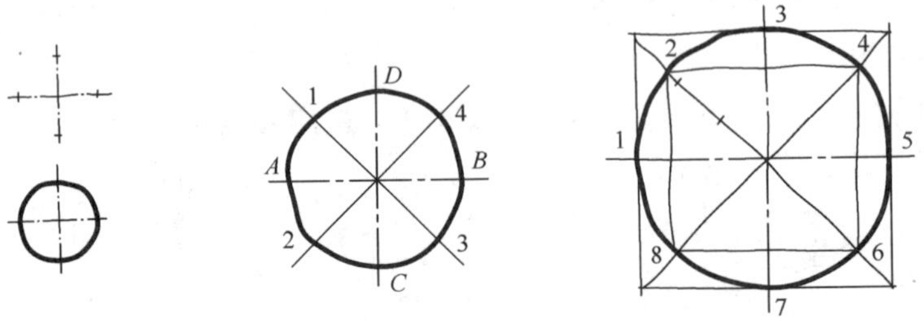

a) b) c)

图 1-34 徒手画圆

椭圆的徒手作图的方法步骤与画圆基本相同,主要区别是应估画出椭圆上的长短轴或共轭直径的端点(图 1-35)。

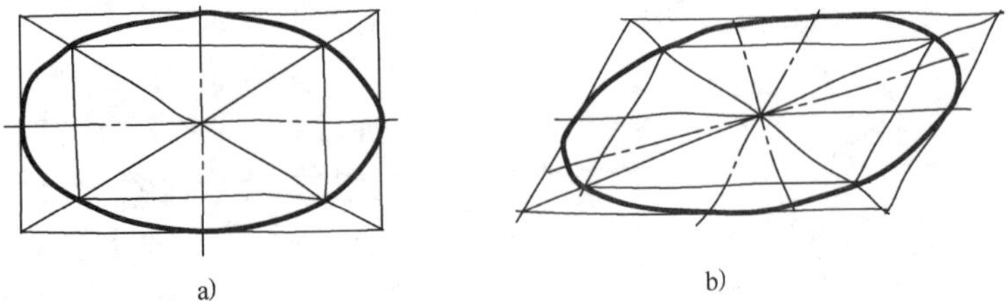

a) b)

图 1-35 徒手画椭圆

复习思考题

1. 什么是国家制图标准？作用有哪些？
2. 国标规定的图纸幅面有几种？长边和短边尺寸大小是多少？
3. 图线的画法和交接应注意什么？
4. 仿宋字的特点和书写规律有哪些？
5. 尺寸由哪几个要素组成？尺寸标注应注意哪些问题？
6. 什么是几何作图？
7. 什么是圆弧连接？圆弧连接的画图步骤是什么？

第二章
投影的基本知识

基本要求：

1. 正确地建立起正投影的概念。
2. 理解和掌握正投影特性。
3. 了解立体三面正投影图的形成过程及投影规律。

在工程制图中，任何图样都是采用投影的方法得到的。本章主要介绍投影的概念、正投影特性以及立体三面正投影的形成和规律。

第一节　投 影 概 念

一、投影的形成

把空间物体用平面图形表示出来，是以投影法为基础的。而投影法是从日常生活中光照物体的呈影现象中进行几何抽象、概括出来的。

例如三角板（$\triangle ABC$）在灯光（点光源 S）的照射下，就会在地面（承受影子的平面 H）上得到影子（$\triangle abc$），这就是一种呈影现象，如图 2-1 所示。

在这里，把光源 S 称为投射中心，光线 SA、SB、SC 称为投射线，承受影子的平面 H 称为投影面，则 $\triangle abc$ 称为 $\triangle ABC$ 在投影面上的投影。

从几何意义上讲，空间一点 A 的投影，实质上是过该点的投射线 SA 与投影面 H 的交点 a；空间一直线段 AB 的投影，实质上是过该线段的投射面（过线段上各点的投射线构成的平面 SAB）与投影面 H 的交线 ab；空间平面 $\triangle ABC$ 的投影，是平面形的各边投影的集合 $\triangle abc$；而空间四面体 $ABCD$ 的投影，则是该立体的各顶点、棱线和棱面投影的集合，如图 2-2 所示。

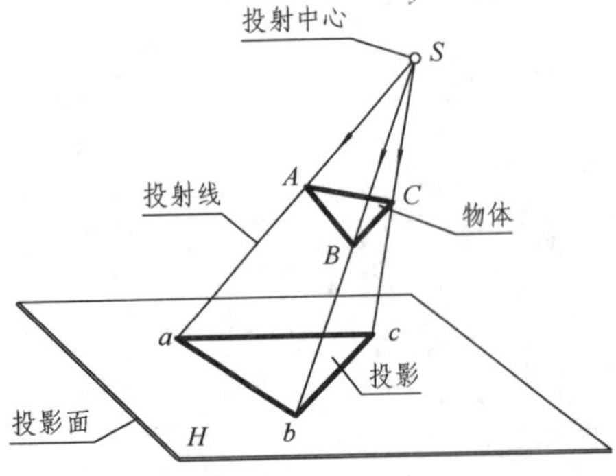

图 2-1　投影的概念

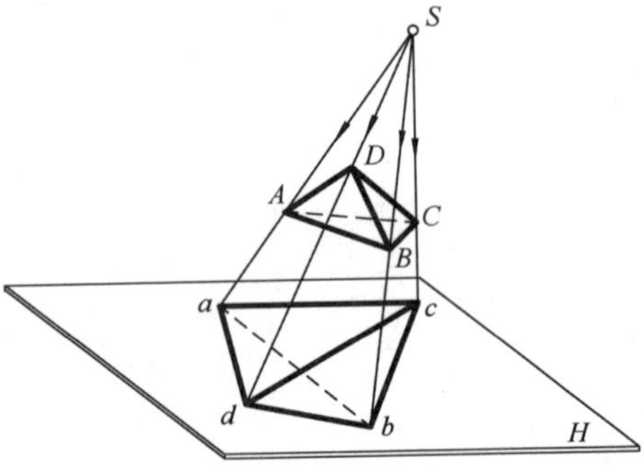

图 2-2　中心投影

在这里，立体的投影并不画成只有外形轮廓的黑影，而是画成能够表达立体形状的平面图形。

二、投影的分类

投影法是研究投射线、物体、投影面三者关系的。随着三者位置的变化，形成各种投影法。投影分为两大类。

（一）中心投影

当投影中心距离投影面为有限远，投射线相交于该点时，所得到物体的投影称为中心投影，如图 2-2 所示。生活中，灯泡发出的光线所产生的投影可看成是中心投影。

中心投影的大小由投影面、空间物体和投射中心三者的相对位置来确定。当投影面和投射中心的距离确定，物体在投影面和投射中心之间移动时，其中心投影大小会发生变化。物体越靠近投射中心，投影越大，反之越小。

（二）平行投影

当投影中心距离投影面无限远，投射线互相平行时，所得到物体的投影称为平行投影，如图 2-3 所示。生活中，太阳光线所产生的投影可看成是平行投影。

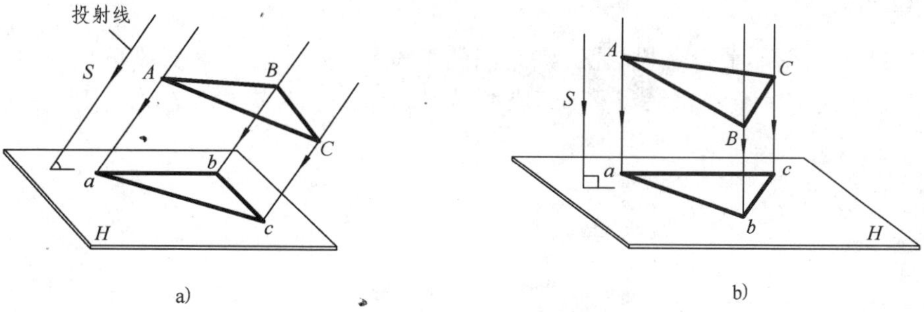

图 2-3　平行投影

a）斜投影；b）正投影

根据光线与投影面的相对关系，平行投影又可分为以下两种：

（1）当投射线与投影面倾斜时，所得到的平行投影称为斜投影，如图 2-3a）所示。

（2）当投射线与投影面垂直时，所得到的平行投影称为正投影，如图 2-3b）所示。

平行投影是由投影面和投射方向确定的。空间物体沿着投射方向移动时，其投影大小不变。

对平行投影来说，只要给出投影面和投射方向，投影条件即可确定，空间物体与投影面距离的远近不会影响其投影的大小。

第二节　正投影特性

在工程制图中绘制图样的主要方法是正投影法，因此，了解正投影的特性对分析和绘制物体的投影图至关重要。

一、同素性

点的正投影仍然是点，直线的正投影一般仍为直线，平面图形的正投影一般仍为平面图

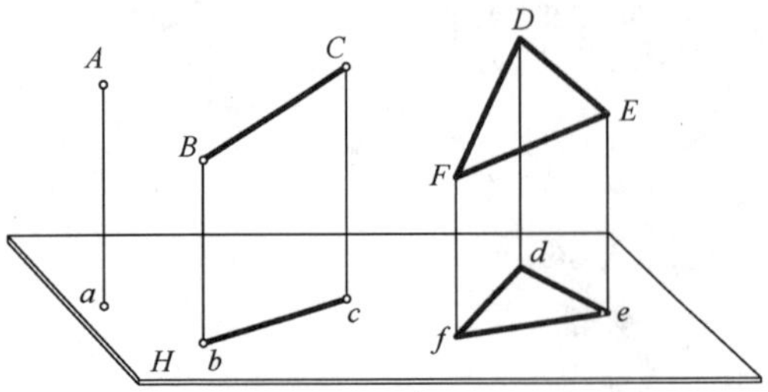

图 2-4　同素性

形,投影的这种性质称为同素性。

如图 2-4 所示,自点 A 向投影面 H 引垂线(投射线),所得垂足 a 即为点 A 的正投影;过直线段 BC 向投影面 H 作投射面,所得交线 bc 即为线段 BC 的正投影;过三角形平面 DEF 向投影面 H 作投射柱,所得交线 def 即为三角形 DEF 的正投影。

二、从属性

若点在直线上,则点的正投影在直线的正投影上,投影的这种性质称为从属性。如图 2-5 所示,若 $K \in BC$,则 $k \in bc$。

三、定比性

若点在直线上,则点分线段所成的比例等于该点的正投影分线段的正投影所成的比例,投影的这种性质称为定比性。如图 2-5 所示,若 $K \in BC$,则 $BK: KC = bk: kc$。

四、真实性

若线段或平面图形平行于投影面,则它们的正投影反映线段实长或平面图形的实形,投影的这种性质称为真实性。如图 2-6 所示,若 $AB /\!/ H$,则 $ab = AB$;若 $\triangle CDE /\!/ H$,则 $\triangle cde \cong \triangle CDE$。

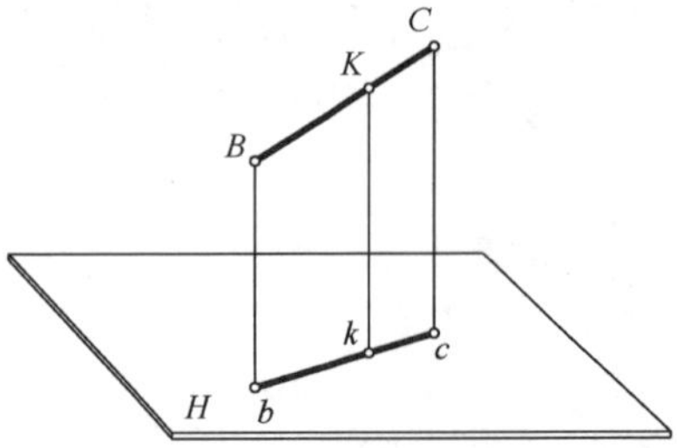

图 2-5　从属性、定比性

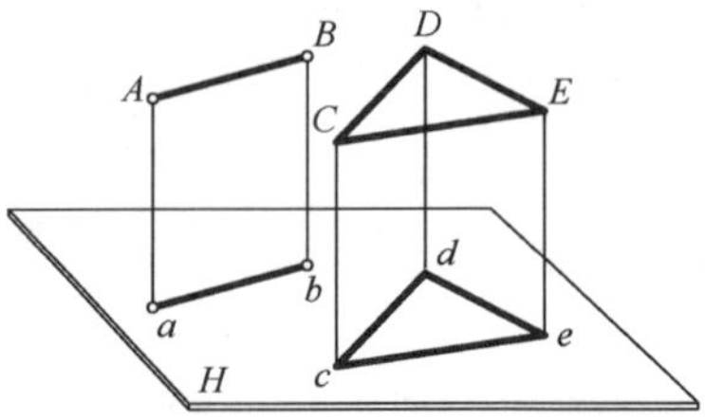

图 2-6　真实性

五、积聚性

若直线或平面垂直于投影面,则直线的正投影为一点,平面的正投影为一直线,这样的投影称为积聚投影。

此时,直线上点的投影必落在直线的积聚投影上,平面上的直线或点的投影必落在平面的积聚投影上。

如图 2-7 所示,若 $AB \perp H$,则 $a(b)$ 为一点,若 $K \in AB$,则 k 与 $a(b)$ 重合。若平面 $Q \perp H$,则 Q 平面 H 投影为一直线 q,若点 L、线段 $MN \in Q$,则其投影 l、$mn \in q$。

六、平行性

若两直线段平行,则它们的正投影也平行,且两线段的长度之比等于其正投影的长度之比,投影的这种性质称为平行性。如图 2-8 所示,若 $AB /\!/ CD$,则 $ab /\!/ cd$,且 $AB: CD = ab: cd$。

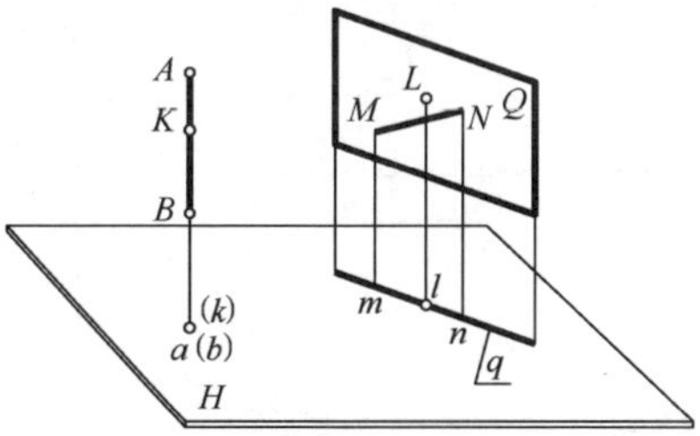

图 2-7　积聚性

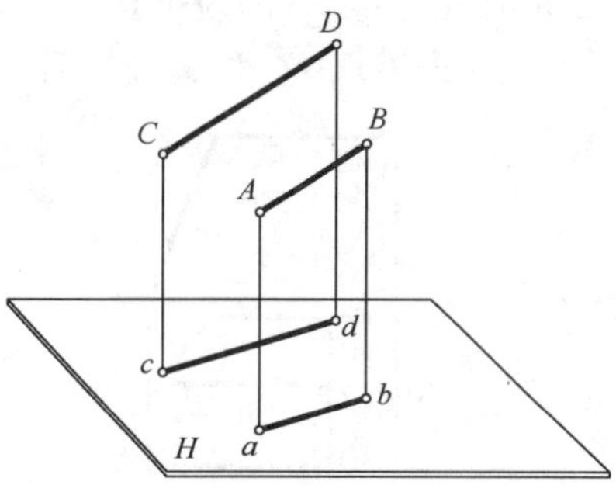

图 2-8　平行性

七、类似性

若平面图形倾斜于投影面，则它的正投影不反映实形，而是原平面图形的类似形，即三角形仍投射成三角形，四边形投射成四边形。投影的这种性质称为类似性。

如图 2-4 中的三角形 *DEF* 倾斜于投影面，则它的正投影 *def* 不反映实形，但仍是三角形。

以上投影特性，可用初等几何的知识加以证明，本书不再证明。

任何立体都是由表面围成的，作立体的投影就是作出各个表面的投影。图 2-9 所示为一个立体的投影。该立体由六个平面围成，其中四个侧面与投影面垂直，一个底面与投影面平行，还有一个平面与投影面倾斜。

根据正投影特性，可知四个侧面在投影面上的正投影分别为四条直线段（积聚性）。四条直线段形成一个长方形，这个长方形也是底面在投影面上的正投影，它反映实形，具有真实性。斜面则投射成与底面相等的长方形，但不等于实形。上述六个平面的投影的集合就是该立体的正投影图。

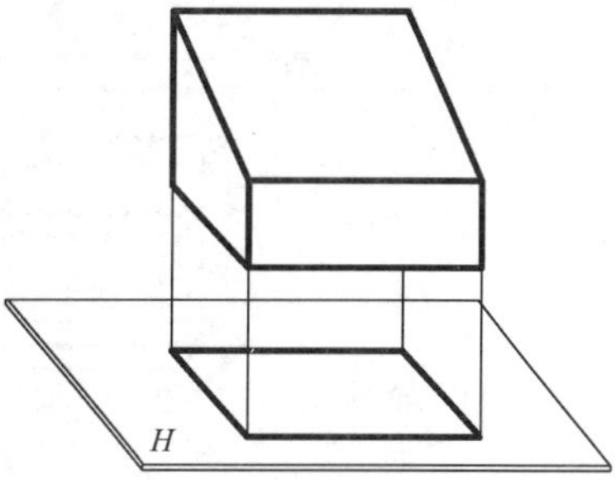

图 2-9　立体的投影分析

为叙述简便起见，以后凡是提到投影（如不加说明）均指正投影。

第三节　立体的三面投影

用正投影表达空间形体具有画图简单、投影形状真实、度量方便等优点，但只用一个正投影来表达形体是不够的。如图 2-10 所示，两个形状不同的立体在投影面上具有相同的正投影，如果根据这个投影来确定立体的空间形状，显然是不可能的。因为根据这个投影既可以把它想象成是立体Ⅰ，也可以想象成是立体Ⅱ，还可以想象成其他的立体。

由此可见，仅凭物体的单面正投影不足以确定空间形体的形状。为了用正投影完整地表达并确定空间形体的形状，必须采用多面正投影，通常多选用三面正投影。

一、立体三面投影的形成

（一）三投影面体系的建立

如图 2-11 所示，给出三个互相垂直的投影面 *H*、*V*、*W*。其中 *H* 面是水平放置的，称为水平投影面；V 面是立在正面的，称为正立投影面；W 面是立在侧面的，称为侧立投影面。三个投影面的交线分别为 OX、OY、OZ，称为投影轴，三条投影轴也互相垂直。

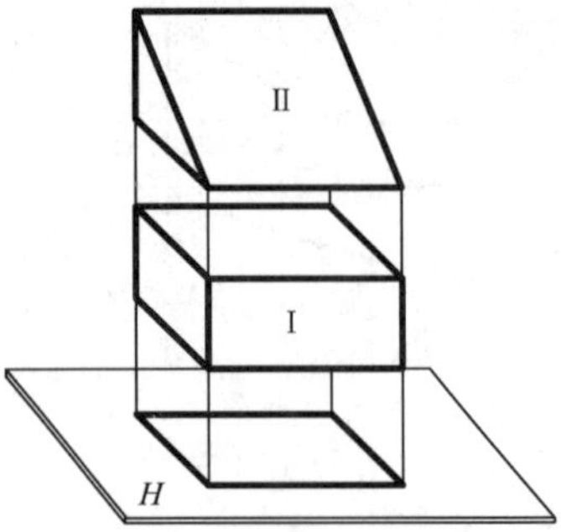

图 2-10　单面正投影图

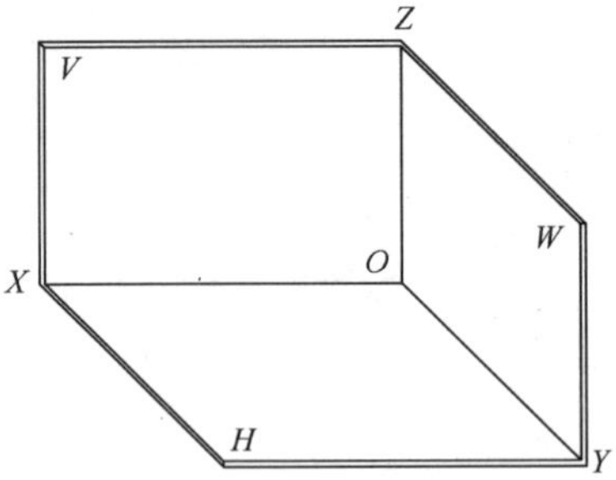

图 2-11　三投影面体系

(二)作立体的三面投影

使立体置于三投影面体系中，尽可能地使立体表面平行于投影面或垂直于投影面。立体与投影面的距离不影响立体的投影，不必考虑。然后将立体分别向三个投影面进行正投影，如图 2-12a)所示。

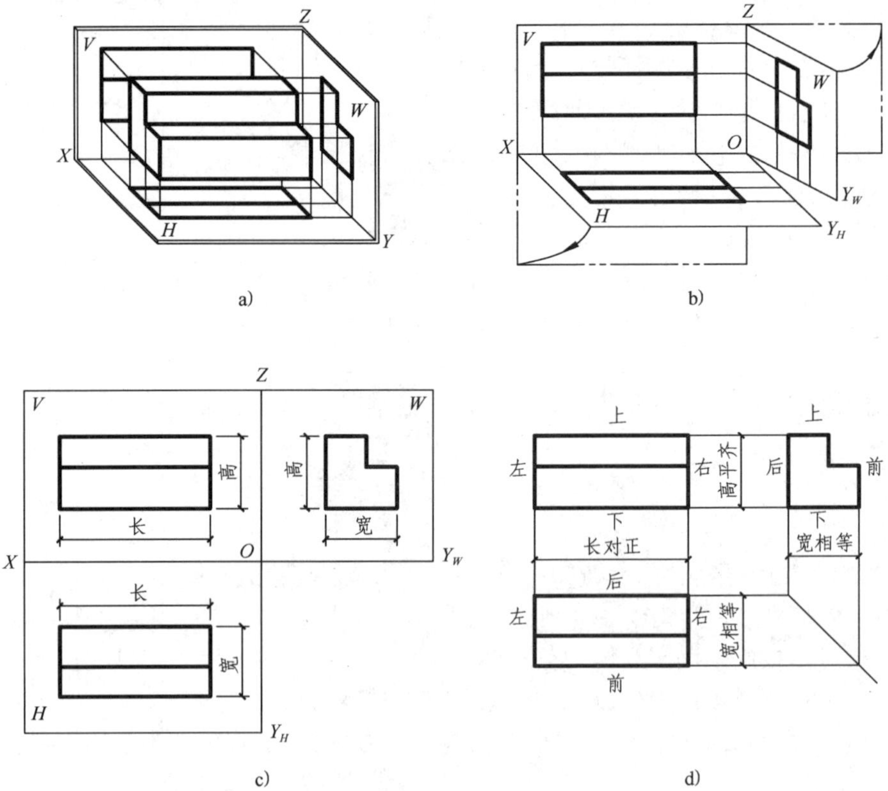

图 2-12　三面投影的形成

a)作立体的三面投影；b)展开；c)展开后；d)三面投影间的关系

立体在 H 面上得到的投影称为水平投影，在 V 面上得到的投影称为正面投影，在 W 面上得到的投影称为侧面投影。

由三个投影可知:立体的每个投影反映立体两个方向的尺寸,即水平投影反映立体长和宽两个方向的尺寸,正面投影反映立体长和高两个方向的尺寸,侧面投影反映立体高和宽两个方向的尺寸。

(三)投影面的展开

上述形成的三个投影分别位于三个互相垂直的投影面内。为使三个投影画在同一平面(图纸)上,需要将三个投影面展开。展开时,规定 V 面不动,将 H 面连同水平投影绕 OX 向下旋转90°,将 W 面连同侧面投影绕 OZ 轴向右旋转90°,使 H、W 与 V 面共面,如图2-12b)所示。这样,就得到了位于同一个平面上的三个正投影,如图2-12c)所示。去掉投影面的边界,就是立体的三面投影图,如图2-12d)所示。

二、立体三面投影的性质

立体三面投影中,两两之间都存在一定的联系。正面投影和水平投影左右对正,长度相等;正面投影和侧面投影上下看齐,高度相等;水平投影和侧面投影前后对应,宽度相等。立体三个投影之间的这种长与长相等、高与高相等、宽与宽相等的关系被称为投影之间的“三等关系”。为便于记忆,将这种关系总结成:

正面投影和水平投影长对正;

正面投影和侧面投影高平齐;

水平投影和侧面投影宽相等。

此外,三面正投影还可以反映立体的上、下、左、右、前、后的方位关系:

正面投影反映了立体的上、下、左、右关系;

水平投影反映了立体的前、后、左、右关系;

侧面投影反映了立体的上、下、前、后关系。

复习思考题

1. 什么是中心投影?什么是平行投影?什么是正投影?
2. 试述正投影的投影特性。
3. 试述立体三面投影的形成过程。什么是“三等关系”和“方位关系”?意义何在?

第三章

点、直线、平面的投影

基本要求：

1. 掌握各种位置点、直线、平面的投影特性，并能根据投影判定它们对投影面的相对位置。
2. 掌握直线上取点、平面内取点和直线的作图方法。
3. 熟悉两直线的相对位置的投影特性。
4. 掌握平面与直线、平面与平面之间平行、垂直的投影特性。
5. 掌握平面与直线、平面与平面的求交方法。

点、直线、平面是组成物体表面形状的基本几何元素。要正确地画出物体的投影，必须掌握组成物体表面形状的基本几何元素的投影特性和作图方法。

第一节　点的投影

一、点的三面投影特性

设在三投影面体系中有一点 A，过点 A 分别向三个投影面作投射线，投射线与投影面的交点分别记为 a、a'和 a''。a 为点 A 的水平投影；a'为点 A 的正面投影；a''为点 A 的侧面投影，如图 3-1a)所示。保持 V 面不动，将 H 面连同水平投影 a 绕 OX 向下旋转 90°、W 面连同侧面投影 a''绕 OZ 轴向右旋转 90°，使它们与 V 面重合，便得到点的三面投影，如图 3-1b)所示。

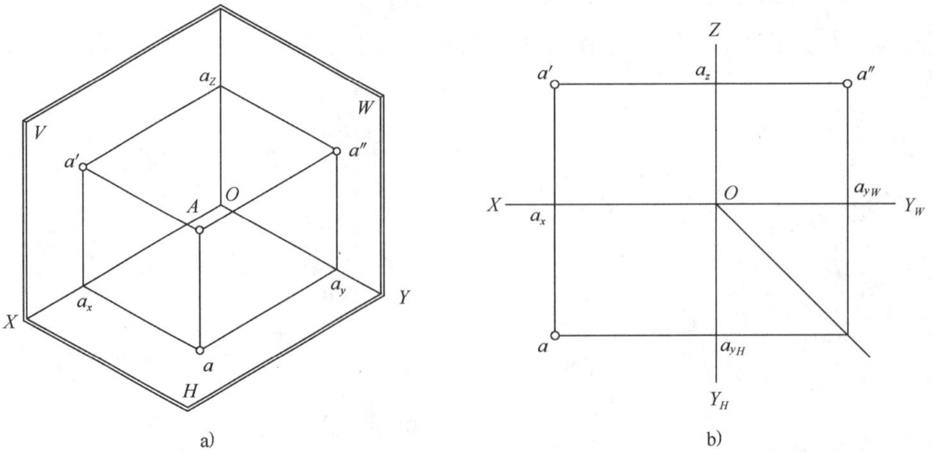

图 3-1　点的三面投影

约定:点的水平投影用相应的小写字母表示,点的正面投影用相应的小写字母并在右上方加一撇表示,点的侧面投影用相应的小写字母并在右上方加两撇表示。

点的三面投影特性:

(1)点的水平投影和正面投影的连线垂直于 OX 轴,即 $aa' \perp OX$。

(2)点的正面投影和侧面投影的连线垂直于 OZ 轴,即 $a'a'' \perp OZ$。

(3)点的水平投影到 OX 的距离等于点的侧面投影到 OZ 轴的距离,它们反映该点到 V 面的距离,即 $aa_x = a''a_z = Aa'$。

从图 3-1a)知,由于 Aa' 表示空间点 A 到 V 面的距离,因此 a 到 OX 的距离及 a'' 到 OZ 轴的距离表示点 A 到 V 面的距离。

同理:点的水平投影 a 到 OY_H 轴的距离等于正面投影 a' 到 OZ 轴的距离,它们反映点 A 到 W 面的距离;点的正面投影 a' 到 OX 轴的距离等于侧面投影 a'' 到 OY_W 轴的距离,它们反映点 A 到 H 面的距离。

在点的三面投影中,任意两个投影都能反映出空间点到三个投影面的距离。因此,只要给定点的两个投影,就可以确定点的空间位置,并可根据点的投影特性求出其第三个投影。

[**例 3-1**] 已知点 A 的水平投影 a 和正面投影 a',求其侧面投影 a'',见图 3-2a)。

作图:

(1)过 a' 作 OZ 轴的垂线;

(2)量取 $a''a_z = aa_x$,a'' 即为所求,如图 3-2b)所示。用图 3-2c)所示的方法也可求得同一结果。

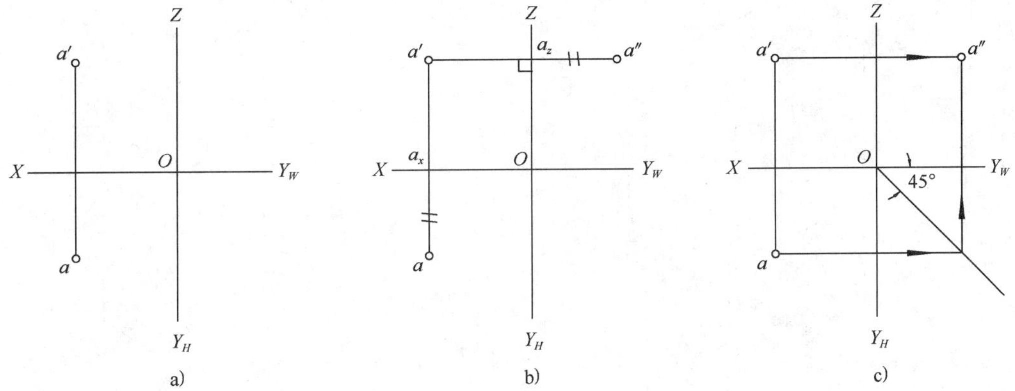

图 3-2 已知点的两面投影求第三面投影

二、点的投影与直角坐标

若将三投影面体系看作直角坐标系,则投影轴、投影面、点 O 可看成是坐标轴、坐标面和坐标原点。由解析几何知:空间点的位置可由其三维坐标决定,即 $A(X、Y、Z)$ 表示空间一点,$X、Y、Z$ 分别表示空间点到坐标面的距离。

点到投影面的距离也可以用坐标值表示。空间点到 W 面、V 面、H 面的距离可分别用 X、Y、Z 表示。

在三投影面体系中,点的投影与点的坐标可建立如下关系:

点的 H 投影含 x、y 两个坐标,即 $a(x,y)$;

点的 V 投影含 x、z 两个坐标,即 $a'(x,z)$;

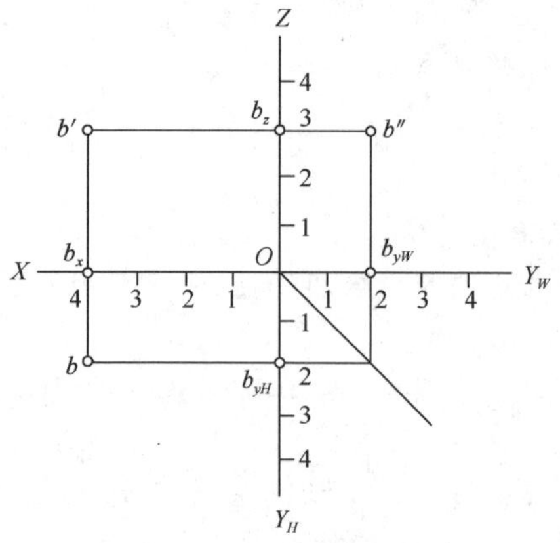

图 3-3　已知点的坐标求点的投影

点的 W 投影含 y、z 两个坐标，即 $a''(y,z)$；

由此可知，若已知点的两面投影，便能确定该点的坐标值，从而确定该点的空间位置；反之，若已知一点的坐标，便能画出该点的三面投影。

［**例 3-2**］ 已知点 B 的坐标为(4,2,3)，求点 B 的三面投影。

分析：

根据点的三个投影与坐标的关系，点 B 的三个投影可表示成：$b'(4,3)$、$b(4,2)$、$b''(2,3)$，由此可定出 b'、b、b''的位置。

作图(图 3-3)：

(1)分别在 OX、OY_H、OZ 轴上，根据坐标 $x_b=4$、$y_b=2$、$z_b=3$ 分别定出 b_x、b_{yH}、b_z；

(2)再分别过 b_x、b_{yH}、b_{yW}、b_z 作相应轴的垂线，各垂线的交点即为点 B 的三面投影 b、b'、b''。

三、特殊位置点的投影

当点的一个坐标为零时，该点位于投影面上。当点的两个坐标为零时，该点位于投影轴上。图 3-4a)表示出点 A 位于 H 面上，点 B 位于 OZ 轴上。它们的三面投影如图 3-4b)所示。

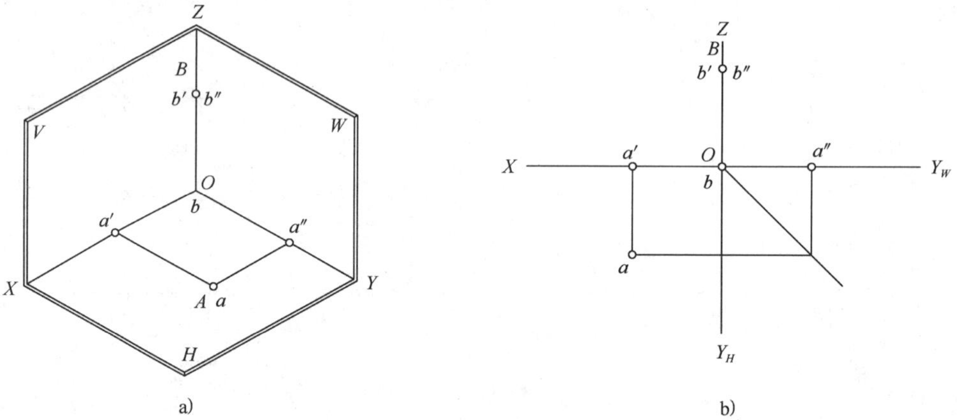

图 3-4　特殊位置的点

投影面上的点和投影轴上的点的投影特性如下：

(1)投影面上的点在该投影面上的投影与该点重合，另两个投影落在相应的投影轴上。

(2)投影轴上的点在这条投影轴的两个投影面上的投影与该点重合，而另一投影落在原点上。

四、两点的相对位置及重影点

(一)两点的相对位置

空间两点的相对位置是指空间两点上下、左右、前后的位置关系。空间两点的上下、左右位置关系可利用它们的正面投影判断；空间两点前后、左右位置关系可利用水平投影判断；空间两点前后、上下位置关系可利用侧面投影判断。

在投影中，OX 方向反映点的左右位置，X 坐标越大，离 W 面越远、越靠左。OY_H 或 OY_W 方向反映点的前后位置，Y 坐标越大，离 V 面越远，越靠前。$0Z$ 方向反映点的上下位置，Z 坐标大，离 H 面越远，越靠上。

图 3-5 为 A、B 两点的三面投影。由 H 投影知 $x_A > x_B$，$y_A > y_B$，说明点 A 在点 B 的左前方；由 V 投影知 $z_A < z_B$，说明点 A 在点 B 的下方。总体来说，点 A 在点 B 的左前下方。

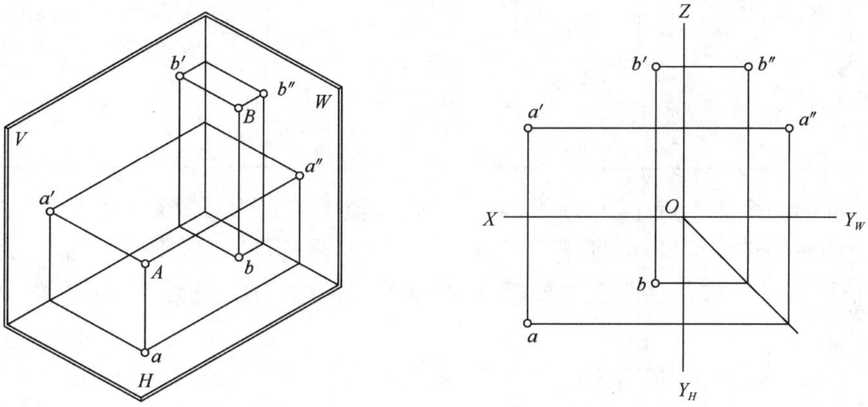

a)　　b)

图 3-5　两点的相对位置

(二)重影点及其可见性

空间两点的同面投影重合于一点的性质称为重影性，称该两点为此投影面的重影点。

在三投影面体系中，对三个投影面均可有重影点。若空间两点的水平投影重合，则称该两点为水平重影点；若空间两点的正面投影重合，则称该两点为正面重影点；若空间两点的侧面投影重合，则称该两点为侧面重影点。它们的投影特性见表 3-1。

投影面重影点　　表 3-1

名称	立体图	投影图	投影特征
水平重影点	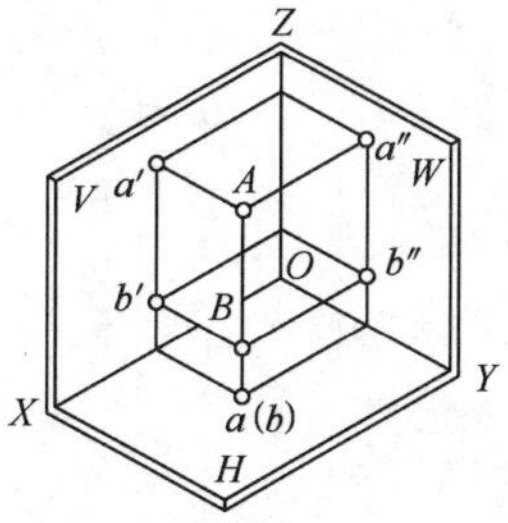	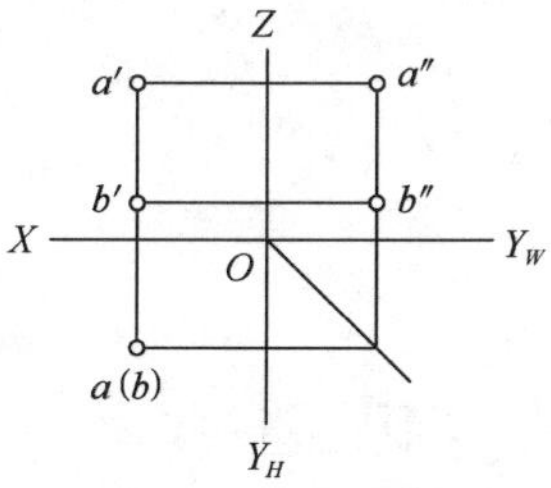	(1)A、B 两点的正面投影与侧面投影反映它们的上下位置； (2)A、B 两点的水平投影重合，点 A 在上，点 B 在下不可见，用(b)表示
正面重影点	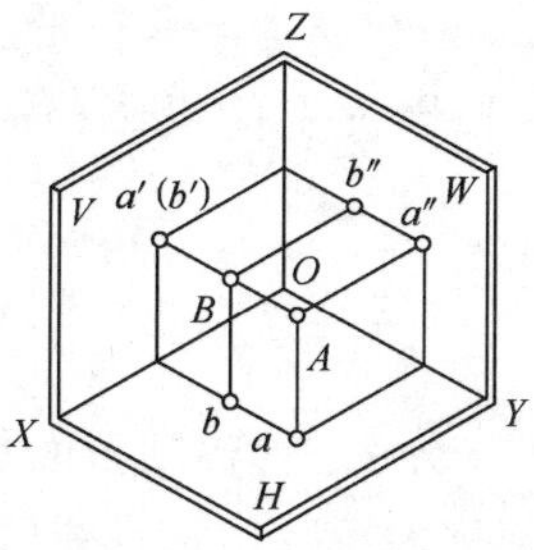	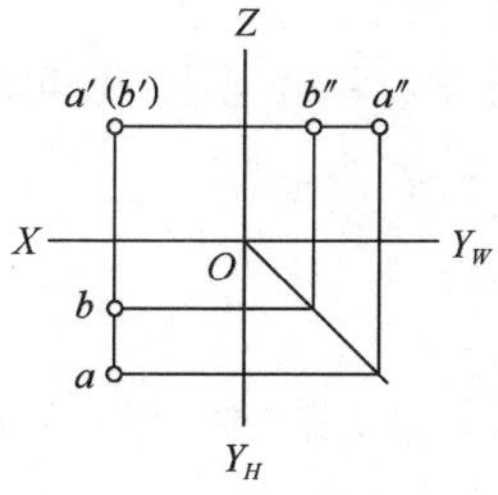	(1)A、B 两点的水平投影与侧面投影反映它们的前后位置； (2)A、B 两点的正面投影重合，点 A 在前，点 B 在后不可见，用(b')表示

续上表

名称	立 体 图	投 影 图	投 影 特 征
侧面重影点	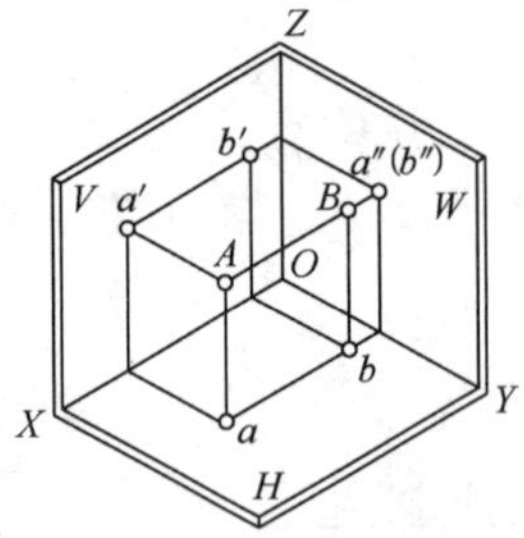	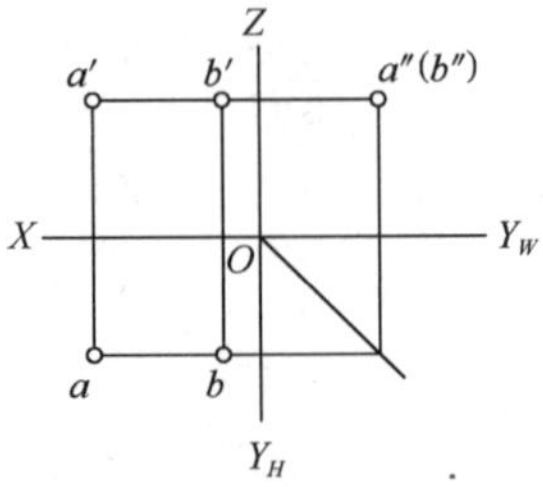	(1)A、B 两点的正面投影与水平投影反映它们的左右位置； (2)A、B 两点的侧面投影重合，点 A 在左，点 B 在右不可见，用(b'')表示

某投影面的两个重影点中，离该投影面远、坐标值大的点为可见点，反之为不可见点。其重合的投影需表明点的可见性，即不可见点的投影加括号标注，以区别于可见点的投影。

[**例3-3**] 求点 C 与点 D 的正面投影，说明它们的相对位置，并判别其可见性，见图3-6a)。

分析：

从图3-6a)可知，点 C 与点 D 的 X 坐标与 Z 坐标均相等，因此，这两点位于对 V 面的同一投射线上，它们是正面重影点，如图3-6b)所示。点 D 距 V 面近，所以点 D 不可见，其正投影用(d')表示。作图见图3-6c)。

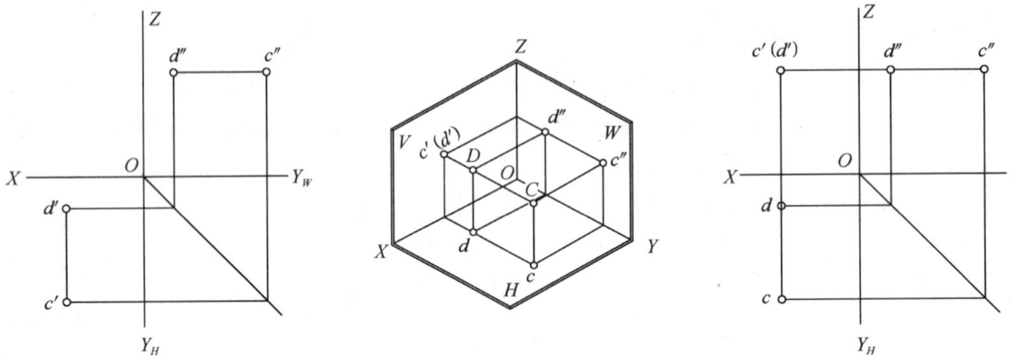

图3-6 重影点的投影

第二节 直线的投影

空间一直线可由该直线上的任意两点确定，而直线的投影一般仍是直线。因此，作直线的投影，只需作出直线上任意两点的投影，并连接该两点在同一投影面上的投影(简称同面投影)即可，如图3-7所示。

一、各种位置直线的投影特性

在三投影面体系中，根据直线对投影面的相对位置可将直线分为三类：投影面平行线、投影面垂直线和一般位置直线。投影面平行线和投影面垂直线统称为特殊位置直线。

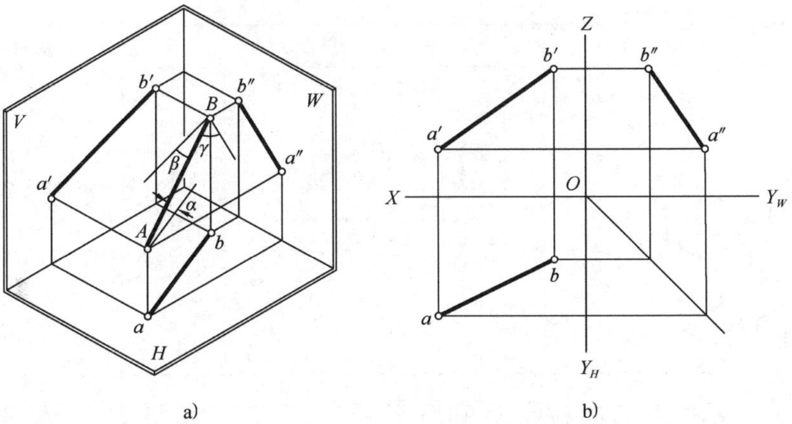

图 3-7　直线的投影

(一)投影面平行线

平行于某一个投影面,倾斜于另两个投影面的直线,称为投影面平行线。投影面平行线有三种情况,其中:

与 *H* 面平行且与 *V*、*W* 面倾斜的直线称为水平线;

与 *V* 面平行且与 *H*、*W* 面倾斜的直线称为正平线;

与 *W* 面平行且与 *H*、*V* 面倾斜的直线称为侧平线。

直线对 *H* 面、*V* 面和 *W* 面的倾角,分别用 α、β 和 γ 表示。

表 3-2 列出了投影面平行线的投影特性,归纳如下:

(1)直线段在所平行的投影面上的投影反映线段的实长,并反映该线段对另两个投影面的倾角。

(2)直线段的另两个投影分别平行于相应的投影轴,但不反映线段的实长。

投影面平行线的投影特性　　表 3-2

名称	立 体 图	投 影 图	投 影 特 征
水平线	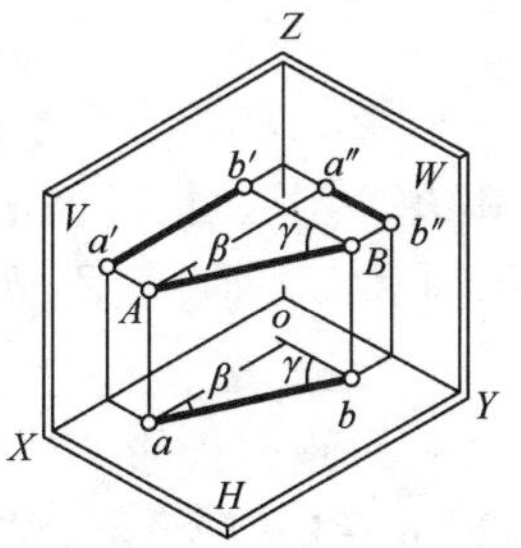	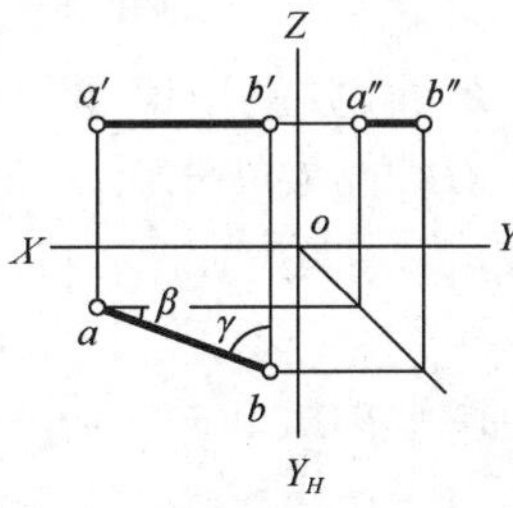	(1)$ab=AB$,且反映与 *V* 面和 *W* 面的倾角 β 和 γ; (2)$a'b'//OX$;$a''b''//OY$
正平线	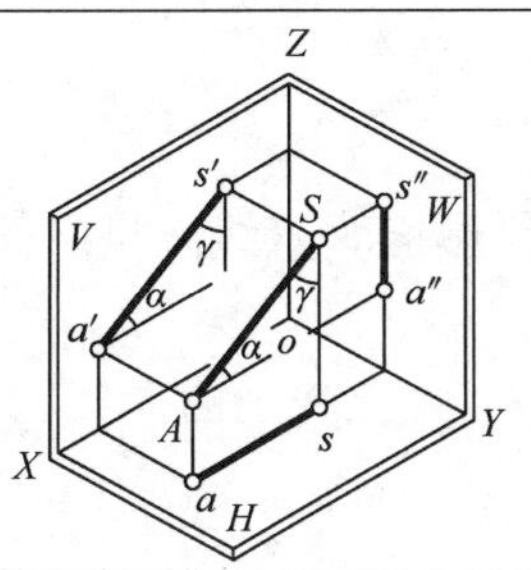	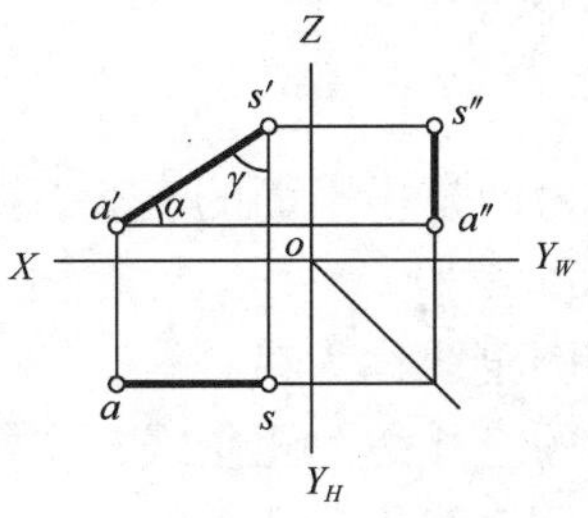	(1)$a's'=AS$,且反映与 *H* 面和 *W* 面的倾角 α 和 γ; (2)$as//OX$;$a''s''//OZ$

续上表

名称	立 体 图	投 影 图	投 影 特 征
侧平线	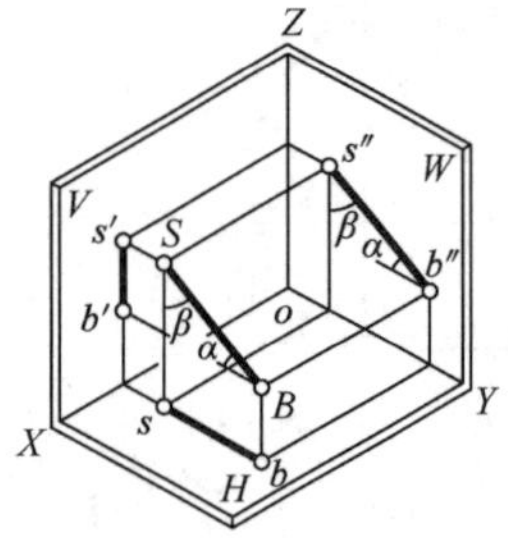	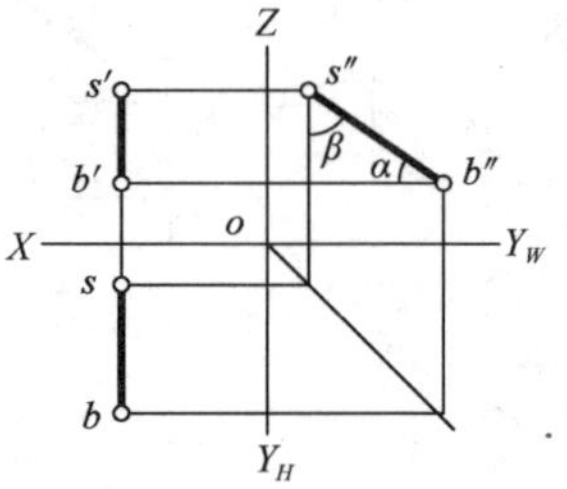	(1)$s''b''=SB$,且反映与 H 面和 V 面的倾角 α 和 β; (2)sb∥OY;$s'b'$∥OZ

在图 3-8 的所示的立体中,棱线 SA 和 SC 平行于 V 面,且倾斜于 H、W 面,是正平线。它们的正面投影 $s'a'$ 和 $s'c'$ 分别反映 SA 和 SC 实长;与 OX、OZ 的夹角分别反映 SA 和 SC 与 H 面、W 面的倾角。它们的水平投影 sa、sc 和侧面投影 $s''a''$、$s''c''$ 分别平行于 OX 轴和 OZ 轴,但不反映线段的实长。

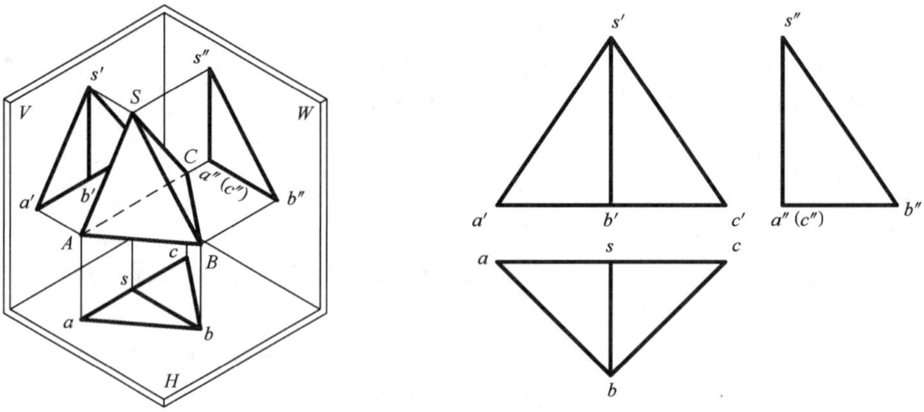

a)　　b)

图 3-8　投影面平行线

该立体的底边 AB 和 BC 平行于 H 面,倾斜于 V、W 面,是水平线。它们的水平投影 ab 和 bc 分别反映 AB 和 BC 的实长;与 OX、OY 的夹角分别反映 AB 和 BC 与 V 面、W 面的倾角。它们的正面投影 $a'b'$、$b'c'$ 和侧面投影 $a''b''$、$b''c''$ 分别平行于 OX 轴和 OY 轴,但不反映线段的实长。

该立体的棱线 SB 平行于 W 面,倾斜于 H、V 面,是侧平线。它的侧面投影 $s''b''$ 反映 SB 实长,与 OY、OZ 的夹角反映 SB 与 H 面、V 面的倾角;它的水平投影 sb 和正面投影 $s'b'$ 分别平行于 OY 轴和 OZ 轴,但不反映线段的实长。

(二)投影面垂直线

垂直于某一个投影面,平行于另两个投影面的直线,称为投影面垂直线。投影面垂直线有三种情况。其中:

与 H 面垂直且与 V、W 面平行的直线称为铅垂线;

与 V 面垂直且与 H、W 面平行的直线称为正垂线;

与 W 面垂直且与 H、V 面平行的直线称为侧垂线。

表3-3 列出了投影面垂直线的投影特性，归纳如下：

投影面垂直线的投影特性　　表3-3

名称	立　体　图	投　影　图	投 影 特 征
铅垂线	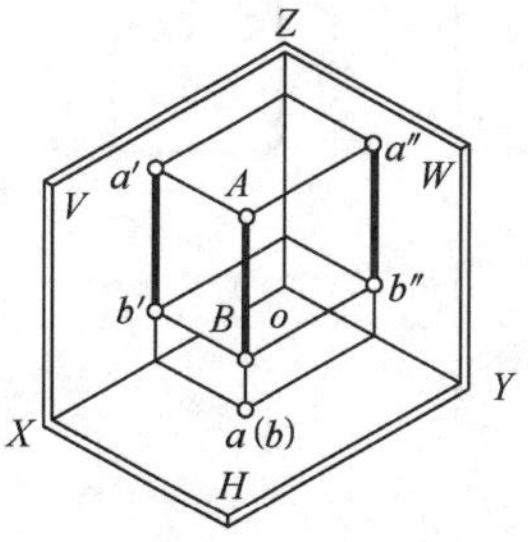	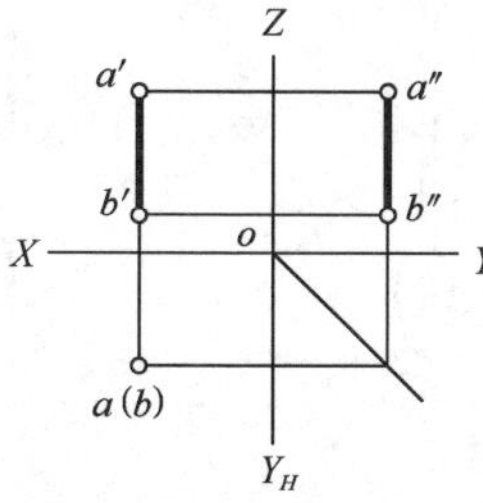	(1)$a(b)$积聚成一点； (2)$a'b' \perp OX$；$a''b'' \perp OY_W$；且 $a'b' = a''b'' = AB$
正垂线	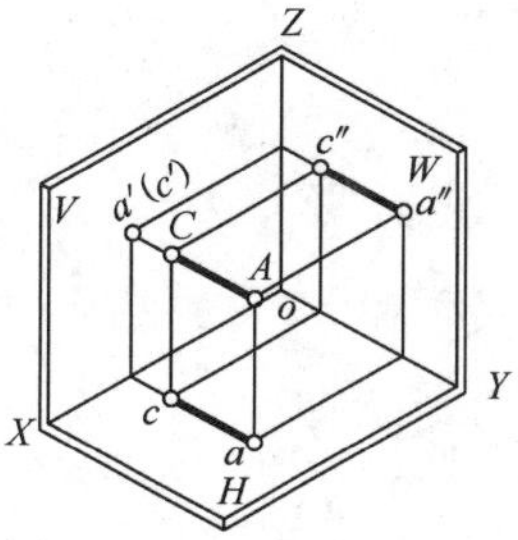	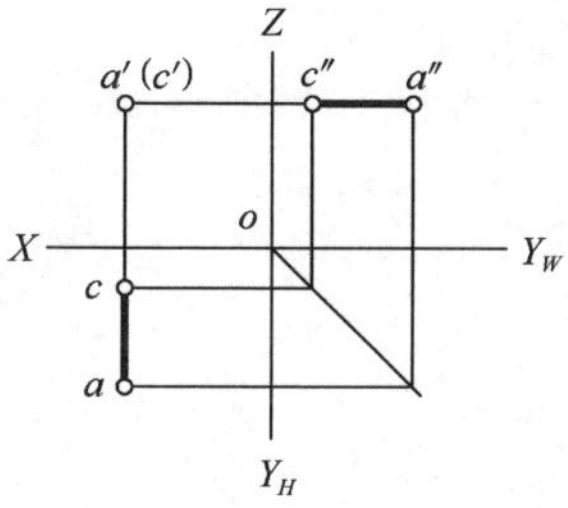	(1)$a'(c')$积聚成一点； (2) $ac \perp OX$；$a''c'' \perp OZ$；且 $ac = a''c'' = AC$
侧垂线	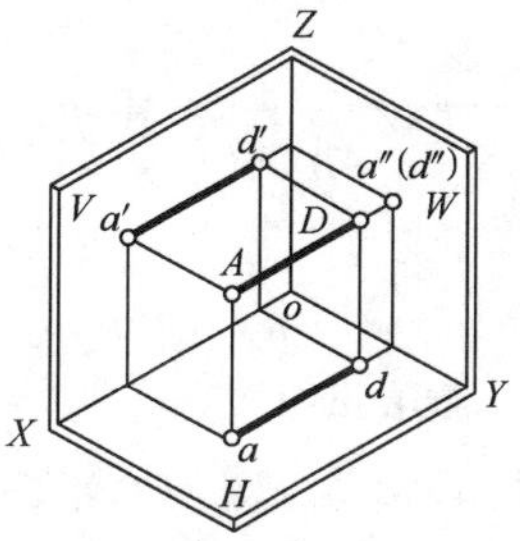	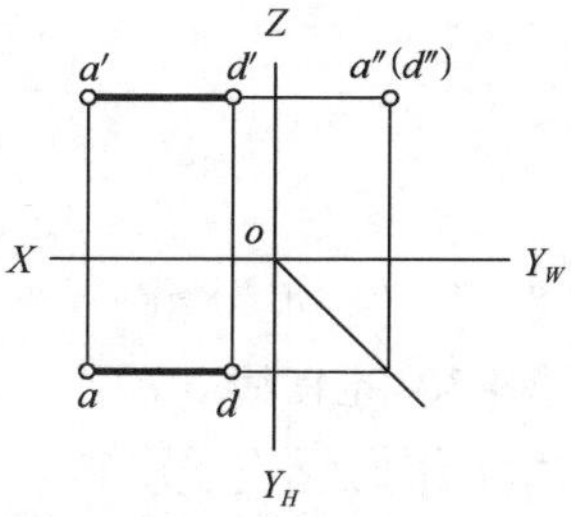	(1)$a''(d'')$积聚成一点； (2) $ad \perp OY_H$；$a'd' \perp OZ$；且 $ad = a'd' = AD$

(1)直线在所垂直的投影面上的投影积聚成一点；

(2)直线在另两个投影面上的投影反映直线段的实长，并且分别垂直于相应的投影轴。

在图3-9所示的立体中，AB 边垂直与 H 面，平行于 V、W 面，是铅垂线。它的水平投影 ab 积聚成为一点；它的正面投影 $a'b'$ 和侧面投影 $a''b''$ 分别垂直于 OX 和 OY 轴，并反映线段 AB 的实长。

该立体的 AC 边垂直与 V 面，平行于 H、W 面，是正垂线。它的正面投影 $a'c'$ 积聚为一点；它的水平投影 ac 和侧面投影 $a''c''$ 分别垂直于 OX 和 OZ 轴，并反映线段 AC 的实长。

该立体的 AD 边垂直与 W 面，平行于 H、V 面，是侧垂线。它的侧面投影 $a''d''$ 积聚为一点；它的水平投影 ad 和正面投影 $a'd'$ 分别垂直于 OY 和 OZ 轴，并反映线段 AD 的实长。

［**例3-4**］过点 A 向右下方作正平线 AB，使 AB 线段的长度为20mm，α 为30°(图3-10)。

分析：

根据正平线的投影特性知，AB 的正面投影反映它的实长和倾角 α，并可确定 A、B 两点左右、上下的位置；AB 的水平投影与 OX 轴平行。

作图：如图3-10b)所示。

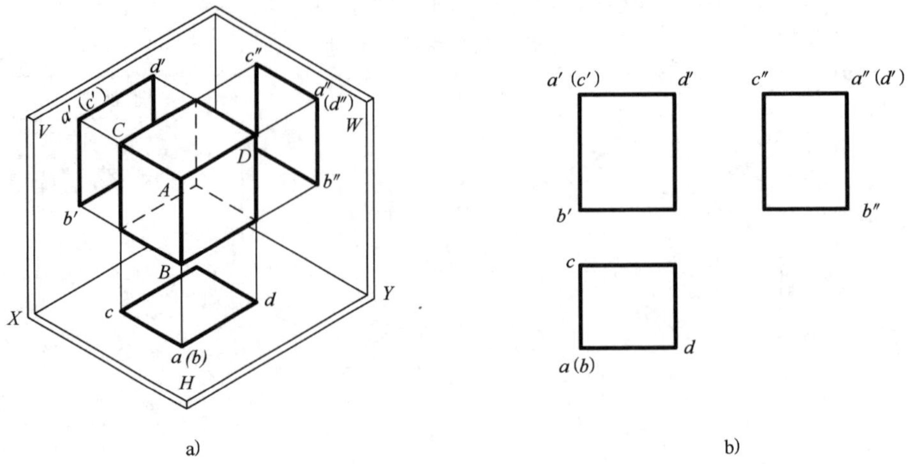

图 3-9　投影面垂直线

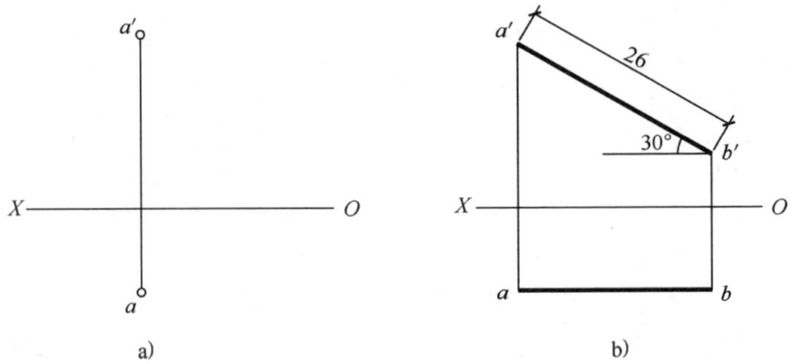

图 3-10　按给定条件作正平线

（1）过 a' 向右下方作与 OX 轴倾斜 30°的直线 $a'b'$，使 $a'b'=26\text{mm}$；

（2）过 a 作 OX 轴的平行线，并由 b' 作投影连线求得 b。$AB(ab,a'b')$ 即为所求。

（三）一般位置直线

对 H 面、V 面和 W 面都处于倾斜位置的直线，称为一般位置直线。

一般位置直线的 α、β 和 γ 均大于 0°且小于 90°，它的三个投影为斜线，且小于空间线段的实长。三个投影也不反映直线对投影面的倾角，如图 3-7 所示。

事实上，只要直线的任两投影呈倾斜状态，即可断定该直线是一般位置直线。

二、直线上的点

由正投影的基本性质可知：若点在直线上，则点的各个投影必在直线的同面投影上，且点分线段长度之比等于点的投影分线段的同面投影长度之比。

在图 3-11 中，点 K 属于直线 AB，则点 K 的水平投影 k 必在 ab 上，正面投影 k' 必在 $a'b'$ 上。同理，侧面投影 k'' 必在 $a''b''$ 上。

且有 $AK:KB=ak:kb=a'k':k'b'=a''k'':k''b''$。

反之，若一点的各个投影在一直线的同面投影上，且分直线段各投影长度之比相同，则该点定在此直线上。

一般情况下，根据点的两个投影是否在直线的同面投影上就可确定该点是否属于直线；但当直线是某一投影面的平行线时，还需分析点在直线所平行的投影面上的投影是否满足从属性，或利用定比性判断。

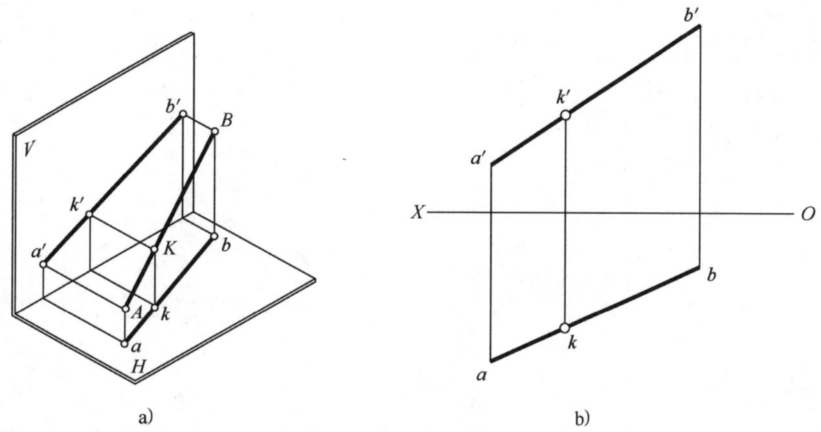

图 3-11　直线上的点

直线上点的投影特性是在直线上取点或由投影判别空间点是否属于直线的依据。

[例 3-5] 在已知线段 AB 上取一点 K，使 $AK:KB=2:1$，求点 K 的投影，见图 3-12a)。

分析：

由定比性知：$ak:kb=a'k':k'b'=AK:KB=2:1$，为此，用几何作图的方法分线段 AB 的一个投影（如 ab）为 $ak:kb=2:1$，可得 K 点的水平投影 k；然后按直线上点的投影特性在 $a'b'$ 上定出 k'，K（k、k'）即为所求。

作图：如图 3-12b）所示。

（1）过 b 任作一辅助线，在此线上任取三等分，如 1、2、3 点；

（2）过点 3 连接 a；

（3）过点 1 作 $3a$ 的平行线，交 ab 于 k；

（4）过 k 作竖直线交 $a'b'$ 于 k'。

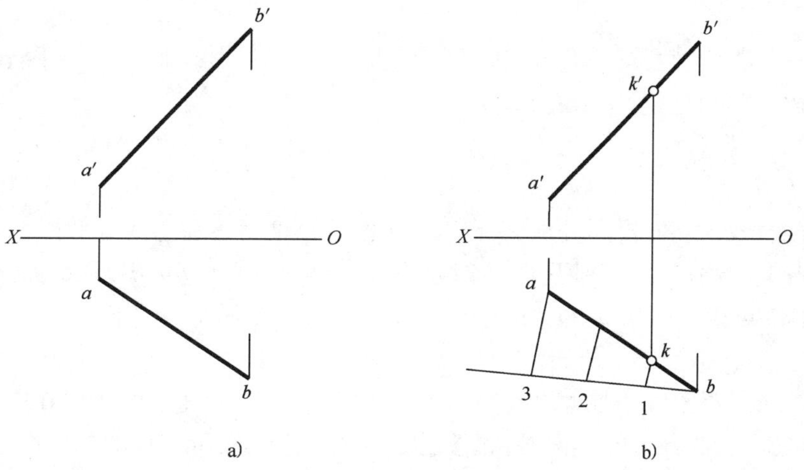

图 3-12　点分线段为 2:1

[例 3-6] 已知侧平线 AB 及点 C 的两面投影，判断点 C 是否在直线 AB 上，见图 3-13a)。

分析：

方法一：作出直线 AB 和点 C 的侧面投影来判断。因 c'' 不在 $a''b''$ 上。故知点 C 不在直线 AB 上，见图 3-13b）。

方法二：用定比性判断。过 a' 作任一辅助线，并在其上量取 $a'b_o = ab$，$a'c_o = ac$，连 b_ob'，再过 c_o 作 b_ob' 的平行线交 $a'b'$ 于 c_o'，因 c_o' 于 c' 不重合，即 $ac:cb \neq a'c':c'b'$，故知点 C 不在直线 AB 上，见图 3-13c）。

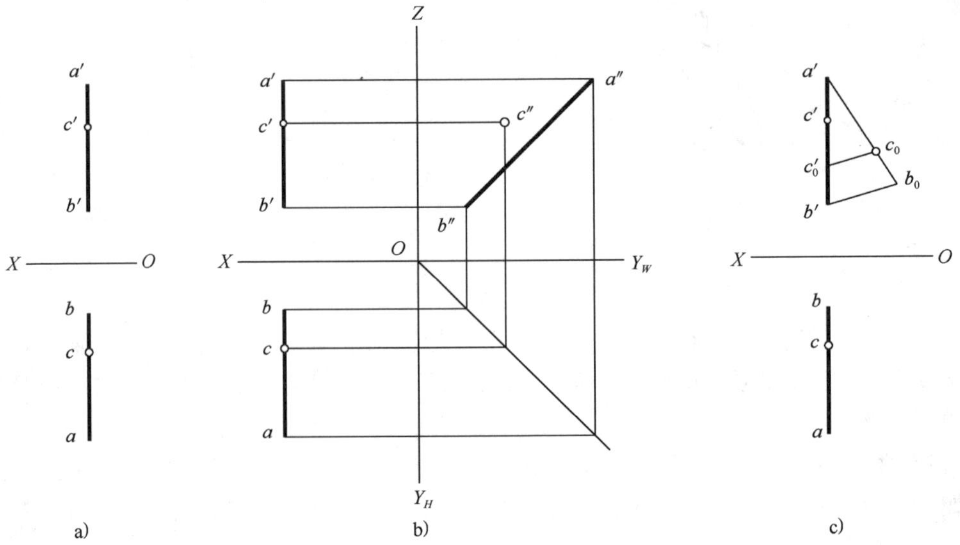

图 3-13　判断点 C 是否在直线 AB 上

三、两直线的相对位置

空间两直线的相对位置分为平行、相交和交叉三种情况。前两种属于同平面内的两直线，后一种为异面两直线。

（一）两直线平行

由平行投影的基本性质可知：若空间两直线互相平行，则其同面投影必平行，且两平行线段长度之比等于其同面投影长度之比。

如图 3-14a），两直线 $AB /\!/ CD$，则 $ab /\!/ cd$，$a'b' /\!/ c'd'$，同样 $a''b'' /\!/ c''d''$。且 $AB:CD = ab:cd = a'b':c'd' = a''b'':c''d''$。

反之，若两直线的同面投影分别平行且成定比，则该两直线在空间必平行。

由图 3-14a）可见：$ab /\!/ cd$，则平面 $abBA /\!/$ 平面 $cdDC$；又 $a'b' /\!/ c'd'$，则平面 $a'b'BA /\!/$ 平面 $c'd'DC$。平面 $abBA$ 与平面 $a'b'BA$ 相交于 AB；平面 $cdDC$ 与平面 $c'd'DC$ 相交于 CD，故它们的交线 $AB /\!/ CD$。

一般情况下，根据直线的任意两个同面投影是否平行即可确定两直线在空间是否平行。但当两直线同时平行于某一投影面时，通常还需根据两直线在所平行的投影面上的投影是否平行来确定，或根据定比性来判定。图 3-15a）所示两直线平行，图 3-15b）所示两直线不平行。

（二）两直线相交

若空间两直线相交，则其同面投影必相交，且各投影的交点必符合点的投影规律。

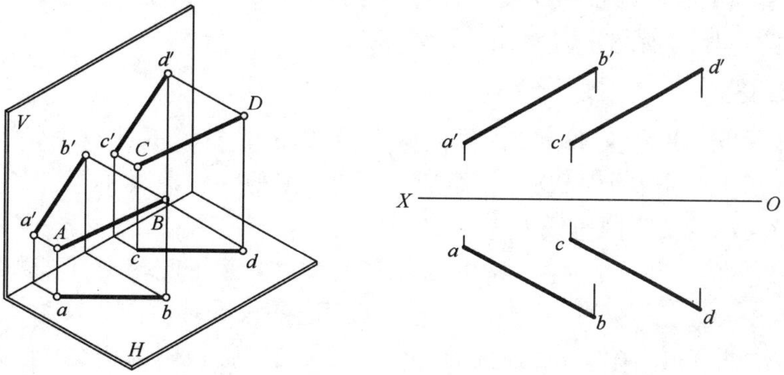

a)　　b)

图 3-14　两直线平行

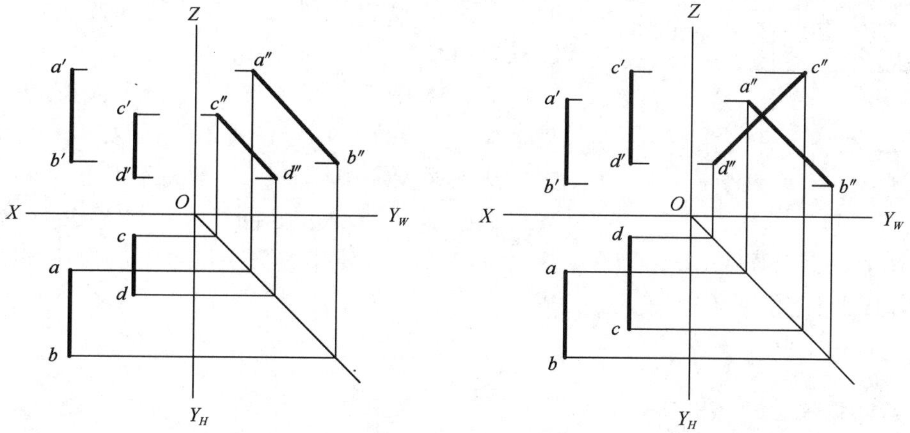

a)　　b)

图 3-15　判别两直线是否平行

如图 3-16a)所示，直线 AB 与 CD 相交于点 K，K 是 AB 与 CD 的共有点。当它们分别向 H 面及 V 面作投射时，其水平投影 ab 与 cd 交于 k，正面投影 $a'b'$ 与 $c'd'$ 交于 k'。同理，它们的侧面投影必有 $a''b''$ 与 $c''d''$ 交于 k''。

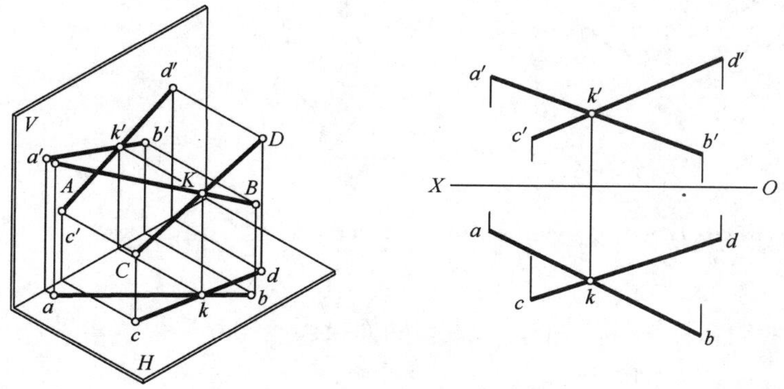

a)　　b)

图 3-16　两直线相交

反之，若两直线的各同面投影相交。且各投影的交点符合点的投影规律，则该两直线在空间一定相交，如图3-16b）所示。

（三）两直线交叉

交叉两直线是既不平行又不相交的异面两直线，因而其投影不具备两直线平行或相交的投影持性。图3-17中，虽然*AB*、*CD*两直线的水平投影及侧面投影均平行，但它们的正面投影不平行，所以*AB*、*CD*为交叉两直线。

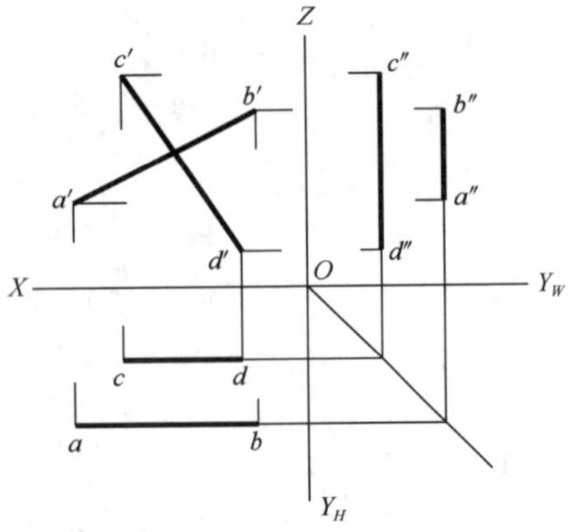

图3-17　两直线交叉

交叉两直线的投影可能相交，但各投影交点的连线并不垂直于相应的投影轴。图3-18中，虽然*AB*、*CD*二直线的水平投影与正面投影都相交，但投影交点的连线并不垂直于*OX*轴，不符合点的投影规律，所以*AB*、*CD*为交叉两直线。

当交叉两直线的投影相交时，其交点是交叉两直线的重影点的投影。利用投影可判别两重影点的相对位置。

图3-18中，直线*AB*与*CD*的水平投影的交点1（2）是直线*AB*上的点Ⅱ与直线*CD*上的点Ⅰ在*H*面的重影。从正面投影中可看出点Ⅰ高于点Ⅱ，点Ⅱ不可见，其水平投影用（2）表示。同样*a′b′*与*c′d′*的交点3′（4′）是直线*AB*上点Ⅲ与直线*CD*上点Ⅳ在*V*面的重影。从水平投影中可看出点Ⅲ在点Ⅳ之前，点Ⅳ不可见，其正面投影用（4′）表示。

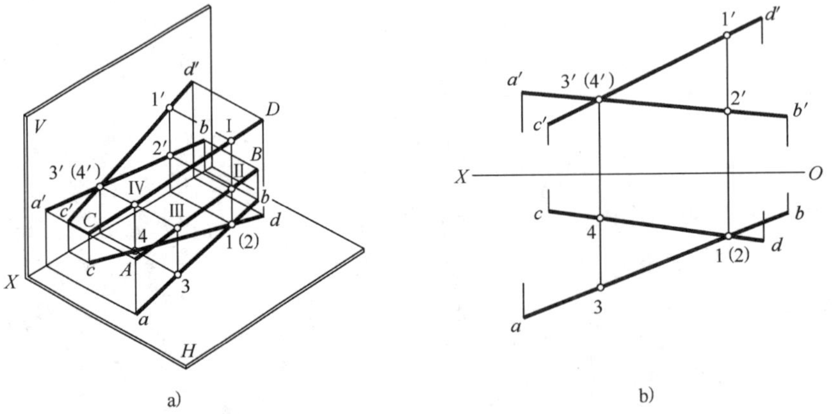

图3-18　两交叉直线重影点

[例3-7] 已知*ABCD*为平行四边形，完成其投影，见图3-19a）。

分析：

平行四边形对边相互平行，而平行两直线同面投影应相互平行。

作图：

（1）作*c′d′*∥*a′b′*、*b′c′*∥*a′d′*，得*c′*，见图3-19b）。

（2）作*cd*∥*ab*、*bc*∥*ad*，*c*与*c′*应在同一竖直投影连线上，见图3-19c）。

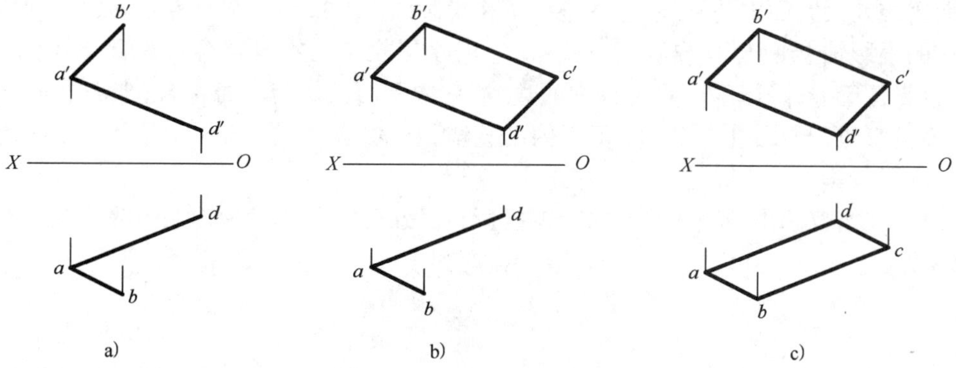

图 3-19　作平行四边形的投影

第三节　平面的投影

一、平面的表示法

(一)用几何元素表示平面

由初等几何知道,平面可由下列任何一组几何元素表示:

(1)不在同一直线上的三点;

(2)一直线和直线外一点;

(3)相交两直线;

(4)平行两直线;

(5)平面图形(如三角形、圆及其他图形)。

因此,只要给出上列任一组几何元素的投影即可表示空间平面,如图 3-20 所示。

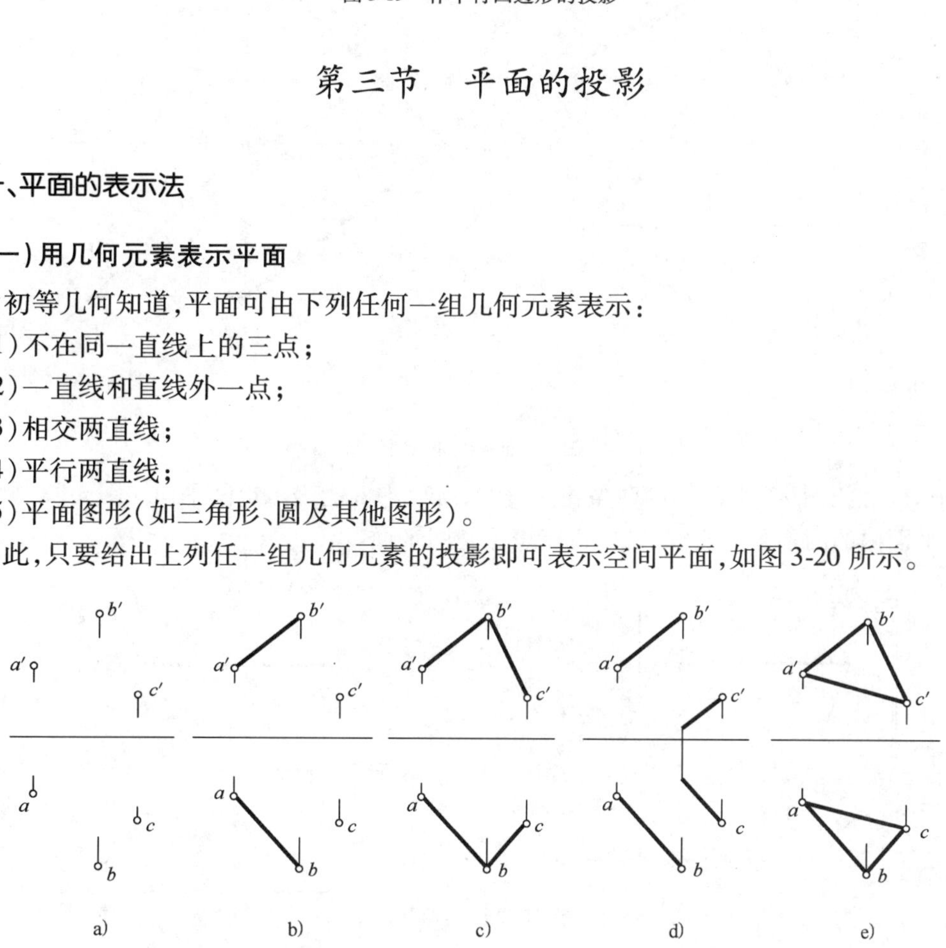

图 3-20　用几何元素表示平面

(二)用平面迹线表示平面

空间平面与投影面的交线称为平面的迹线。其中,空间平面与 H 面的交线称为水平迹线;空间平面与 V 面的交线称为正面迹线;空间平面与 W 面的交线称为侧面迹线。

若平面用 P 表示,则水平迹线用 P_H 表示,正面迹线用 P_V 表示,侧面迹线用 P_W 表示,如图 3-21a)所示。

平面迹线是投影面内的直线，它在迹线所在投影面内的投影与本身重合，另两个投影分别落在相应的投影轴上。P_H 是 H 面内的直线，它的水平投影与本身重合；正面投影位于 OX 轴上；侧面投影位于 OY_W 上。P_V 是 V 面内的直线，它的正面投影与本身重合；水平投影位于 OX 轴上；侧面投影位于 OY_H 上。P_W 是 W 面内的直线，它的侧面投影与本身重合；正面投影位于 OZ 轴上；水平投影位于 OY_H 上。

在投影图中，仅画出与迹线本身重合的投影，并做标注，落在投影轴上的两个投影不画，如图 3-21b）所示。

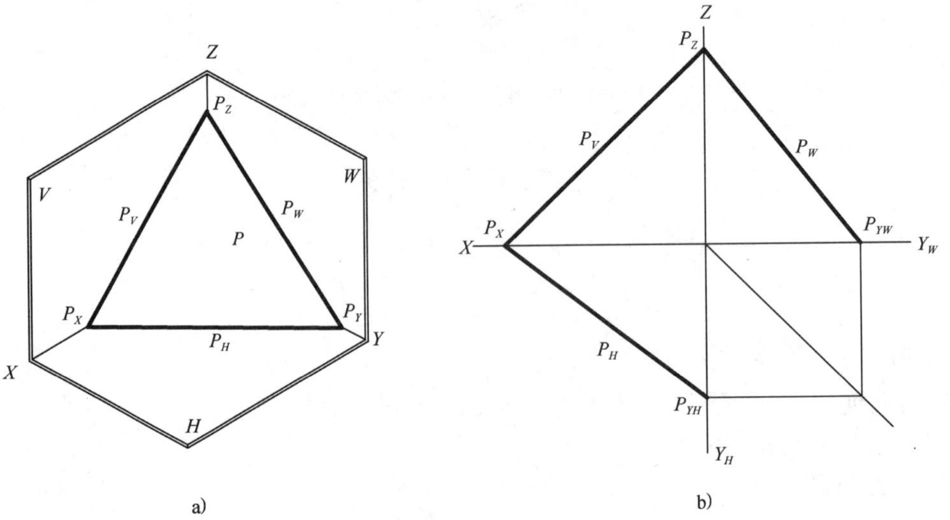

图 3-21　平面迹线表示法（一）

由于 P_H 和 P_V 是 P 平面内的两条相交直线，所以它们能表示空间平面。图 3-22 中，Q_H 和 Q_V 是 Q 平面内的两条平行直线，它们也能表示空间平面。

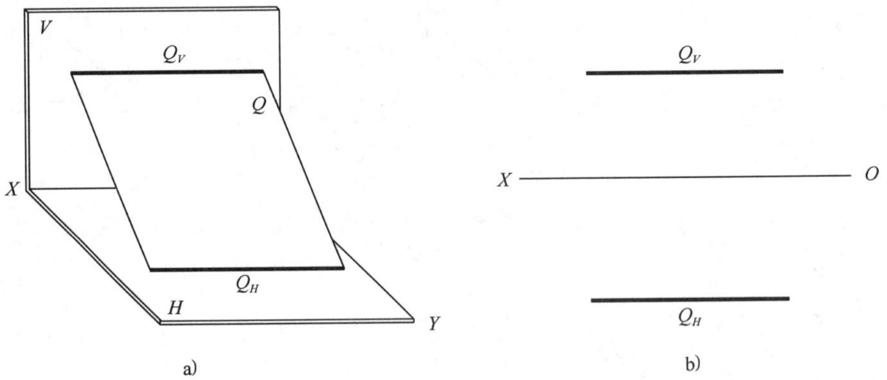

图 3-22　平面迹线表示法（二）

二、各种位置平面的投影特性

在三投影面体系中，根据平面对投影面的相对位置可将平面分为三类：投影面平行面、投影面垂直面和一般位置平面。投影面平行面和投影面垂直面统称为特殊位置平面。

当空间平面与投影面倾斜时，分别用 α、β、γ 表示平面与 H 面、V 面和 W 面的倾角。

（一）投影面平行面

平行于某一个投影面，而垂直于另两个投影面的平面，称为投影面平行面。投影面平行面有三种情况，其中：

与 H 面平行且与 V、W 面垂直的平面称为水平面；

与 V 面平行且与 H、W 面垂直的平面称为正平面；

与 W 面平行且与 H、V 面垂直的平面称为侧平面。

表 3-4 列出了投影面平行面的投影特性，归纳如下：

（1）平面图形在所平行的投影面上的投影反映平面图形的实形；

（2）平面图形的另两个投影积聚为直线段，且平行于相应的投影轴。

投影面平行面的投影特性 表 3-4

名称	立 体 图	投 影 图	投 影 特 征
水平面	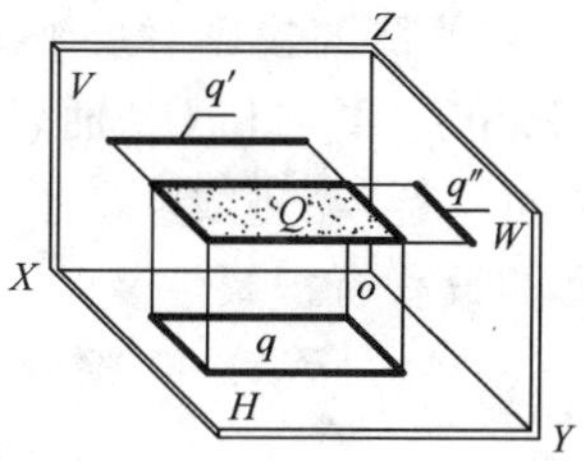	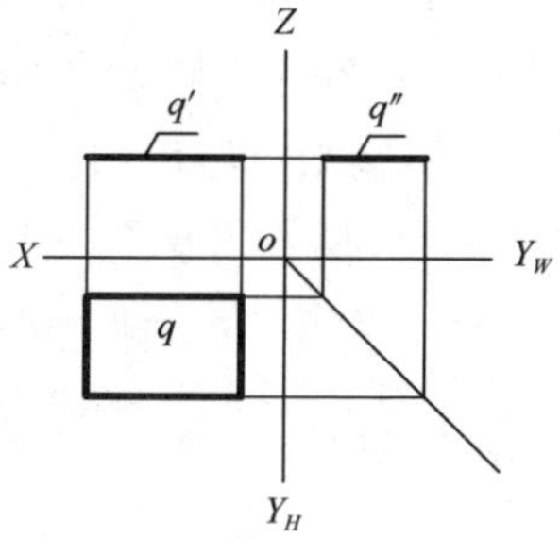	（1）水平投影 q 反映实际； （2）正面投影 q'有积聚性，且//OX 轴； （3）侧面投影 q''有积聚性，且//OY 轴
正平面	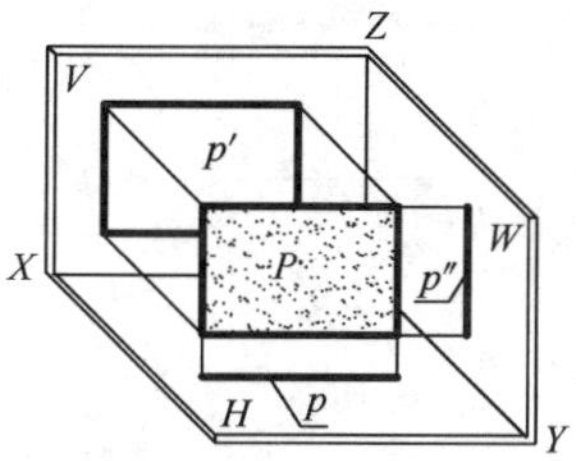	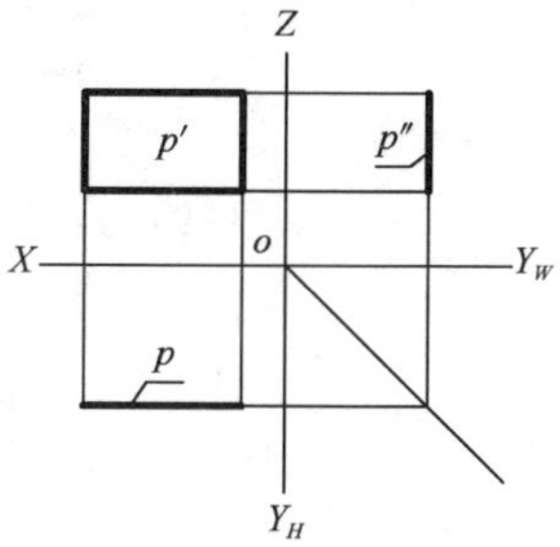	（1）水平投影 p'反映实际； （2）水平投影 p 有积聚性，且//OX 轴； （3）侧面投影 p''有积聚性，且//OZ 轴
侧平面	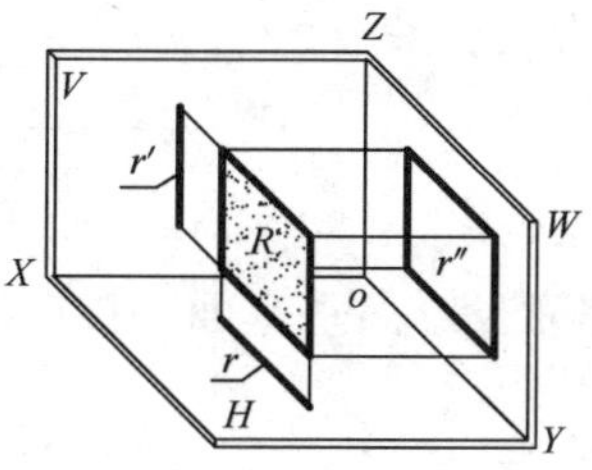	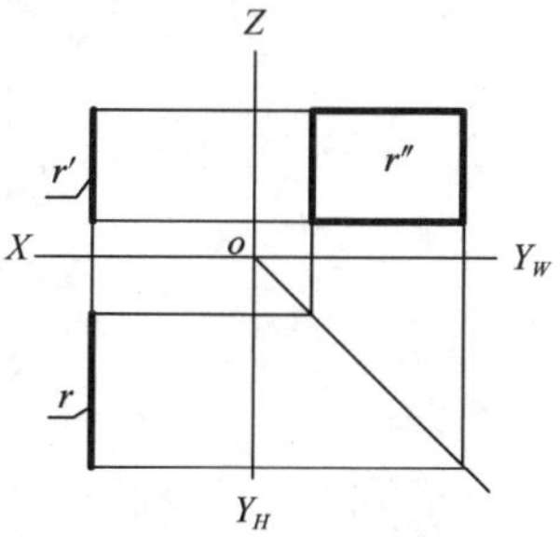	（1）侧面投影 r''反映实形； （2）正面投影 r'有积聚性，且//OZ 轴； （3）水平投影 r 有积聚性，且//OY 轴

在图 3-23 所示的立体中，Q 平面平行于 H 面，垂直于 V、W 面，是水平面。它的水平投影 q 反映 Q 平面的实形；它的正面投影 q'和侧面投影 q''均积聚为直线段，并且分别平行于 $0X$ 轴和 OY 轴。

该立体的 P 平面平行于 V 面，垂直于 H、W 面，是正平面。它的正面投影 p'反映 P 平面的实形；它的水平投影 p 和侧面投影 p''均积聚为直线段，并且分别平行于 OX 轴和 OZ 轴。

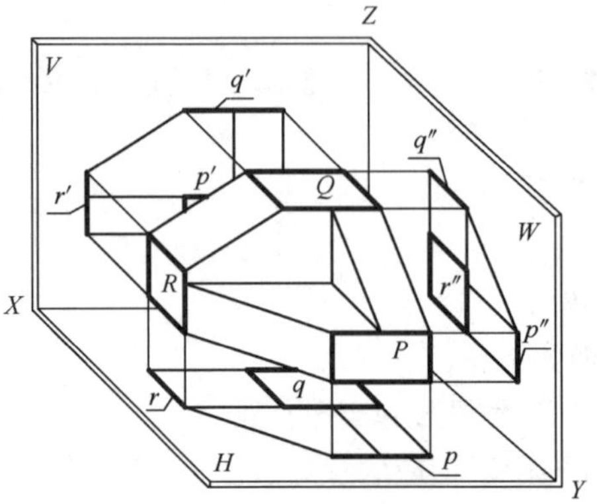

a)

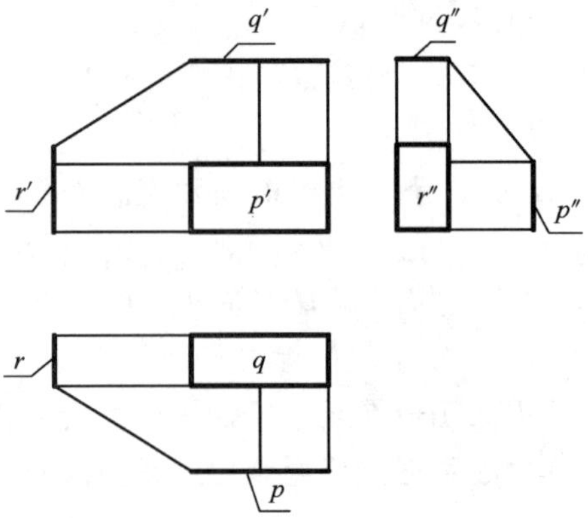

b)

图 3-23　投影面平行面

该立体的 R 平面平行于 W 面，垂直于 H、V 面，是侧平面。它的侧面投影 r'' 反映 R 平面的实形；它的水平投影 r 和正面投影 r' 均积聚为直线段，且分别平行于 $0Y$ 轴和 OZ 轴。

投影面平行面的迹线表示如图 3-24a）所示。Q 平面与 H 面平行，无迹线。Q 平面与 V 面的交线（正面迹线）平行 OX 轴，记为 Q^V，以表示该平面在 V 面的投影有积聚性。

Q^V 的正面投影是其本身，水平投影在 OX 轴上，不画，如图 3-24b）所示。

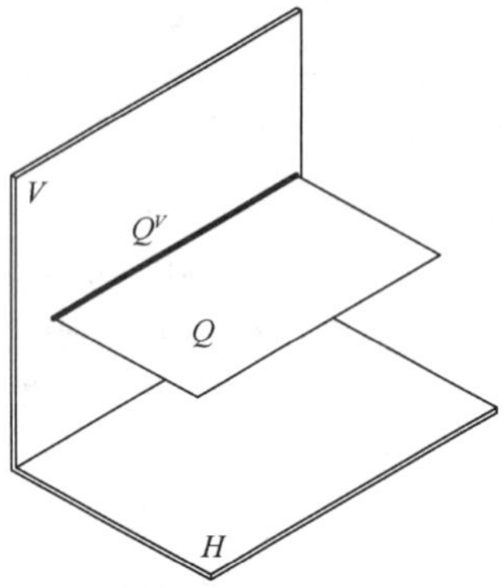

a)

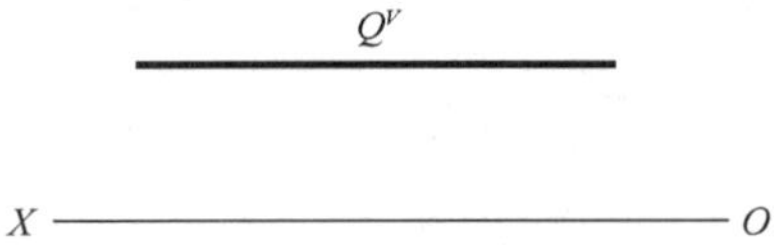

b)

图 3-24　水平面的迹线表示

（二）投影面垂直面

垂直于某一个投影面，而倾斜于另两个投影面的平面，称为投影面垂直面。投影面垂直面有三种情况，其中：

与 H 面垂直且与 V、W 面倾斜的平面称为铅垂面；

与 V 面垂直且与 H、W 面倾斜的平面称为正垂面；

与 W 面垂直且与 H、V 面倾斜的平面称为侧垂面。

表 3-5 列出了投影面垂直面的投影特性，归纳如下：

（1）平面图形在所垂直的投影面上的投影积聚成一条倾斜的直线段，该直线段与相应投影轴的夹角反映该平面对另两个投影面的倾斜角度；

（2）平面图形的另两个投影均为原平面图形的类似形。

投影面垂直面的投影特性　　表 3-5

名称	立 体 图	投 影 图	投 影 特 征
铅垂图	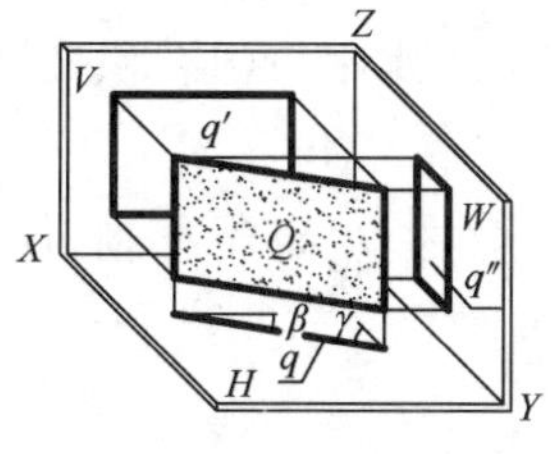	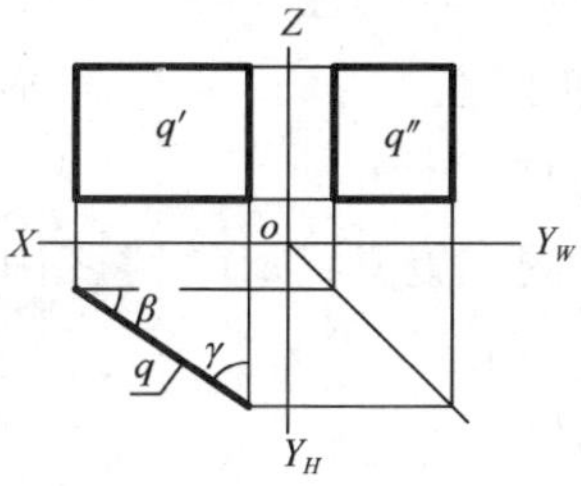	(1)水平投影 q 有积聚性，且反映 Q 面与 V、W 的倾角 β、γ； (2)正面投影 q' 与侧面投影 q'' 为原平面图形的类似形
正垂面	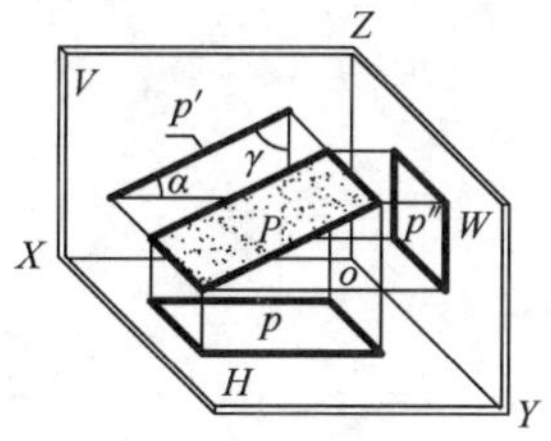	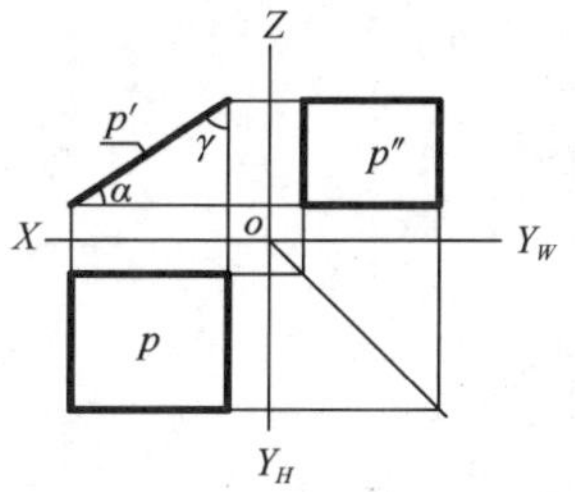	(1)正面投影 p' 有积聚性，且反映 P 面与 H、W 的倾角 α、γ； (2)水平投影 p 与侧面投影 p'' 为原平面图形的类似形
侧垂图	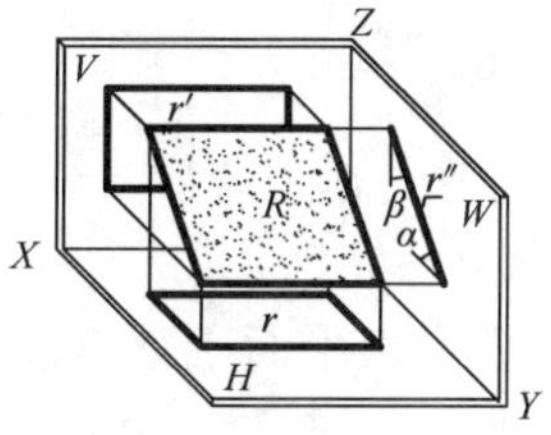	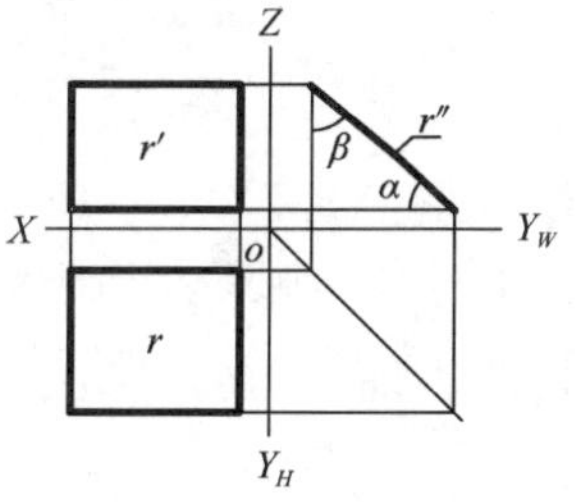	(1)侧面投影 r'' 有积聚性，且反映 R 面与 H、V 的倾角 α、β； (2)水平投影 r 与正面投影 r' 为原平面图形的类似形

在图 3-25 所示的立体中，Q 平面垂直于 H 面，倾斜于 V、W 面，是铅垂面。它的水平投影 q 积聚成一条倾斜的直线段，该线段与 OX、OY 轴的夹角分别反映 Q 平面与 V 面、W 面的倾角 β、γ。它的正面投影 q' 和侧面投影 q'' 均为 Q 平面的类似形即四边形。

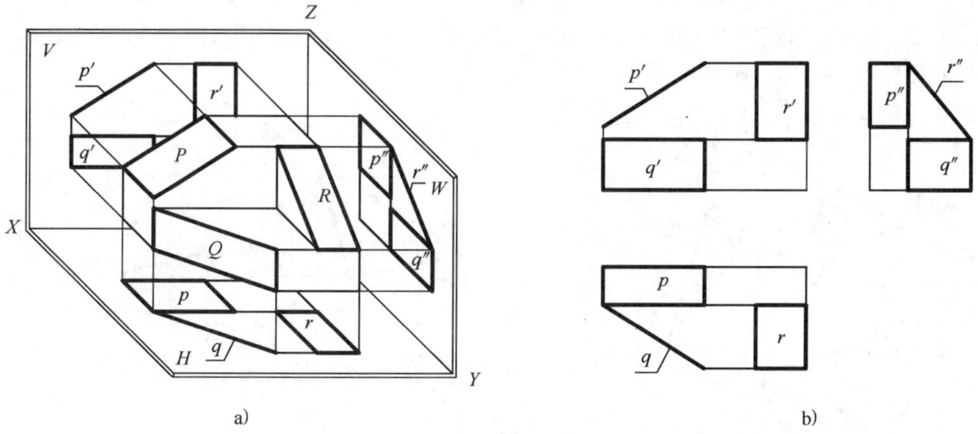

图 3-25　投影面垂直面

该立体的 P 平面垂直于 V 面，倾斜于 H、W 面，是正垂面。它的正面投影 p' 积聚成一条倾斜的直线段，该线段与 OX、OZ 轴的夹角分别反映 P 平面与 H 面、W 面的倾角 α、γ。它的水平投影 p 和侧面投影 p'' 均为 P 平面的类似形即四边形。

该立体的 R 平面垂直于 W 面，倾斜于 H、V 面，是侧垂面。它的侧面投影 r''积聚成一条倾斜的直线段，该线段与 OY、OZ 轴的夹角分别反映 R 平面与 H 面、V 面的倾角 α、β。它的水平投影 r 和侧面投影 r''均为原图形的类似形即四边形。

投影面垂直面的迹线表示如图 3-26a) 所示。Q 平面是铅垂面，水平投影有积聚性，它的水平迹线为 Q^H；它与 V 面倾斜，正面迹线为 Q_V。

由于 Q^H 可以表示 Q 平面的空间位置，所以在投影图中，一般将 Q_V 省略不画，仅画 Q^H，见图 3-26b)。

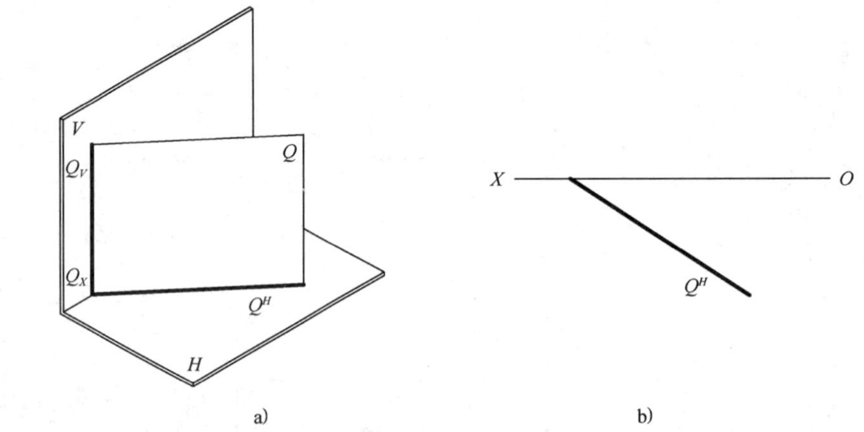

图 3-26 铅垂面的迹线表示

由此，当用平面迹线表示投影面垂直面时，在投影图中，仅表示出平面所垂直投影面上的迹线即可。

(三) 一般位置平面

与三个投影面均倾斜的平面称为一般位置平面。

一般位置平面的任何一个投影，既不反映平面图形的实形，也没有积聚性。因此，一般位置平面的三个投影均是空间平面图形的类似形(图 3-27)。一般位置平面与三个投影面的倾角 α、β、γ 均不能在投影图中反映出来，需作图确定。求一般位置平面图形的实形和倾角的方法见第四章。

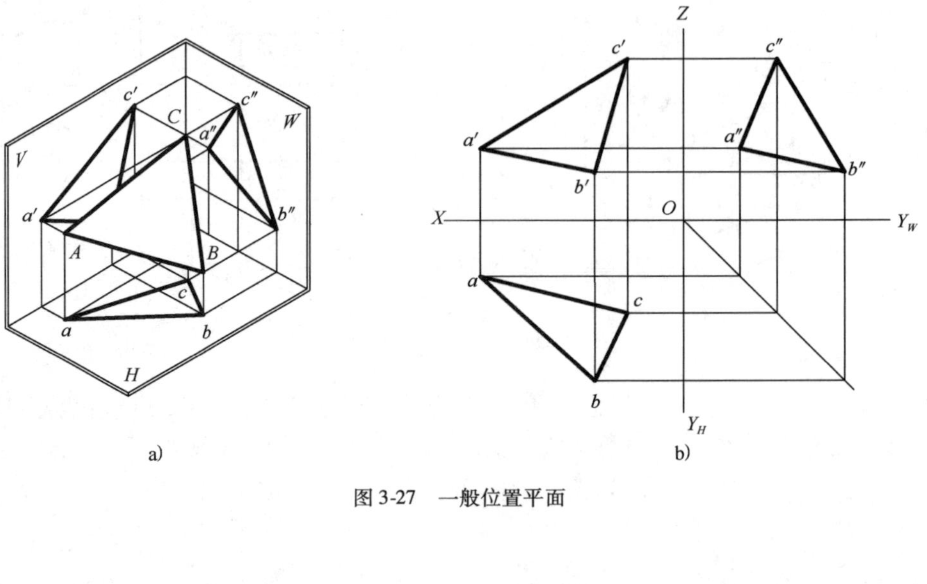

图 3-27 一般位置平面

三、平面上的点和直线

（一）平面上的点

点位于平面上的几何条件是：如果一点位于平面内的一直线上，则该点位于平面上。

图3-28中点 N 属于直线 AB，M 属于直线 AC，而直线 AB、AC 都位于平面 ABC 上，因此，点 M、N 位于平面 ABC 上。

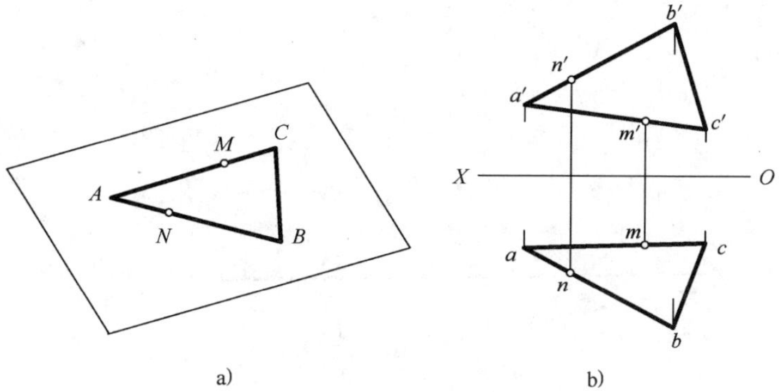

图3-28　平面内的点

（二）平面上的直线

直线位于平面上的几何条件是：①若一直线通过平面内两点，则此直线位于该平面内；②若一直线通过平面内一点，且平行于平面内另一直线，则此直线位于该平面内。

在图3-29中直线 DE 上的点 D 位于△ABC 的 AB 边，点 E 位于△ABC 的 AC 边，故直线 DE 属于△ABC 平面。又直线 BM 通过△ABC 平面中的点 B，且平行于平面内的直线 AC，所以 BM 属于△ABC 平面。

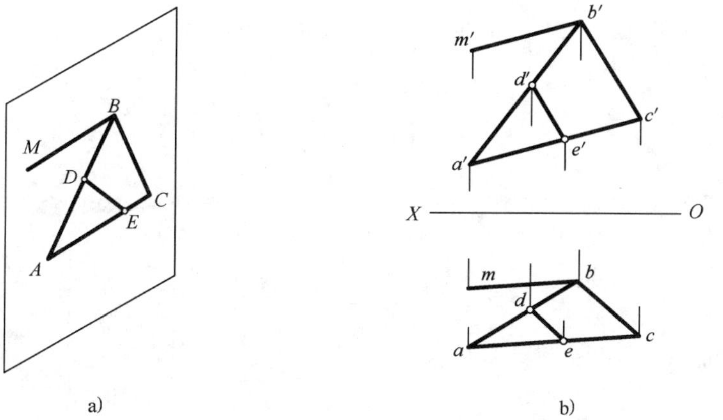

图3-29　平面内的直线

［**例3-8**］已知点 K 属于△ABC 平面，求其水平投影 k，，见图3-30a）。

分析：

若点 K 属于平面，则点 K 一定在平面的某条直线上。为此，可先过点 K 的已知投影 k' 作平面内一条辅助直线的正面投影，然后通过该直线的水平投影求得点 K 的水平投影。

作图:如图 3-30b)所示。

(1)过 k'作辅助线 $b'd'$;

(2)由 $b'd'$ 作出 bd;

(3)由 k'对应在 bd 上求得 k。

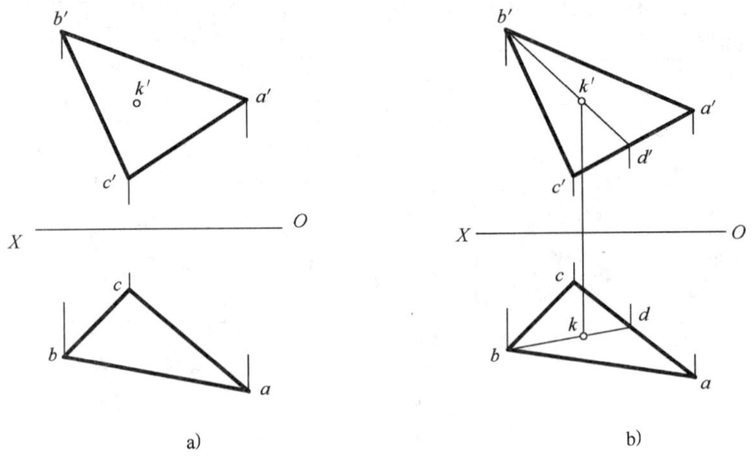

图 3-30 求平面内的点

[**例 3-9**] 试判别 DE 线是否位于△ABC 平面内,见图 3-31a)。

分析:

根据直线在平面内的几何条件,若 DE 线通过平面内两点,则 DE 在平面内,否则不在平面内。

作图:如图 3-31b)所示。

(1)延长 de 分别交 ab 于 f,交 ac 于 g;

(2)对应在 V 面求得 $f'g'$;

(3)由于 $d'e'$不在 $f'g'$上,则 DE 线不位于△ABC 平面内。

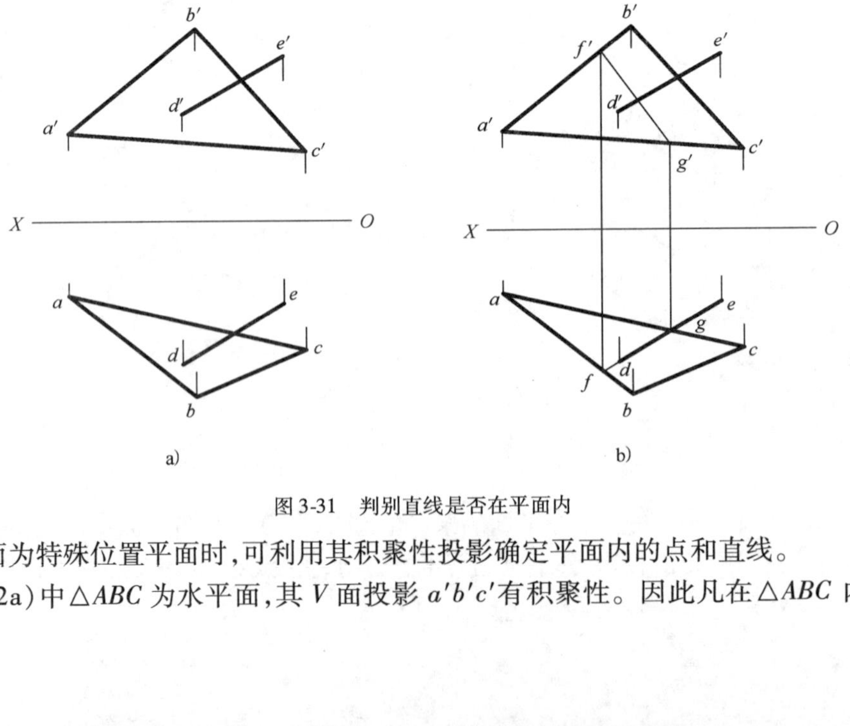

图 3-31 判别直线是否在平面内

当平面为特殊位置平面时,可利用其积聚性投影确定平面内的点和直线。

图 3-32a)中△ABC 为水平面,其 V 面投影 $a'b'c'$有积聚性。因此凡在△ABC 内的点或直

线，其 V 面投影均重合在 $a'b'c'$ 上，由此可以看出，点 $D(d、d')$ 及直线 $EF(ef、e'f')$ 均属于 $\triangle ABC$ 平面。

图 3-32b）为一迹线表示的铅垂面 P。因为铅垂面 P 的水平投影有积聚性，凡在该平面内的点和直线，其水平投影必重合在 P^H 上。图中点 K 和直线 MN 的水平投影 k 及 mn 均位于 P^H 上，所以点 K 和直线 MN 属于平面 P。

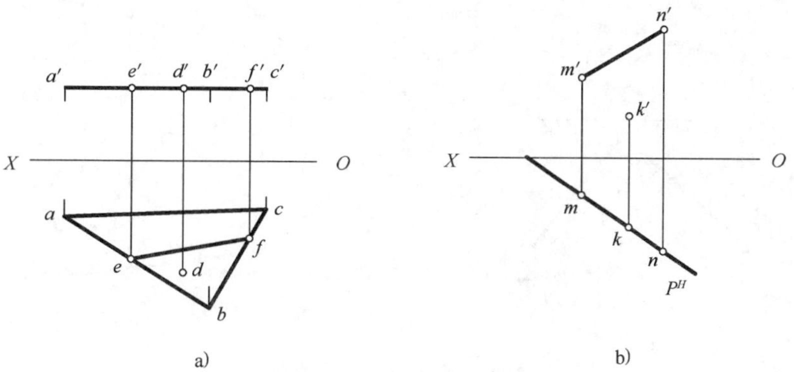

图 3-32　特殊位置平面内的点和直线

（三）平面内的投影面平行线

一般位置平面内平行于投影面的直线有三种：平面内的水平线、平面内的正平线、平面内的侧平线，它们分别与相应的平面迹线平行（图 3-33）。

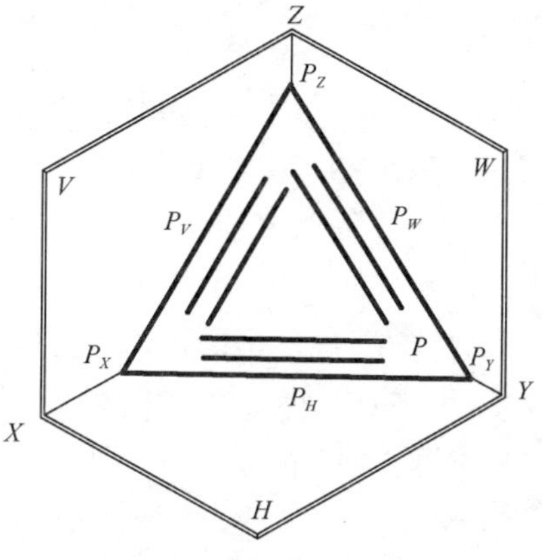

图 3-33　平面内的投影面平行线

在平面内作投影面的平行线，除应符合平面内直线的几何条件外，还应符合投影面平行线的投影特性。

［**例 3-10**］在 $\triangle ABC$ 平面作距 H 面 20mm 的水平线 MN，见图 3-34a）。

分析：

$\triangle ABC$ 平面内的水平线有无数条，但距 H 面 20mm 的水平线只有一条。水平线 MN 的正面投影应平行于 OX 轴，且相距 20mm。MN 上任意两点又应位于 $\triangle ABC$ 平面内。因此，可先作 MN 的正面投影 $m'n'$，使 m'、n' 位于 $\triangle abc$ 平面内的两条边上。然后利用面上取线的方法作出 mn。

作图：如图 3-34b）所示。

(1)作 $m'n'$ 平行 OX 轴,且相距 20mm,使 m' 位于 $a'b'$ 上,n' 位于 $a'c'$ 上;
(2)由 m' 和 n' 作 OX 轴的垂直线,分别在 ab、ac 上求得 m、n;
(3)连接 mn, 则 $MN(mn,m'n')$ 即为所求。

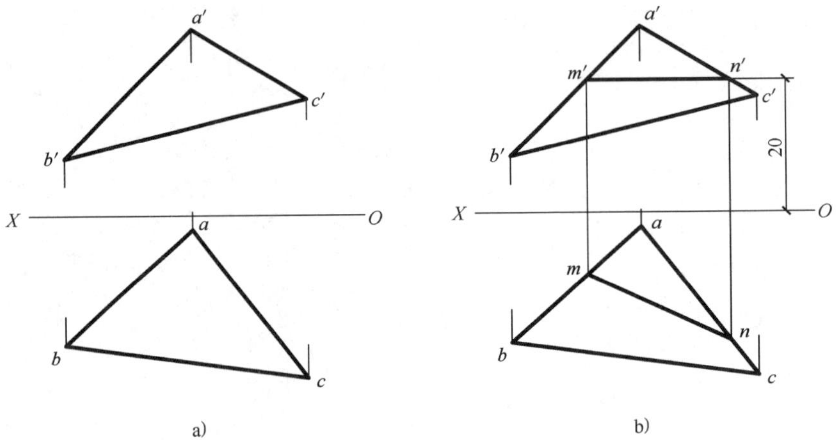

图 3-34 一般位置平面内的水平线(单位:mm)

第四节 直线与平面、两平面的相对位置

一、直线与平面平行、两平面平行

(一)直线与平面平行

直线与平面平行的几何条件是:若一直线与平面内的一直线平行,则该直线与平面平行。

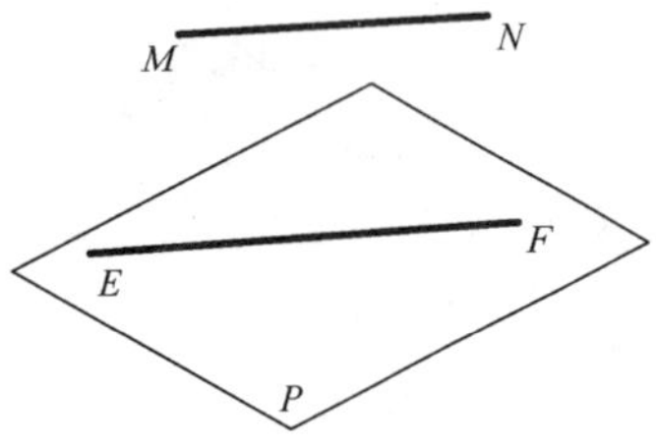

图 3-35 直线与平面平行

图 3-35 中,直线 MN 平行于平面 P 内的一条直线 EF,则直线 MN 与 P 平面平行。

图 3-36a)中,由于 $mn /\!/ ef$、$m'n' /\!/ e'f'$,所以 MN 平行 EF。又直线 EF 属于平面 ABC,则直线 MN 平行平面 ABC。图 3-36b)中,虽然 $ef /\!/ ab$,但 $e'f'$ 与 $a'b'$ 不平行,则直线 EF 不平行 AB,因此直线 EF 不平行平面 ABC。

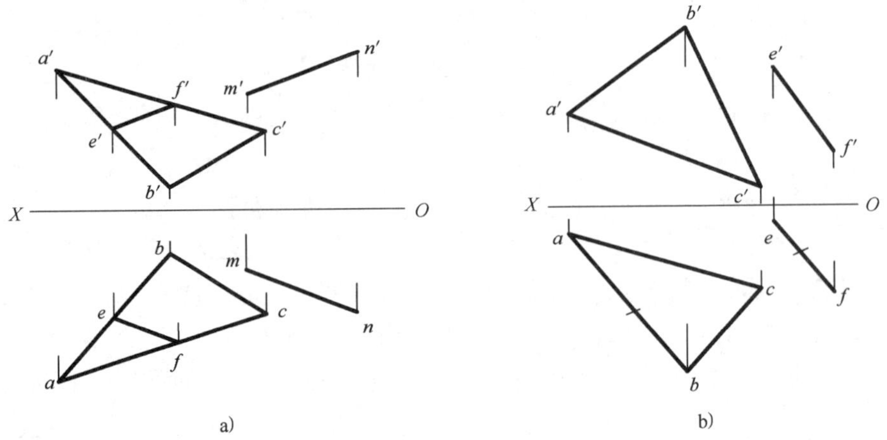

图 3-36 直线与平面平行的判别

如果一直线与平面平行，则过平面上任意一点，可在平面内作出与此直线平行的直线。

［**例 3-11**］ 包含已知直线 AB 作一平面与已知直线 MN 平行，见图 3-37a)。

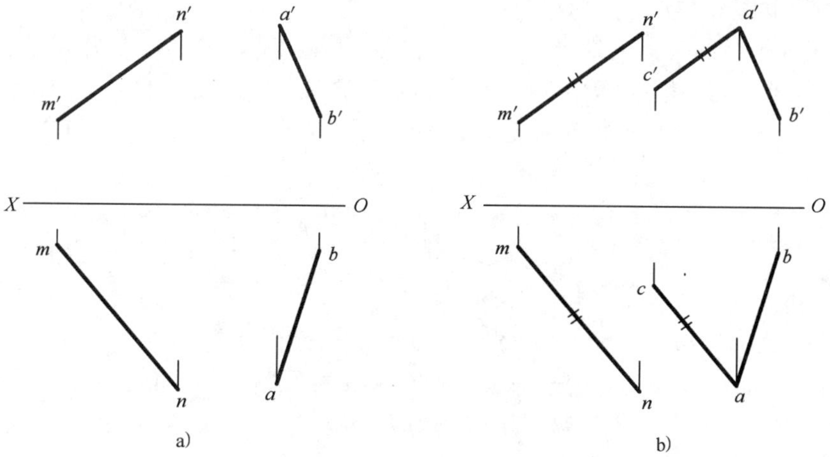

图 3-37 包含直线作平面与已知直线平行

分析：

根据直线与平面平行的几何条件知，包含 AB 所作的平面内只要有一条直线与 MN 平行，则该平面即与直线 MN 平行。所作平面可以用两条相交直线表示。为此，可作 AC 平行直线 MN，则 ABC 平面即为所求。

作图：如图 3-37b) 所示。

(1) 过 a 作 $ac /\!/ mn$；

(2) 过 a' 作 $a'c' /\!/ m'n'$，则 ABC 平面平行 MN 直线。

［**例 3-12**］ 过点 M 作一正平线与已知平面 ABC 平行，见图 3-38a)。

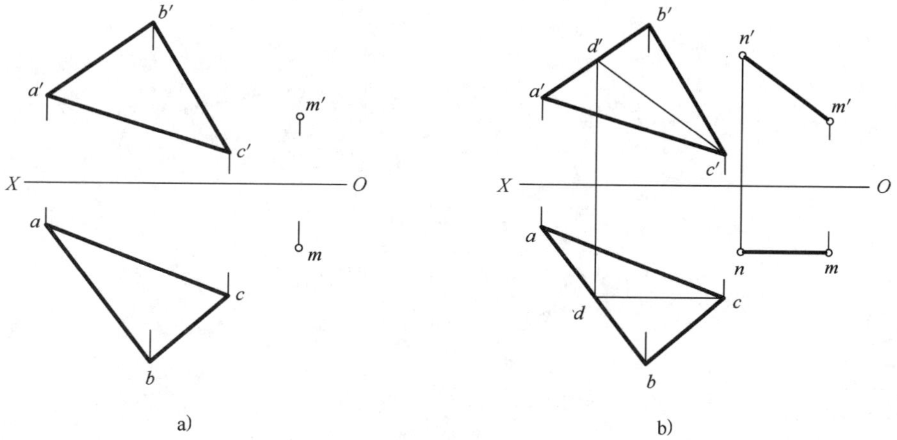

图 3-38 过点作直线与已知平面平行

分析：

过点 M 可作无数条直线与 ABC 平行，但正平线只有一条。该直线应平行于 $\triangle ABC$ 内的正平线。

作图：如图 3-38b) 所示。

(1) 在 $\triangle abc$ 内任过一点 c，作 $cd /\!/ OX$；

(2)由 cd 求得 $c'd'$,$CD(cd,c'd')$为平面 ABC 内的正平线;

(3)过 m' 作 $m'n'/\!/c'd'$、过 m 作 $mn/\!/cd$,则 $MN(mn、m'n')$即为所求。

(二)平面与平面平行

平面与平面平行的几何条件是:若一平面内相交两直线对应平行于另一平面内相交两直线,则两平面相互平行。图 3-39中,P 平面内相交两直线 AB 与 AC 对应平行于 Q 平面内相交两直线 DE 与 DF,即 $AB/\!/DE$,$AC/\!/DF$,则平面 P 与平面 Q 平行。

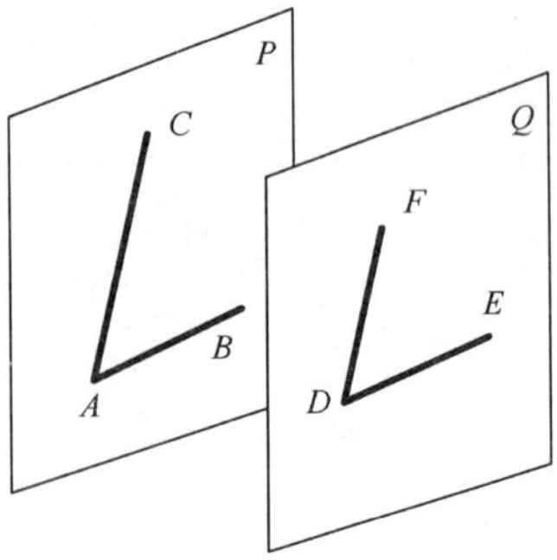

图 3-39 平面与平面平行

[**例 3-13**] 试过点 M 作一平面与平面 ABC 平行,见图 3-40a)。

分析:

过点 M 所作的平面内应有相交二直线与已知平面内相交二直线对应平行,为作图简便,可过点 M 分别作已知平面 ABC 相交边的平行线。

作图:如图 3-40b)所示。

(1)过 m 分别作 $mn/\!/ab$、$ml/\!/ac$;

(2)过 m'分别作 $m'n'/\!/a'b'$、$m'l'/\!/a'c'$;

则相交二直线组成的平面 NML 与已知平面 ABC 平行。

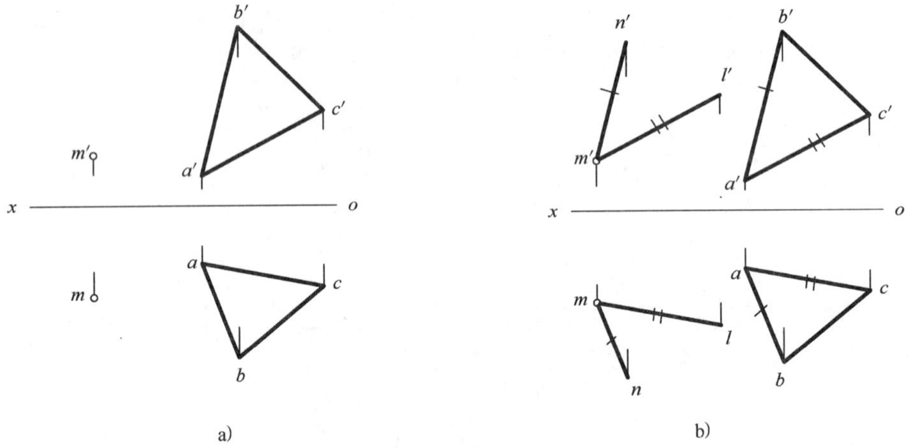

图 3-40 过点作一平面与已知平面平行

[**例 3-14**] 判别平面 $ABCD$ 与平面 DEF 是否平行,见图 3-41a)。

分析:

根据两平面平行的几何条件,可在 $ABCD$ 平面内试作与 DEF 平面相交边的平行线,若能作出,则两平面平行,否则不平行。

作图:如图 3-41b)所示。

(1)过 c'作 $c'm'/\!/e'f'$,再过 c'作 $c'n'/\!/e'g'$;

(2)在水平投影中,求出 cm 和 cn;

(3)检查 cm、cn 是否分别平行于 ef、eg。虽然 $cn/\!/eg$,但 cm 不平行 ef,所以平面 $ABCD$ 与平面 DEF 不平行。

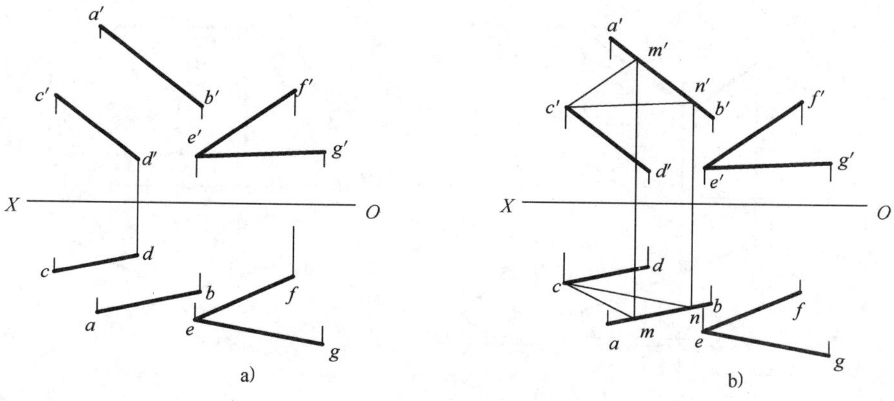

图 3-41　判别两平面是否平行

二、直线与平面相交、两平面相交

直线与平面不平行则必定相交。直线与平面的交点是直线与平面的共有点，见图 3-42a)。两平面不平行必定相交，其交线是两平面的共有直线，交线上的点是两平面的共有点，见图 3-42b)。

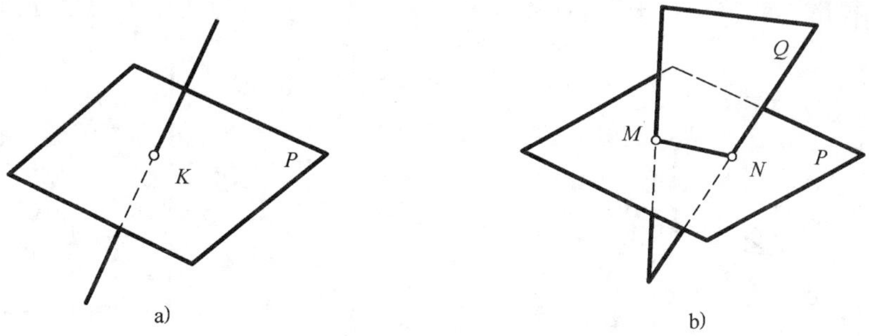

图 3-42　直线与平面相交、两平面相交

(一)直线与平面相交

1. 直线与特殊位置平面相交

直线与特殊位置平面相交，可利用特殊位置平面的积聚性投影求交点。图 3-43 中直线 EF 与铅垂面 $ABCD$ 相交于点 G。G 是平面上的点，其水平投影必定在 $a(d)b(c)$ 上。同时，点 G 又是直线上的点，其水平投影必定在 ef 上，因此 ef 与 $a(d)b(c)$ 的交点 g 即为点 G 的水平投影。过 g 作竖直投影连线交 $e'f'$ 于 g' ，g' 即为点 G 的正面投影。

在直线与平面相交的作图中，还必须判别直线投影的可见性。判别投影可见性的方法有以下两种：

(1)运用交错两直线上重影点的投影可见性来判别。

(2)如果平面是特殊位置平面，可以从平面的积聚性投影中直接判别。

如图 3-43 所示，$ABCD$ 是铅垂面，其水平投影积聚成一直线。从直线和平面的水平投影中可以看出，FG 在 $ABCD$ 平面之前，其正面投影可见；EG 在 $ABCD$ 平面之后，则 $e'g'$ 有一段被平面遮挡，用虚线表示。

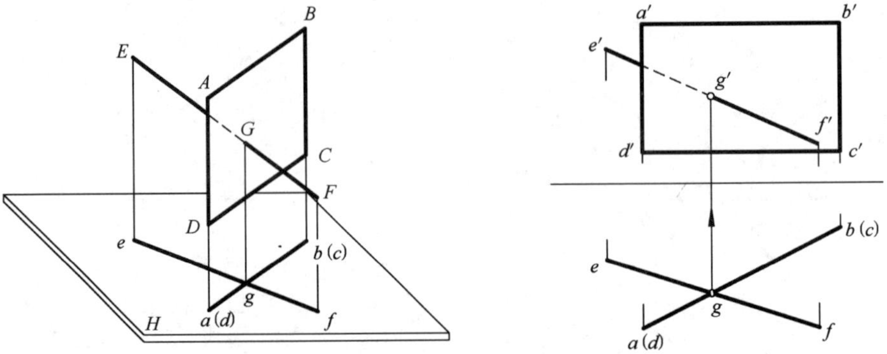

a)　　　　　　b)

图 3-43　直线与投影面垂直面相交

2. 投影面垂直线与一般位置平面相交

投影面垂直线与一般位置平面相交,可根据直线的积聚性投影,先求出交点的一个投影,然后利用平面内取点的方法求出交点的另一个投影。

图 3-44 中直线 *DE* 为铅垂线,其水平投影积聚成一点。直线与平面的交点 *F* 的水平投影 *f* 重合在直线的积聚投影上。求交点 *F* 的正面投影时,先在水平投影中连接 *bf* 并延长交 *ac* 于 *g*,过 *g* 作竖直投影连线交 *a′c′* 于 *g′*,连接 *b′g′* 交 *d′e′* 于 *f′*,*f′* 即为交点 *F* 点的正面投影。

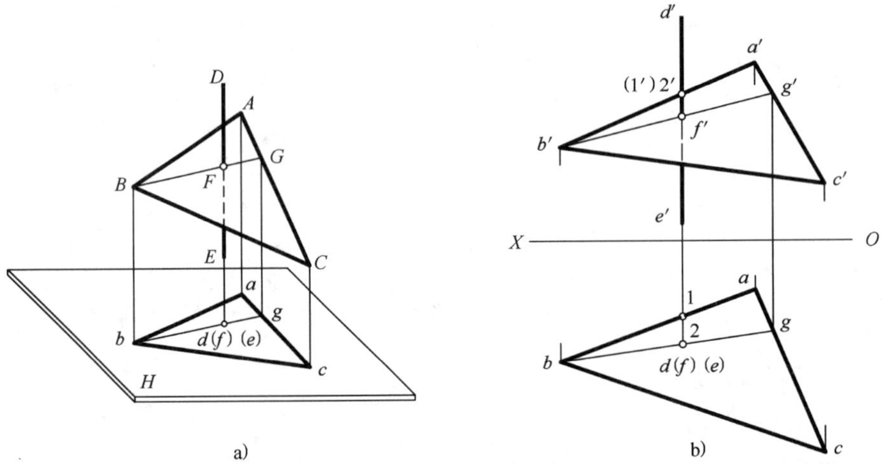

a)　　　　　　b)

图 3-44　投影面垂直线与平面相交

正面投影的可见性是采用重影点判别的,利用重影点判别可见性的方法:在需判断可见性的投影图中找出一对交错直线对该投影面重影点的投影,然后做出它们的另一投影,以比较两点的相对位置,坐标大者可见,小者不可见。

在图 3-44 的正面投影中,*a′ b′* 与 *d′e′* 的交点(1′)2′是两交错直线 *AB* 与 *DE* 对 *V* 面的重影点Ⅰ、Ⅱ的正面投影。然后求出Ⅰ、Ⅱ的水平投影 1、2,比较Ⅰ、Ⅱ两点前后位置。由水平投影 1、2 可知,点Ⅱ在点Ⅰ之前,即Ⅱ*F* 线段在平面 *ABC* 之前,所以 2′*f′* 可见。

(二) 平面与平面相交

当相交两平面中有一个特殊位置平面时,其交线可利用直线与特殊位置平面求交点的方法,分别求出交线上的两个点(两平面的共有点),然后连接这两个交点即可。

图3-45a)中,一般位置平面 ABC 与铅垂面 $DEFG$ 相交,交线 KL 可以看作是△ABC 的 AC 边和 AB 边与四边形 $DEFG$ 的交点 K、L 的连线。

四边形 $DEFG$ 的水平投影积聚成一条直线 $d(g)e(f)$。交线 KL 的水平投影 kl 应重合于 $d(g)e(f)$,且 k、l 点分别位于 AC、AB 边的水平投影 ac、ab 上。分别过 k、l 点作竖直投影连线,与正面投影 $a'c'$、$a'b'$交于 k'、l'点,连接 $k'l'$即为交线 KL 的正面投影,见图3-45b)。

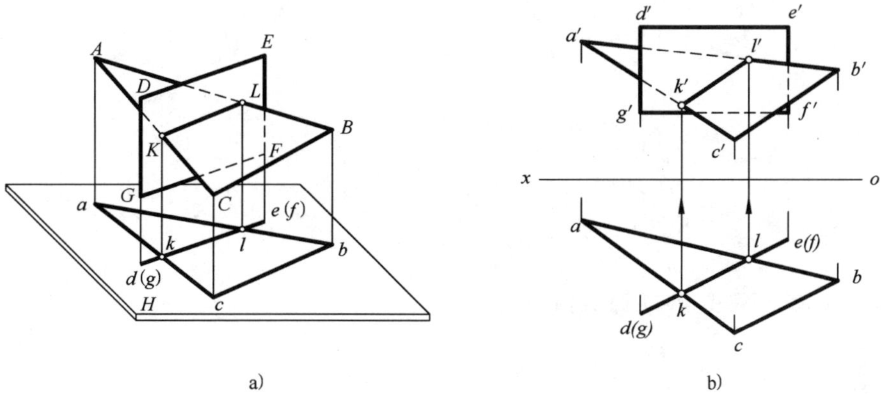

图3-45 一般位置平面与铅垂面相交

在正面投影中两平面图形的投影重叠部分要区分可见性。由平面 $DEFG$ 的积聚投影(水平投影)分析,△ABC 的 $KCBL$ 在平面 $DEFG$ 之前,其正面投影可见;△ABC 的 KAL 在平面 $DEFG$ 之后,有部分被四边形平面遮挡,正面投影用虚线表示。

当两平面均为同一投影面的垂直面时,其交线一定是该投影面的垂直线。两平面积聚投影的交点就是两平面交线的积聚投影。

在图3-46中△ABC 和四边形 $DEFG$ 均为铅垂面,它们的交线 MN 为铅垂线。交线的水平投影是两平面积聚投影的交点 $m(n)$。正面投影 $m'n'$垂直于 OX 轴。

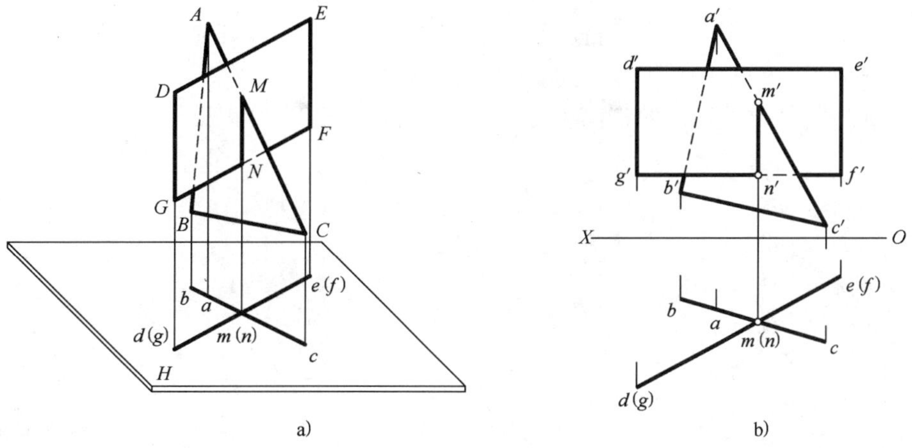

图3-46 两投影面垂直面相交

两平面图形相交时,交线的两个端点应在它们的两条边线上。图3-47a)中两平面图形交线的两端点 K、L 均落在同一平面△ABC 的两条边上,这种相交称为全交。图3-45所示为两平面图形全交。

图3-47b)中两平面图形交线的两端点 K、L 分别落在平面 Q 的一条边和△DEF 的一条边

DE 上，这种相交称为互交。图 3-46 所示为两平面图形互交。

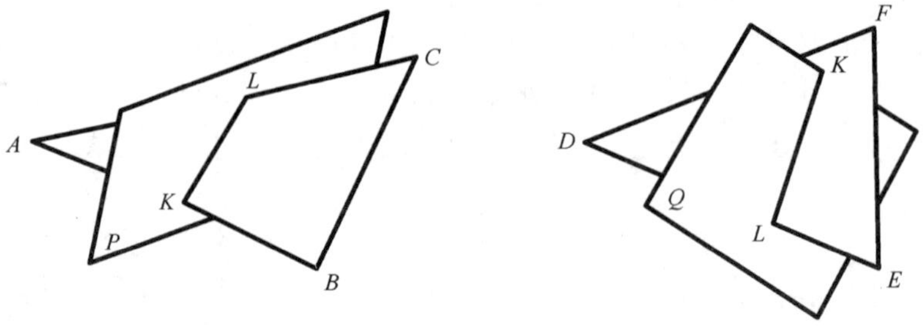

图 3-47　两平面相交的形式

a）两平面全交；b）两平面互交

三、直线与平面垂直，两平面垂直

（一）直线与平面垂直

直线与平面垂直的几何条件：若一直线垂直于一平面内的两条相交直线，不管该直线是否通过这两条相交直线的交点，则这条直线一定与该平面垂直。

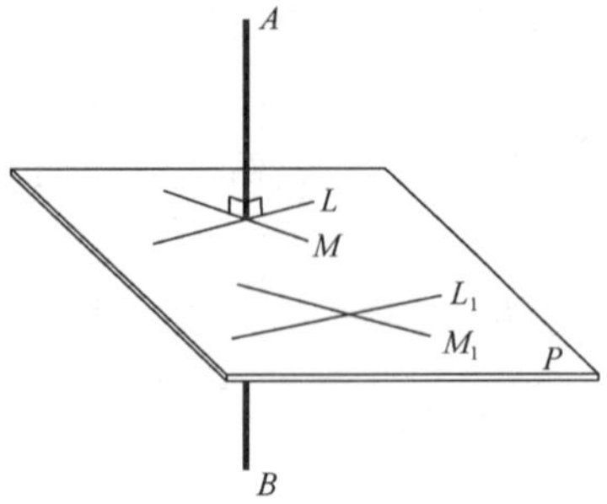

图 3-48　直线垂直于平面的几何条件

如图 3-48 所示，直线 $AB \perp P$ 面上相交两直线 L、M（或 L_1、M_1），所以 $AB \perp P$ 面。

反之，若一直线垂直于一平面，则这条直线一定与该平面内所有的直线垂直。

若直线垂直于某一投影面的垂直面时，该直线必然是一条这个投影面的平行线。如图 3-49a）中，平面 P 是铅垂面，直线 AB 垂直于平面 P，则 AB 一定是水平线。平面 P 的水平投影与该直线 AB 的水平投影必相互垂直，有 $ab \perp P^H$，见图 3-49b）。

图 3-49c）中，正平线 EF 的正面投影 $e'f' \perp$ 正垂面 ABCD 的积聚投影，所以 EF 与正垂面 ABCD 垂直。

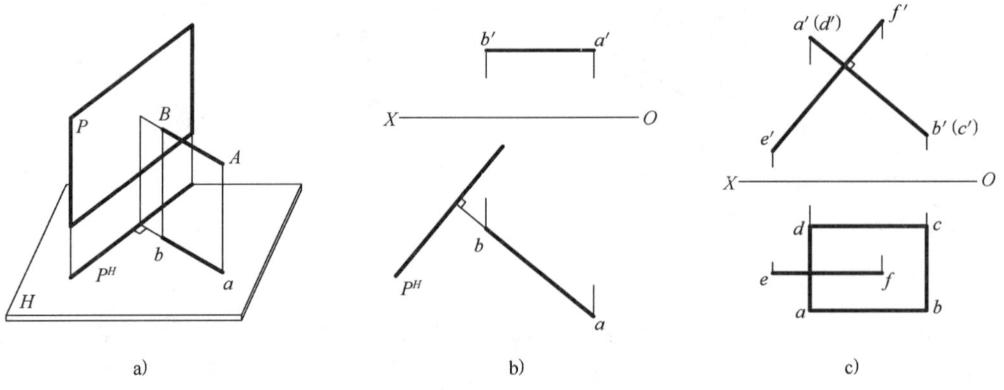

图 3-49　直线垂直投射面

（二）两平面相互垂直

两平面相互垂直的几何条件：如果一个平面包含另一个平面的垂线，那么，这两个平面就相互垂直。在图 3-50 中，由于直线 AB 垂直平面 Q，且直线 AB 属于平面 P，所以平面 P 垂直平面 Q。

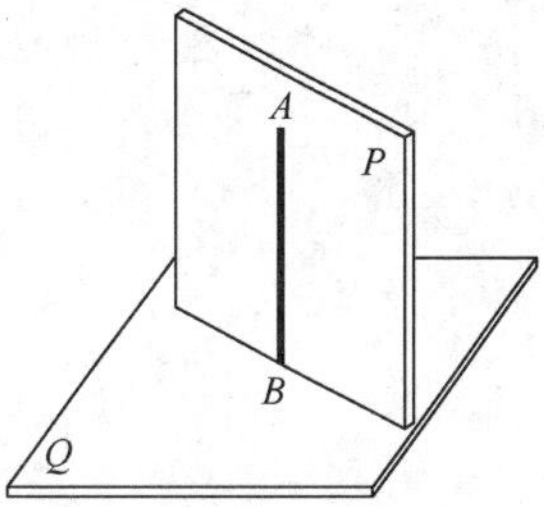

图 3-50　两平面相互垂直的几何条件

［**例 3-15**］ 过直线 AB 作一平面与已知平面 P 垂直，见图3-51a）。

分析：

根据几何条件，所作平面中应有一条直线垂直另一平面 P。为此过直线上一点作直线垂直平面 P 即可。

作图：

过点 A 作一水平线 AC 垂直于铅垂面 P，则两相交直线 AB 与 AC 所表示的平面即为所求，如图 3-51b）。

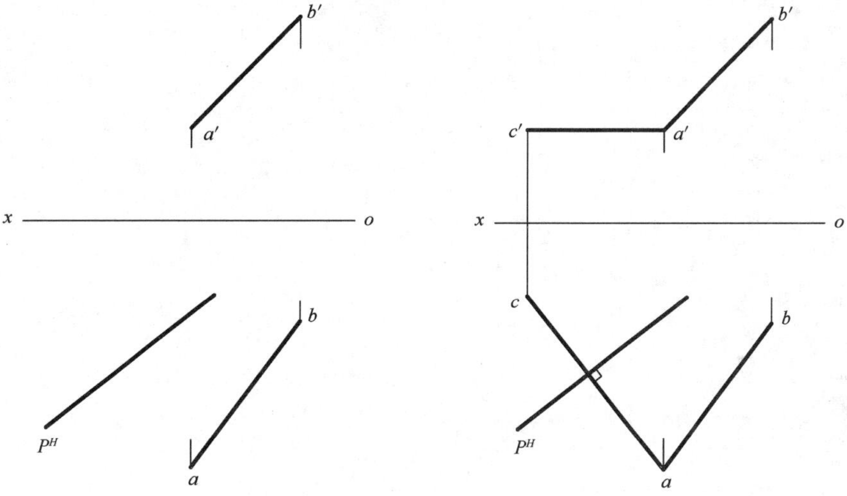

图 3-51　判断两平面是否垂直

复习思考题

1. 试述点的三面投影规律。
2. 试述点的坐标与投影的关系。
3. 什么是重影点？怎样判别重影点的可见性。
4. 各种位置直线有哪些投影特性？
5. 怎样判别点是否在直线上？
6. 试述两直线平行的投影特性。
7. 各种位置平面有哪些投影特性？
8. 怎样在已知平面上取直线和点？

9. 平面内投影面平行线有什么投影特点？

10. 试述直线与平面、平面与平面平行的投影特性。

11. 如何求直线与平面的交点，平面与平面的交线？

12. 如何区分直线与平面相交、平面与平面相交的投影可见性？

13. 如何作直线与平面垂直？

第四章
立体的投影

基本要求：

1. 掌握基本立体的三面投影及投影特性。
2. 掌握在体表面上取点和取线的方法。
3. 掌握柱状体投影图的识读方法。

任何工程形体总是可以看成是由一些简单的几何体（如棱柱、棱锥、棱台、圆柱、圆锥、圆球等）组合而成的，这些简单几何体称为基本立体，如图4-1所示。立体有平面立体与曲面立体之分。表面由若干平面形组成的立体称为平面立体（简称平面体）；表面由曲面或曲面与平面形组成的立体称为曲面立体（简称曲面体）。本章主要介绍基本立体、柱状体的三面投影特性及读图方法。

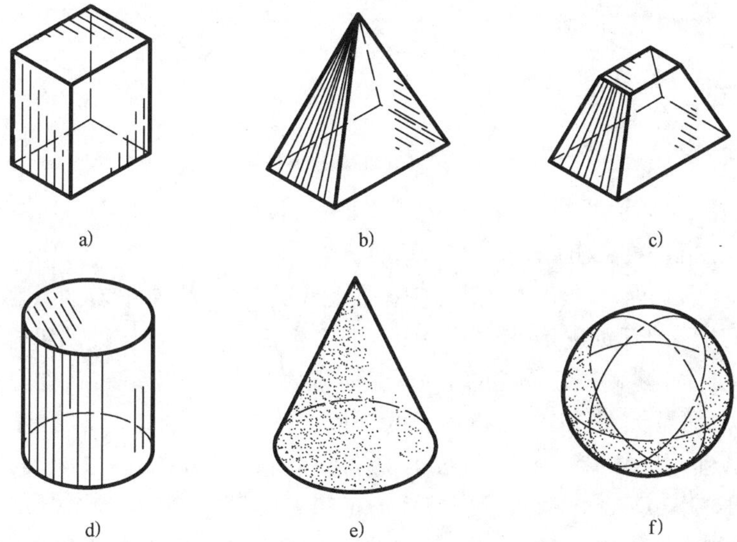

图4-1 基本立体

a)棱柱；b)棱锥；c)棱台；d)圆柱；e)圆锥；f)圆球

第一节 平面立体

由若干平面形围成的立体称为平面立体。平面立体的每个表面是平面多边形，各表面的交线是直线段，直线段的端点是立体的顶点。所以绘制平面立体的投影可归结为绘制其表面的交线、顶点的投影。

一、棱柱

在一个平面立体中，如果有两个表面相互平行，而其余的表面中每相邻两个表面的交线都相互平行，这样的平面立体称为棱柱。

棱柱上平行的两个表面称为棱柱的底面，其余的表面称为棱柱的侧面或棱面。相邻两棱面的交线称为棱柱的棱线。棱线垂直于底面的棱柱称为直棱柱，棱线与底面斜交的棱柱则称为斜棱柱。底面是正多边形的直棱柱称为正棱柱。

（一）直棱柱的三面投影

图 4-2 所示为一个正五棱柱的三面投影。

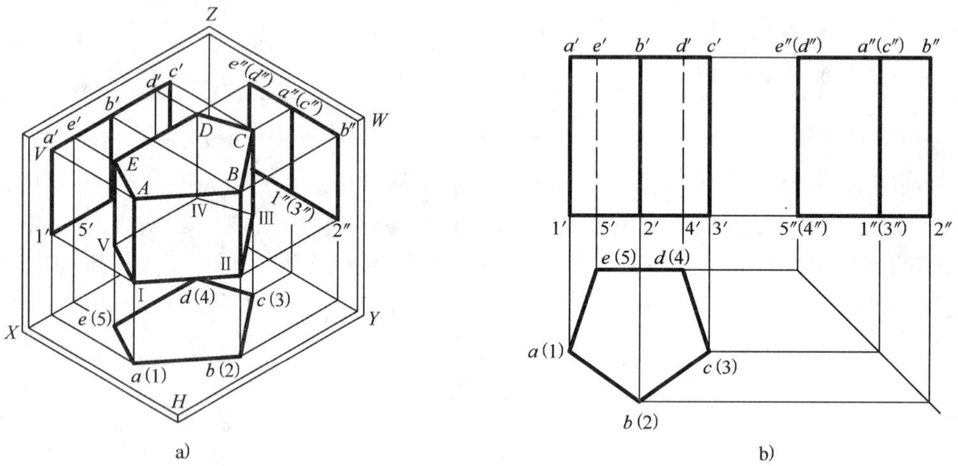

图 4-2　正五棱柱的投影

该五棱柱的上、下底面平行于 H 面，为水平面；后棱面平行于 V 面，是正平面；其余的四个棱面是铅垂面。正五棱柱的五条棱线为铅垂线。

五棱柱的水平投影是一个正五边形，它既是上底的投影，也是下底的投影，同时反映上、下底面的实形。五边形的五条边是垂直于底面的五个棱面的具有积聚性的投影。

在五棱柱的正面投影中，五棱柱的上、下底面积聚为上、下两条水平直线段。前面的两个棱面 ABⅡⅠ和 BCⅢⅡ倾斜于 V 面，投射成两个可见的变窄了的矩形 $a'b'2'1'$ 和 $b'c'3'2'$；后面的三个棱面 CDⅣⅢ、DEⅤⅣ和 EAⅠⅤ投射成三个矩形 $c'd'4'3'$、$d'e'5'4'$ 和 $e'a'1'5'$。其中矩形 $d'e'5'4'$ 反映了棱面 DEⅤⅣ的实形。棱线 DⅣ和 EⅤ在正面投影中不可见，用虚线表示。

在五棱柱的侧面投影中，五棱柱上、下底面的投影也是两条水平直线段。后棱面 DEⅤⅣ是正平面，所以侧面投影积聚为直线段 $d''e''5''4''$。左边两个棱面 EAⅠⅤ和 ABⅡⅠ投射成两个可见的矩形 $e''a''1''5''$ 和 $a''b''2''1''$。右边两个棱面 BCⅢⅡ和 CDⅣⅢ的投影不可见，它们分别与棱面 ABⅡⅠ和 EAⅠⅤ投影重合。

由以上分析可知，直棱柱投影特性如下：

直棱柱在与底面平行的投影面上的投影反映底面实形（多边形），直棱柱的另两个投影均为矩形的组合。

应该注意的是，立体上每一个棱面或底面、每一条侧棱或底边，以及每一个顶点，在每一个投影中都应得到反映。要熟练掌握它们在每个投影中的位置和特性,这是识读平面立体投影的基础。

(二)在棱柱表面上取点

在平面立体表面上确定点和线的作图方法与在平面内确定点和直线的作图方法相同。但是平面立体是由若干个表面围成的,所以在确定平面体表面上的点和直线时,首先要分析点和直线位于立体的哪个表面上,然后作图。如果点和直线所在表面的投影可见,则点和直线的该投影亦为可见。

[**例 4-1**] 已知三棱柱表面上点 A 和点 B 的正面投影 a'和(b'),求它们的水平投影和侧面投影,见图 4-3a)。

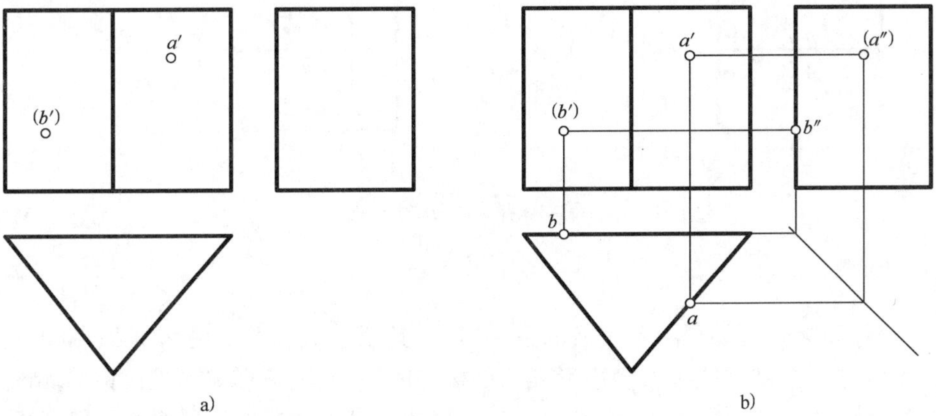

图 4-3　在棱柱表面上定点

分析:

由于点 A 的正面投影 a'为可见,又位于右侧,故可判定点 A 在棱柱的右前棱面内。点 B 的正面投影(b')为不可见,故可判定点 B 位于棱柱的后棱面内。

作图:如图 4-3b)所示。

(1)求 a 和 a''。右前棱面的水平投影有积聚性,点 A 的水平投影必定落在该面的积聚投影上。故由 a'向下作竖直线,可直接求得 a。过 a'向右作水平线,按点的三面投影规律可求得点 A 的侧面投影(a'')。因为右前棱面的侧面投影不可见,所以点 A 的侧面投影为不可见。

(2)求 b 和 b''。后棱面的水平面投影和侧面投影均有积聚性,b'和 b''必定落在该面的积聚投影上。故由(b')分别向下作竖直线、向右作水平线,可求得 b 和 b''。

(三)在棱柱表面上取直线段

在平面立体表面上取直线段时,应先确定直线段位于立体的哪一个表面上,然后运用在体表面取点的作图方法,分别作出直线段端点的投影,最后同面投影连线,并判别可见性。

[**例 4-2**] 已知四棱柱表面上折线 ABC 的水平投影 abc,求它们的正面投影和侧面投影,见图 4-4a)。

分析:

由于 abc 可见,故可判断折线 ABC 分别位于棱柱的两个上棱面,折点 B 位于四棱柱最上的棱线上。

作图:如图 4-4b)所示。

(1)求 $a''b''c''$。由于棱柱两个上棱面为侧垂面，其侧面投影有积聚性，故折线 ABC 的侧面投影必定落在棱面的积聚投影上。利用 Y_F 和 Y_F 可定出 a''、c''。

(2)求 $a'b'c'$。利用点的投影规律作出 a'、b'、c'，然后连线。由于 BC 位于后棱面上，故正面投影不可见，画虚线。

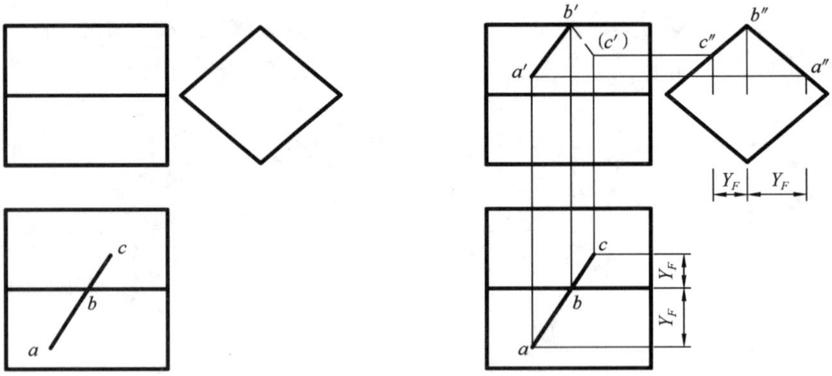

a)　　　　　　　　b)

图 4-4　在棱柱表面上取线

二、棱锥

在一个平面立体中，如果有一个表面是多边形，其余各表面是具有公共顶点的三角形，这样的平面立体称为棱锥。棱锥上多边形表面是棱锥的底面、三角形表面是棱锥的侧面或棱面。如果棱锥的底面是一个正多边形，而且顶点与正多边形底面中心的连线垂直于该底面，这样的棱锥就称为正棱锥。

(一) 棱锥的三面投影

图 4-5 所示为三棱锥的三面投影。该三棱锥的底面 ABC 平行于 H 面，其后表面 SAC 垂直于 W 面。

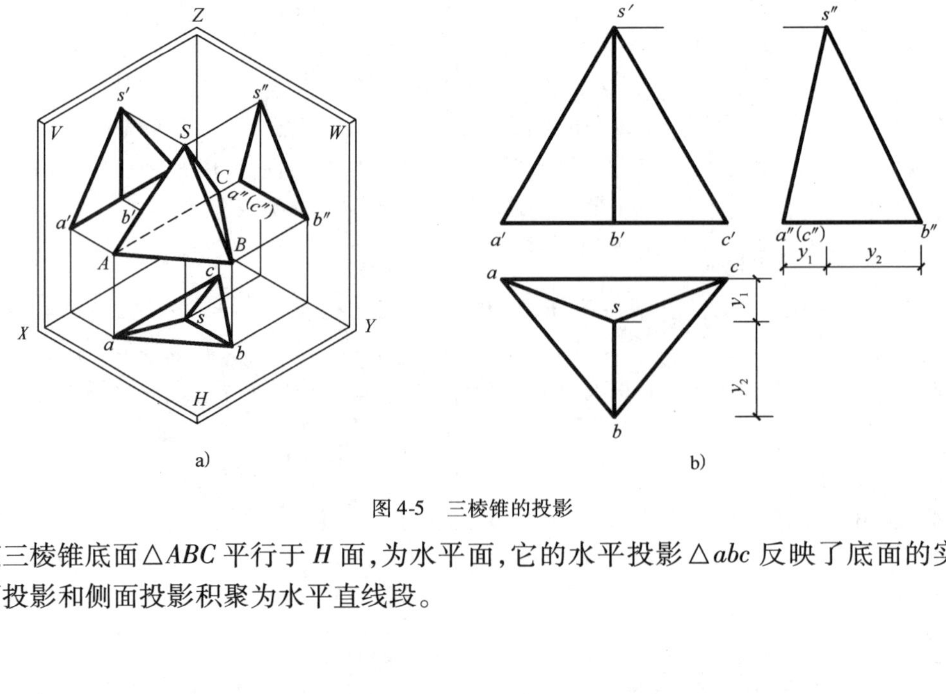

a)　　　　　　　　b)

图 4-5　三棱锥的投影

该三棱锥底面△ABC 平行于 H 面，为水平面，它的水平投影△abc 反映了底面的实形；它的正面投影和侧面投影积聚为水平直线段。

三棱锥后棱面△*SAC*垂直于*W*面、倾斜于*H*和*V*面，为侧垂面，其侧面投影*s″a″c″*积聚成倾斜的直线段；水平投影△*sac*和正面投影△*s′a′c′*为△*SAC*的类似形。

三棱锥的其余两个棱面△*SAB*和△*SBC*为一般位置平面。它们的三个投影仍是三角形，不反映实形。其中，侧面投影△*s″a″b″*与△*s″c″b″*重合。

应该注意，三棱锥的侧面投影不是一个等腰三角形。宽度 Y_1 和 Y_2 应与水平投影中相应的宽度相等，如图4-5b）所示。

由以上分析，得出棱锥投影特性如下：

棱锥在底面所平行的投影面上的投影为底面的实形（多边形），且有若干条直线段（各棱线的投影）交于一点（顶点的投影）；棱锥的其余两个投影均为一个三角形或若干个三角形的组合。

（二）在棱锥表面上取点和线

［**例4-3**］已知三棱锥表面点*K*的正面投影和ⅠⅡⅢ折线段的水平投影，求它们的另一投影，见图4-6a）。

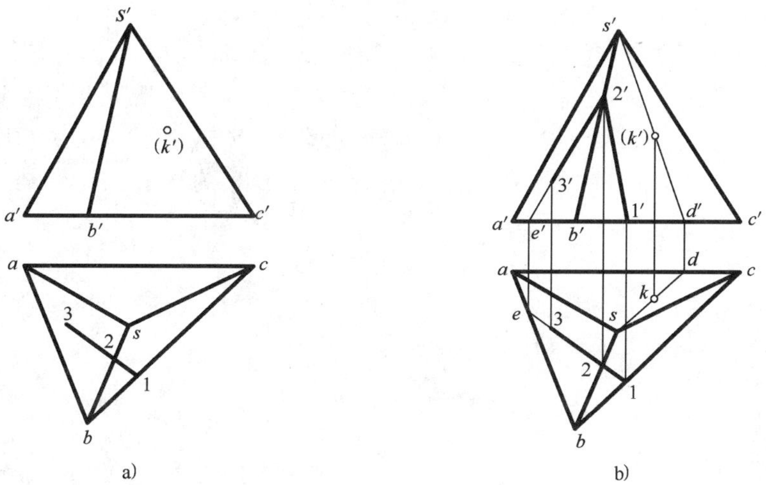

图4-6　在棱锥表面上取点和直线

分析：

由于点*K*的正面投影（*k′*）不可见，所以点*K*位于*SAC*棱面内；由于折线ⅠⅡⅢ的水平投影123可见，所以线段ⅠⅡ位于*SBC*棱面内；线段ⅡⅢ也在*SAB*棱面内，且点Ⅰ位于*BC*边上，点Ⅱ位于*SB*棱线上。

作图：如图4-6b）所示。

（1）求点*K*的水平投影：利用平面内取点需用先作辅助线的方法作图。

过点*K*的正面投影（*k′*）作△*SAC*棱面内辅助线*SD*的正面投影*s′d′*；然后求出*sd*，则点*K*的水平投影*k*必在*SD*的水平投影*sd*上。

（2）求线段ⅠⅡⅢ的正面投影。

由于点Ⅰ在*BC*边上；点Ⅱ在*SB*棱线上，故1′在*b′c′*上，2′在*s′b′*上，可直接作出。点Ⅲ位于*SAB*棱面内，3′可利用平面内辅助线Ⅱ*E*求得。连1′2′、2′3′，即为线段ⅠⅡ、ⅡⅢ的正面投影。因棱面*SAB*、*SBC*的正面投影均可见，故1′2′、2′3′可见。

三、棱台

棱锥被平行于其底面的平面截割，截面与底面间的部分称为棱台。所以，棱台的两个底面彼此平行且相似,所有的侧棱延长后相交于一点(即锥顶)。

图4-7a)所示为一个以矩形为底面的四棱台的水平投影和正面投影。由投影可知,该棱台的两个底面平行于 H 面(水平面),前后两个棱面垂直于 W 面(侧垂面),左右两个棱面则垂直于 V 面(正垂面)。

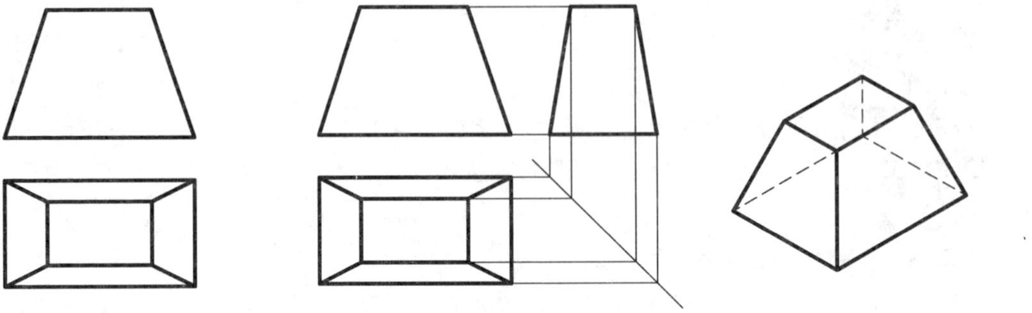

a)　　b)　　c)

图4-7　四棱台的投影

图4-7b)表示了根据棱台的水平投影和正面投影补画其侧面投影的过程。

作侧面投影前,首先要根据已知棱台两投影想象棱台的形状及棱台的各个表面与各投影面的相对位置,然后根据投射方向分析想象侧面投影的形状,最后按投影关系画出棱台的侧面投影。该棱台的两个底面、前后两个棱面的侧面投影均积聚为直线,形成一个梯形,它也是左右两个棱面的类似形投影。

棱台投影特性如下:

棱台在底面所平行的投影面上的投影为两个相似的对应顶点相连的多边形,顶点连线延长后应交于一点;棱台的其余两投影均为梯形。

第二节　曲面立体

曲面立体的表面是由曲面或曲面与平面组成的。曲面立体的投影是曲面立体上曲面和平面形投影的集合。

曲面可以看成是一条线运动的轨迹。运动的线称为母线。母线处于曲面上任一位置时,称为素线。用来约束母线运动的直线或曲线,称为导线,见图4-8。

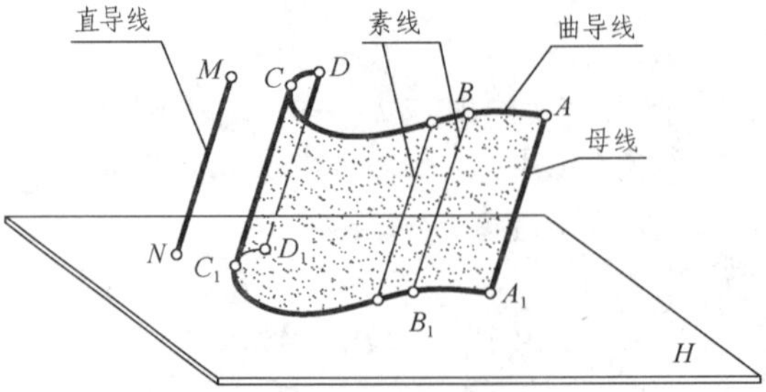

图4-8　曲面的形成

母线绕着一条固定的直导线回转所形成的曲面称为回转曲面,简称回转面。母线可以是直线或曲线,母线是直线的回转面称为直线回转面(如圆柱面、圆锥面),母线是曲线的回转面称为曲线回转面(如圆球面)。

由回转面或回转面与平面围成的曲面立体称为回转体，工程上常见的回转体有圆柱体、圆锥体和圆球体等，见图4-9。

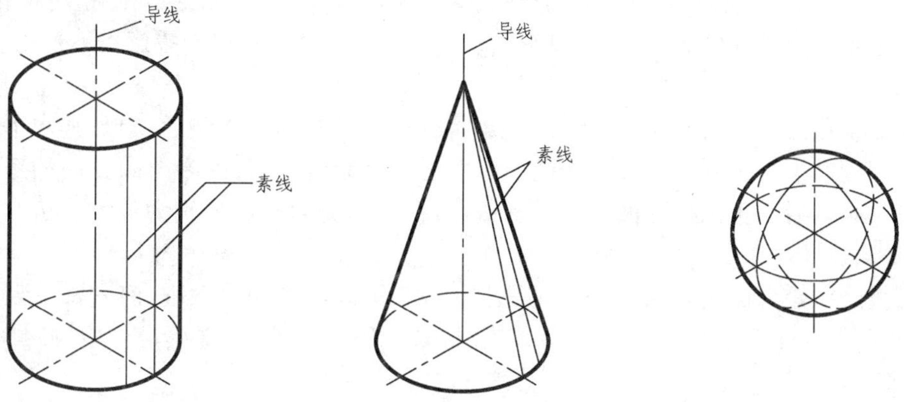

a)　　b)　　c)

图4-9　工程上常用的回转体

a)圆柱体;*b*)圆锥体;*c*)圆球体

一、圆柱体

一条直线（母线）以一条与其平行的直线（导线）为轴旋转一周所形成的曲面称为圆柱面。圆柱面与垂直于轴线的两平行的圆平面所围成的立体称为圆柱体。

（一）圆柱体的三面投影

图4-10所示为圆柱体的三面投影。圆柱体的底面平行于 H 面，圆柱体的轴线垂直于 H 面。

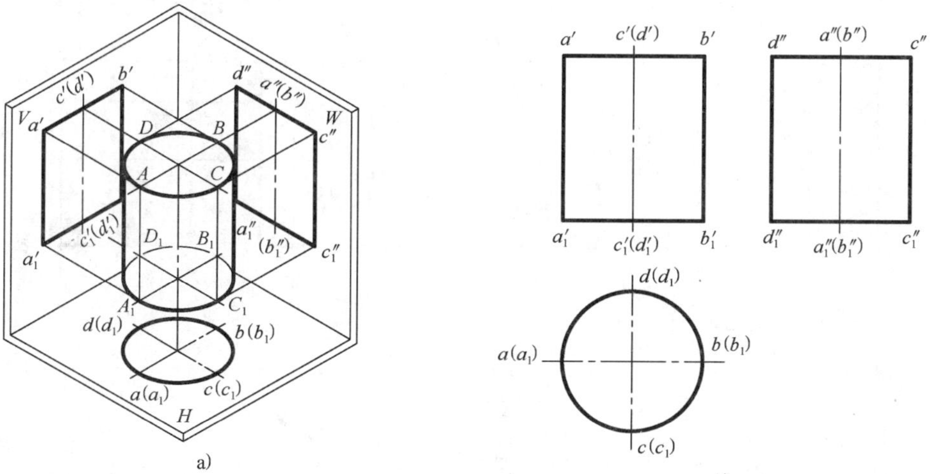

a)　　b)

图4-10　圆柱体的投影

由于圆柱体的底面平行于 H 面，所以圆柱体的水平投影是圆（反映实形），它既是上底圆的投影，也是下底圆的投影。投影圆的直径等于圆柱的直径，圆心是轴线的积聚投影。这个投影圆也是圆柱面的积聚投影。

圆柱体的正面投影和侧面投影是两个相等的矩形，矩形的高等于圆柱体的高，矩形的宽等于圆柱体的直径。圆柱体轴线的投影用点画线表示。

正面投影中矩形的上下两条水平线是上底圆和下底圆的积聚投影，左右两条竖直线 $a'a_1'$ 和 $b'b_1'$ 分别为圆柱面上最左和最右两条素线 AA_1、BB_1 的投影。AA_1 和 BB_1 是正视转向素线。它们的侧面投影 $a''a_1''$ 和 $b''b_1''$ 与轴线投影重合，但 $a''a_1''$ 和 $b''b_1''$ 在侧面投影中不是轮廓线，所以不画出。

圆柱面上最左和最右两条素线 AA_1、BB_1 将圆柱面分为前一半和后一半，其水平投影分别为下半个圆周和上半个圆周。前半个圆柱面的正面投影看得见，后半个圆柱面的正面投影不可见。前一半与后一半圆柱面的正面投影重合，它们的侧面投影分别为轴线右边和左边的半个矩形。

侧面投影中矩形的上下两条水平线是上底圆和下底圆的积聚投影，前后两条竖直线 $c''c_1''$ 和 $d''d_1''$ 分别为圆柱面上最前和最后两条素线 CC_1、DD_1 的投影。CC_1 和 DD_1 是侧视转向素线，它们的正面投影 $c'c_1'$ 和 $d'd_1'$ 与轴线投影重合，不画出。

圆柱面上最前和最后两条素线 CC_1、DD_1 将圆柱面分为左一半和右一半，其水平投影分别为左半个圆周和右半个圆周。左半个圆柱面的侧面投影看得见，右半个圆柱面的侧面投影不可见。左一半与右一半圆柱面的侧面投影重合，它们的正面投影分别为轴线左边和右边的半个矩形。

由以上分析，圆柱面的投影特性如下：

圆柱体在底面所平行的投影面上的投影为圆，圆的直径等于圆柱的直径；其余两投影为大小相同的矩形，矩形的高等于圆柱体的高，矩形的宽等于圆柱体的直径。

（二）在圆柱体表面上取点

在圆柱体表面上取点，可以利用圆柱表面的积聚投影作图。所求点的可见性，取决于该点所在圆柱体表面的投影可见性。

［**例 4-4**］ 已知圆柱面上的点 A、B、C 的一个投影，求它们的其他投影，见图 4-11a)。

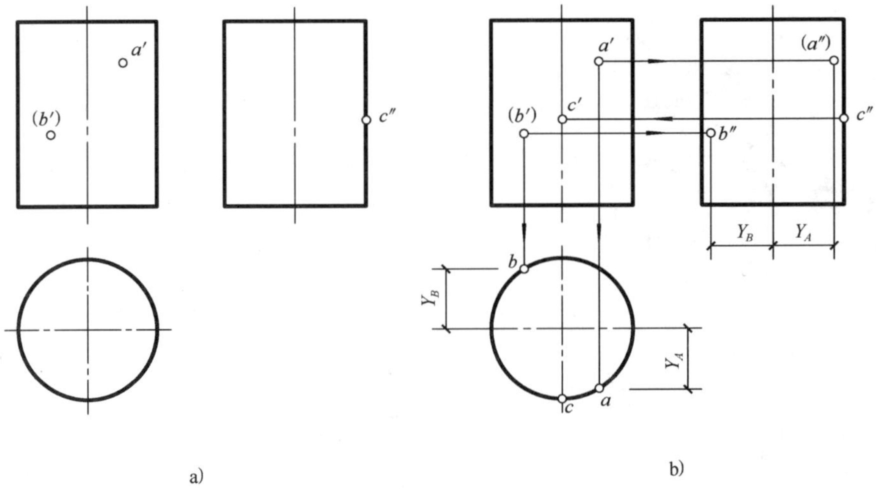

图 4-11 圆柱体表面上取点

分析：

根据点 A、B 的正面投影 a'、(b') 的可见性及它们的位置，可知点 A 在右前半个圆柱面上，点 B 在左后半个圆柱面上。又点 C 的侧面投影 c'' 落在圆柱面侧面投影的右边轮廓线上，故点

C 位于圆柱面最前素线上。

作图：如图 4-11b）所示。

（1）作各点水平投影：各点的水平投影 a、b、c 可直接利用圆柱面水平投影的积聚性求得。

（2）作点 A 和点 B 的侧面投影：点 A 和点 B 的侧面投影可根据点的三面投影规律求得。因点 A 在右半个圆柱面上，点 B 在左半个圆柱面上，故（a''）不可见，b''可见。

（3）作点 C 的正面投影：点 C 的正面投影 c'位于中心线上，且可见。

二、圆锥体

一条直线（母线）以一条与其相交的直线（导线）为轴旋转一周所形成的曲面称为圆锥面。圆锥面与垂直于轴线的平面所围成的立体称为圆锥体。

（一）圆锥体的三面投影

如图 4-12 所示为圆锥体的三面投影。圆锥体的底面平行于 H 面，圆锥体的轴线垂直于 H 面。

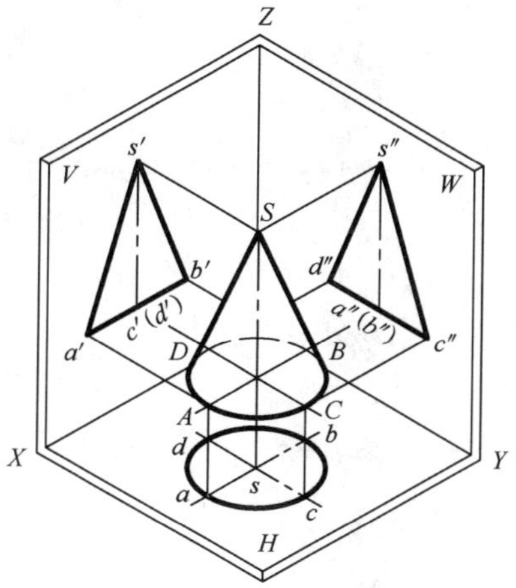

a)

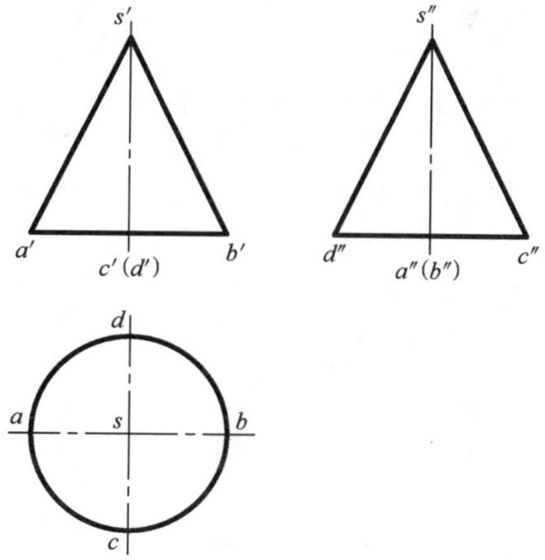

b)

图 4-12　正圆锥体的投影

由于圆锥体的底面平行于 H 面，所以圆锥体的水平投影是圆，它既是反映底圆实形的投影，也是圆锥面的投影。圆的直径等于底圆的直径，圆心是轴线的积聚投影。

圆锥体的正面投影和侧面投影是两个相等的等腰三角形，等腰三角形的高等于圆锥体的高，等腰三角形的底边长等于圆锥体底圆的直径。圆锥体轴线的投影用点画线表示。

正面投影中三角形的底边是圆锥面底圆的积聚投影，两斜边 $s'a'$和 $s'b'$分别为圆锥面上最左和最右两条素线 SA、SB 的投影。SA 和 SB 为正平线，是圆锥面上正视转向素线。它们的水平投影 sa 和 sb 与圆的水平中心线重合；它们的侧面投影 $s''a''$和 $s''b''$与轴线的投影重合，均不画出。

圆锥面上最左和最右两条轮廓素线 SA 和 SB 将圆锥面分为前一半和后一半。前一半圆锥面与后一半圆锥面的正面投影重合，前半个圆锥面的正面投影看得见，后半个圆锥面的正面投影不可见。

侧面投影中的三角形的底边是圆锥面底圆的积聚投影，斜边 $s''c''$和 $s''d''$分别为圆锥面上最前和最后两条素线 SC、SD 的投影。SC 和 SD 为侧平线，是圆锥面上侧视转向素线。它们的水平投影 sc 和 sd 与圆的竖直中心线重合；它们的正面投影 $s'c'$和 $s'd'$与轴线的投影重合，均不画出。

圆锥面上最前和最后两条轮廓素线 *SC* 和 *SD* 将圆锥面分为左一半和右一半,其侧面投影重合。左半个圆锥面的侧面投影看得见,右半个圆锥面的侧面投影不可见。

由以上分析可知,圆锥体的投影特性如下:

圆锥体在底面所平行的投影面上的投影为圆,圆的直径等于圆锥体底圆的直径;圆锥体的其余两投影为大小相同的等腰三角形,等腰三角形的高等于圆锥体的高,等腰三角形的底边等于圆锥体底圆的直径。

(二)在圆锥体表面上取点

由于圆锥面的三个投影都无积聚性,所以在锥面上取点时必须通过辅助线来作图。辅助线可采用圆锥面上的素线(称素线法)或纬圆(称纬圆法)。

[例 4-5] 已知圆锥面上点 *A* 的正面投影 a',求它的水平投影和侧面投影。

分析:

先确定该点在圆锥面上所处位置。由于正面投影 a'可见,且在左边,所以点 *A* 在左前圆锥面上。点 *A* 必定在过锥顶的一条素线 *SM* 上,或在平行于底面的纬圆上。

作图:

(1)素线法,见图 4-13a)。

过 a'作素线 *SM* 的正面投影 $s'm'$,求出素线的水平投影和侧面投影 *sm* 和 $s''m''$。再根据点在直线上的从属性,分别在 *sm* 、$s''m''$上求得 *a* 和 a''。

(2)纬圆法,见图 4-13b)。

先过 a'作纬圆的正面投影(水平直线段),确定纬圆的半径,然后作纬圆的水平投影(圆);再根据点的投影规律及从属性求得 *a* 和 a''。

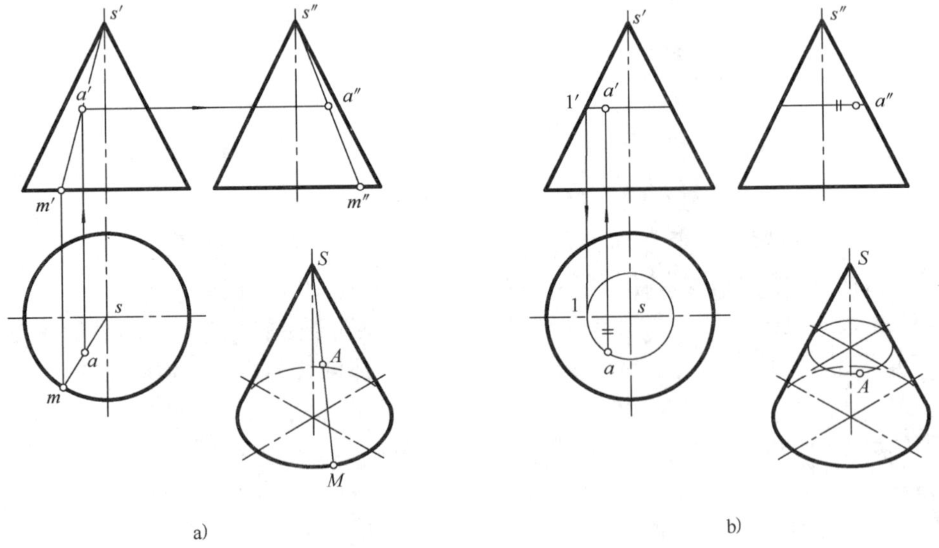

图 4-13　圆锥表面取点

三、圆球体

一圆母线绕着通过其圆心的一条直径为轴旋转,所形成的曲面称为圆球面。圆球面所围成立体称为圆球体。

(一)圆球体的三面投影

如图 4-14 所示,圆球体的三个投影为三个直径相等并等于球径的圆。

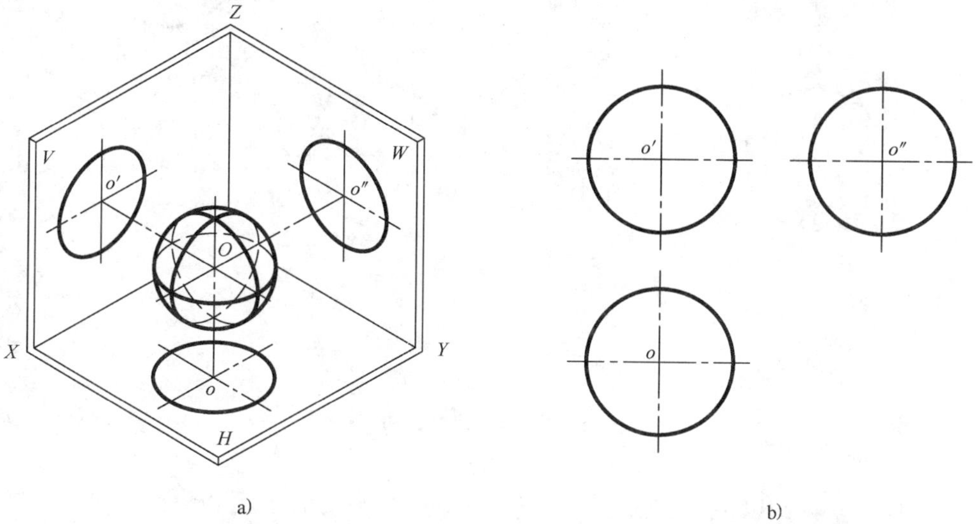

图 4-14 球体的投影

圆球面的水平投影圆是球面上最大水平圆(俯视转向线)的实形投影。该圆的正面投影和侧面投影均为水平直线段,与水平中心线重合,长度为球径。球面上最大水平圆将圆球面分为上下两半。圆球面的水平投影也是看得见的上半个球面和看不见的下半个球面的重合投影。

圆球面的正面投影圆是球面上最大正平圆(正视转向线)的实形投影。该圆的水平投影为水平直线段,与水平中心线重合;侧面投影为铅垂直线段,与铅垂中心线重合,长度为球径。球面上最大正平圆将圆球面分为前后两半。球面的正面投影也是看得见的前半个球面和看不见的后半个球面的重合投影。

圆球面的侧面投影圆是球面上最大侧平圆(侧视转向线)的实形投影。该圆的水平投影和正面投影分别为铅垂直线段,与铅垂中心线重合,长度为球径。球面上最大侧平圆将圆球面分为左右两半。圆球面的侧面投影也是看得见的左半个球面和看不见的右半个球面的重合投影。

(二)圆球体表面取点

在圆球面上取点,可以利用球面上平行于投影面的辅助圆(正平圆、水平圆或侧平圆)作图。

[例 4-6] 已知圆球体表面上点 A 和点 B 的正面投影 a'、(b'),求其余两投影,见图 4-15a)。

分析:

由点 A 和点 B 的正面投影 a'、(b') 可知,点 A 属于球面上最大正平圆上的点,点 B 位于球面的右后下方。

作图:如图 4-15b)所示。

(1)点 A 的水平投影落在水平中心线上;侧面投影落在铅垂中心线上,都可见。

(2)过 (b') 作正平圆的正面投影圆,该圆与球面上最大水平圆的正面投影交于 $1'$;由 $1'$ 求得 1,过 1 作该正平圆的水平投影(直线段)。再根据点的投影规律及从属性求得 (b) 和 (b'')。

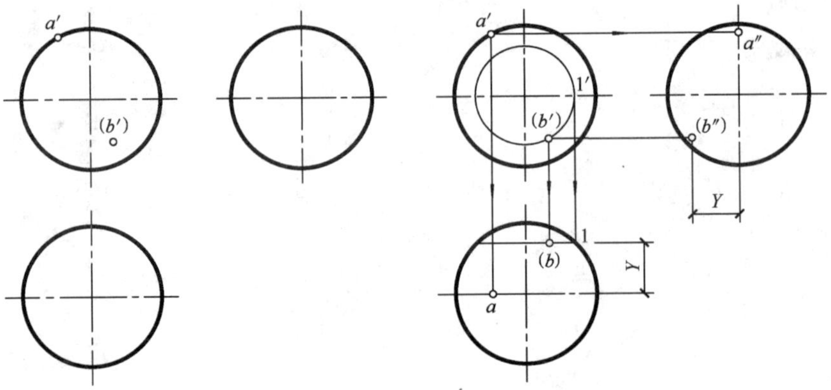

a)　　　　　　　　　　　　　　b)

图 4-15　在球体表面上取点

第三节　柱状体的投影

空间形体中常见到以棱柱、圆柱体为基本形体的单向挖切、平靠和相切组成的等厚形体，本书把这种形体统称为柱状体。

一、柱状体的形体特征

如图 4-16 所示的三种形体均为柱状体。其中 4-16a）的 Z 形柱体可看成是三块长方体叠加组合形成；图 4-16b）的燕尾槽体可看成长方体挖掉梯形体后形成；图 4-16c）的拱形柱体可看成半圆柱和长方体表面相切叠加组合而成。

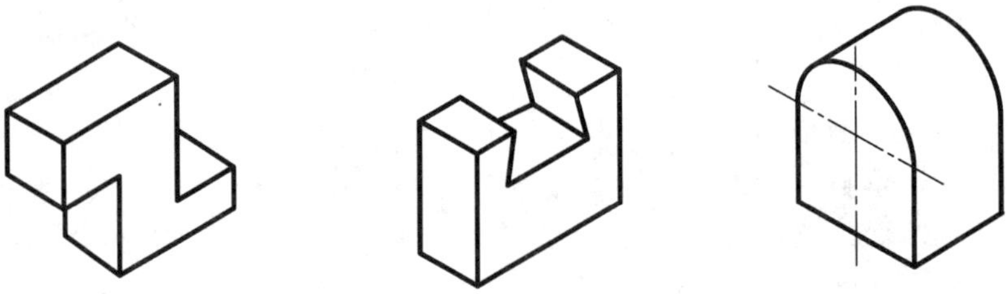

a)　　　　　　　　b)　　　　　　　　c)

图 4-16　柱状体

在对柱状体进行形体分析时，也可不这样细分，而从广义上把它们称为 Z 形体，燕尾槽体和拱形体，这些形体是等厚形体。决定这些物体形状的分别是 Z 形平面、燕尾形平面和拱形平面的形状，它们被称为柱状体的特征面。

因此，柱状体是具有两个特征面形的等厚形体，形体的其他表面为矩形平面，直纹曲面或平曲相切组合面。

二、柱状体三面投影

在图 4-17a）、b）中，由于柱状体的特征面平行于 V 面，所以柱状体的正面投影反映特征面的实形，这个投影称为柱状体的特征投影。线框 1′、2′称为 Z 形体、燕尾槽体的特征形线框。

柱状体的水平投影和侧面投影是多个矩形的虚、实线框，称为一般投影。

图 4-17c）所示的侧面投影是特征投影，它反映拱形体特征面的实形，线框 3″是特征形线框。拱形体的水平投影和正面投影为单个矩形线框，是一般投影。

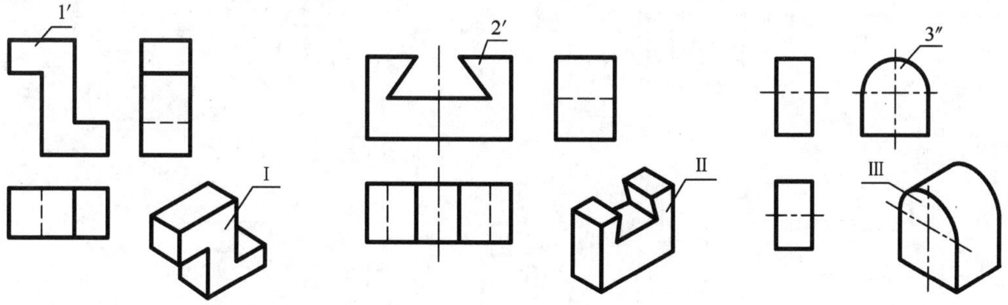

a)　　　　　　b)　　　　　　c)

图 4-17　柱状体的三面投影

综上所述，柱状体三面投影的特性是：

（1）柱状体在平行特征面的投影面上的投影反映柱状体的形体特征，称为特征投影。该投影的封闭形线框，称为特征形线框，它反映特征面实形。

（2）柱状体的其他两个投影为单个或多个相邻矩形的虚、实线框的组合。

三、识读柱状体的投影

识读形体的投影就是根据形体的投影想象并确定形体的空间形状。正确识读柱状体的投影是阅读复杂形体投影乃至工程图的基础。

识读柱状体投影的方法一般有以下两种。

（一）投影归位拉伸法

初学读图，从投影图中想象出立体的形状会有困难。投影归位拉伸法是一种形象而简捷的读图方法，可以帮助我们进行空间思维想象。

投影归位拉伸的基本原理：设想正面投影不动，水平投影和侧面投影旋转到投影面的原始位置，然后使特征投影的特征形线框所表示的平面，沿着其投影方向拉伸已知的距离，从而想象特征形线框在空间运动轨迹，并确定物体形状。

［**例 4-7**］ 识读 4-18a）所示的柱状体的三面投影，想象出立体的形状。

分析：

根据已给的三面投影，首先识别出水平投影为特征投影，封闭线框 1 为特征形线框。设想把水平投影旋转归位，将特征形线框 1 从所表示的水平位置往上拉伸到正面投影、侧面投影所示的高度 H，如图 4-18c）所示。这时特征形线框 1 的运动轨迹便形成了图 4-18b）所示的形体。

上述的拉伸过程，可以把投影图中的点、线、线框“立体化”，从而建立柱状体的空间形状。

采用投影归位拉伸法读图，对培养空间想象能力起着开窍的作用，但它较适用于柱状体投影的识读。

（二）特征面形加厚构形法

采用特征面形加厚构形法读柱状体的投影，也可以建立柱状体的空间形状。

特征面形加厚构形法的基本原理：根据柱状体的特征投影，以特征形线框所表示的平面形为基础，设想加一厚度，从而想象立体的形状。

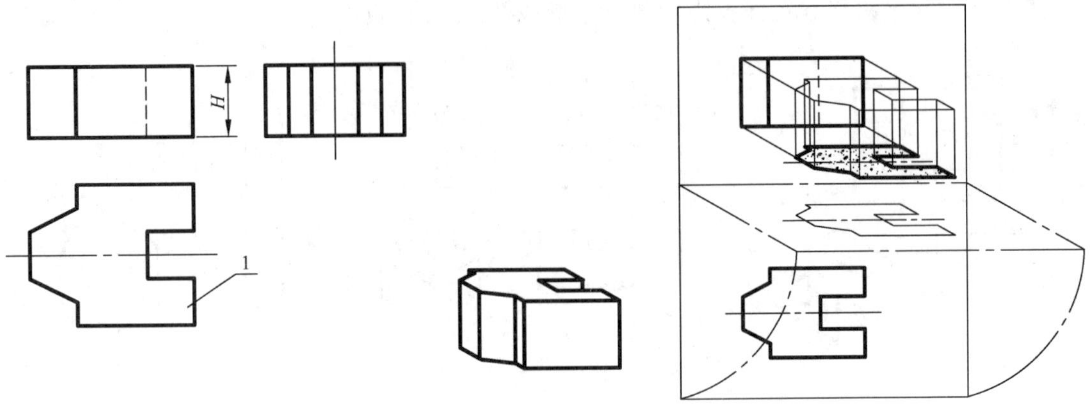

a) b) c)

图 4-18 投影归位拉伸法

［**例 4-8**］ 识读 4-19a）所示的柱状体的三面投影，想象出立体的形状。

分析：

根据已给的三面投影，可知正面投影是特征投影，多边形线框 1′是特征形线框。以正面投影的特征形线框 1′所表示的多边形平面 Ⅰ 为基础，设想将其加厚到由水平投影或侧面投影所给定的厚度，见图 4-19b），从而想象立体的形状如图 4-19c）所示。

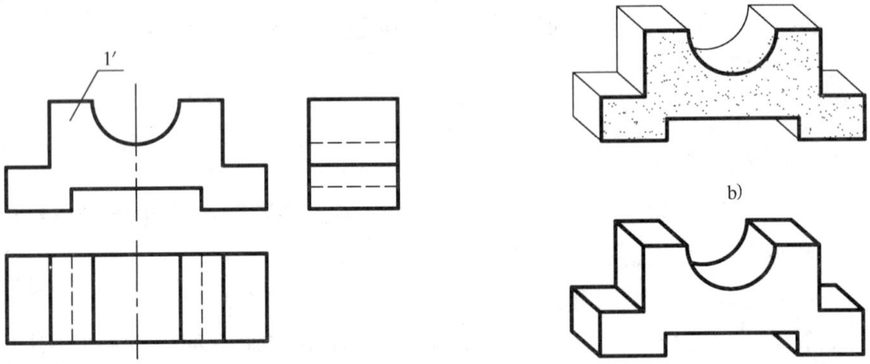

a) b) c)

图 4-19 特征面形加厚构形法读图

图 4-20 给出了用特征面形加厚构形法读图的其他例子，其中图 4-20a）、图 4-20b）所示的柱状体的水平投影、侧面投影为形状相同的矩形线框，正面投影是形状不同的多边形线框 1′、2′，这个投影是柱状体的特征投影。以正面投影的特征形线框 1′、2′所表示的多边形平面 Ⅰ、Ⅱ 为基础，设想将其加厚到由水平投影或侧面投影所给定的厚度，形体就可以想象出来。

图 4-20c）、图 4-20d）所示的柱状体的正面投影、侧面投影为形状相同的矩形线框，水平投影是形状不同的多边形线框 3′、4′，这个投影是柱状体的特征投影。以水平投影的特征形线框 3′、4′所表示的多边形平面 Ⅲ、Ⅳ 为基础，设想将其加厚到由正面投影或侧面投影所给定的厚度，形体就可以想象出来。

图 4-20e）、图 4-20f）所示的柱状体的水平投影、正面投影均为形状相同的矩形线框，侧面

投影是形状不同的多边形线框 5″、6″，这个投影是柱状体的特征投影。以特征形线框 5″、6″所示的多边形平面Ⅴ、Ⅵ为基础，设想将其加厚到由水平投影或正面投影所给定的厚度，形体就可以想象出来。

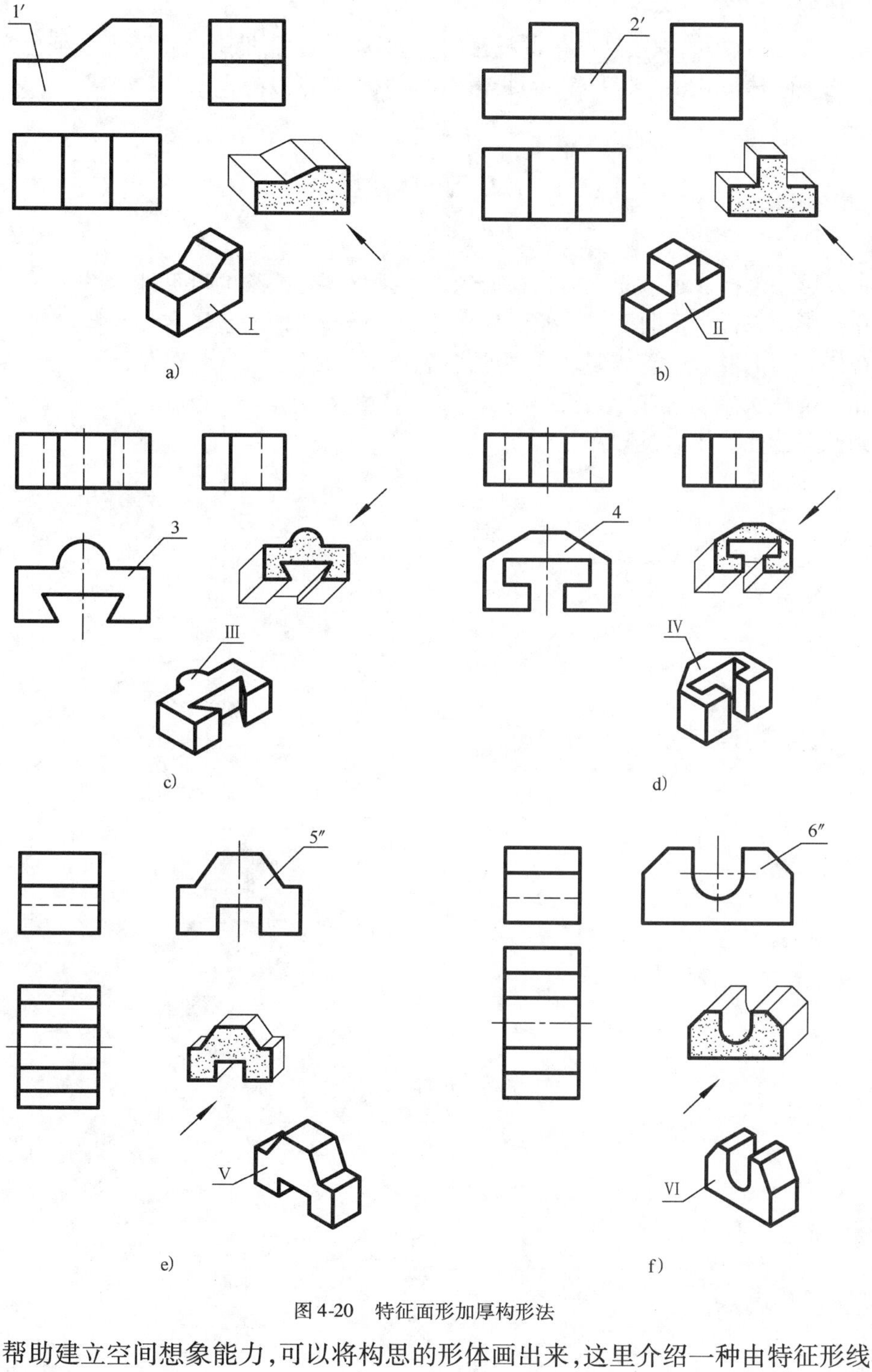

图 4-20　特征面形加厚构形法

为了帮助建立空间想象能力，可以将构思的形体画出来，这里介绍一种由特征形线框画立体图的简便方法。

在图 4-20 中，将图 4-20a)、图 4-20b)的正面投影的特征形线框各棱点往左上方引 45°斜线，取立体的厚度，便能作出各形体的立体图。

同样，将图 4-20c)、图 4-20d) 的水平投影的特征形线框各棱点往左下方引 45°斜线；将图 4-20e)、图 4-20f) 侧面投影的特征形线框各棱点往右上方引 45°斜线，取立体的厚度，便能作出各形体的立体图。

通过上述分析可知，识读柱状体的投影图时，必须从特征投影的特征形线框出发，结合其他投影来想象物体形状，如果只读一般投影，立体形状就难以确定。

复习思考题

1. 在投影中怎样表示平面立体？如何判别所画立体各图线的可见性？
2. 在投影中怎样表示曲面立体？圆柱体、圆锥体、圆球体的投影有什么特点？
3. 在体表面上取点、线有哪些作图方法？怎样判别所取点、线的可见性？
4. 什么是柱状体？它有什么投影特点？
5. 如何识读柱状体的投影？

第五章
立体表面的交线

基本要求：

1. 掌握平面截切平面立体截交线的形成、性质以及作图方法。
2. 掌握平面截切圆柱、圆锥、圆球所得截交线的性质以及作图方法。
3. 掌握两个立体相交所得相贯线的性质以及作图方法。

工程形体中的基本立体并非是单一和完整出现的，通常是以被截切和相贯的形式出现的，要准确画出工程形体的投影，必须掌握立体表面交线的投影特性和作图方法。

如图5-1a）所示形体即可看作由四棱柱切割而成；图5-1b）所示水管三通接头表面的交线是两个圆柱的相贯线。本章主要介绍立体表面的交线——截交线和相贯线的画法。

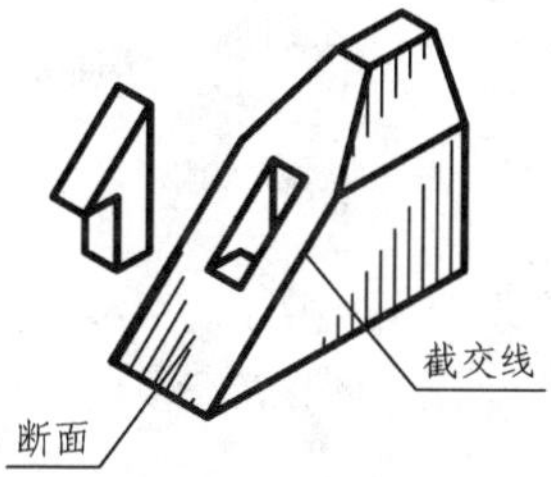

a)

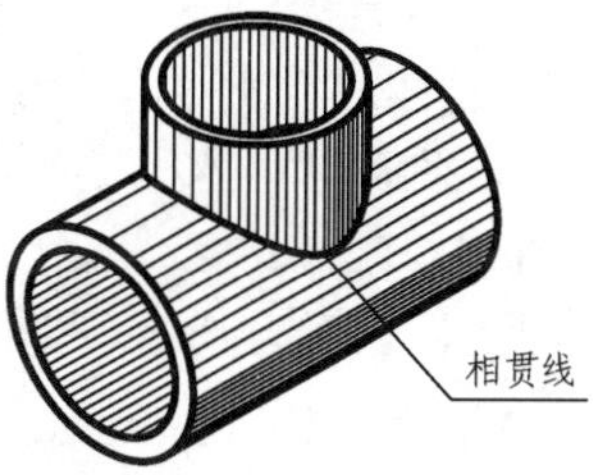

b)

图5-1　工程形体表面交线

第一节　平面与立体相交

平面与立体相交，必然在立体表面上产生交线。平面与立体表面的交线称为截交线，与立体相交的平面称为截平面，截交线所围成的图形称为截断面或断面，如图5-2所示。

截交线具有以下基本性质：

（1）封闭性：由于立体是由若干个表面围成，所以平面与立体表面的交线是封闭的平面图形。

（2）共有性：截交线是截平面与平面立体表面的共有线，是截平面与立体表面的共有点的集合。

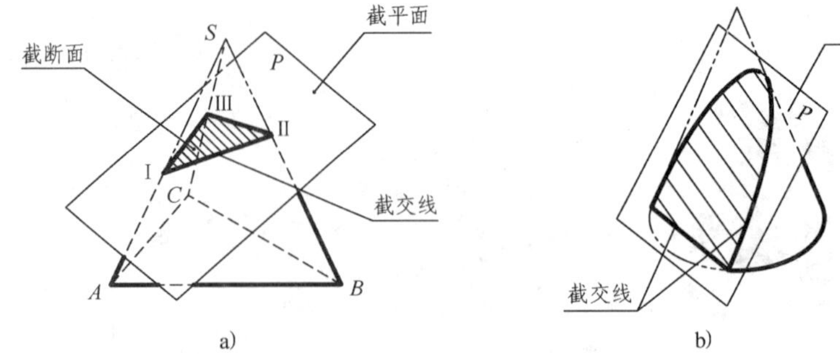

图 5-2　平面与立体相交

一、平面与平面立体相交

(一)概述

平面与平面立体相交,其截交线是封闭的多边形。多边形的每一边是截平面与平面立体的某一表面的交线;多边形的顶点是截平面与平面立体的棱线或底边的交点。因此,求平面与平面立体的截交线就是平面与平面、平面与直线求交线、求交点的综合运用。

求平面与平面立体截交线的一般步骤:

(1)分析截平面的位置

通常可以把截平面放置成为特殊位置的平面,使得截平面的投影有积聚性,以利于解决问题。当截平面处于特殊位置时,截平面的具有积聚性的投影必与截交线在该投影面上的投影重合。这时,截交线的一个投影为已知,利用这个已知的投影便可以作出截交线的其他投影。

(2)分析截交线的形状

根据截平面与立体的相对位置分析截平面与立体的几个表面相交,进而可确定截交线的边数;也可以根据截平面与立体相交的棱、边总数来判断截平面是几边形。

(3)投影作图

利用平面与平面、平面与直线求交线、交点的作图方法分别作出截交线上每条边和每个顶点的投影。

(二)作图举例

[**例 5-1**] 求平面 P 与三棱锥表面的截交线(图 5-3)。

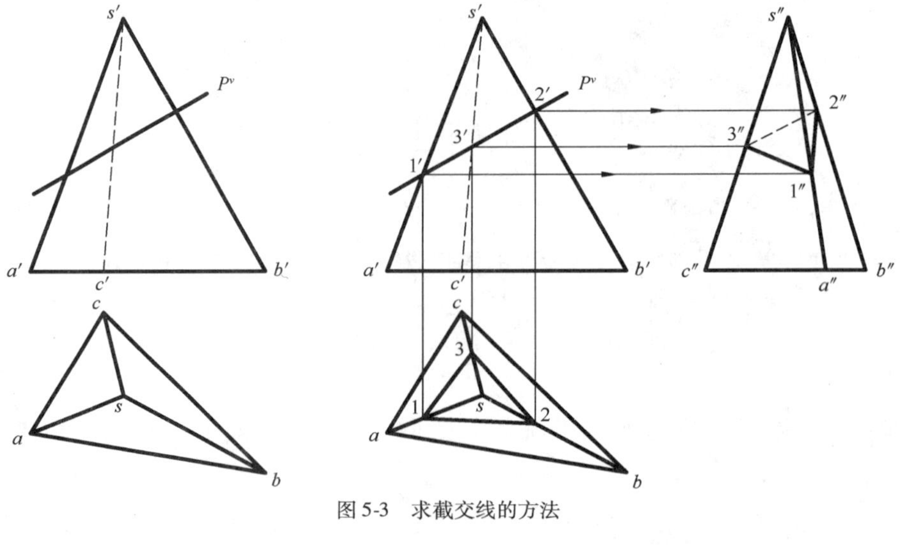

图 5-3　求截交线的方法

分析：

由正面投影可以看出，截平面 P 是正垂面、截平面与三棱锥的三个棱面相交，因此截交线是三角形。三角形的三个顶点分别是截平面与三棱锥上三条棱线的交点。

作图：

(1)求截交线各顶点的投影。

①在截平面有积聚性的投影上确定出截交线三个顶点的投影 $1'$、$2'$、$3'$，它们分别是截平面 P 与棱线 SA、SB、SC 交点的正面投影。

②作各顶点的其他投影。由正面投影 $1'$、$2'$、$3'$引投影连线，分别与 sa、sb、sc 和 $s''a''$、$s''b''$、$s''c''$交于 1、2、3 和 $1''$、$2''$、$3''$。

(2)同面投影连线并判断可见性。

判断一条截交线某个投影的可见性，就是判断这条截交线所在的棱面在这个投影面上投影的可见性，棱面可见则截交线可见。由于三个棱面的水平投影均可见，故在其上的截交线的水平投影 12、23、31 为可见，画粗实线。又因为棱面 SAC 和 SAB 的侧面投影可见，故在其上的截交线的侧面投影 $1''2''$和 $1''3''$可见，画粗实线。棱面 SBC 的侧面投影不可见，故在其上的截交线的侧面投影 $2''3''$不可见，画虚线。

［**例 5-2**］求被截断四棱柱的三面投影（图 5-4a）。

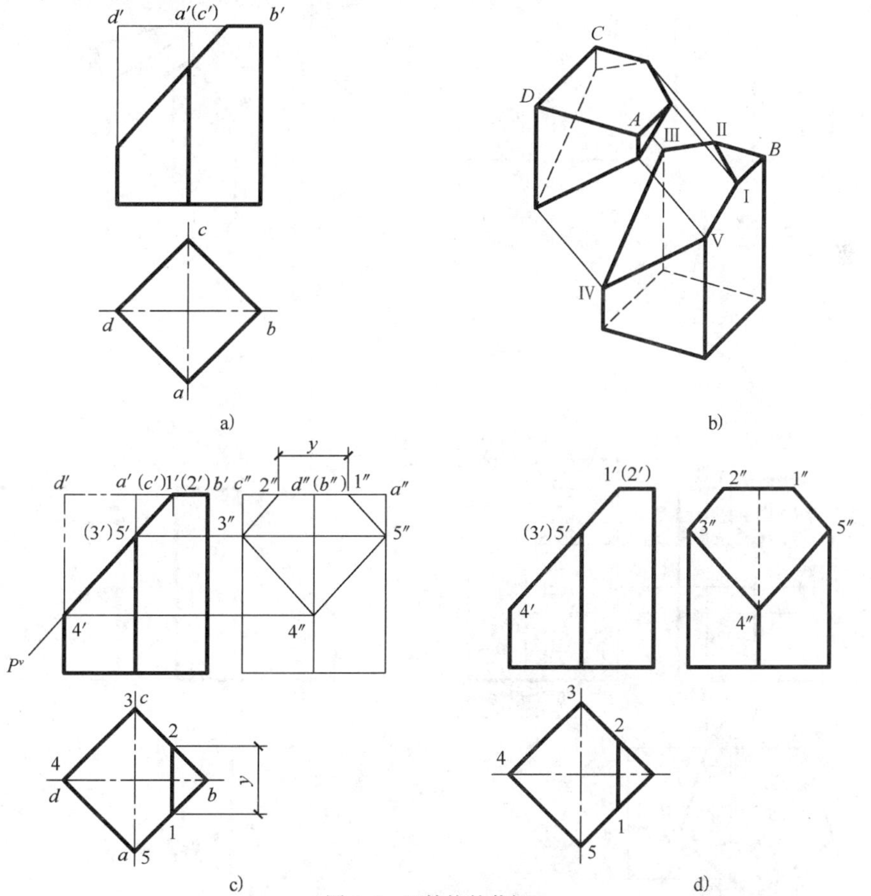

图 5-4　四棱柱的截切

a)已知条件；b)立体图；c)作图过程；d)作图结果

分析［图 5-4b）］：

由图 5-4a）正面投影可知，截平面是一个正垂面，所以截交线的正面投影与截平面的正面投影重合。四棱柱被截切的表面有上底面和四个棱面，所以截交线是一个五边形(也可以根据截平面与四棱柱的三条棱线及上底面的两条边相交来判断截交线是一个五边形)。五边形的五个顶点分别是截平面与四棱柱的三条棱线及上底面的两条边的交点。

作图：

(1)作五个顶点Ⅰ、Ⅱ、Ⅲ、Ⅳ、Ⅴ的投影[图5-4c)]。

ⅠⅡ是平面 P 与上底面 $ABCD$ 相交得出的一条正垂线，它的正面投影 $1'$、$2'$ 重合为一点。由 $1'$、$2'$ 可以作出水平投影1、2和侧面投影 $1''$、$2''$。

Ⅲ、Ⅳ、Ⅴ三点分别是截平面与四棱柱上过 C、D、A 的三条棱线的交点，它们的正面投影为 $3'$、$4'$、$5'$。它们的水平投影3、4、5与 c、d、a 重合；它们的侧面投影 $3''$、$4''$、$5''$ 分别在各棱线的侧面投影上。

(2)依次连接截交线的五个顶点的同面投影，并区分可见性，即得截交线的各投影[图5-4d)]。

(3)处理立体的投影[图5-4d)]。

这里应该特别注意的是四棱柱被截后，侧面投影中 $a''1''$ 和 $a''5''$、$c''2''$ 和 $c''3''$ 这四条线段因立体被截而应除去；侧棱投影 $d''4''$ 也因被截而不存在，但棱 B 的侧面投影应画成虚线。

[例5-3] 求被截切后五棱柱的三面投影[图5-5a)]。

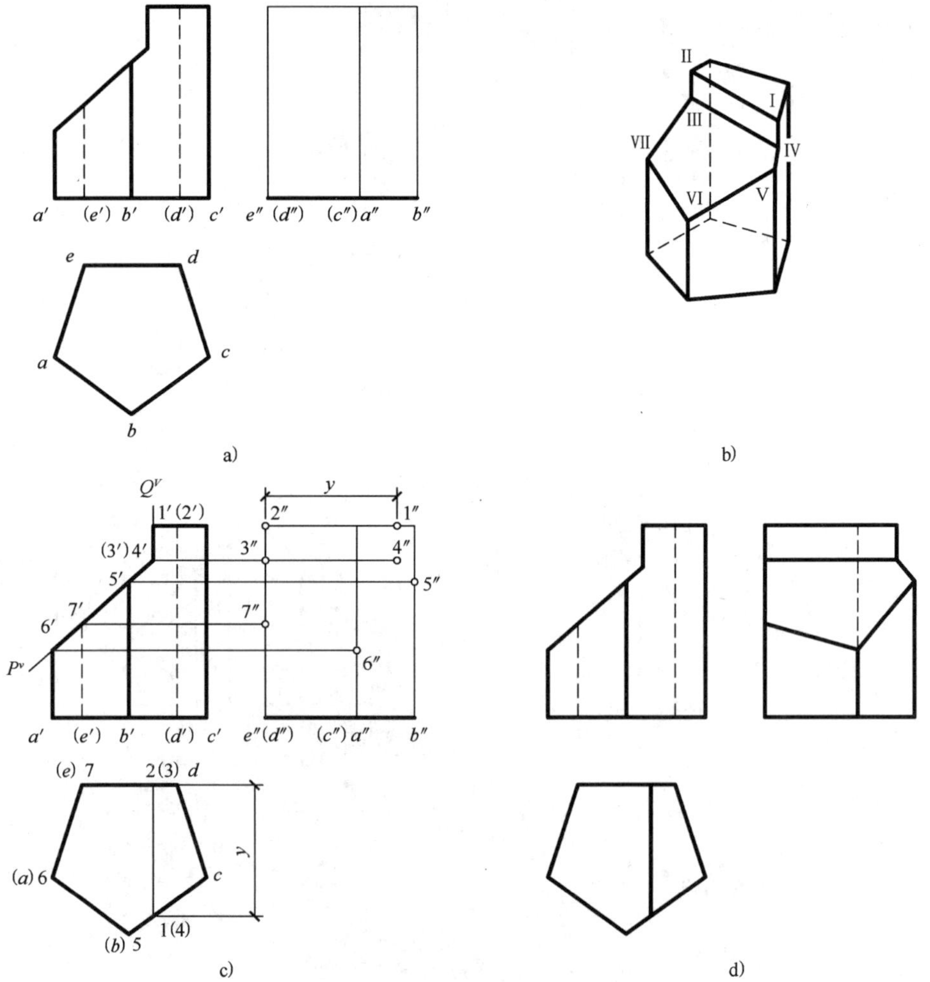

图5-5 五棱柱的截切

a)已知条件；b)立体图；c)作图过程；d)作图结果

分析[图 5-5b)]：

由图 5-5a)正面投影可知，五棱柱被两个截平面截切，一个是侧平面，另一个是正垂面；侧平面与五棱柱的两个棱面、上底面和正垂截切平面相交，所以截交线是一个四边形(矩形)；正垂面与五棱柱的四个棱面及侧平截切平面相交，所以截交线是一个五边形[图 5-5*b*)]。

作图：

(1)作侧平截切平面 Q^V 截切所得矩形ⅠⅡⅢⅣ的投影[图 5-5c)]。

矩形ⅠⅡⅢⅣ是一个侧平面，它的正面投影可以直接得到(积聚为一条直线)[图 5-5c)]；由正面投影向下作投影连线可以得到水平投影(也积聚为一条直线)；通过正面投影和水平投影可以求出侧面投影(实形)[图 5-5c)]。

(2)作正垂截切平面 *P* 截切所得五边形ⅢⅣⅤⅥⅦ的投影[图 5-5c)]。

先确定五边形ⅢⅣⅤⅥⅦ的正面投影，3′、4′已知，点Ⅴ、Ⅵ、Ⅶ分别是截平面 *P* 与棱 *B*、*A*、*E* 的交点，故正面投影 5′、6′、7′可定[图 5-5c)]；同理，水平投影 3、4、5、6、7 也可以确定；由 5′、6′、7′向侧面投影作投影连线即可得到侧面投影 5″、6″、7″。

(3)完成投影。两组截交线的水平投影和侧面投影均为可见，用粗实线连接各点[图 5-5d)]。

这里应该特别注意的是，五棱柱被截后，侧面投影中，棱 *B* 因被切而只剩 *b*″5″部分，棱 *C* 也因棱 *A* 被切而需用虚线表示[图 5-5d)]。

(三)棱锥的截切

[例 5-4] 四棱锥被正垂面 *P* 截切，求截断后四棱锥的投影[图 5-6a)]。

分析[图 5-6b)]：

由正面投影可以看出，截平面与四棱锥的四个棱面相交，因此截交线是四边形。四边形的四个顶点分别是截平面与四棱锥上四条棱线的交点。

作图：

(1)求截交线的各顶点的投影[图 5-6c)]。

①在截平面有积聚性的投影上确定出截交线四个顶点的投影 1′、2′、3′、4′，它们分别是截平面 *P* 与棱线 *SA*、*SB*、*SC*、*SD* 交点的正面投影。

②作各顶点的其他投影。由正面投影 1′、2′、3′、4′引投影连线，分别与 *sa*、*sb*、*sc*、*sd* 和 *s″a″*、*s″b″*、*s″c″*、*s″d″*交于 1、2、3、4 和 1″、2″、3″、4″。

(2)同面投影连线并判断可见性[图 5-6d)]。

判断一条截交线某个投影的可见性，就是判断这条截交线所在的棱面在这个投影面上投影的可见性，棱面可见则截交线可见。由于四个棱面的水平投影均可见，故在其上的截交线的水平投影 12、23、34、41 为可见，画粗实线。又因为棱面 *SAB* 和 *SAD* 的侧面投影可见，故在其上的截交线的侧面投影 1″2″和 1″4″可见，画粗实线；2″3″和 3″4″也因四棱锥的截切而由不可见变为可见，画粗实线。

(3)擦掉切掉部分的图线。四棱锥的四条棱线均被切割，棱 *s*1、*s*2、*s*3、*s*4 已被切掉而不存在，故它们的投影亦不存在，应擦除掉，结果见图 5-6d)。

[例 5-5] 已知图 5-7a)所示为柱状体被截切后的正面投影和侧面投影，作出其水平投影。

分析[图 5-7b)]：

由图 5-7a)可知，柱状体的特征反映在侧面投影上。截平面是一个正垂面，并与柱状体所有的棱面都相交,所以截交线是一个与柱状体特征面类似的具有八个顶点的平面图形ⅠⅡⅢⅣⅤⅥⅦⅧ。

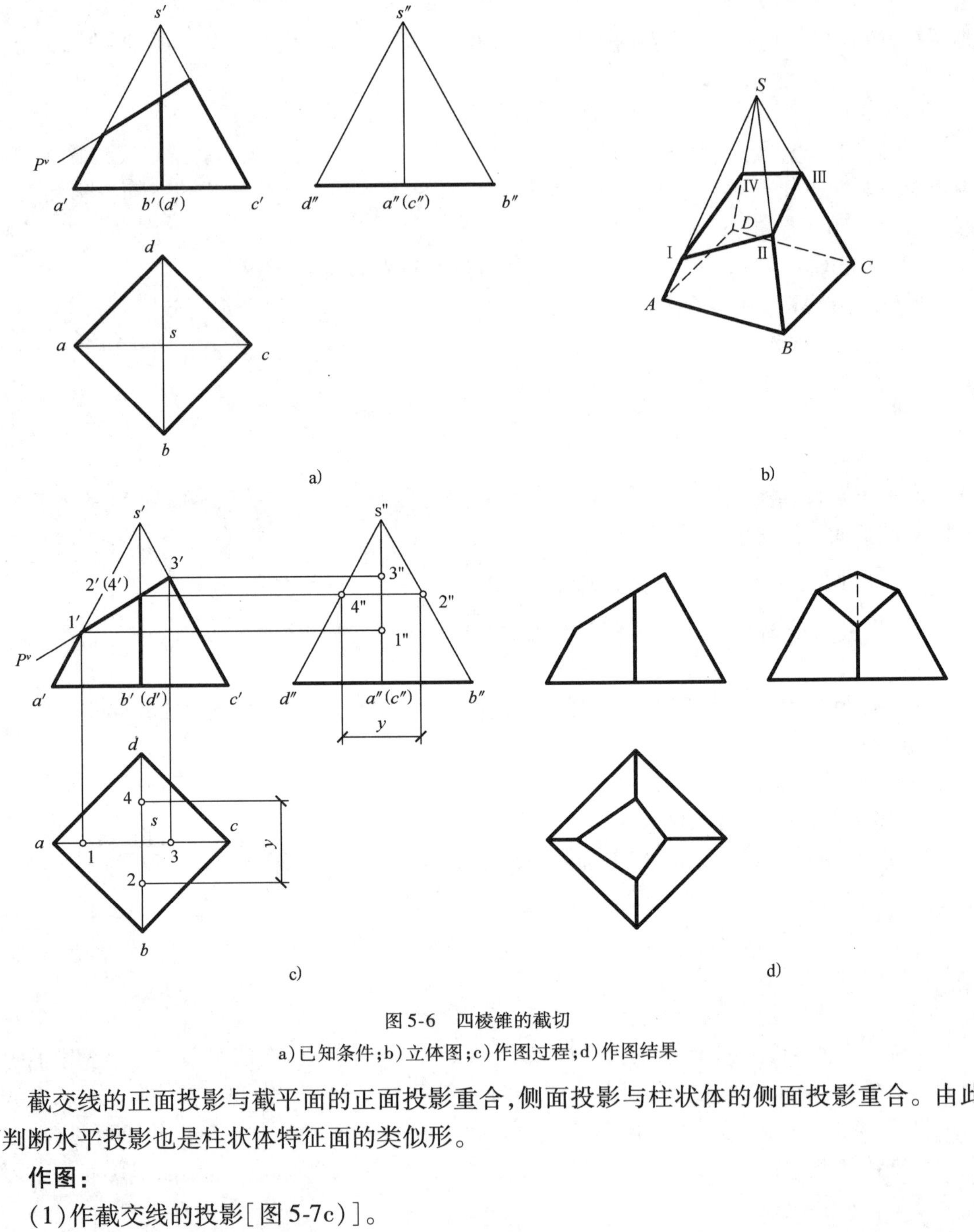

图 5-6　四棱锥的截切

a)已知条件;b)立体图;c)作图过程;d)作图结果

截交线的正面投影与截平面的正面投影重合,侧面投影与柱状体的侧面投影重合。由此可判断水平投影也是柱状体特征面的类似形。

作图:

(1)作截交线的投影[图 5-7c)]。

首先确定出截交线ⅠⅡⅢⅣⅤⅥⅦⅧ的侧面投影 1″2″3″4″5″6″7″8″,再定出它们的正面投影 1′2′3′4′5′6′7′8′。然后作出各顶点的水平投影 1、2、3、4、5、6、7、8,因为截交线的水平投影完全可见,用粗实线将它们连接起来。

(2)完成截切体的水平投影[图 5-7d)]。

补出被截切后柱状体的各条棱线及底边的水平投影。要注意的是 5、6 所在的棱线因为全部被遮而应画成虚线;4、7 所在的棱线中,因为柱状体的截切,其中 $4a$、$7b$ 部分未被遮而画成粗实线。

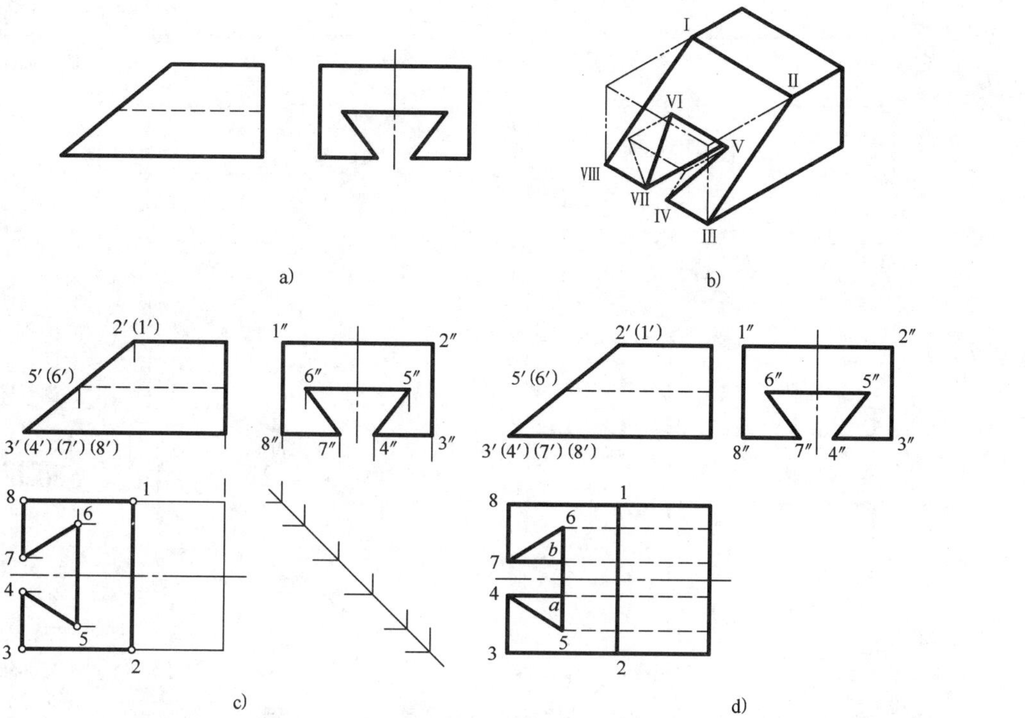

图 5-7 作柱状体被截切后的投影

a)已知条件;b)立体图;c)作图过程;d)作图结果

上面我们讨论的是截切平面积聚在一个投影面上的情况,实际中经常会碰到几个截切平面不同时积聚在一个投影面上的截切。这是一种非常多见的截切形式,下面就举例说明这种情况下的作图方法。

[例 5-6] 已知长方体被正垂面 Q 和铅垂面 P 截切(图 5-8),补全该截切体的正面投影和水平投影,并作出其侧面投影。

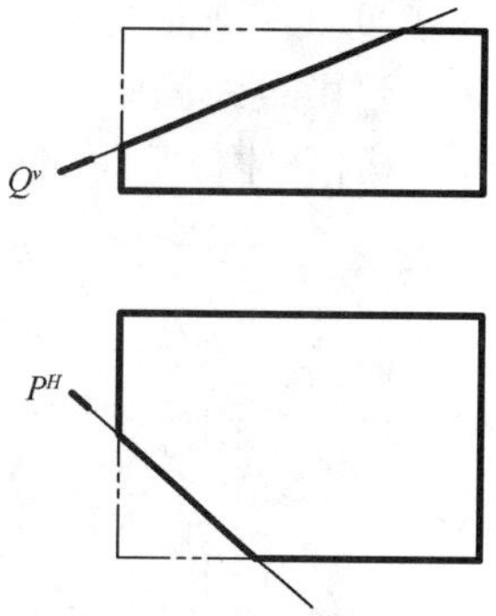

图 5-8 已知条件

分析:

从已知的正面投影可知,截切平面 P 和 Q 在截切长方体的同时也相交,但它们的交线是一般位置直线。对于这种情况,可以先作出一个截切平面截切立体的投影,然后再作出另外一个截切平面截切该截切体的投影,这样就可以得到所求截切体的投影。

作图:

(1)作正垂面 Q 截切长方体后的投影[图 5-9a)]。

正垂面 Q 与长方体的四个面相交,其截交线是矩形 Ⅰ Ⅱ Ⅲ Ⅳ[图 5-9d)],正面投影积聚为一条直线(已知),作出水平投影 1234 和侧面投影 1″2″3″4″。

(2)作铅垂面 P 截切立体的投影[图 5-9b)]。

铅垂面 P 与截切体的截交线是四边形 Ⅴ Ⅵ Ⅶ Ⅷ,其水平投影积聚为一直线(已知),根据水平投影 5、6、7、8 作出四边形的正面投影和侧面投影。

(3)加深所需图线完成投影图[图 5-9c)]。

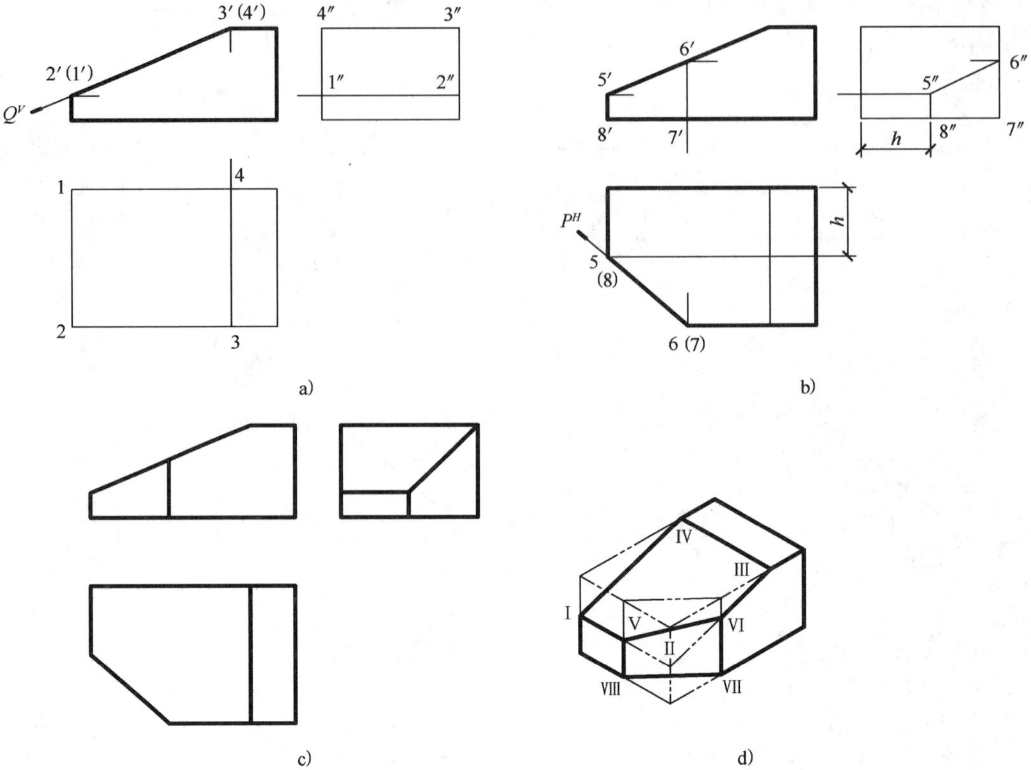

图 5-9 补画长方体被 Q 和 P 截切后的投影

a)用正垂面截去长方体的左上角;b)用铅垂面截去长方体的左前角;c)作图结果;d)立体图

二、平面与曲面立体相交

平面与曲面立体表面相交,所产生的截交线通常有以下几种情况:

(1)由平面曲线围成的封闭图形[图 5-10a)]。

(2)由平面曲线和直线段围成的封闭图形[图 5-10b)]。

(3)由直线段围成的封闭多边形[图 5-10c)]。

曲面立体截交线的具体形状取决于立体表面的形状和截平面与立体的相对位置。

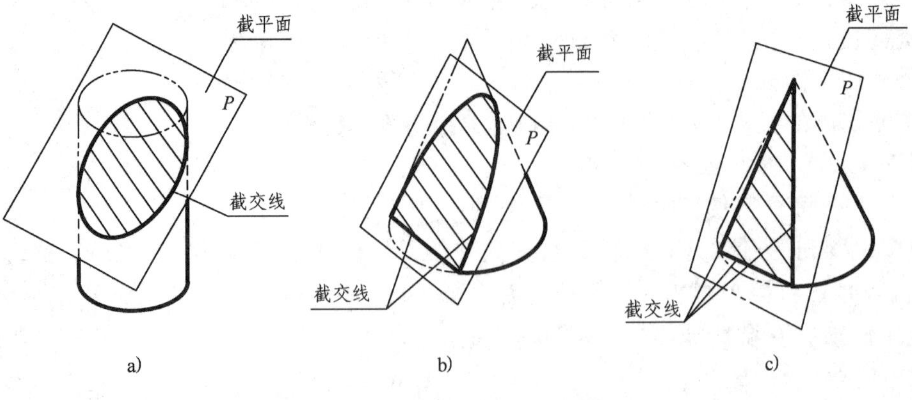

图 5-10 平面与曲面立体相交

截交线是曲面立体表面和截平面的共有点的集合。求曲面立体的截交线时,需先作出截交线上直线段的端点和曲线上一系列点的投影，然后正确连接各点，便得出截交线的投影。为了较准确地得到曲线的投影，一般要作出曲线上特殊点的投影，如椭圆的长、短轴的端点等。

（一）平面与圆柱体相交

平面与圆柱面相交所得截交线形状有三种，见表5-1。

平面与圆柱面的截交线 表5-1

截平面位置	平行于圆柱的轴线	垂直于圆柱的轴线	倾斜于圆柱的轴线
立体图	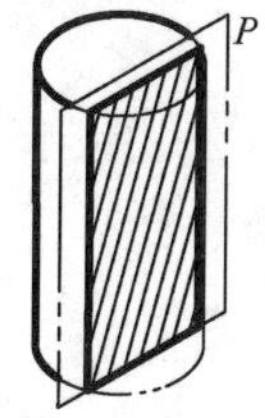	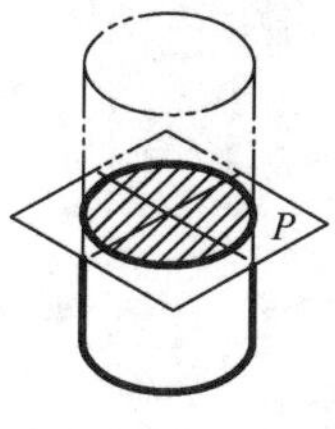	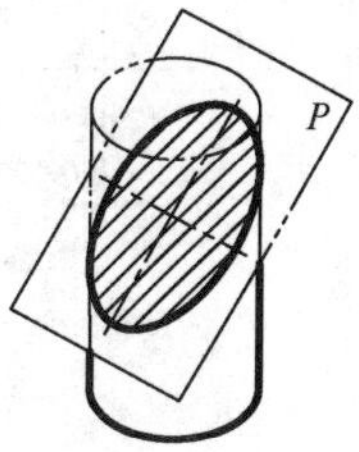
投影图	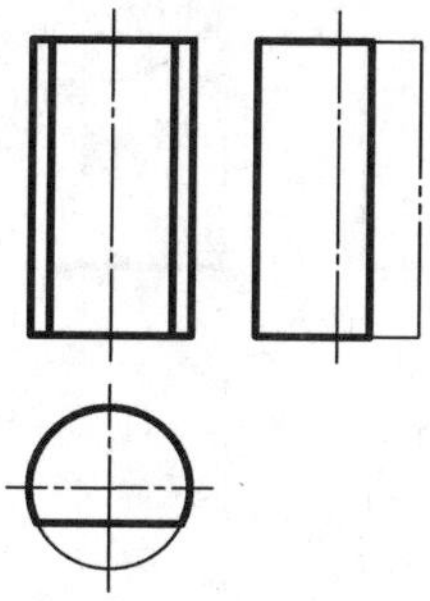	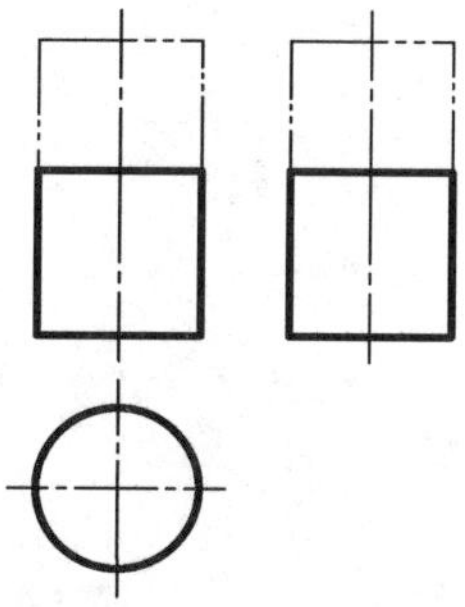	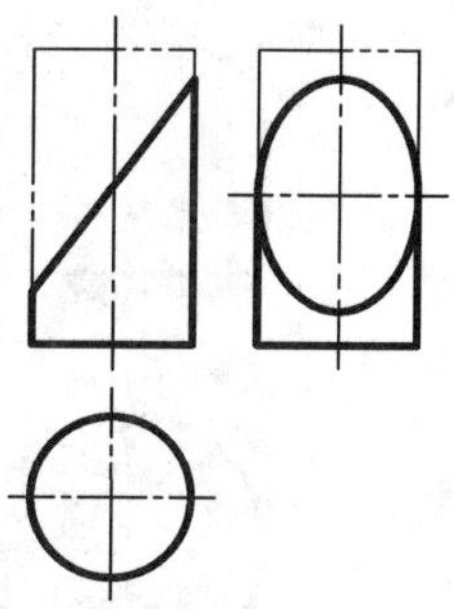
截交线	两条素线	圆	椭圆

(1)当截平面通过圆柱面的轴线或平行于轴线时，截交线为两条素线。

(2)当截平面垂直于圆柱面的轴线时，截交线为圆。

(3)当截平面倾斜于圆柱面的轴线时，截交线为椭圆。

下面举例说明如何在投影图中作圆柱体截交线的方法。

[例5-7] 已知圆柱体被截切后的水平投影和正面投影[图5-11a)]。

分析：

因圆柱体轴线垂直于水平投影面，截平面P是一个正垂面，与圆柱体轴线斜交，所以截交线应为椭圆。截交线的正面投影与截平面P的正面投影P^v重合，是一段直线。截交线的水平投影与圆柱面的具有积聚性的水平投影重合，是一个圆。截交线的侧面投影仍是椭圆(但不反映实形)，需作图。可利用截交线的两个已知投影，作出截交线上一系列点的侧面投影，然后依次用光滑曲线相连即可。

作图：

(1)作特殊位置点Ⅰ、Ⅲ、Ⅴ、Ⅶ的投影[图5-11b)]。

点Ⅰ、Ⅲ、Ⅴ、Ⅶ分别为截交线的特殊点，即截交线椭圆的长短轴的端点。

截交线的水平投影重合在圆柱面的水平投影圆上，故投影1、3、7、5可得。截交线的正面投影重合在P^v上，故投影1′、3′、7′、5′可得。根据它们可作出1″、3″、5″、7″的侧面投影[图5-11b)]。

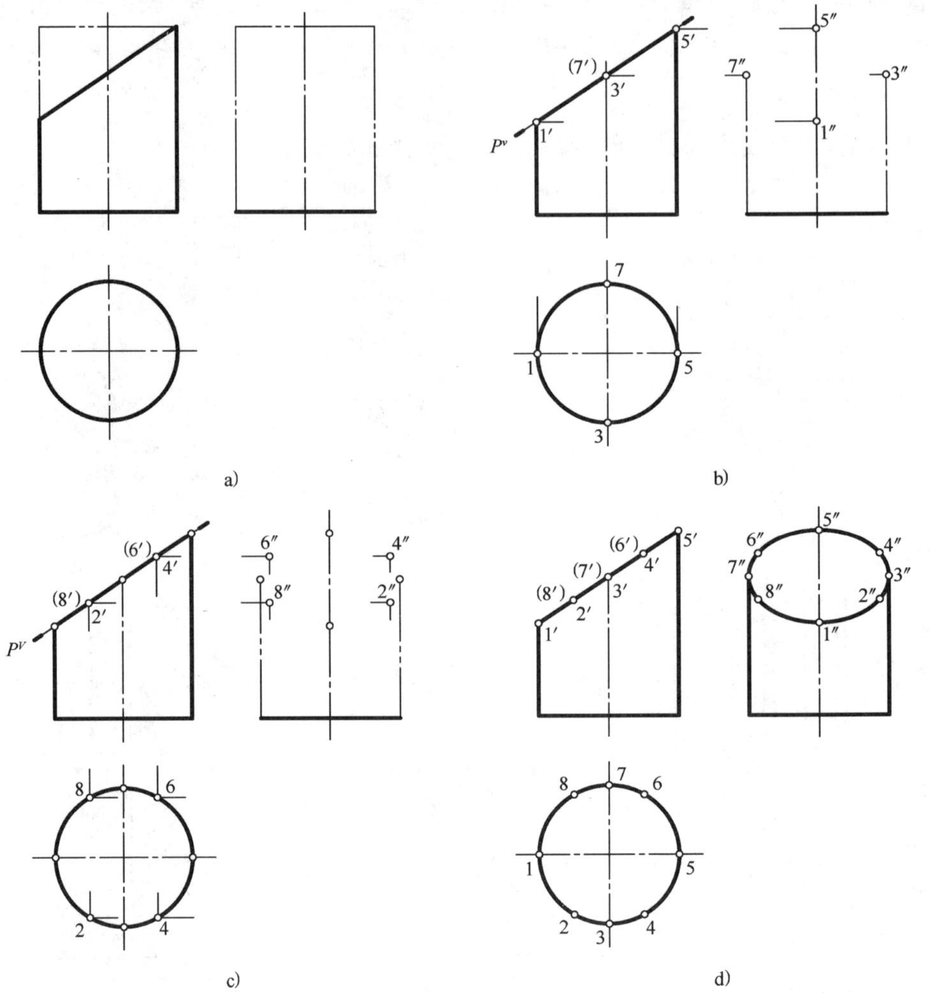

图 5-11　作圆柱体被正垂面截切后的侧面投影

(2)作一般位置点的投影[图 5-11c)]。

为了作图准确,需要再作出椭圆上若干个一般点。为此,可先在正面投影中取点,如 2′、4′、6′、8′,找出对应的水平投影 2、4、6、8,然后确定侧面投影 2″、4″、6″、8″。

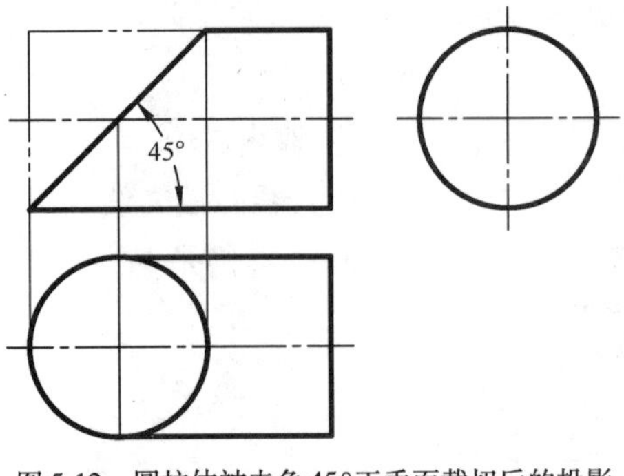

图 5-12　圆柱体被夹角 45°正垂面截切后的投影

(3)连线并完成投影图。

在侧面投影上。用光滑曲线依次连接 1″-2″-3″-4″-5″-6″-7″-8″-1″各点,即得截交线的侧面投影。被截切后的圆柱体的侧面投影如图 5-11d)所示。

必须指出的是,当截切平面与圆柱体轴线斜交且夹角为 45°时,截断面仍为椭圆,但水平投影中的长轴和短轴相等,投影为圆,如图 5-12 所示。

[例 5-8] 已知带切口的圆柱体的正面投影[图 5-13a)],完成它的水平投影并补全它的侧面投影。

分析[图 5-13b)]:

圆柱体的轴线垂直于侧立投影面。切口是由一个水平面、一个正垂面和一个侧平面共同切割而形成的。因水平面平行于圆柱体轴线,故与圆柱面交线为两条素线;正垂面与圆柱体轴线倾斜,与圆柱面交线为椭圆的一部分;侧平面与圆柱轴线垂直,与圆柱面交线是圆的一部分;每两个截平面的交线是正垂线。

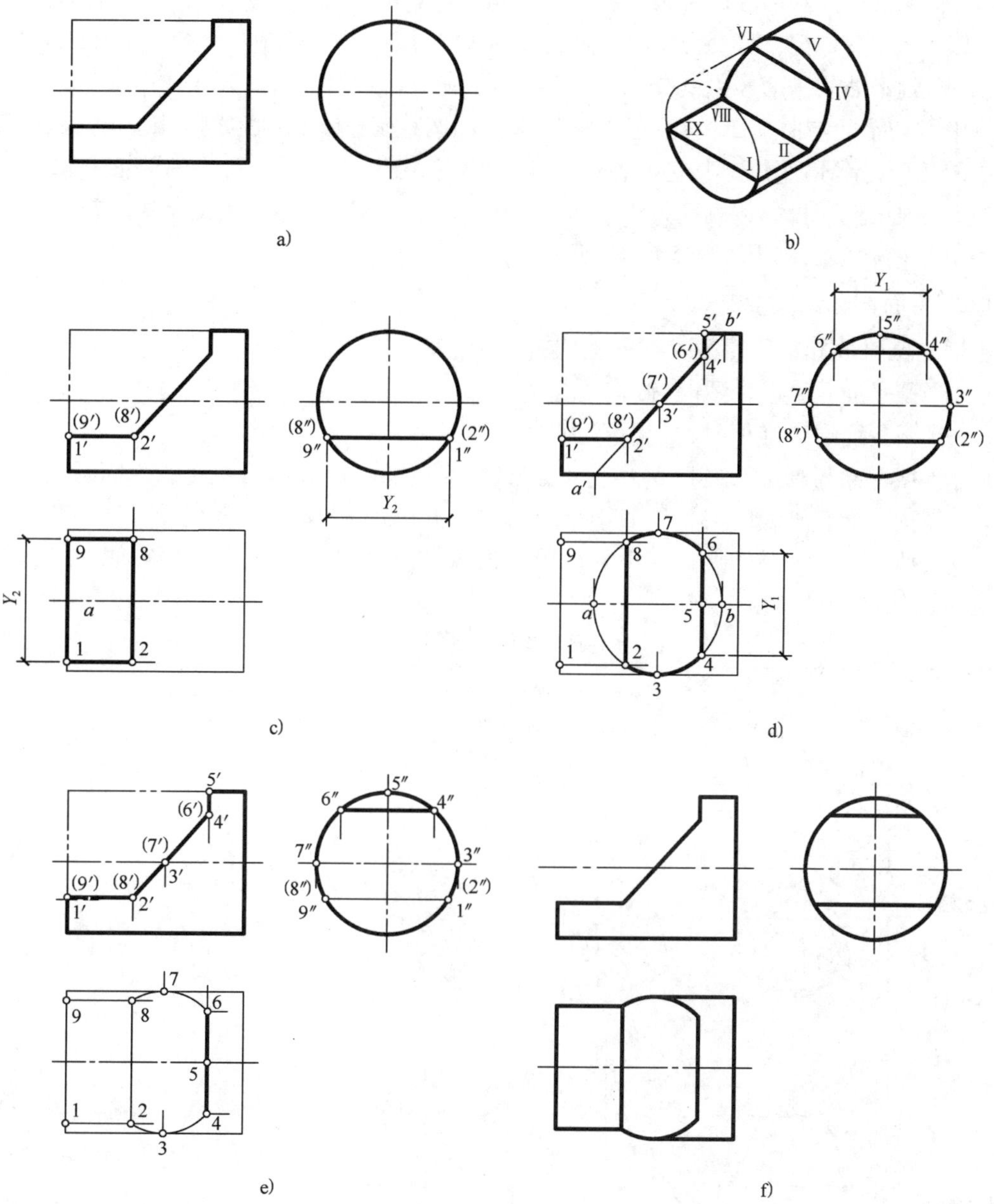

图 5-13　补全带切口圆柱体的侧面投影,并作出水平投影

a)已知条件;b)立体图;c)作图过程;d)作图过程;e)作图过程;f)作图结果

作图:

(1)作出圆柱体被截切前的水平投影[图 5-13c)]。

(2)作水平截切平面产生交线的投影[图 5-13c)]。

水平截切平面与三个面相交:圆柱体的左端面、圆柱面和正垂截切平面,其断面形状是矩形ⅠⅡⅧⅨ。该矩形的正面投影为1′2′8′9′（积聚为一条直线），它的侧面投影1″2″8″9″也积聚为一条直线，根据正面投影和侧面投影求出它们的水平投影1289（为矩形的实形）。

（3）作正垂截切平面产生交线的投影［图5-13d）］。

正垂截切平面与三个面相交：水平截切平面、圆柱面、侧平截切平面。它的断面形状由两条直线（ⅡⅧ、ⅣⅥ）和两段椭圆弧（ⅢⅣ、ⅥⅧ）组成。它的正面投影积聚为一条直线段，在正面投影上取点2′、3′、4′、6′、7′、8′后，找出其侧面投影2″、3″、4″、6″、7″、8″，确定水平投影2、3、4、6、7、8。

（4）作侧平截切平面产生的交线［图5-13e）］。

侧平截切平面与两个面相交：正垂截切平面和圆柱面，它的断面形状由一段直线（ⅣⅥ）和一段圆弧（ⅣⅤⅥ）组成。其正面投影为4′5′6′（积聚为一条直线），它的侧面投影为4″5″6″（为实形），根据正面投影和侧面投影可以求出它的水平投影456（也积聚为一条直线）。

（5）完成投影图，结果如图5-13f）所示。

（二）平面与圆锥体相交

平面与圆锥面相交所得截交线的形状有五种（表5-2）：

（1）当截平面垂直于轴线时，截交线为圆。

（2）当截平面通过锥顶时，截交线为两条素线。

（3）当截平面与轴线的夹角 θ 大于母线与轴线夹角 $\alpha(\theta>\alpha)$ 时，截交线为椭圆。

（4）当截平面与轴线的夹角 θ 等于母线与轴线夹角 $\alpha(\theta=\alpha)$ 时，截交线为抛物线。

（5）当截平面与轴线的夹角 θ 小于母线与轴线夹角 $\alpha(\theta<\alpha)$ 或平行于轴线（$\theta=0$）时，截交线为双曲线。

平面与圆锥面的截交线　　表5-2

截平面 P 位置	垂直于圆锥轴线	过锥顶	倾斜于圆锥轴线且平行于锥面上所有素线相交 $\theta>\alpha$	倾斜于圆锥轴线且平行于锥面上一条素线相交 $\theta=\alpha$	倾斜于圆锥轴线且 $\theta<\alpha$ 或平行轴线（$\theta=0$）
立体图	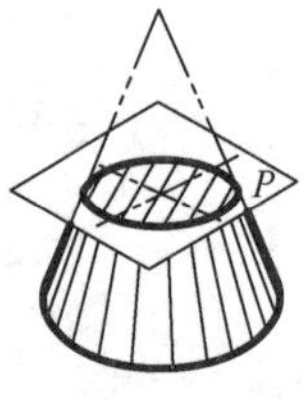	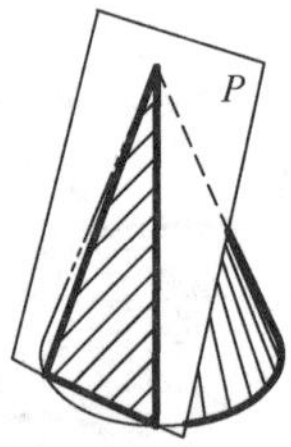	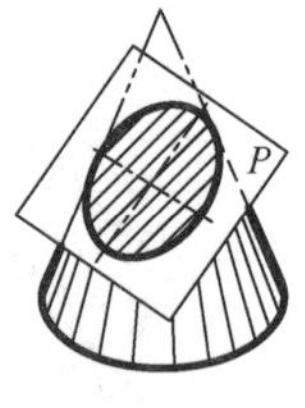	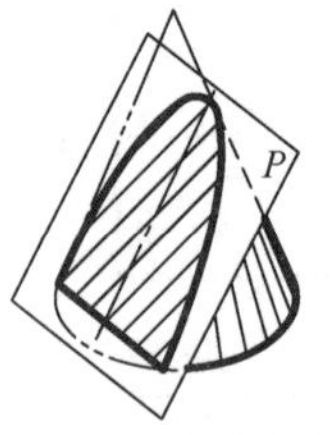	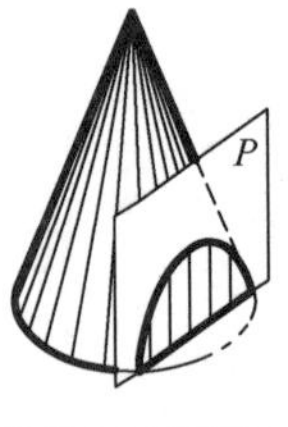
投影图	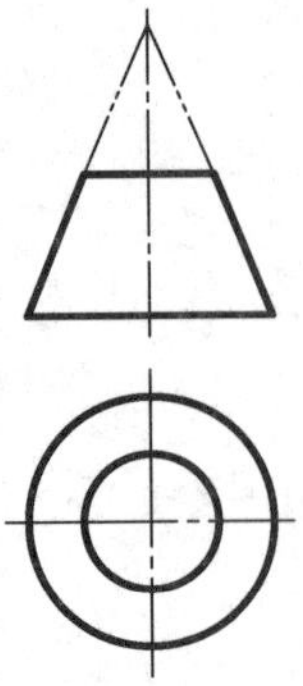	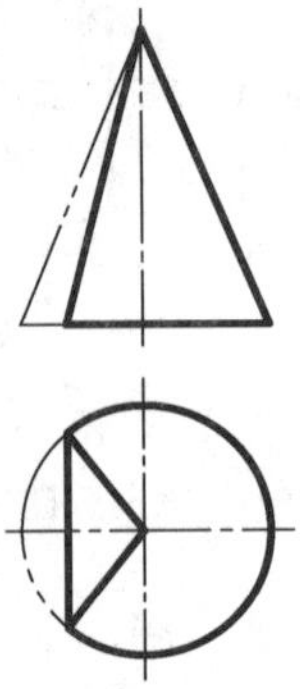	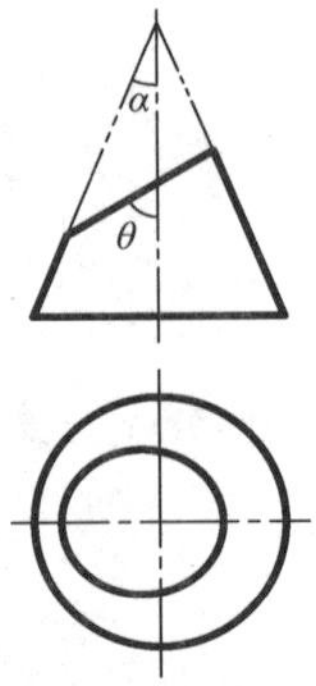	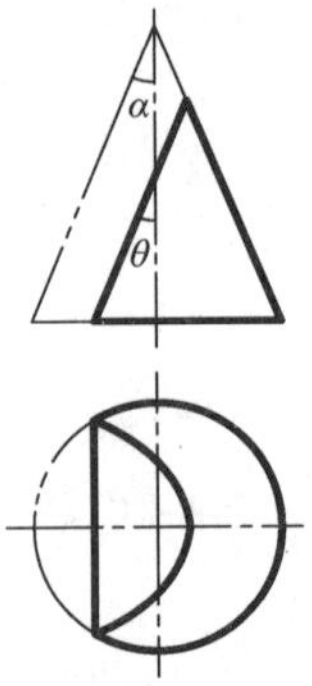	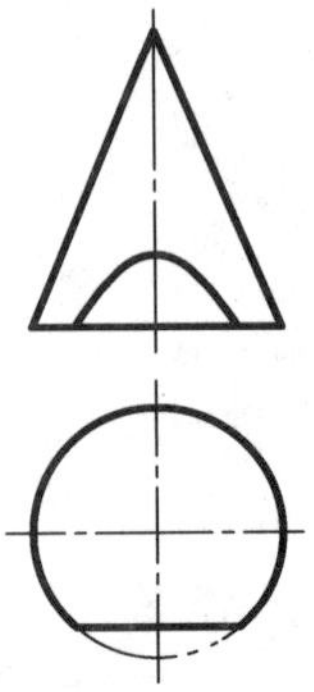
截交线	圆	过锥顶的等腰三角形	椭圆	抛物线	双曲线

下面举例说明如何在投影图中作截平面与圆锥体的切割。

［例5-9］ 已知带切口的圆锥体的正面投影，完成它的侧面投影并补全它的水平投影［图5-14a)］。

分析［图5-14b)］：

圆锥体的轴线垂直于水平投影面。切口由一个过锥顶的正垂面 P、一个垂直于轴线的水平面 Q 共同切割而形成的［图5-14b)］。由表5-2可知，过圆锥体锥顶的正垂面 P 与圆锥面的截交线是两条素线；水平面 Q 与圆锥面的截交线是圆弧。两个截平面都垂直于正立投影面，它们之间的交线是正垂线ⅠⅡ。

作图：

(1)作出完整圆锥体的侧面投影［图5-15a)］。

(2)作正垂面 P 产生的截交线［图5-15b)］。

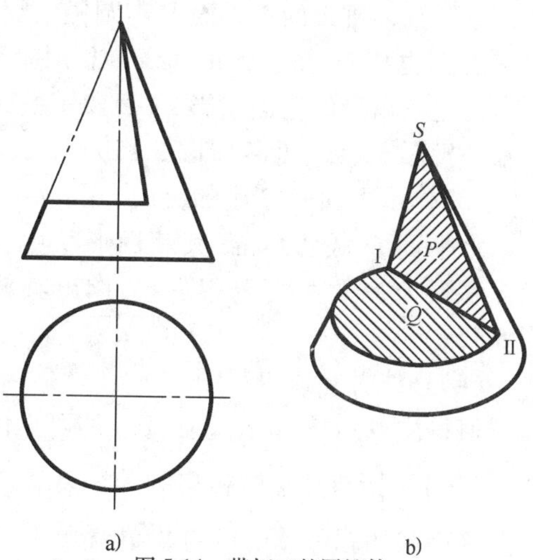

图5-14　带切口的圆锥体
a)已知条件；b)立体图

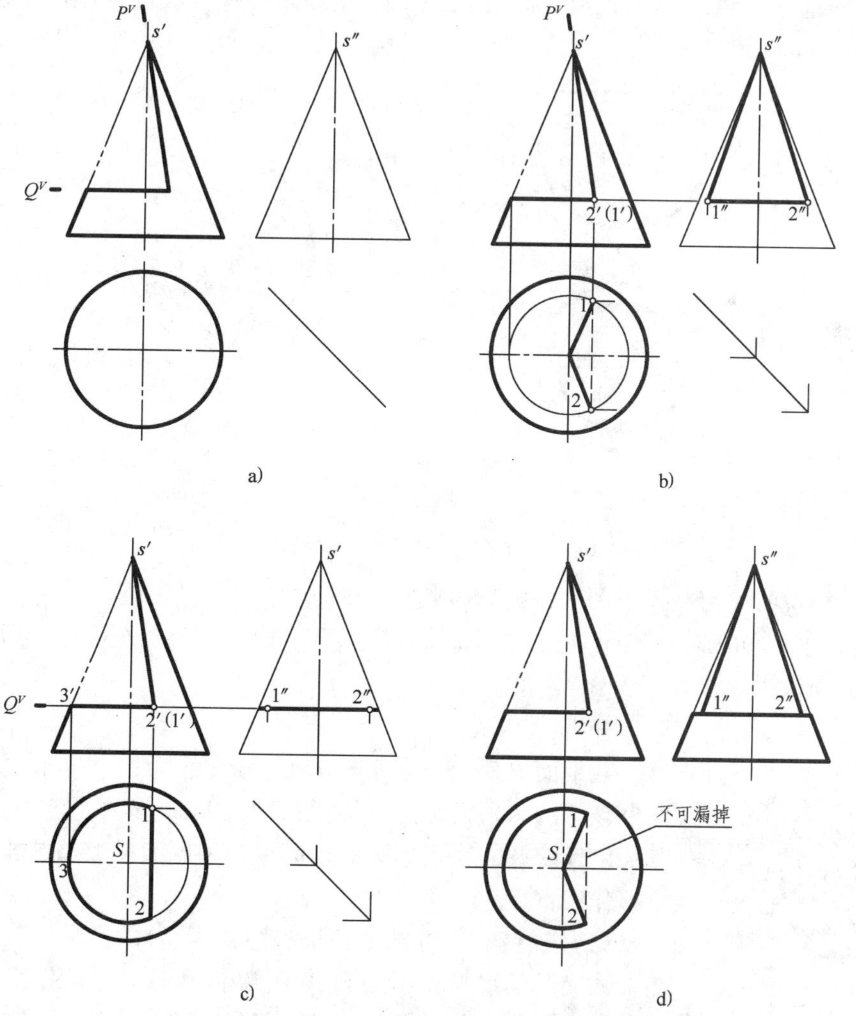

图5-15　补全圆锥体被切割后的水平投影，并作出侧面投影
a)作截切平面 P 的截交线；b)作截切平面 Q 的截交线；c)作截切平面 R 的截交线；d)作图结果

过圆锥体锥顶的正垂面 P 与圆锥面相交，交线是过锥顶的两条素线 SⅠ、SⅡ，正垂面 P 与水平面 Q 也相交，交线为正垂线ⅠⅡ，其断面形状是个三角形（SⅠⅡ）[图 5-15b)]。

确定三角形的正面投影 $s'(1')2'$（积聚为一条直线），求出它的侧面投影 $s''1''2''$（三角形）和水平投影 $s12$（三角形）[图 5-15b)]。

(3)作水平面 Q 产生的交线。

水平面 Q 截切圆锥，其断面形状由直线ⅠⅡ和一段圆弧组成[图 5-15c)]。它的正面投影积聚为一段直线 $3'(1')2'$，作出其侧面投影（直线）和水平投影（实形），作图过程见图 5-15c)。

(4)连线并完成投影图。

值得注意的是，要注意截交线的可见性，如水平投影 12 就不可见。结果见图 5-15d)。

(三)平面与圆球体相交

平面截切圆球体所得的截交线总是一个圆。当截平面平行于某一投影面时，截交线在此投影面上的投影是圆，另两个投影为直线段。如图 5-16 表示的是圆球体被水平面截切的情况。当截平面垂直于某一投影面时，圆在此投影面上的投影为一直线段，另两个投影为椭圆。

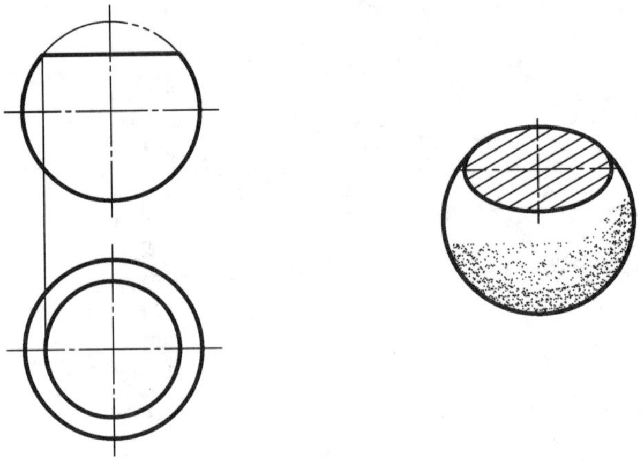

a)　　b)

图 5-16　作圆球体被水平面截去圆球冠后的投影

下面举例说明如何在投影图中作圆球体截交线的方法。

[**例 5-10**] 已知圆球体被铅垂面截切[图 5-17、图 5-18a)]，作出铅垂面截切后圆球体的正面投影和侧面投影。

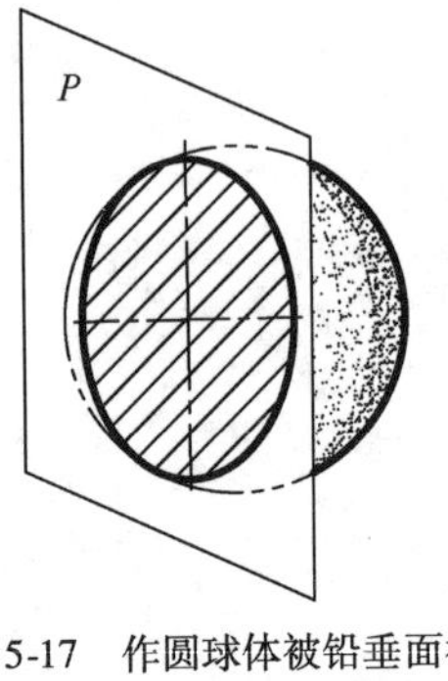

图 5-17　作圆球体被铅垂面截去球冠后的圆球体

分析：

截平面 P 垂直于水平投影面，截交线为一个位于此铅垂面上的圆。该圆的水平投影是直线段（P 与圆球体水平投影重合的部分），其长度反映圆的直径。圆的正面投影和侧面投影都是椭圆。

作图：

(1)求特殊点（椭圆的长轴和短轴顶点）的投影。

截交线的水平投影为直线段 12。由 1 和 2 可作出其正面投影 $1'2'$（$1'2'$在水平中心线上）和侧面投影 $1''2''$，直线 $1'2'$和 $1''2''$就是正面投影和侧面投影中椭圆的短轴[图 5-18b)]。

与圆的直径ⅠⅡ相垂直的直径ⅢⅣ的水平投影3、4积聚于直线12的中点，由3、4作出3′、4′和3″、4″，直线3′4′的长度应等于直线12的长度，即截交线圆的直径，3′4′和3″4″就是正面投影和侧面投影中椭圆的长轴[图5-18b)]。

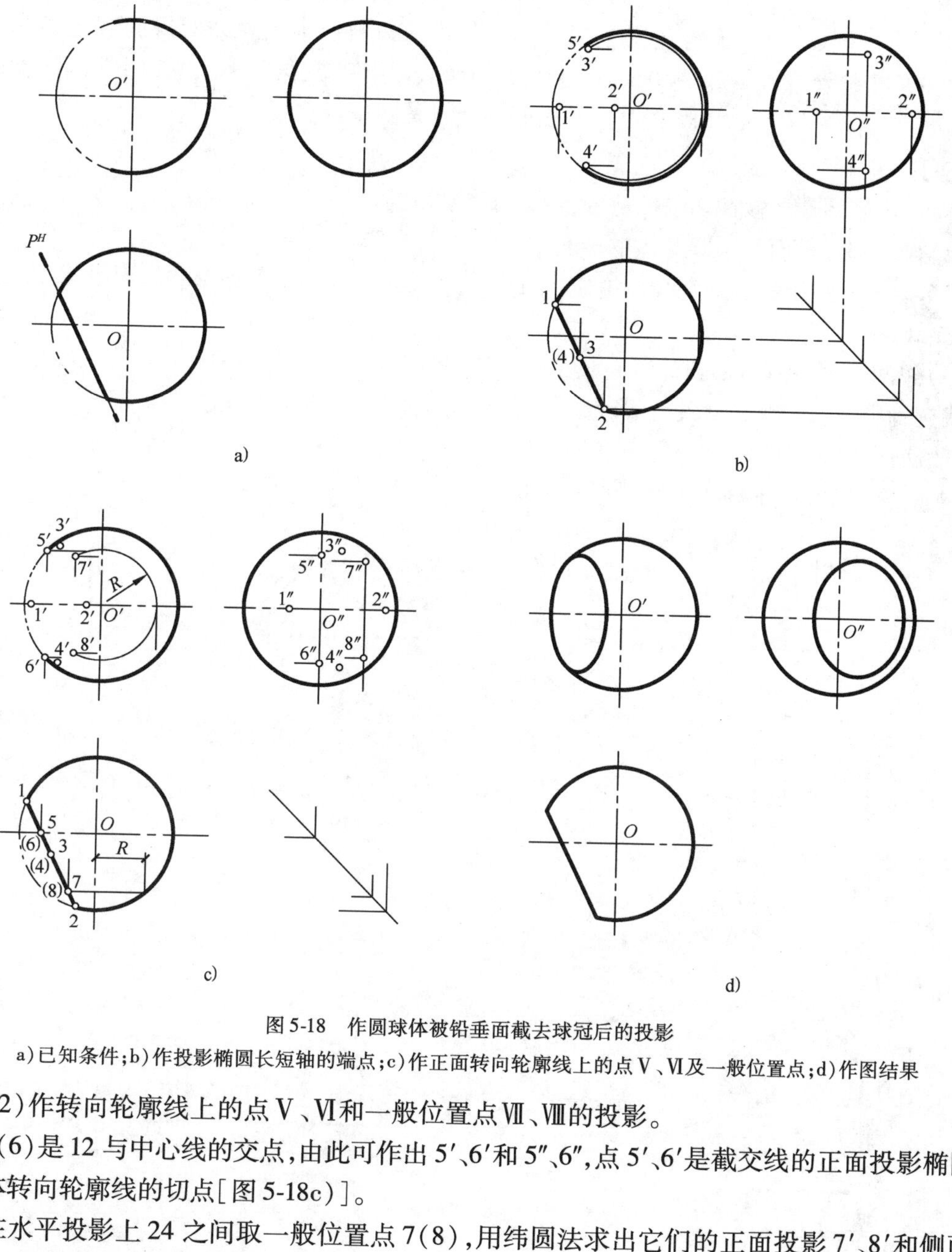

图5-18　作圆球体被铅垂面截去球冠后的投影

a)已知条件；b)作投影椭圆长短轴的端点；c)作正面转向轮廓线上的点Ⅴ、Ⅵ及一般位置点；d)作图结果

(2)作转向轮廓线上的点Ⅴ、Ⅵ和一般位置点Ⅶ、Ⅷ的投影。

5(6)是12与中心线的交点，由此可作出5′、6′和5″、6″，点5′、6′是截交线的正面投影椭圆与圆球体转向轮廓线的切点[图5-18c)]。

在水平投影上24之间取一般位置点7(8)，用纬圆法求出它们的正面投影7′、8′和侧面投影7″、8″[图5-18c)]。

(3)连线并完成投影图。

把正面投影和侧面投影上求得的点分别用光滑曲线依次连接成椭圆，补画圆球体的转向轮廓线。应注意的是，因截平面P只截去左半圆球体的一部分，没有截到圆球体在侧面投影中的转向轮廓线。所以在侧面投影中椭圆应全部位于圆球体的转向轮廓线内[图5-18d)]。

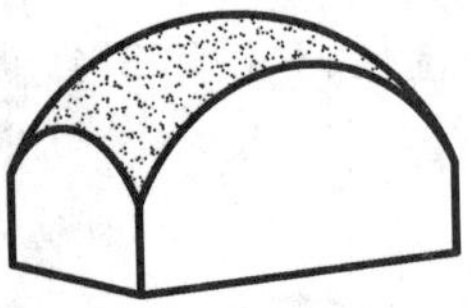

图 5-19　半圆球体被正平面和侧平面的截切

[例 5-11] 已知半圆球体被截切后(图 5-19)的水平投影,作它的正面投影和侧面投影[图 5-20a)]。

分析:

由已知条件可知,此截切体是半圆球体被两对对称的正平面和侧平面截切后得到的。正平面截切半圆球体所得的截交线在正面投影中反映实形,侧平面截切半圆球体所得的截交线在侧面投影中反映实形。截平面的交线是四条铅垂线。

作图:

(1)作出半圆球体被截切前的侧面投影[图 5-20b)]。

(2)作两个正平面与半圆球体的截交线。

截交线为一圆弧和三条直线段组成,正面投影中反映实形,水平投影和侧面投影积聚为直线[图 5-20b)]。

(3)作两个侧平面与半圆球体的截交线。

截交线仍为一圆弧和三条直线段组成,侧面投影中反映实形,水平投影和正面投影积聚为一条直线[图 5-20c)]。

(4)完成投影图,得到所求结果[图 5-20d)]。

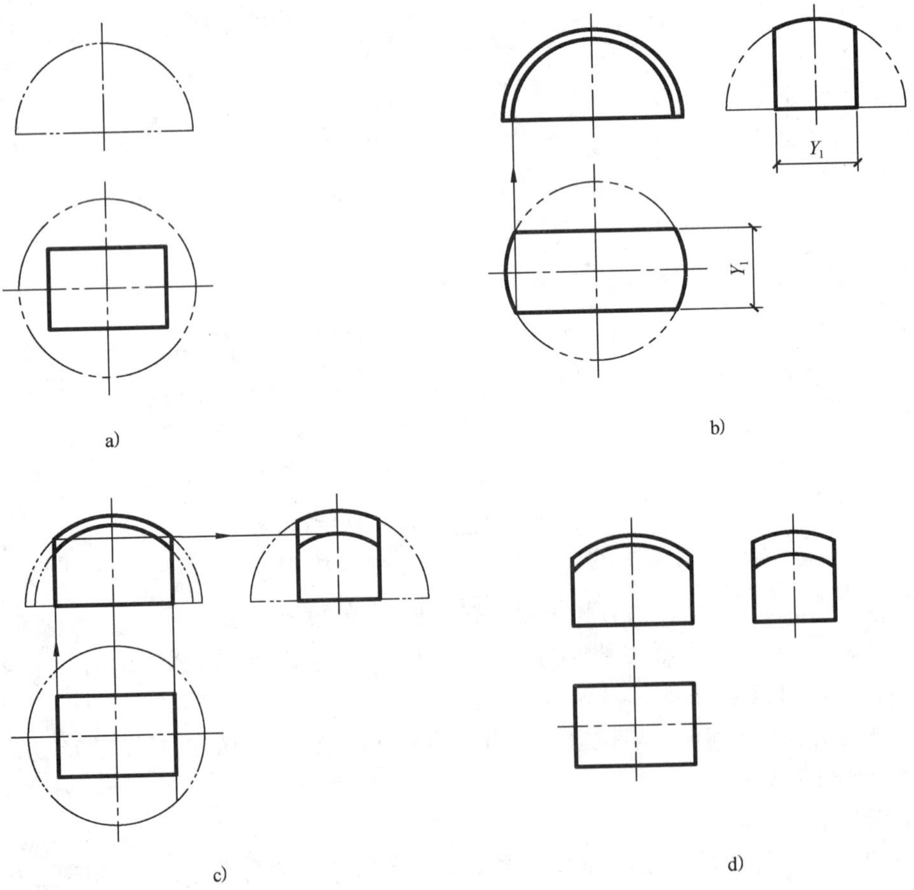

图 5-20　半圆球体被正平面和侧平面的截切

a)已知条件;b)作两个正平面的截切;c)作两个侧平面的截切;d)作图结果

第二节　两个立体相交

当两个立体相交时，在它们的表面上产生交线，该交线称为相贯线（图 5-21）。相交的立体称为相贯体。

a)　　　　b)　　　　c)

图 5-21　两个立体相交

a）两平面立体全贯；b）平面立体和曲面立体互贯；c）两曲面立体全贯

当一个立体全部贯穿另一个立体时，这样的相贯称为全贯［图 5-21a）、图 5-21c）］，全贯的相贯线有两组；当两个立体互相贯穿时，则称为互贯［图 5-21b）］，互贯的立体有一组相贯线。

根据图 5-21 可以看出两个立体的相贯线有以下两条基本性质：

1. 封闭性

因为两立体都是由若干表面围成的，所以在一般情况下相贯线是封闭的［图 5-21a）、b）、c）］。

但当两个立体具有公共的表面时，它们的相贯线不封闭。图 5-22所示是圆锥体和圆柱体相交，它们的底面在同一平面上，相贯线是不封闭的。

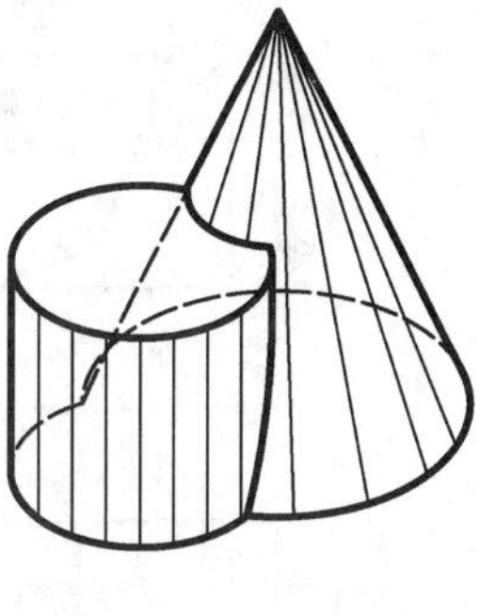

图 5-22　相贯线不封闭

2. 共有性

相贯线是两立体表面的共有线，相贯线上的点是两立体表面上的共有点的集合，因此我们可以根据这个特性来求相贯线。

一、两个平面立体相交

（一）概述

两个平面立体相交所得的相贯线，一般情况是一组或两组封闭的空间折线［图 5-21a）］。组成折线的每一段直线都是一个立体的棱面与另个一立体棱面的交线，而折线的每一个顶点是第一个平面立体上参与相贯的各条棱线与第二个平面立体各棱面的交点，即贯穿点；或是第二个平面立体上参与相贯的各条棱线与第一个平面立体各棱面的交点。因此，求两个平面立体相贯线的步骤是：

（1）确定两立体参与相交的棱线和表面。

（2）求参与相交的棱线与另一立体表面的交点，或求一个立体表面与另一立体表面的交线。

（3）依次连接各交点的同面投影。连接各点时应遵循：只有当两个点对于两个立体而言都位于同一个棱面上才能连接，否则不能连接。

(4)判断相贯线的可见性。判断的方法：只有当两个相交棱面同时可见时，它们的交线才可见；否则不可见。

相贯的两个立体是一个整体，可称相贯体。所以一个立体穿入另一个立体内部的“棱线”实际上是不存在的，因此不必画出。

(二)作图举例

[例5-12] 已知两三棱柱相交，作相贯线[图5-23a)]。

分析：

从图5-23a)水平投影和侧面投影可以看出，两个三棱柱互贯，相贯线是一组封闭的空间折线。水平三棱柱的 *A* 棱、*C* 棱和直立三棱柱的 *F* 棱参与了相交，参与相交的每条棱线有两个交点(贯入点和贯出点)，因此可以判断该相贯线上总共应有六个折点，即相贯线由六段直线组成[图5-23b)]。

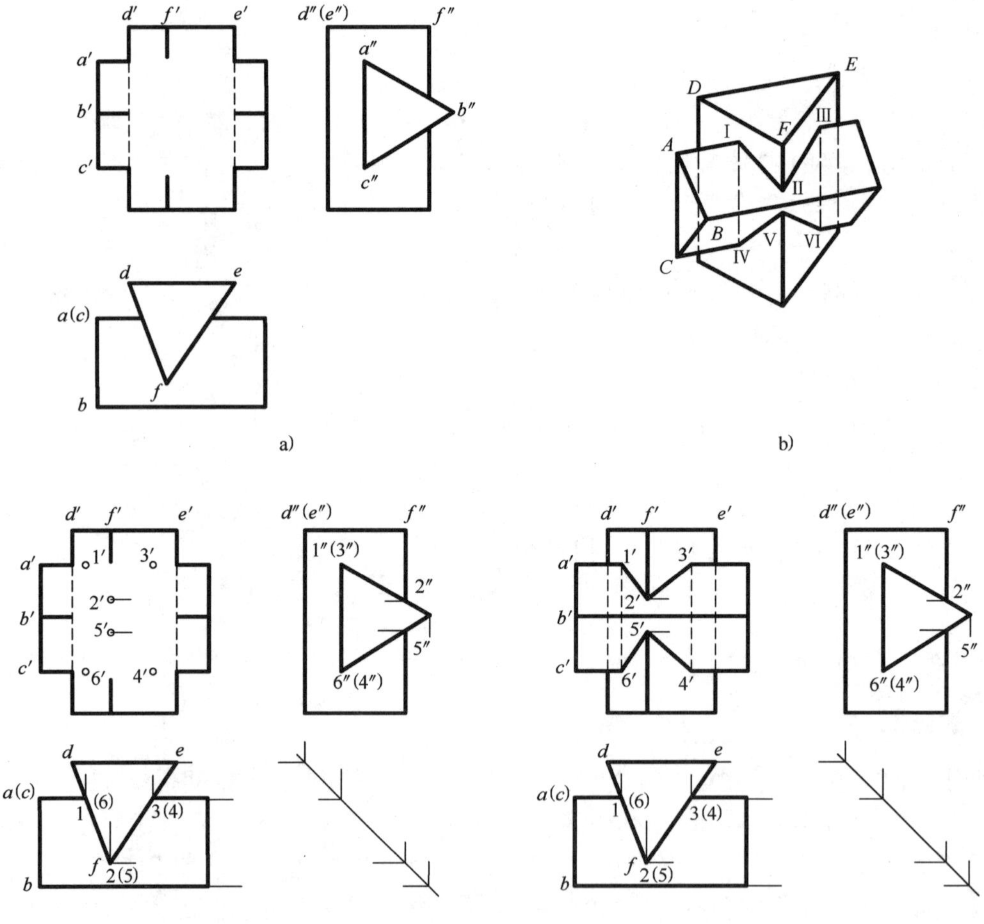

c) d)

图5-23 两个三棱柱相交

a)已知条件；b)立体图；c)作图过程；d)作图结果

因为直立三棱柱三个侧面的水平投影有积聚性，所以相贯线的水平投影必然积聚在直立三棱柱的水平投影($\triangle def$)上；同样，水平三棱柱三个侧面的侧面投影有积聚性，因此相贯线的侧面投影必然积聚在水平三棱柱的侧面投影（$\triangle abc$）上。于是，相贯线的正面投影需作图求出。

作图：

（1）作六个折点Ⅰ、Ⅱ、Ⅲ、Ⅳ、Ⅴ、Ⅵ的投影[图5-23c)]。

在水平投影和侧面投影上，确定折点Ⅰ、Ⅱ、Ⅲ、Ⅳ、Ⅴ、Ⅵ[图5-23b)]的投影。水平投影为1(6)、2(5)、3(4)，侧面投影为1″(3″)、2″、5″、6″(4″)[图5-23c)]。

由折点的水平投影和侧面投影求出它们的正面投影1′、2′、3′、4′、5′、6′(图7-3c)。

（2）根据连线规则，连接六个顶点的正面投影并判别可见性。(其中1′6′、3′4′两段线是不可见的，应画成虚线)。

（3）补全立体。补画没有参与相交的棱线B，将参与相交的各条棱线画至交点处[图5-23d)]。

[例5-13] 求四棱锥和四棱柱的相贯线[图5-24a)]。

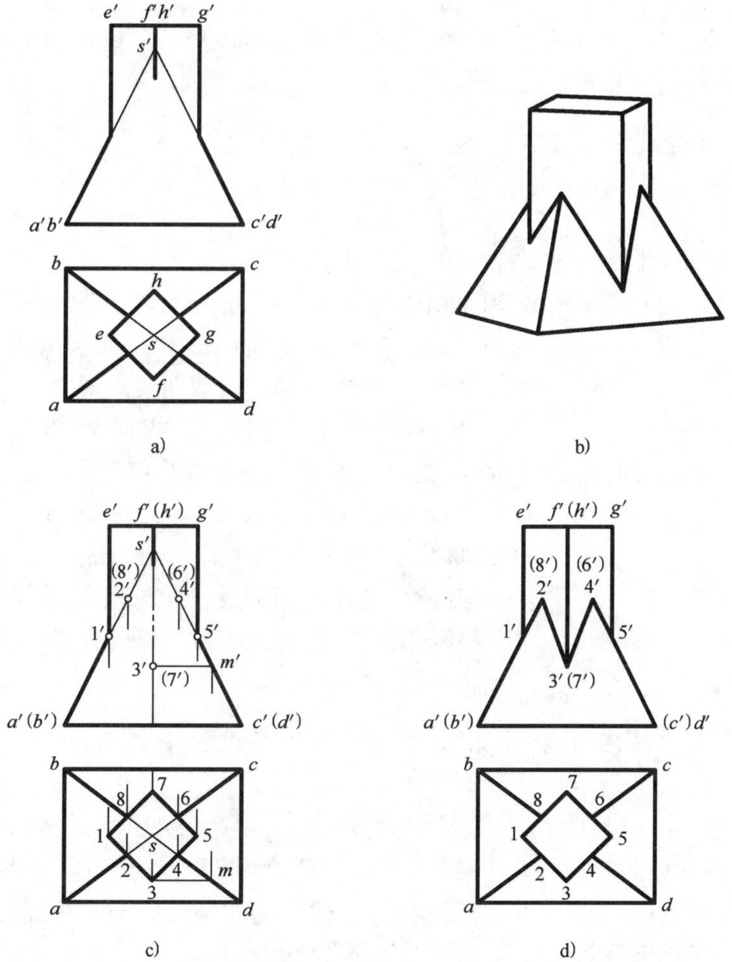

图5-24 四棱锥和四棱柱相贯

a)已知条件；b)立体图；c)作图过程；d)作图结果

分析：

从已知条件的水平投影可知，四棱柱从上而下贯入四棱锥中。相贯线是一组封闭的折线。四棱柱的四条棱线和四棱锥的四条棱线均参与了相交，每条参与相交的棱线有一个交点(贯入而未贯出)，相贯线总共有八个折点Ⅰ、Ⅱ、Ⅲ、Ⅳ、Ⅴ、Ⅵ、Ⅶ、Ⅷ[图5-24b)]，因此相贯线是由八段直线组成的空间折线，见图5-24b。

因为直立的四棱柱*EFGH*的水平投影具有积聚性，所以相贯线的水平投影必然积聚在直立四棱柱的水平投影(*efgh*)上，相贯线的正面投影需要作图求出。

由已知条件可知，相贯线前、后，左、右对称。

作图：

(1)作相贯线八个折点(Ⅰ、Ⅱ、Ⅲ、Ⅳ、Ⅴ、Ⅵ、Ⅶ、Ⅷ)的各投影[图5-24c)]。

在水平投影上标出相贯线各个折点的投影1、2、3、4、5、6、7、8。

因为Ⅱ、Ⅳ、Ⅵ、Ⅷ是四棱锥四条棱线上的点，Ⅰ、Ⅴ是四棱锥两个正垂的棱面*SAB*、*SCD*(正面投影积聚为直线*s'a'*、*s'd'*)上的点，所以可以利用水平投影直接求出它们的正面投影2′、4′、6′、8′、1′、5′。过点Ⅲ作直线Ⅲ*M*平行于底边*AD*(3*m*∥*ad*)，由此可以求出3′、7′。

(2)连线并判断可见性[图5-24d)]。

依次连接1′2′、2′3′、3′4′、4′5′。与它们重合的直线1′8′、8′7′、7′6′、6′5′不用画出。

(3)最后将参与相交的各条棱线画至交点处。

二、平面立体和曲面立体相交

(一)概述

平面立体与曲面立体相交时，所得相贯线一般情况下：

(1)由若干段平面曲线组成的空间封闭线。

(2)由若干段平面曲线和直线组成的空间封闭线，如图5-25所示相贯线由四段双曲线组成。

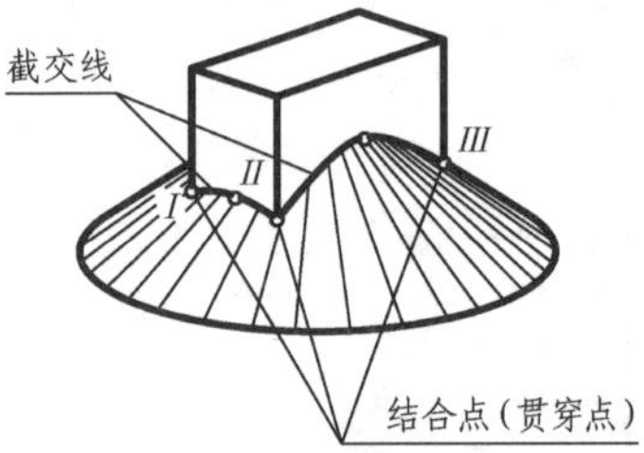

图5-25　平面立体和曲面立体相交

相贯线上每段平面曲线(或直线)就是平面立体的一个棱面与曲面立体表面的交线(截交线)；相邻两段平面曲线(或直线)的交点是平面立体的一条棱线与曲面立体表面相交的贯穿点(如图5-25中的点Ⅰ、Ⅱ、Ⅲ)。因此，求作平面立体与曲面立体的相贯线，可以归结为求平面与曲面立体截交线和求直线与曲面立体贯穿点的合成。

(二)作图举例

[**例5-14**] 已知四棱柱与圆柱体相交，作相贯线的各投影[图5-26b)]。

分析：

由图5-26a)可知，四棱柱与圆柱全贯，相贯线是左、右对称并且形状相同的两组空间封闭交线。每组相贯线是由四棱柱的四个棱面(两个水平面和两个正平面)与圆柱面相交所产生的两段圆弧(水平)和两条直线(铅垂)组成的，四棱柱的四条棱线与圆柱面的八个交点*A*、*B*、*C*、*D*和*E*、*F*、*G*、*H*(两组)是圆弧和直线的结合点[图5-26a)]。

由于圆柱的水平投影有积聚性，因此，相贯线包括两段圆弧、两条直线以及八个结合点的水平投影都积聚在圆柱的水平投影圆上(两段圆弧)；由于四棱柱的侧面投影有积聚性，因此，相贯线的侧面投影都积聚在四棱柱的侧面投影矩形上；本题只需要作相贯线的正面投影。

作图：

(1)利用相贯线的共有性确定两组相贯线八个结合点*A*、*B*、*C*、*D*、*E*、*F*、*G*、*H*的水平投影和侧面投影，利用表面上取点法求出它们的正面投影 a'、b'、c'、d'、e'、f'、g'、h'[图 5-26c)]。

(2)连线并且完成投影图[图 5-26d)]。

根据分析，AB、CD 和 EF、GH 是铅垂线，正面投影对称且分别重合；AD、BC 和 EH、GF 是四段水平圆弧，正面投影积聚为四段线。

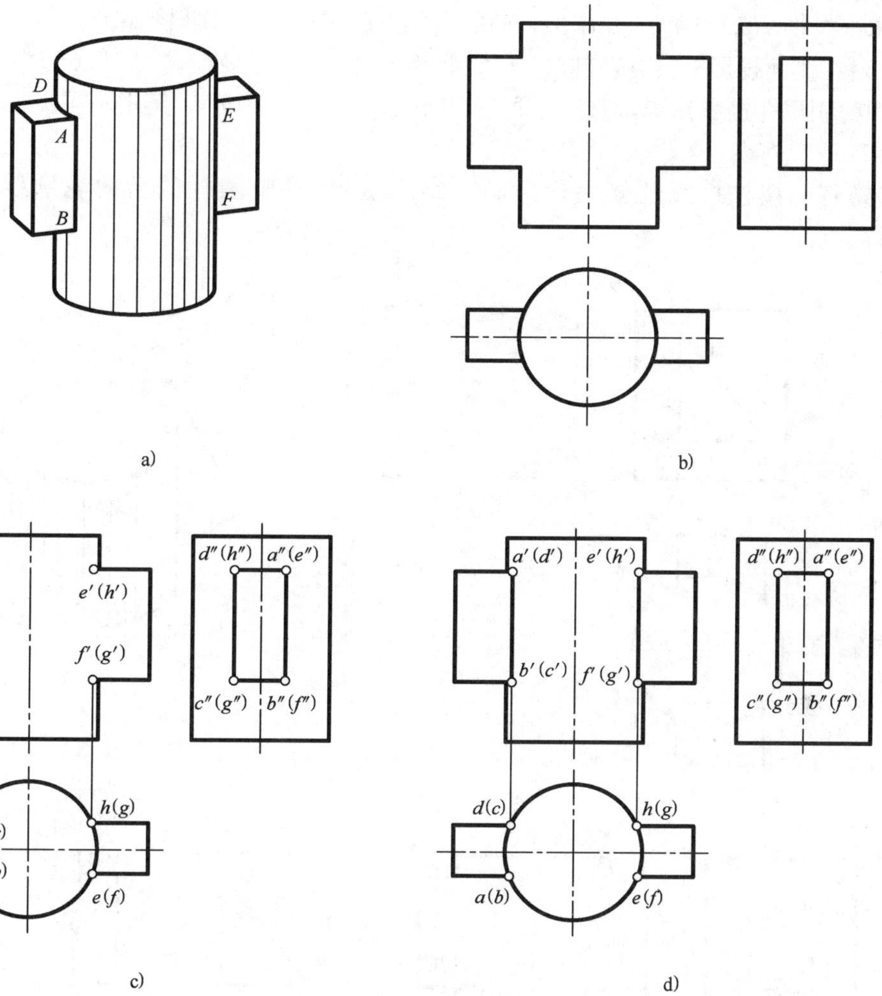

图 5-26　四棱柱和圆柱体相交

a)立体图；b)已知条件；c)作图过程；d)作图结果

[例 5-15] 求出三棱柱与圆柱体相贯线的侧面投影[图 5-27a)]。

分析：

由于三棱柱与圆柱体全贯且穿通，所以三棱柱与圆柱体的截交线是前后对称、形状相同的两组空间封闭交线。每组相贯线是由三棱柱的三个棱面(一个水平面、一个侧平面和一个正垂面)与圆柱面相交所产生的一段圆弧(水平)、一条直线(铅垂)和一段椭圆弧组成的，结合点是三棱柱的三条棱线与圆柱面的交点[图 5-27b)]。

相贯线的正面投影积聚在三棱柱的正面投影三角形上，水平投影积聚在圆柱面的水平投影上，因此仅需要作出侧面投影。

作图：

(1)在正面投影上，注出各段截交线的结合点投影1′(6′)、3′(8′)、4′(9′)；在水平投影上，标出它们的投影1、6、3、8、4、9；利用表面上取点的方法，作出它们的侧面投影1″、6″、3″、8″、4″、9″[图5-27c)]。

(2)在正面投影上，中心线上的点2′(7′)、5′(10′)是圆弧和椭圆弧的特殊位置点，标出它们的水平投影5(2)、10(7)并作出它们的侧面投影2″、7″、5″、10″[图5-27c)]。

(3)在侧面投影上，连接椭圆弧4″5″1″和9″10″6″；连接直线1″2″、6″7″(圆弧ⅠⅡⅢ和ⅥⅦⅧ的积聚性投影)；连接直线ⅢⅣ、ⅧⅨ的投影3″4″、8″9″。其中不可见的部分画成虚线[图5-27d)]。

(4)将三棱柱棱线的侧面投影画到结合点处，补全圆柱的转向轮廓线，作图结果见图5-27d)。

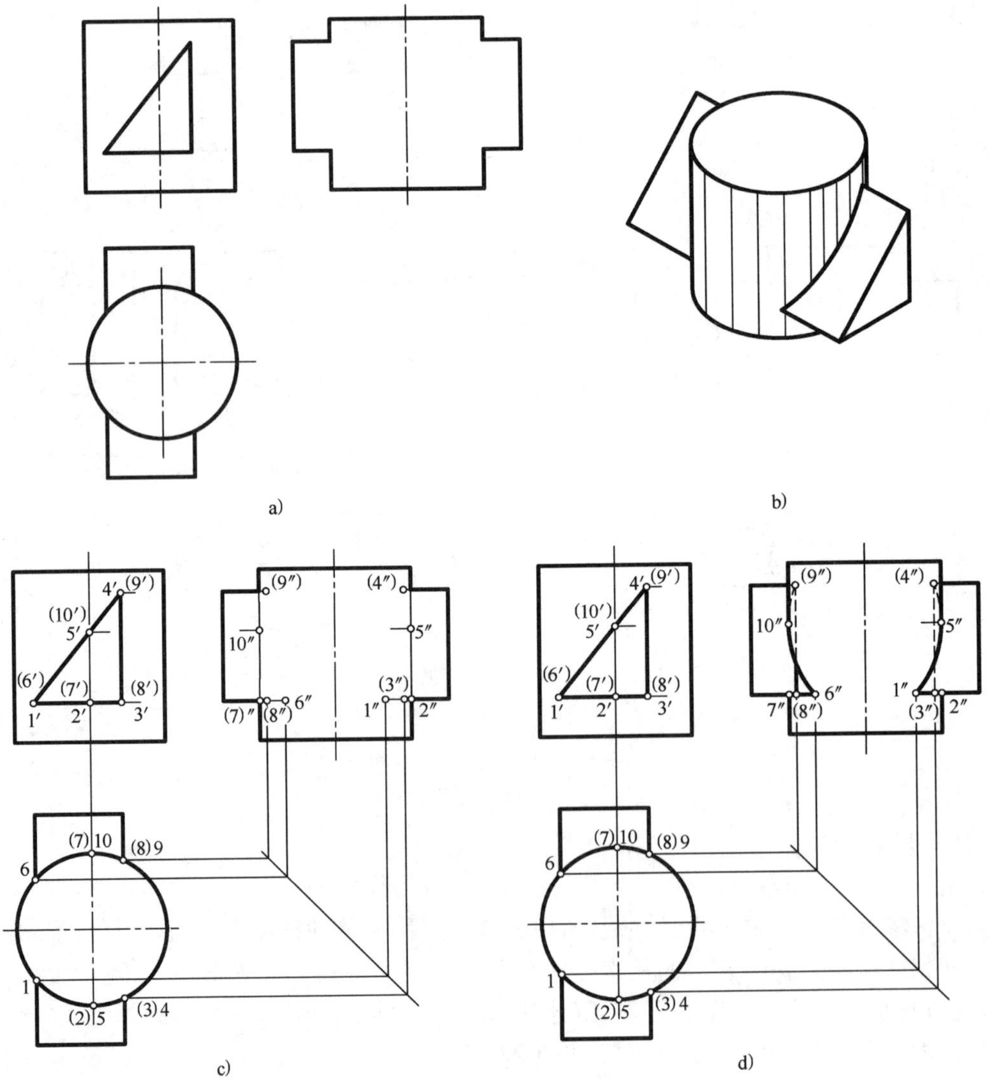

图5-27　三棱柱与圆柱体相交

a)已知条件；b)立体图；c)作图过程；d)作图结果

三、两个曲面立体相交

两曲面立体相交,其相贯线一般情况下是封闭的空间曲线[图5-28a)];在特殊情况下,相贯线可能是平面曲线或直线[图5-28b)]。

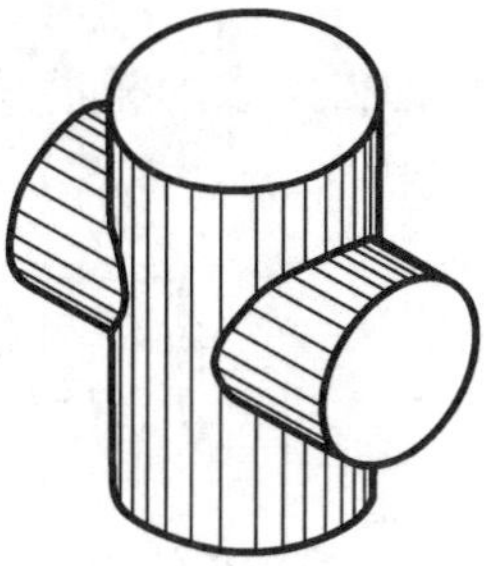

a)

b)

图5-28 两个曲面立体相交

(一)两曲面立体相交的一般情况

两曲面立体的相贯线是两曲面立体表面的共有线,相贯线上的点是两个相交曲面立体的共有点。因此,作两曲面立体的相贯线,一般是先作出两曲面立体表面上一系列共有点的投影,然后再连成相贯线的投影。

在作相贯线上的点时,与作曲面立体的截交线一样,应作出一些能控制相贯线范围的特殊点,如曲面立体投影轮廓线上的点、相贯线上的极限位置点(包括最高、最低、最前、最后、最左、最右点)等。为了作图准确,还需要再作相贯线上的一般位置点。在连线时,应表明可见性。可见性的判断原则:只有同时位于两个立体可见表面上的相贯线才是可见的,否则不可见。

这里只讨论两个圆柱体相贯线的求法:表面取点法。

如果相交的两个圆柱体中,有一个立体表面的投影具有积聚性(轴垂直于投影面)时,就可以利用在圆柱体表面上取点的方法作出两圆柱体表面上的一系列共有点的投影。具体作图时,先在圆柱面的积聚投影上标出相贯线上的一些点(包括特殊位置点和一般位置点),然后把这些点看作另一圆柱面上的点,用表面取点的方法,求出它们的其他投影。最后,把这些点的同面投影光滑的连接起来(可见的连成实线,不可见的连成虚线),即得出相贯线的投影。

[例5-16] 已知大小不同的两圆柱体相交,作相贯线的投影[图5-29a)]。

分析:

由已知条件可知,两圆柱体的轴线垂直相交,有共同的前、后对称面。小圆柱体横向穿入大圆柱体。因此,相贯线是前、后对称的一条封闭空间曲线[图5-29b)]。

由于大圆柱体的轴线为铅垂线,圆柱面的水平面投影积聚为圆,相贯线的水平投影就重合在此圆上;同样的,小圆柱体的侧面投影积聚为圆,相贯线的侧面投影就重合在这个圆上。因此,只有相贯线的正面投影需要作图求得。

作图:

(1)求特殊位置点[图5-29c)]。

先在相贯线的侧面投影(小圆柱面的投影)上,标出相贯线的最高点(Ⅰ)、最低点(Ⅴ)、最前点(Ⅶ)、最后点(Ⅲ)的投影1″、5″、7″、3″;这些点也是大圆柱面上的点,利用表面上取点的方法标出它们的水平投影(1、5、7、3),并求作出它们的正面投影(1′、5′、7′、3′),同时点Ⅰ、Ⅴ

是最左点,点Ⅲ、Ⅶ是最右点。

(2)求一般位置的点[图5-29d)]。

同样,在相贯线侧面投影的适当位置,标出相贯线的一般位置点Ⅱ、Ⅳ、Ⅵ、Ⅷ的投影2″、4″、6″、8″,然后作出它们的水平投影2、4、6、8和正面投影2′、4′、6′、8′。

(3)连接各点[图5-29e)]。

按1′2′3′4′5′的顺序用光滑的曲线将这些点连接即得所求的相贯线(与另一部分相贯线5′6′7′8′1′重影)。

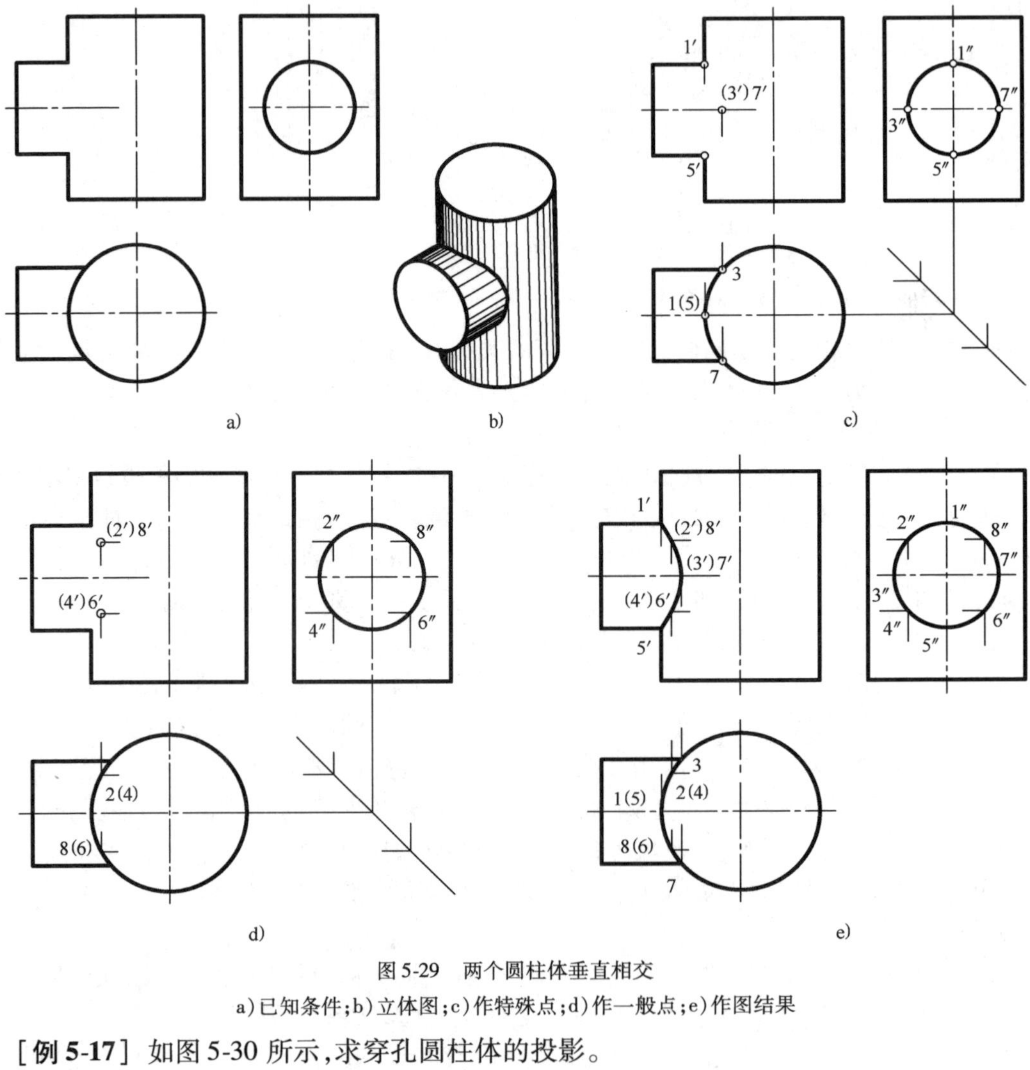

图5-29　两个圆柱体垂直相交

a)已知条件;b)立体图;c)作特殊点;d)作一般点;e)作图结果

[**例5-17**] 如图5-30所示,求穿孔圆柱体的投影。

分析:

从上几节的内容我们已经知道,相贯线是由两个立体的形状以及两个立体的相对位置决定,而与立体是外表面还是内表面相交并无关系。因此,我们可以利用上例中两个正交圆柱体的作图方法求出圆柱体穿孔后的相贯线。

作图:

由于圆柱孔在圆柱体的内部,故其正面投影的转向轮廓线和侧面投影的转向轮廓线为不可见,都画成虚线。正面投影的1′和2′之间没有线,因为此处的轮廓线已被切割去。圆柱孔下端的相贯线与上端完全一样。结果见图 5-30。

图 5-31 为两圆柱体内表面正交，其相贯线的作法和形状也与图 5-30 相同。两相交圆柱孔的轮廓线均不可见，相贯线也不可见。

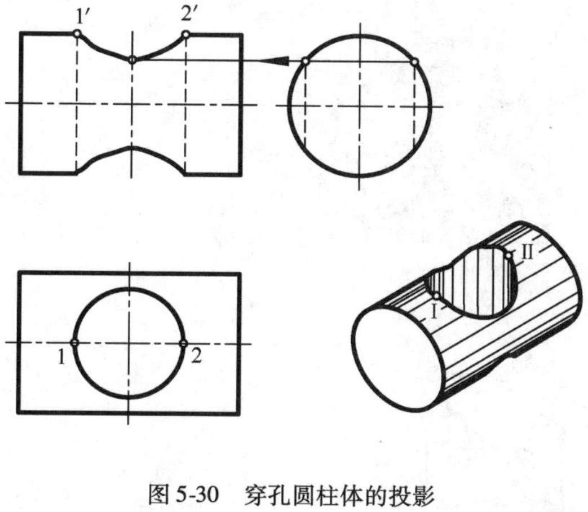

图 5-30 穿孔圆柱体的投影

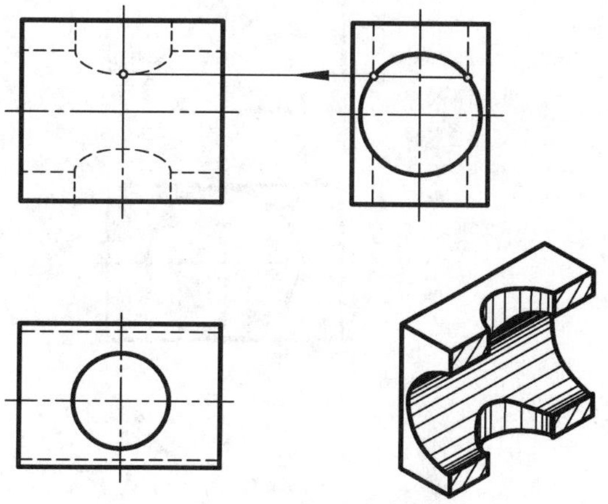

图 5-31 两个圆柱体的内表面相交

(二)两曲面立体相交的特殊情况

在特殊情况下，两曲面体的相贯线可能是平面曲线或也可能是直线。下面介绍两曲面立体相交的相贯线为平面曲线和直线的几种特殊情况。

1. 两圆柱面的轴线平行

当两圆柱面的轴线平行时，两圆柱面的交线为直线。在图 5-32 所示的情况下，其相贯线为两条平行直线和一段圆弧。

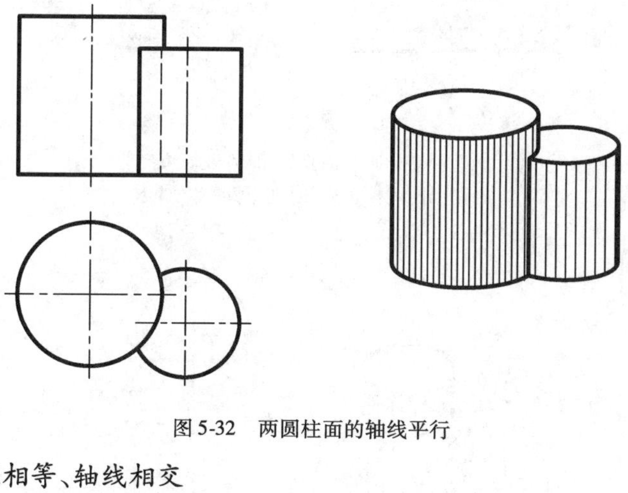

图 5-32 两圆柱面的轴线平行

2. 两个圆柱直径相等、轴线相交

当两个圆柱面直径相等、轴线相交时，它们外切于同一个圆球面，相贯线为两个椭圆。当轴线正交时，相贯线为两个相同的椭圆[图 5-33a)]。椭圆的正面投影为直线，水平投影与直立圆柱面的水平投影(圆)重合。当轴线斜交时，相贯线为两个短轴相等、长轴不相等的椭圆[图 5-33b)]。

3. 两回转体共轴

当两回转体共轴时，它们的相贯线为圆，并且圆所在的平面垂直于公共轴线，如图 5-34 所示。

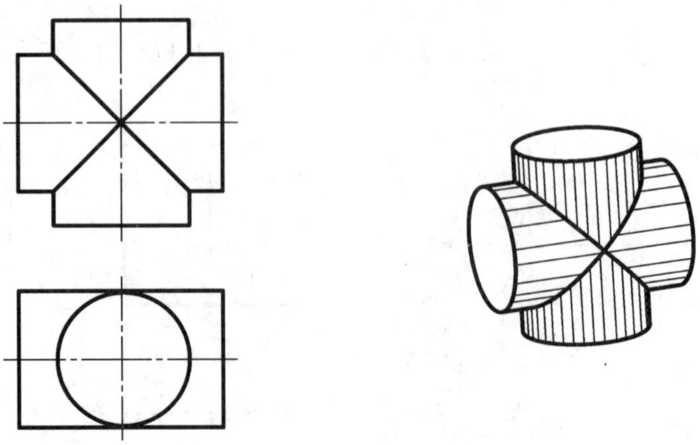

a)

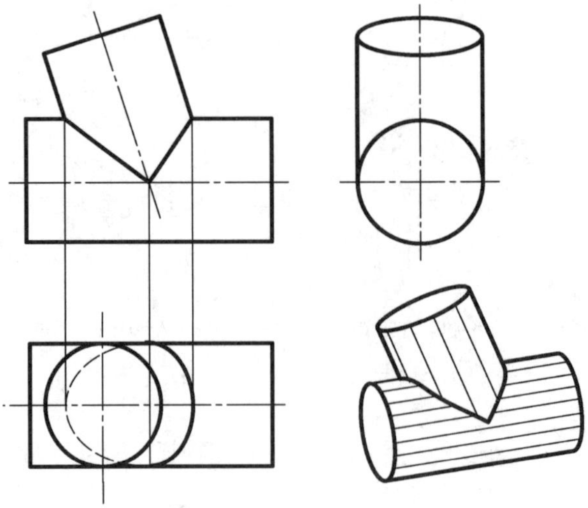

b)

图 5-33　两圆柱面直径相等、轴线相交

a)两个圆柱体正交;b)两个圆柱体斜交

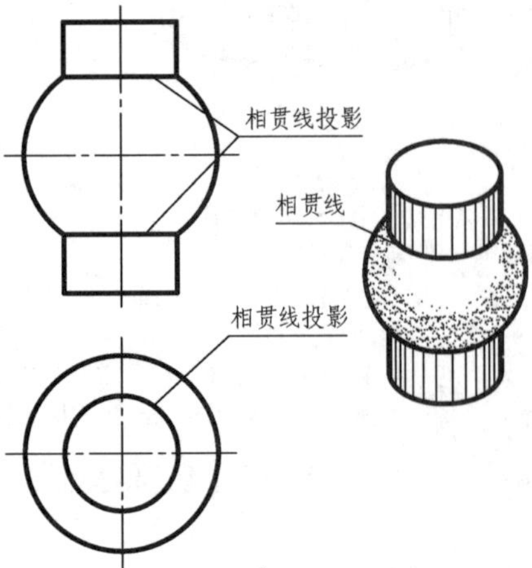

a)

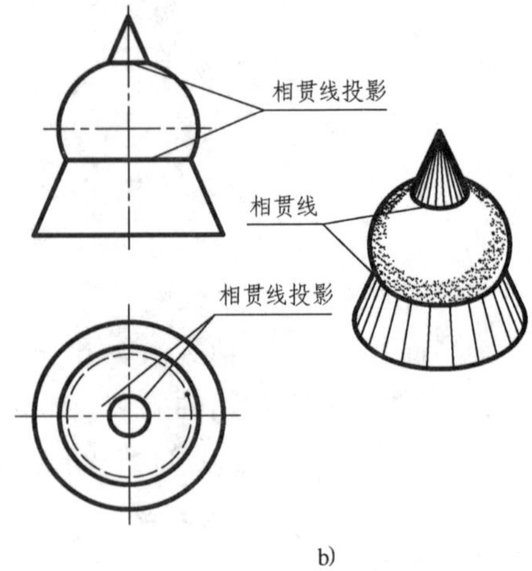

b)

图 5-34　两个回转体共轴

复习思考题

1. 平面立体的截交线有什么特点？
2. 圆柱的截交线有哪几种形式？
3. 圆锥的截交线在什么情况下简单易画？
4. 求曲面立体截交线时，若截交线是非圆曲线，如何作图？
5. 求平面立体与曲面立体相贯线和求曲面立体截交线有什么联系？
6. 两个圆柱的相贯线什么情况下是平面曲线？

第六章
轴测投影

基本要求:

1. 了解轴测投影的形成。
2. 学习正等轴测投影的画法。
3. 学习斜轴测投影的画法。

用正投影表达空间物体具有画图简单、投影形状真实、度量方便等优点;但正投影缺乏立体感,不便于读图。因此,建筑工程图样中,常采用轴测投影作为辅助图样来表示物体。本章介绍几种常用的轴测投影。

第一节　轴测投影的基本概念

轴测投影是一种具有立体感的图形,如图 6-1a)所示为一形体的三面正投影,图 6-1b)所示为该形体的轴测投影。

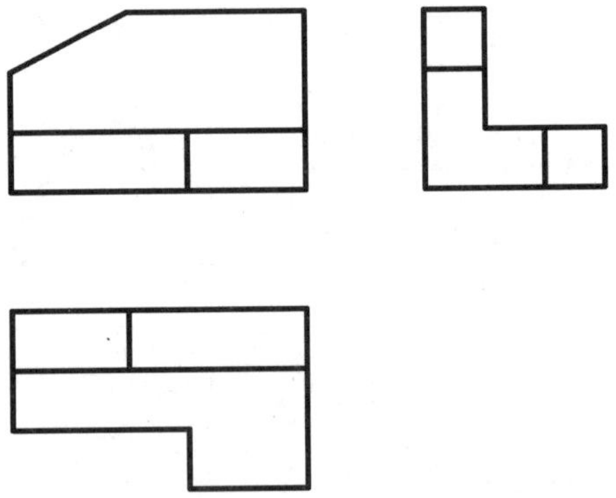

a)

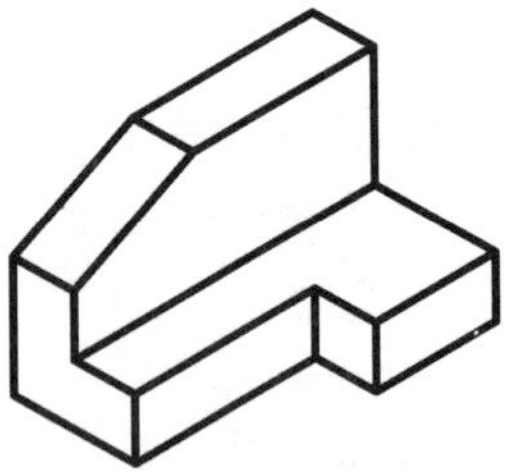

b)

图 6-1　形体的正投影和轴测投影

一、轴测投影的形成

轴测投影是将物体连同其参考直角坐标系,沿不平行于任一坐标面的方向,用平行投影法投射在单一投影面上所得到的具有立体感的图形,如图 6-2 所示。其中,P 平面称为轴测投影面。O_1X_1、O_1Y_1、O_1Z_1 分别为直角坐标轴 OX、OY、OZ 的轴测投影,称为轴测投影轴(简称轴测轴)。

轴测投影是单面投影。“轴测”是沿轴向测量的意思。为使物体的投影具有立体感,应避免物体长、宽、高的任何一个方向的投影积聚。所以直角坐标轴 OX、OY、OZ 的投影应具有一定的长度。这只要选投射方向不与任何坐标轴或坐标面平行即可。轴测投影图的优点是立体感好、直观性强,但与多面正投影相比,其度量性较差、绘图较繁,因此轴测投影图常作为工程图中的辅助图样。

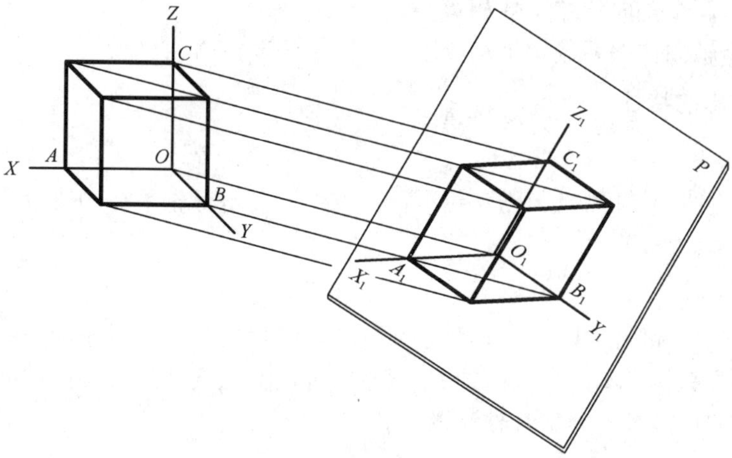

图 6-2　轴测投影的形成

二、轴向伸缩系数和轴间角

(一)轴向伸缩系数

轴测轴上的单位长度与相应坐标轴上单位长度的比值称为轴向伸缩系数。X、Y、Z 轴的轴向伸缩系数分别用 p、q、r 表示。图 6-2 中,OX、OY、OZ 轴的单位长度分别为 OA、OB、OC,其相应的轴测轴 O_1X_1、O_1Y_1、O_1Z_1 的单位长度分别为 O_1A_1、O_1B_1、O_1C,则:

$$p = \frac{O_1A_1}{OA}, q = \frac{O_1B_1}{OB}, r = \frac{O_1C_1}{OC}$$

(二)轴间角

两根轴测轴之间的夹角 $\angle X_1O_1Y_1$、$\angle X_1O_1Z_1$、$\angle Y_1O_1Z_1$ 均称为轴间角。

三、轴测投影的分类及特性

(一)轴测投影的分类

1. 正轴测投影

用正投影法(光线垂直于轴测投影面)投射物体所得到的图形称为正轴测投影(简称为正轴测)。

按三个轴向伸缩系数是否相等,可将正轴测投影分为三种:

正等测(三个轴向伸缩系数均相等);

正二测(只有两个轴向伸缩系数相等);

正三测(三个轴向伸缩系数均不相等)。

2. 斜轴测投影

用斜投影法(光线倾斜于轴测投影面)投射物体所得到的图形称为斜轴测投影(简称为斜轴测)。

同样,按三个轴向伸缩系数是否相等,可将斜轴测也分为三种:

斜等测(三个轴向伸缩系数均相等);

斜二测(只有两个轴向伸缩系数相等);

斜三测(三个轴向伸缩系数均不相等)。

(二)轴测投影的特性

1. 平行性

空间平行的直线,其轴测投影仍互相平行。物体上与坐标轴平行的线段,其轴测投影仍平行于相应的轴测轴。

2. 等比性

物体上平行于坐标轴的线段,其轴测投影长与原线段实长之比等于相应的轴向伸缩系数。

不同的轴测投影具有不同的轴向伸缩系数和轴间角,只要知道各轴向伸缩系数和轴间角,便可以根据物体的正投影图画出其轴测投影。

第二节　平面立体轴测投影的画法

根据物体的正投影画轴测投影的基本步骤:

(1)读正投影图,进行形体分析,并确定直角坐标轴的位置。坐标原点一般设在形体的角点或对称中心上。

(2)根据轴间角作轴测轴,一般将 O_1Z_1 画成铅垂位置。

(3)按各轴向伸缩系数确定物体上平行坐标轴线段的投影长度。

(4)用坐标法、切割法或叠加法等方法逐步完成形体的轴测投影。

下面主要介绍工程中常用的几种轴测投影的画法。

一、正等轴测投影

当确定物体空间位置的直角坐标轴 OX、OY、OZ 与轴测投影面的倾角均相等(约为 35°16′)时,用正投影法投射物体所得到的轴测投影称为正等轴测投影(简称正等测)。

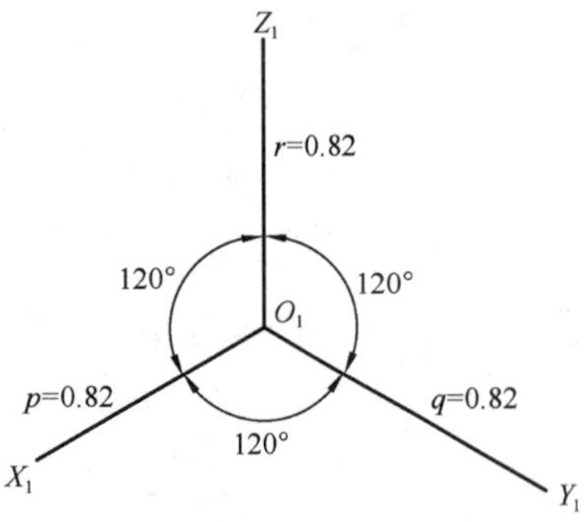

图 6-3　正等测的轴间角与轴向伸缩系数

正等测的轴间角均为 120°,各轴向的伸缩系数约等于 0.82,见图 6-3。

为了作图简便,常将轴向伸缩系数由 0.82 简化为 1,简化后的轴向伸缩系数称为简化系数。用简化系数 1 画出的正等测比用实际轴向伸缩系数 0.82 画出的正等测放大 1.22 倍(即$\frac{1}{0.82}\approx 1.22$),但不影响图形效果。

[**例 6-1**] 作图 6-4a)所示形体的正等测。

分析：

该形体由两个四棱柱叠加而成，适合用叠加法画图。

作图：

(1)确定坐标轴，并在正投影图上表示出来，见图6-4a)。

(2)画轴测轴，并用坐标法画出底部四棱柱的轴测投影，见图6-4b)。

(3)以底部四棱柱的上表面中心位置为原点，用坐标法画出上部四棱柱的轴测投影，见图6-4c)。

(4)擦去作图线，加深可见轮廓线，完成全图，见图6-4d)。

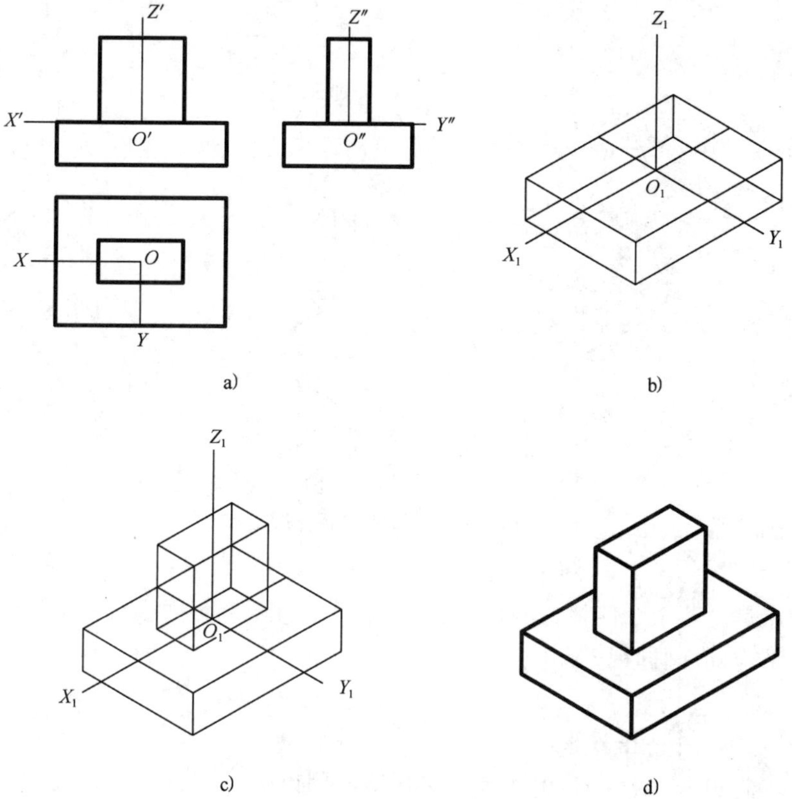

图6-4　用叠加法画正等测

[**例6-2**] 作图6-5a)所示形体的正等测。

分析：

该形体是一个长方体被一个正垂面切割后，在左侧中部又切了一个槽而成，适合用切割法画图。

作图：

(1)确定坐标轴，并在正投影图上表示出来，见图6-5a)。

(2)画轴测轴，并用坐标法画出长方体的轴测投影，见图6-5b)。

(3)作出用正垂面切割后形体的轴测投影，见图6-5c)。

(4)作切槽后的轴测投影，见图6-5d)。

(5)擦去作图线，加深可见轮廓线，完成全图，见图6-5e)。

[**例6-3**] 作梁板柱节点的正等测，见图6-6。

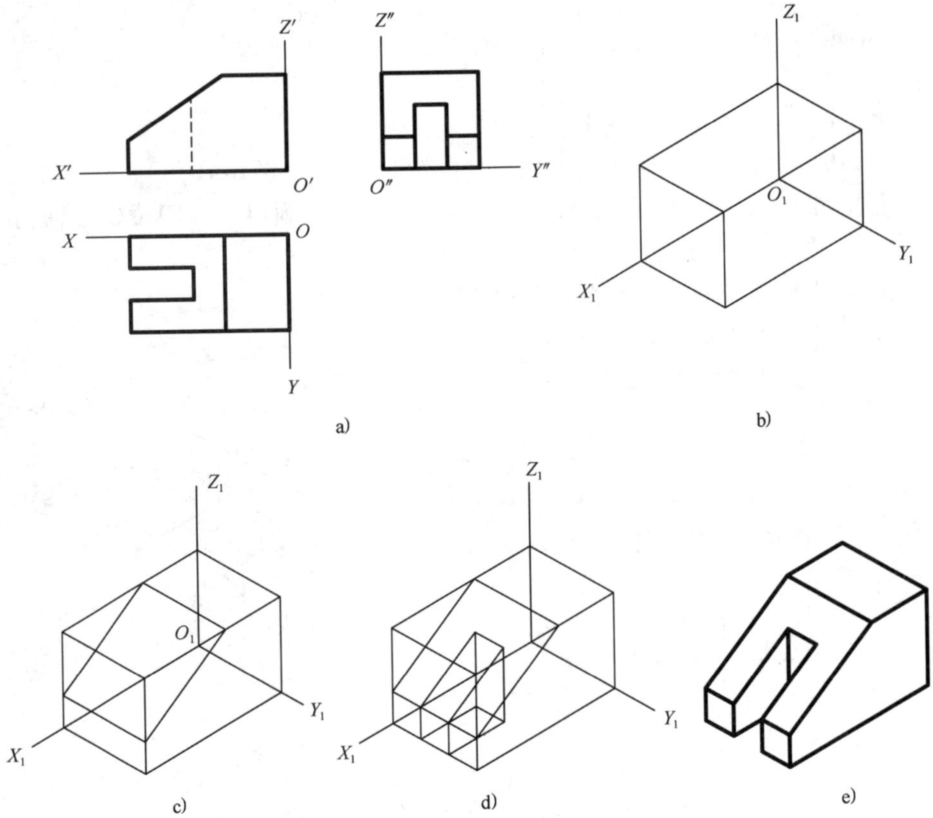

图 6-5　用切割法画正等测

分析：

梁板柱节点是由若干个四棱柱叠加组合而成，适合用叠加法画图。为了清楚地表达组成梁板柱节点的结构，应画仰视轴测图。

作图：

（1）确定坐标轴，并在正投影图上表示出来，见图 6-6a）。

（2）画轴测轴，并用坐标法画出四棱柱楼板的轴测投影，见图 6-6b）。

（3）给梁柱定位：在楼板的底面上，绘出柱子、主梁和次梁的水平面轴测投影，见图 6-6c）。

（4）画柱子：过柱子的水平面轴测投影向下定柱子的高度，绘出柱子的轴测投影，见图 6-6d）。

（5）画主梁和次梁：过主梁和次梁的水平面轴测投影向下定高度，绘出主梁和次梁的轴测投影及与柱子的交线，见图 6-6e）。

（6）擦去作图线，加深可见轮廓线。节点的断面边界画粗实线，断面画剖面符号，完成全图，见图 6-6f）。

二、正面斜二测

以正投影面为轴测投影面，使空间形体的 XOZ 坐标面平行于投影面，所得到的斜轴测投影称为正面斜轴测，见图 6-7。

由于坐标面 XOZ 平行投影面，故 X、Z 轴的伸缩系数 $p=r=1$，轴间角 $\angle X_1O_1Z_1=90°$。OY

的投影与伸缩系数由光线的投射方向确定，各自相对独立。为作图方便，通常取 Y 轴的伸缩系数 $q=0.5$；O_1Y_1 与水平线的夹角取45°（也可取30°或60°），如图6-8所示，这样得到的斜轴测称为正面斜二测。

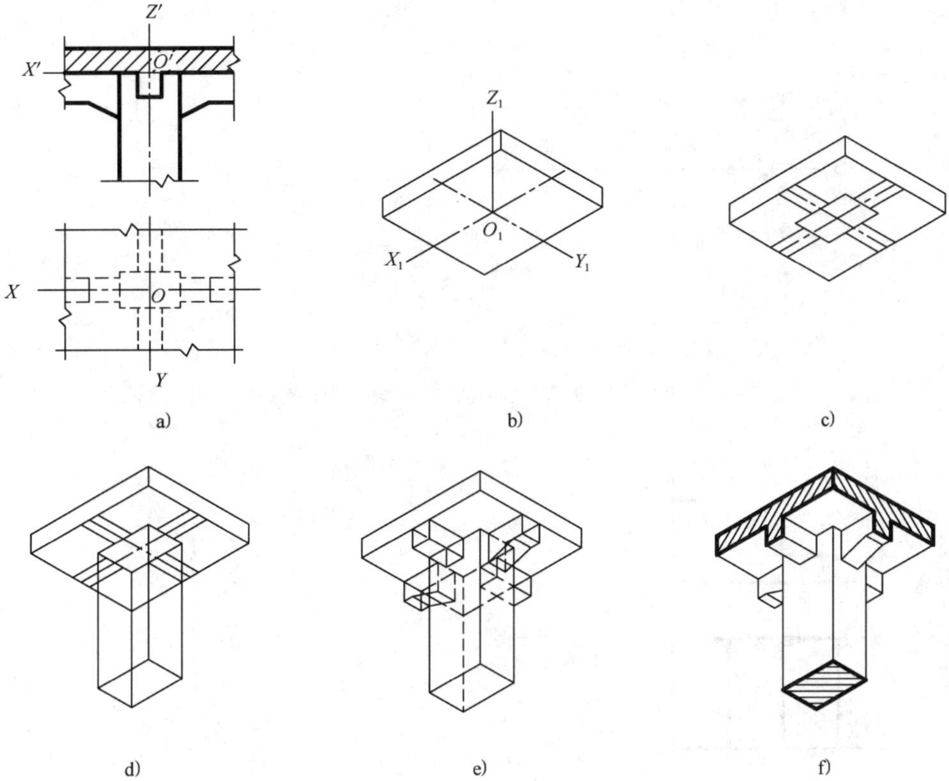

图6-6　画梁板柱节点的正等测

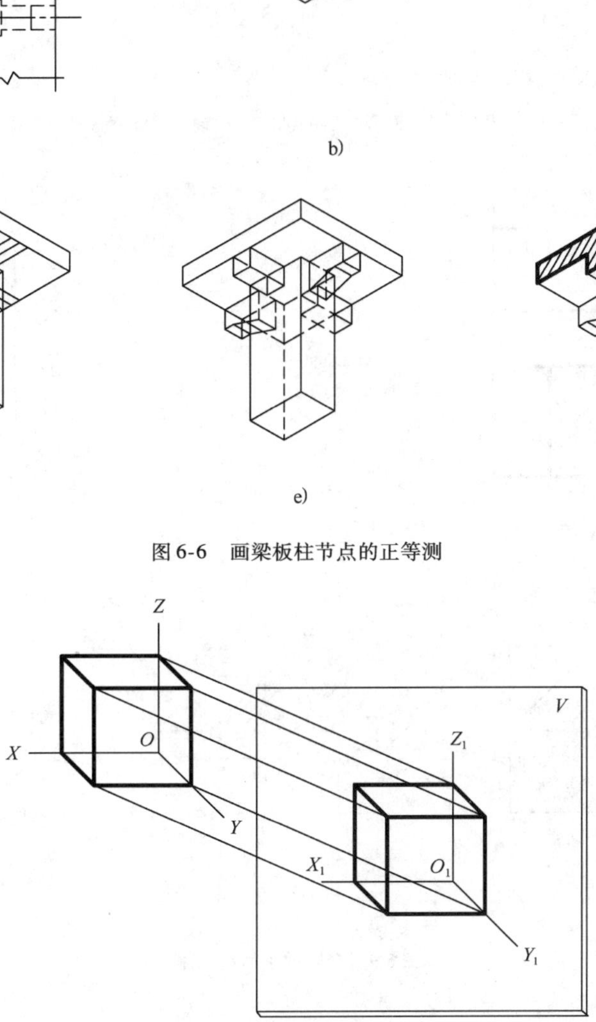

图6-7　正面斜轴测的形成

[**例6-4**] 作图6-9所示台阶的正面斜二测。

作图：

（1）确定坐标轴，并在正投影图上表示出来，见图6-9a）。

（2）画轴测轴，并画出台阶前端面的轴测投影，见图6-9b）。

(3)从前端面的各顶点向后拉伸出 Y 方向的平行线,见图 6-9c)。

(4)按 $q=0.5$ 确定台阶宽度的轴测投影,见图 6-9d)。

(5)擦去作图线,加深可见轮廓线,完成全图,见图 6-9e)。

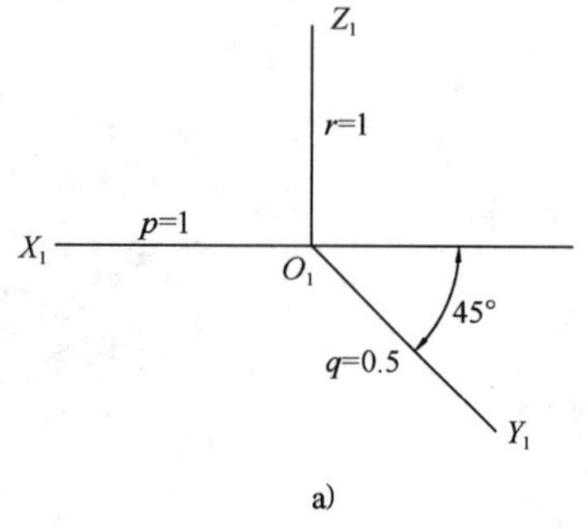

图 6-8　正面斜二测的轴间角和轴向伸缩系数

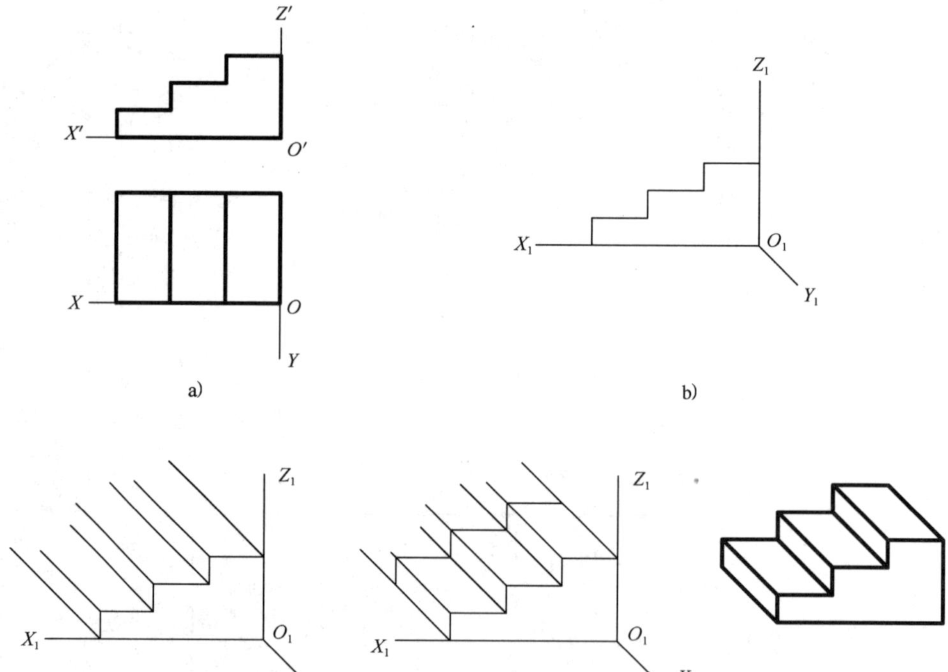

图 6-9　台阶的正面斜二测

三、水平斜轴测

以水平投影面为轴测投影面,空间形体的 XOY 坐标面平行于该投影面,所得到的斜轴测投影称为水平斜轴测,见图 6-10。

由于坐标面 XOY 平行于投影面,因此 X 轴和 Y 轴的伸缩系数 $p=q=1$,轴间角 $\angle X_1O_1Y_1=90°$。OZ 的投影与伸缩系数由光线的投射方向确定,各自相对独立。为作图方便,通常取 $r=1$

或 $r=0.5$，取 $\angle X_1O_1Z_1$ 为 120°，见图 6-11a)。

画图时，将 O_1Z_1 画成铅垂方向，O_1X_1 和 O_1Y_1 分别与水平线成 30°和 60°，见图 6-11b)。

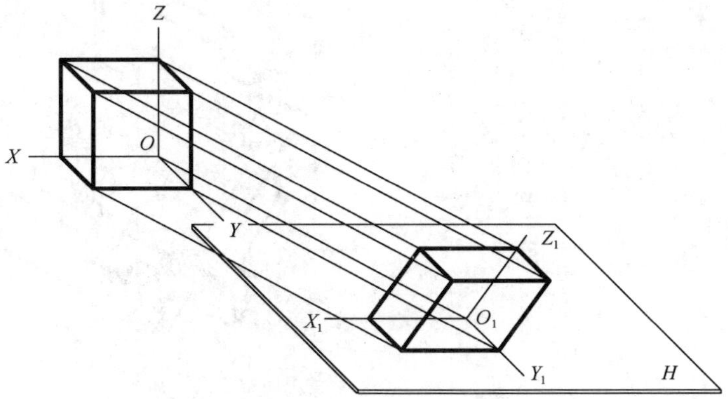

图 6-10　水平斜轴测的形成

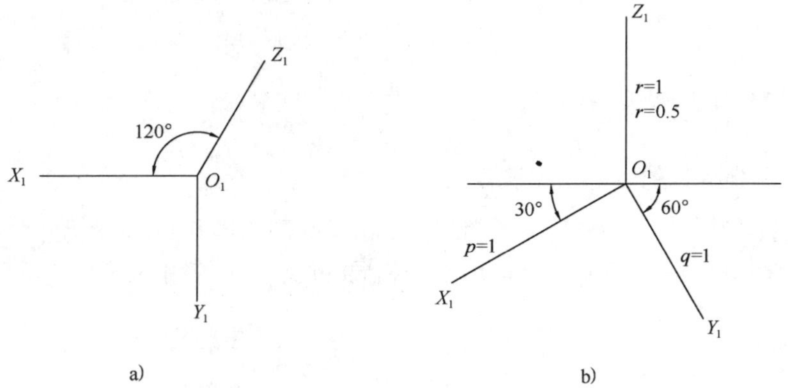

图 6-11　水平斜轴测的轴间角和轴向伸缩系数

图 6-12 为水平斜轴测的作图过程。先将图 6-12a) 中的水平投影逆时针旋转 30°，得到图 6-12b)，再在各转角处画出高线，量取高度，即可画出水平斜轴测投影，见图 6-12c)。

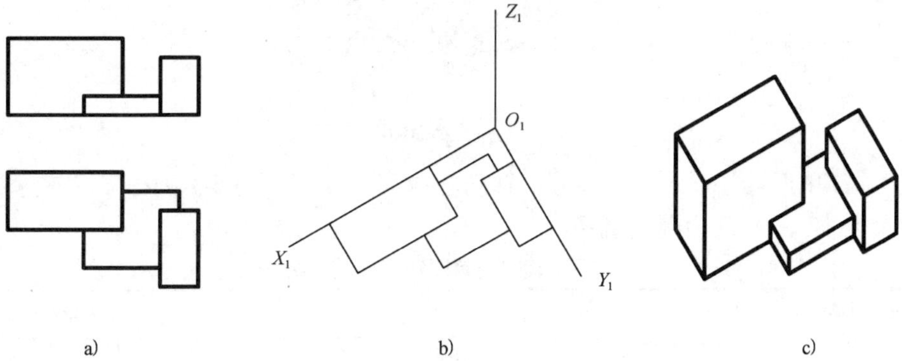

图 6-12　建筑形体的水平斜轴测

水平斜轴测投影，适合于表达建筑小区的平面布置和一幢房屋的水平剖视。如图 6-13 所示为某小区的平面布置图。

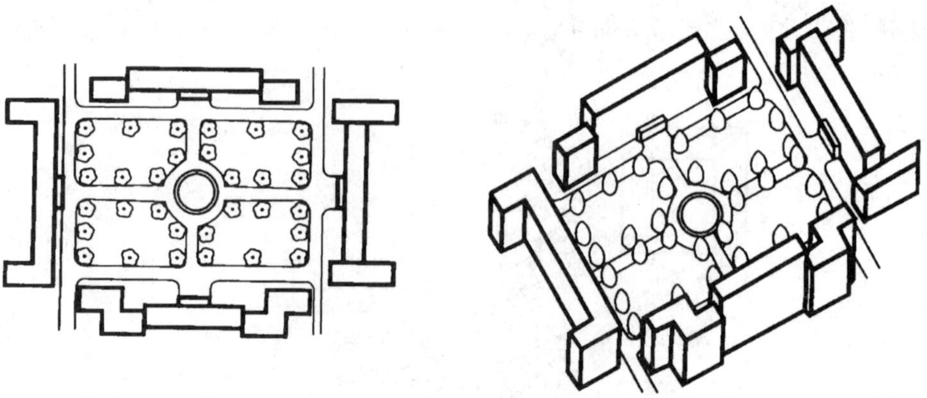

图 6-13　建筑小区的平面布置

第三节　曲面立体轴测投影的画法

一、曲面立体的正等测

(一)平行于坐标面的圆的正等测画法

在正等测投影中,平行于坐标面的圆的投影都是椭圆。图 6-14 所示为正方体表面上的三个内切圆(分别平行于三个不同坐标面的直径相同的圆)的正等测投影。

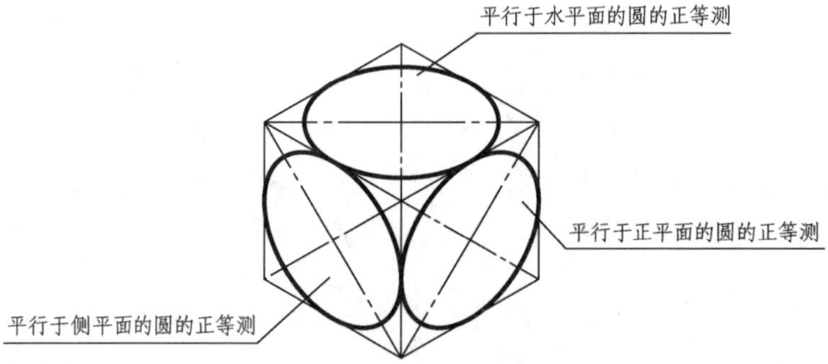

图 6-14　平行于坐标面的圆的正等测

这三个椭圆的形状和大小相同,但长轴的方向各不相同。表 6-1 列出了这三个椭圆的长短轴方向及大小(表中 D 为圆的直径)。

正等测椭圆的长短轴方向及大小　　表 6-1

正等测椭圆 / 圆	长短轴方向		长短轴大小(用简化系数 1)	
	长轴	短轴	长轴	短轴
平行 XOY 面	$\perp O_1Z_1$	$// O_1Z_1$	$\approx 1.22D$	$\approx 0.7D$
平行 XOZ 面	$\perp O_1Y_1$	$// O_1Y_1$	$\approx 1.22D$	$\approx 0.7D$
平行 YOZ 面	$\perp O_1X_1$	$// O_1X_1$	$\approx 1.22D$	$\approx 0.7D$

平行于坐标面的圆的正等测椭圆，常用四心法近似绘制。具体画法如图6-15所示，其步骤：

(1)定坐标轴，见图6-15a)。

(2)作轴测轴和轴测椭圆长、短轴，见图6-15b)。

(3)作辅助圆(半径等于 oa)，该圆交短轴于 O_1、O_2，见图6-15c)。

(4)连接 O_2B_1 和 O_2C_1，分别交长轴于 O_3、O_4，见图6-15d)。O_1、O_2、O_3、O_4 为四心圆法的四个圆心。

(5)分别以 O_1、O_2 为圆心，O_2B_1 和 O_1A_1 为半径作大圆弧 A_1D_1 和 B_1C_1，见图6-15e)。

(6)分别以 O_3、O_4 为圆心，O_3B_1 和 O_4C_1 为半径作小圆弧 B_1A_1 和 C_1D_1，见图6-15f)。

由大圆弧 A_1D_1、B_1C_1 和小圆弧 B_1A_1、C_1D_1 组成了一个近似椭圆。

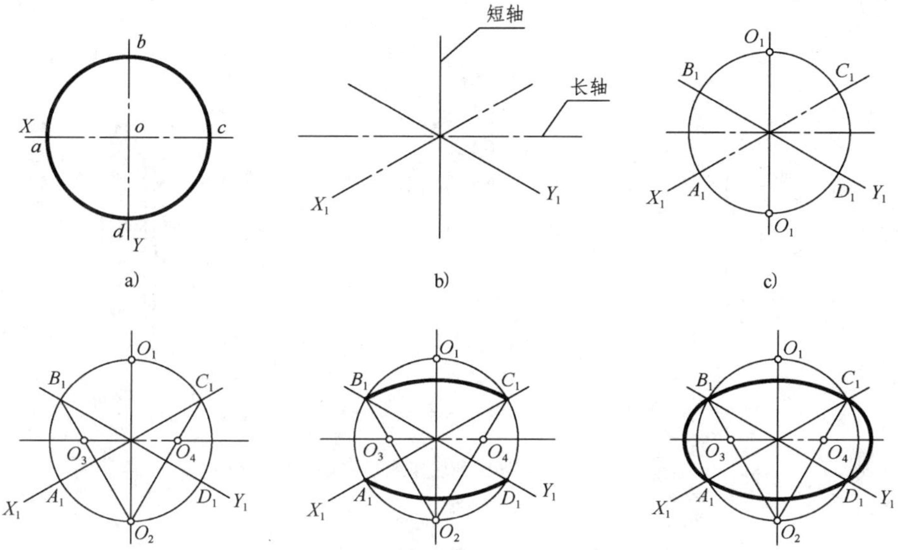

a)　　b)　　c)

d)　　e)　　f)

图6-15　四心法作近似椭圆

(二)曲面立体正等测画法

[例6-5] 作图6-16所示的带切槽圆柱的正等测。

分析：

该形体是前部被切了一个槽的圆柱体，适合用切割法画图。

作图：

(1)确定坐标轴，并在正投影图上表示出来，见图6-16a)。

(2)根据圆柱的直径 D 和高 H，用四心法作出上底的近似椭圆以及下底面近似椭圆的可见部分，并作出两椭圆的公切线，可见6-16b)、c)。

(3)作切槽，见图6-16d)。

(4)擦去作图线，加深可见轮廓线，完成全图，见图6-16e)。

[例6-6] 作图6-17所示的组合形体的正等测。

分析：

该形体是由一个带圆孔的长方体底板、半圆柱体及三角形板组成，适合用叠加法画图。

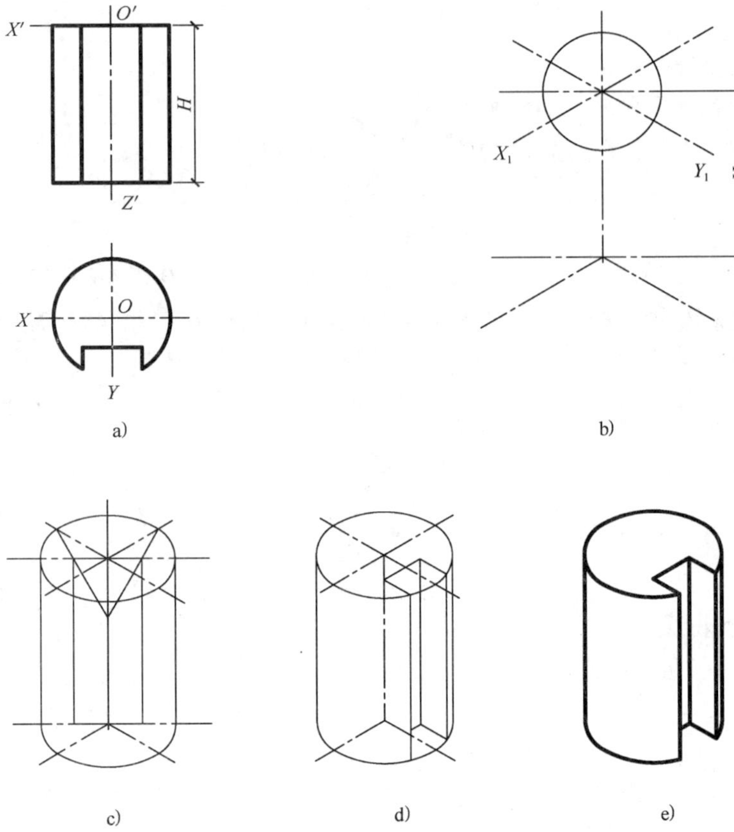

图 6-16　带切槽圆柱体的正等测画法

作图：

(1)确定坐标轴,并在正投影图上表示出来,见图 6-17a)。

(2)画轴测轴,并用坐标法画长方体底板及板上小孔的轴测投影,见图 6-17b)、c)。

(3)根据相对位置,分别画出半圆柱体及三角形板的轴测投影,见图 6-17d)、e)。

(4)擦去作图线,加深可见轮廓线,完成全图,见图 6-17f)。

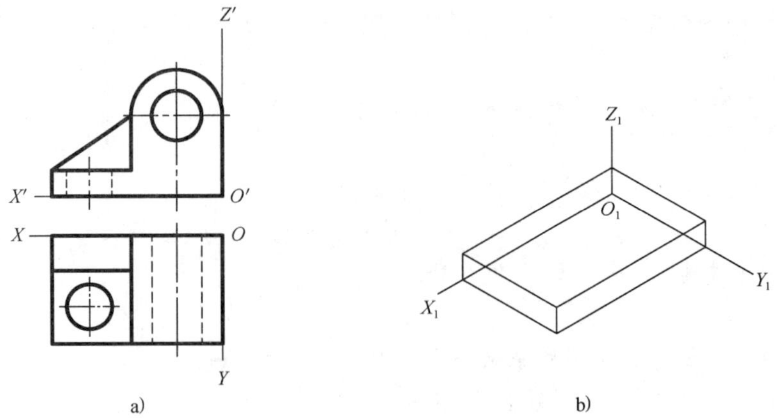

图　6-17

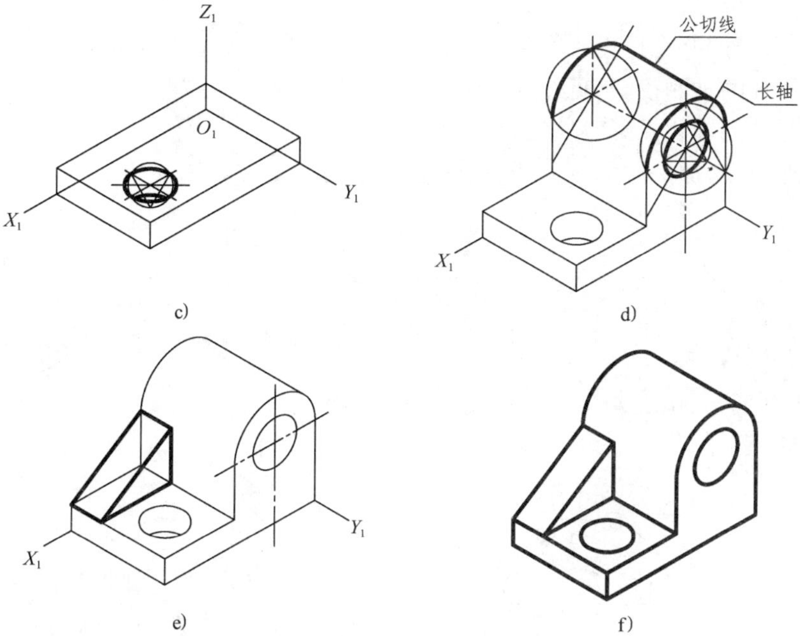

图 6-17　组合体的正等测画法

二、曲面立体的正面斜二测

(一)平行于坐标面的圆的正面斜二测

图 6-18 所示为正立方体表面上三个内切圆的正面斜二测。由于坐标面 *XOZ* 平行于轴测投影面,所以平行坐标面 *XOZ* 的圆的正面斜二测仍是大小相同的圆;平行于坐标面 *XOY* 和 *YOZ* 的圆的正面斜二测是椭圆。该椭圆的画法本书不再赘述,请参考有关书籍。

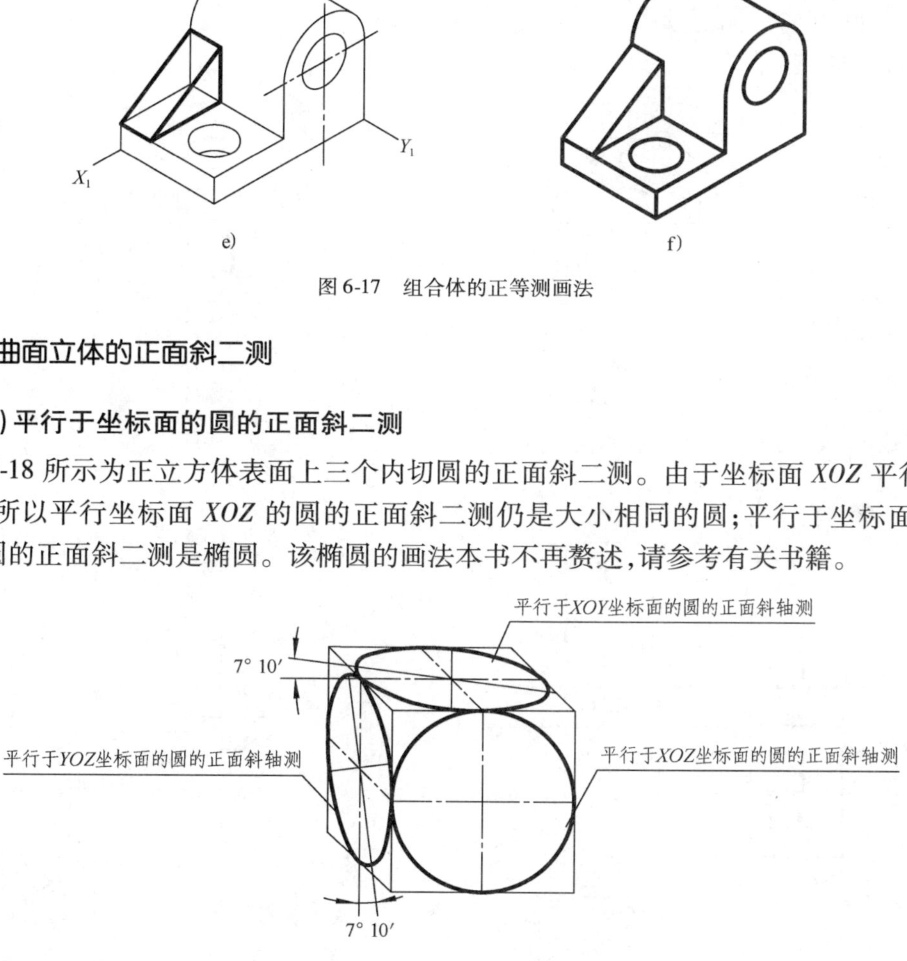

图 6-18　平行于坐标面的圆的正面斜二测

当物体上有比较多的平行于坐标面 *XOZ* 的圆或曲线时,选用正面斜二测,会使作图较为方便。

(二)曲面立体的正面斜二测画法

[**例 6-7**] 作图 6-19 所示形体的正面斜二测。

分析:

该形体由同轴的两个大、小圆柱叠加而成,由于大、小两圆柱的前后端面都是圆,因此,将前后端面放成平行于坐标面 *XOZ* 的位置,作图就很方便。

作图：

(1)确定坐标轴,并在正投影图上表示出来,见图 6-19a)。

(2)作小圆柱的轴测投影,见图 6-19b)。

(3)作大圆柱的轴测投影,见图 6-19c)。

(4)擦去作图线,加深可见轮廓线,完成全图,见图 6-19d)。

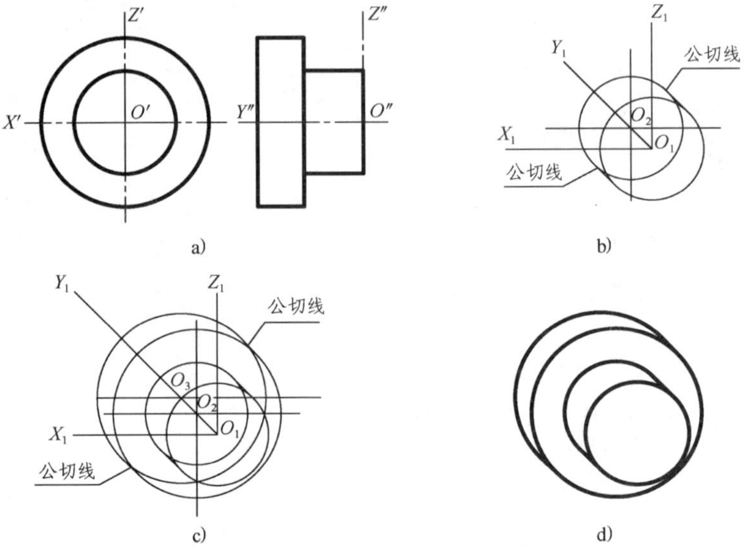

图 6-19　曲面体的正面斜二测画法

［**例 6-8**］ 作图 6-20 所示组合体的正面斜二测。

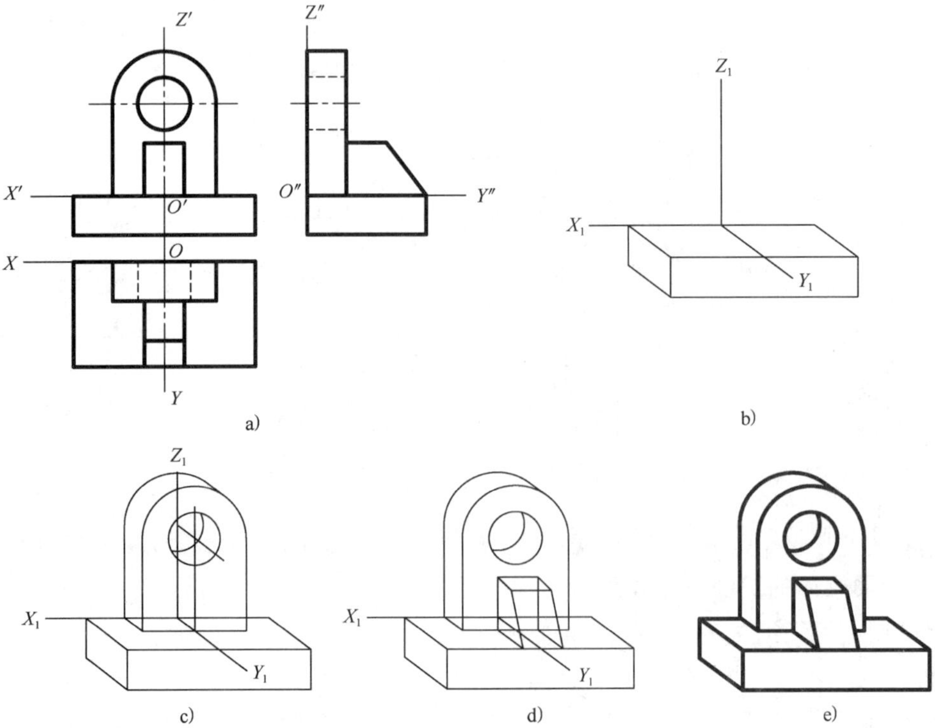

图 6-20　组合体的正面斜二测画法

分析：

该形体是由一个长方体底板、半圆的竖板及梯形板组成，适合用叠加法画图。

(1)确定坐标轴，并在正投影图上表示出来，见图 6-20a)。

(2)画轴测轴，并用坐标法画出长方体底板的轴测投影，见图 6-20b)。

(3)根据相对位置，分别画出半圆竖板和梯形板的轴测投影，见图 6-20c)、d)。

(4)擦去作图线，加深可见轮廓线，完成全图，见图 6-20e)。

复习思考题

1. 轴测投影是怎么形成的？如何分类？
2. 什么是轴间角和轴向伸缩系数？
3. 正等测、正面斜二测的轴间角和轴向伸缩系数各是多少？
4. 正等测的简化系数是多少？
5. 画轴测图的基本方法有哪些？
6. 试述不同坐标面上圆的正等测投影椭圆的长、短轴的方向。

第七章
组合体的投影

基本要求：

1. 掌握绘制和阅读组合体投影图的方法。
2. 掌握组合体的尺寸标注方法。

任何建筑物无论多么复杂，从形体的角度看都是组合形体。掌握组合体投影图的画法和读法是阅读建筑工程图的基础。本章介绍组合体投影图的画法、读法和组合体的尺寸标注。

第一节　组合体三面投影的画法

一、组合体的组合方式

由基本形体经过一定的方式组合后形成的立体称为组合体。通常，组合体的形成方式可分为叠加型、切割型和混合型三种。

叠加型是由若干基本体叠加后形成的形体，见图 7-1a)。

切割型是由基本体切割后形成的形体，见图 7-1b)。

混合型是既有叠加又有切割而形成的形体，见图 7-1c)。

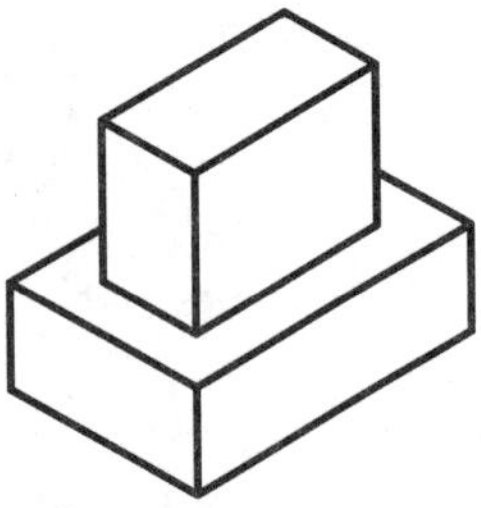
a)

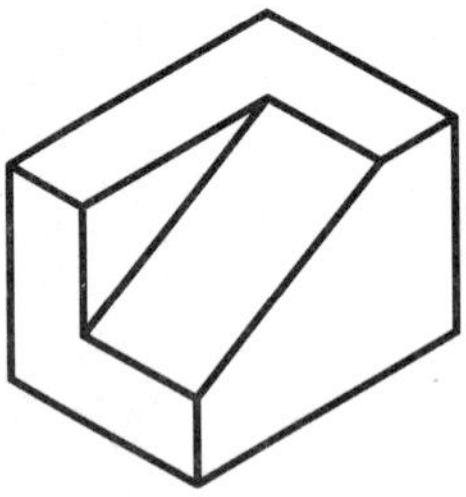
b)

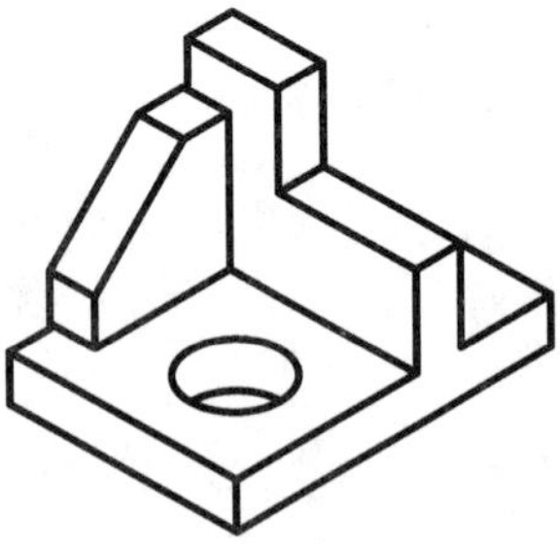
c)

图 7-1　组合体的组合形式

a)叠加型；b)切割型；c)混合型

以上三种形式的划分并不是绝对的，有的组合体既可以按叠加型来分析，也可以按切割型来分析。无论怎样分析，应考虑画图和读图简便。

分析组合体的形成时，要注意组合体是不可分的整体，并要正确处理组合体表面上出现的靠齐、相交、相切三种关系。

若组成组合体的两个基本体的表面靠齐(共平面或共曲面)时,在两表面靠齐处无分界线,见图 7-2a)。

若组成组合体的两个基本体的表面相交时,则表面交线(截交线或相贯线)是它们的分界线,见图 7-2b)。

若组成组合体的两个基本体的表面相切时,由于在相切处两表面是光滑过渡的,故无分界线,见图 7-2c)。

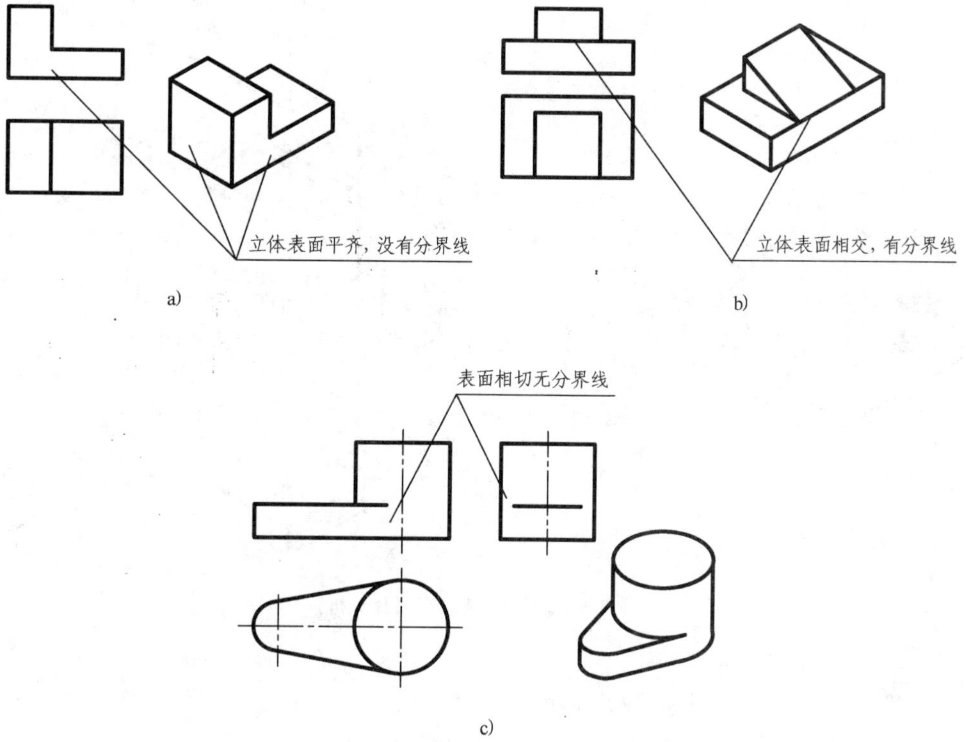

图 7-2　组合体表面的靠齐、相交、相切

二、画组合体三面投影的步骤

1. 形体分析

由于组合体的形状比较复杂,为便于画图,可设想将组合体分解成若干个简单形体,这些简单形体可以是基本体,也可以是被切割的基本体,或是基本体的简单组合。然后分析这些简单形体的形状、相对位置和连接关系,从而确定出组合体的组合形式。这种分析方法称为形体分析法。

图 7-3 所示的物体为一肋式杯形基础,可以看成是由四棱柱底板、中间挖去一楔形块的四棱柱、六个梯形肋板组成。四棱柱放在底板上方的中部,六个梯形肋板分布在四棱柱的四周。其中前后各肋板的前、后面与底板的前、后面分别靠齐;左、右侧面与四棱柱的左、右面分别靠齐。左右两肋板放在四棱柱左右两侧的中部,肋板的左、右面与底板的左、右面分别靠齐。

2. 确定组合体的正面投影方向

画组合体的三面投影时,首先确定组合体的正面投影方向,即组合体与正立投影面的相对位置。在确定该位置时,主要考虑以下几点:

(1)使正面投影尽可能多地反映组合体的形状特征。

(2)将组合体以自然状态的位置安放。

(3)尽可能减少组合体投影中的虚线,以使图形清晰。

根据肋式杯形基础在建筑物中的位置,形体应平放,且肋式杯形基础的正面平行于正立投影面。

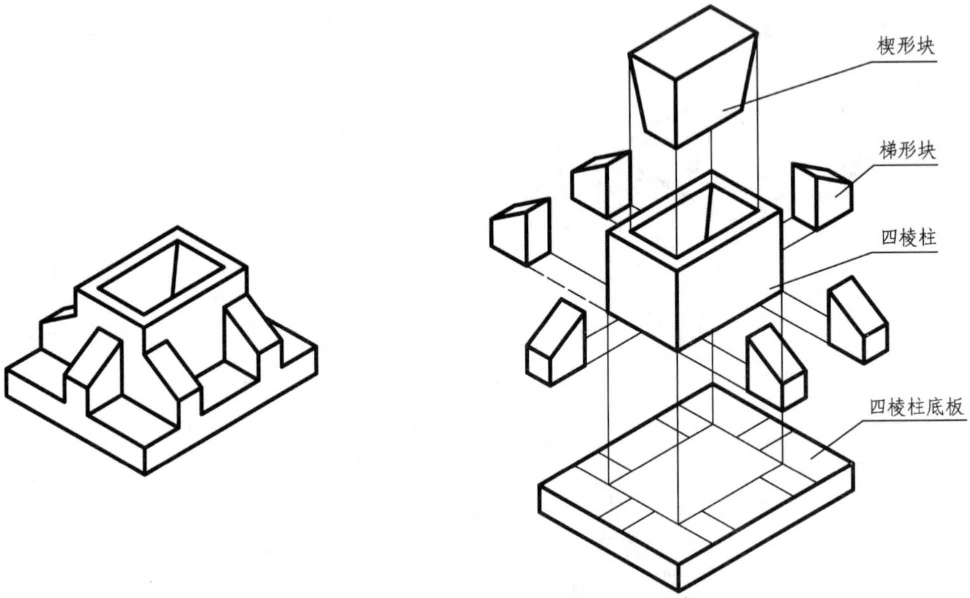

图 7-3　肋式杯形基础的形体分析

3. 画三面投影

(1)布置三个投影的位置,并画出各投影的基准线。

(2)按形体分析的结果,依次画出各基本体或简单形体的三面投影。

(3)检查并用规定的线型加深图线,最终完成组合体的三面投影。

三、画图举例

[**例 7-1**] 画图 7-3 所示肋式杯形基础的三面投影。

作图(图 7-4):

(1)首先画定位中心线。

(2)依次画出底板、四棱柱、六块梯形肋板和楔形杯口的三面投影。

(3)检查无误后,按规定的线型加深图线。

画图时必须注意,建筑形体实际上是一个整体,形体分析仅是一种方法。若建筑形体中两个基本体的表面共面时,它们之间不画分界线。如左边肋板的左表面与底板的左表面共面,前边肋板的前表面与底板的前表面共面,它们之间都不画线。

[**例 7-2**] 作出图 7-5a)所示组合体的三面投影。

分析:

该形体是在长方体的基础上切割掉块Ⅰ和块Ⅱ而成,如图 7-5b)所示。根据切割体的特征,可选用 *A* 方向作正面投影方向。

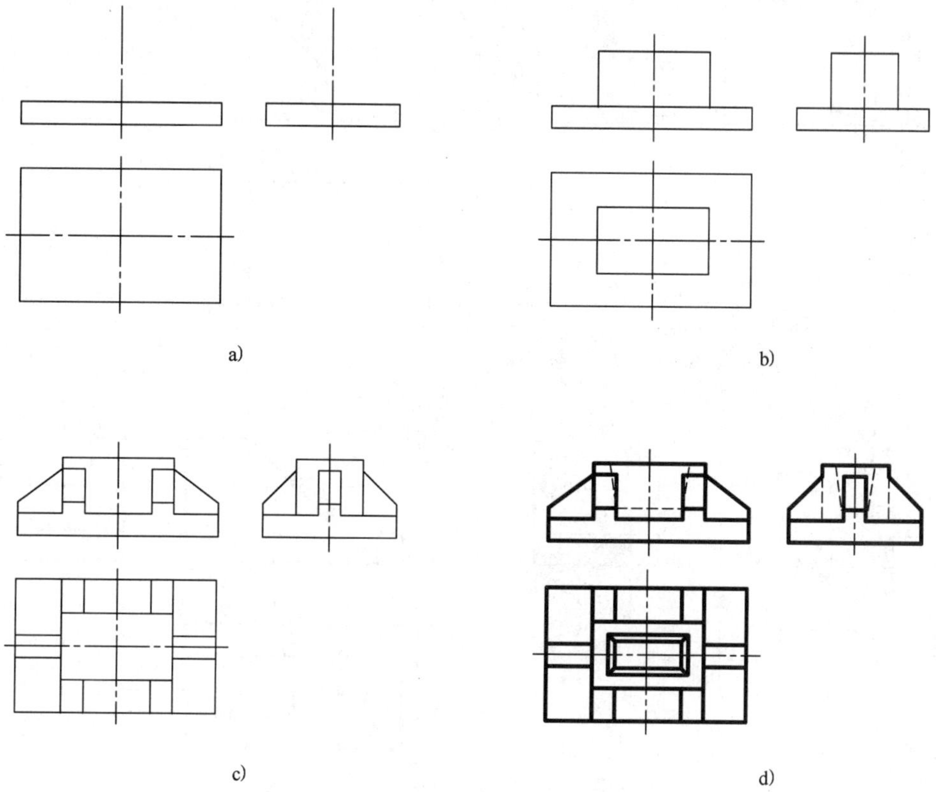

图 7-4　绘制肋式杯形基础的三面投影

a)画中心线及底板;b)画中间四棱柱;c)画六块梯形肋板;d)画楔形杯口,然后检查描深,完成作图

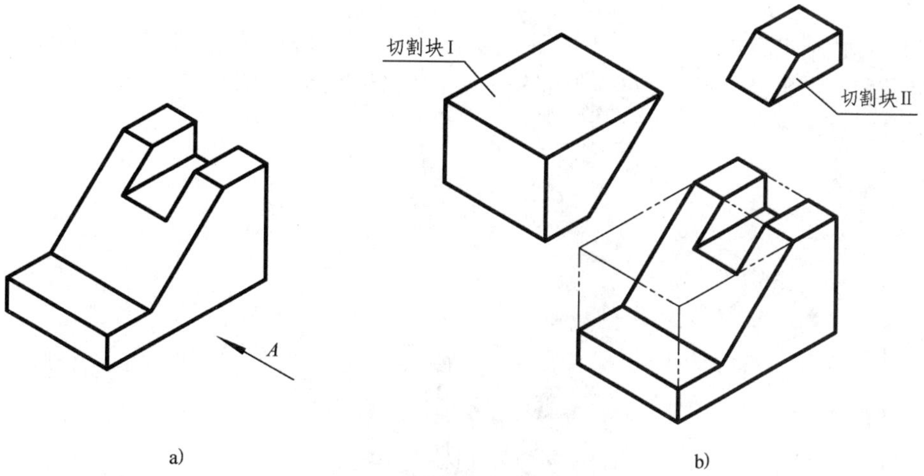

图 7-5　切割体的形体分析

作图:

根据组合体的形体分析,逐一画出三个基本体,三个投影一起画。如图 7-6 中首先画长方体,然后依次画出被切割掉部分的三面投影,最后经检查无误后,按规定的线型加深图线。

[**例 7-3**]　作出图 7-7 所示组合体的三面投影。

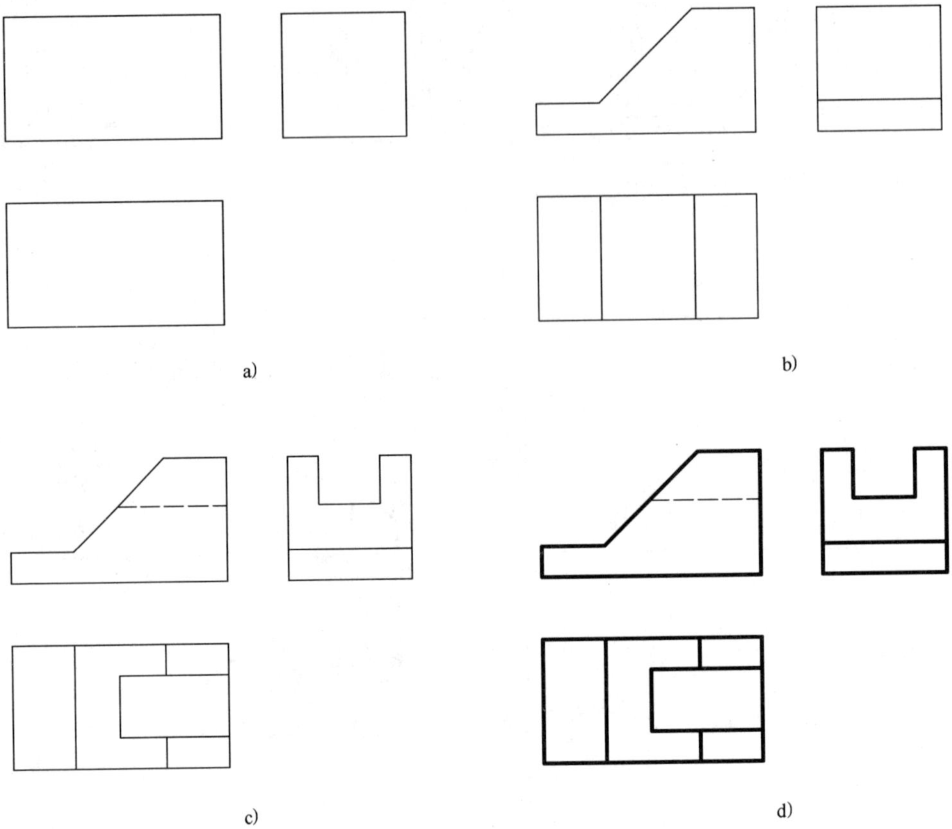

图 7-6　绘切割体的三面投影

a)画长方体的投影;b)画切割块Ⅰ后的投影;c)画切割块Ⅱ后的投影;d)检查加深图线,完成作图

分析:

图 7-7 所示为切割式组合体。主体为柱状体Ⅰ,右部切去与柱状体的柱面同轴的垂直圆柱孔Ⅱ和垂直的水平圆柱孔Ⅲ,左边上部先切去四棱柱Ⅳ,然后切去三棱柱Ⅴ,最后在对称面处切去四棱柱Ⅵ。

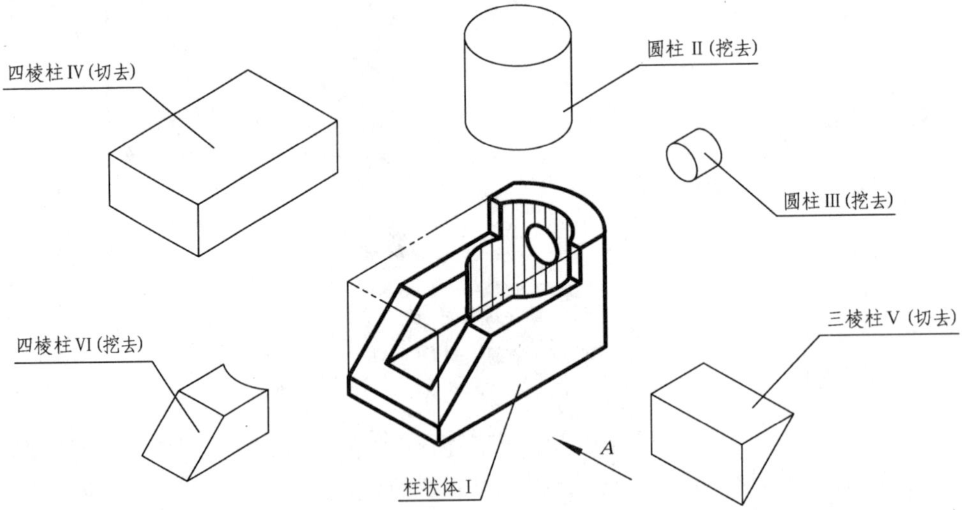

图 7-7　组合体的形体分析

为反映被切割的各个形体的形状特征及其相对位置，选择如图 7-7 所示的 A 方向作为正面投影方向。用水平投影和侧面投影补充表达被切割部分的实形和相对位置。

作图(图 7-8)：

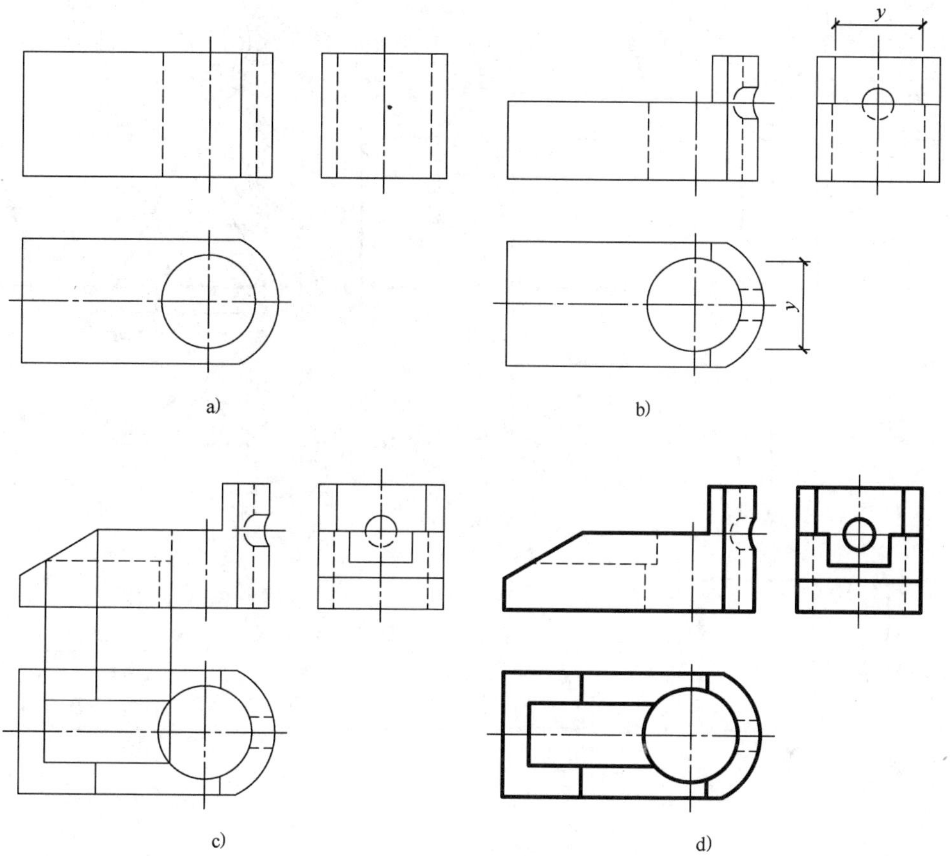

图 7-8　画组合体的三面投影

a)画柱状体Ⅰ和圆柱孔Ⅱ;b)画左上方切割四棱柱Ⅳ及右边的水平圆孔Ⅲ;c)画切割块Ⅴ和Ⅵ后;d)检查加深图线，完成作图

(1)画柱状体Ⅰ和垂直圆柱孔Ⅱ的三面投影。

(2)画左上部切去四棱柱Ⅳ及右边水平圆柱孔Ⅲ的三面投影，并画出圆柱孔Ⅲ和柱状体Ⅰ、垂直圆柱孔Ⅱ的相贯线。

(3)画切去三棱柱Ⅴ和四棱柱Ⅵ的三面投影，注意表面交线各投影间的对应关系。

(4)最后经检查无误后，按规定的线型加深图线。

通过以上举例可以体会到在画组合体三面投影的过程中，必须深刻理解“物”与“图”的对应关系，而对应关系的重点是通过形体分析来体现。只有经过多次的反复练习，才可建立起由空间到平面的投影概念，从而逐步提高画图能力，也为读图打下基础。

第二节　组合体的尺寸标注

在工程图中，除了用投影图来表达组合体的形状外，还必须标注出反映形体大小的尺寸。尺寸是施工的重要依据，尺寸标注的要求是准确、完整、排列清晰，符合制图国家标准中关于尺寸标注的基本规定。

一、基本体的尺寸标注

任何立体都有长、宽、高三个方向的大小，标注尺寸时，要把反映立体各个方向大小的尺寸都标注出来。

常见基本形体的尺寸标注如图 7-9 所示。柱体和锥体应标注出确定底面形状的尺寸和高度尺寸；球体要标注出它的直径大小，并在直径数字前注上“$S\phi$”，表示球的直径。

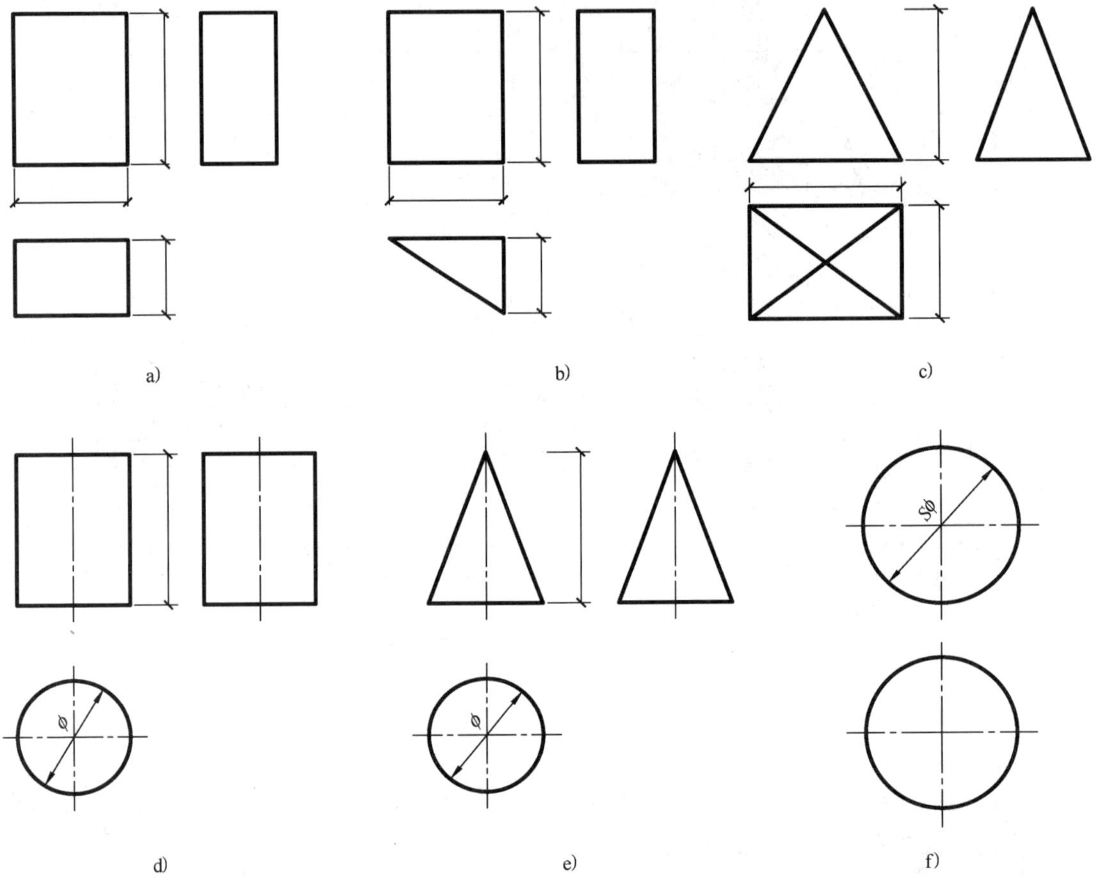

图 7-9　基本形体的尺寸标注

对于带切口的形体，除了注出确定基本形体大小的尺寸外，还要注出确定截切平面位置的尺寸，见图 7-10。由于形体与截切平面的相对位置确定后，切口的交线就完全确定，因此不必标注交线的尺寸。

二、组合体的尺寸标注

(一) 组合体尺寸的种类

组合体的尺寸要能表达出组成组合体的各基本形体的大小及它们相互间的位置，因此，组合体的尺寸可以可分为三类：定形尺寸、定位尺寸和总尺寸。

1. 定形尺寸

表示构成组合体的各基本形体大小的尺寸称为定形尺寸。

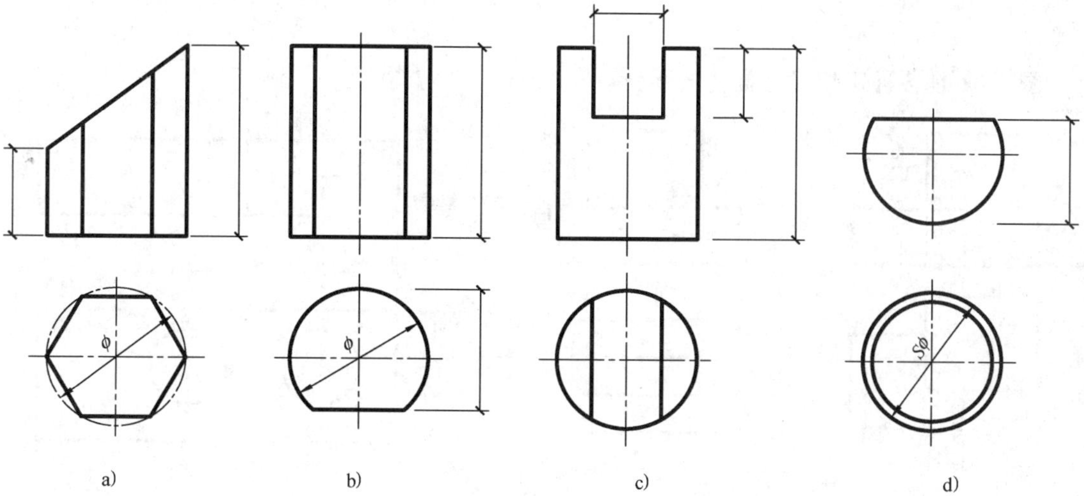

图 7-10　带切口形体的尺寸标注

图 7-11 所示由带孔底板和带槽竖板组成的组合体。底板的长、宽、高尺寸分别为 40、30、10。圆柱孔尺寸为直径 $\phi12$ 和高度 10，其中高度 10 是与底板共用的尺寸。竖板的长、宽、高尺寸分别是 30、10、20；槽的定形尺寸为 12、8 和 10，其中厚度 10 也是与竖板的共用尺寸。

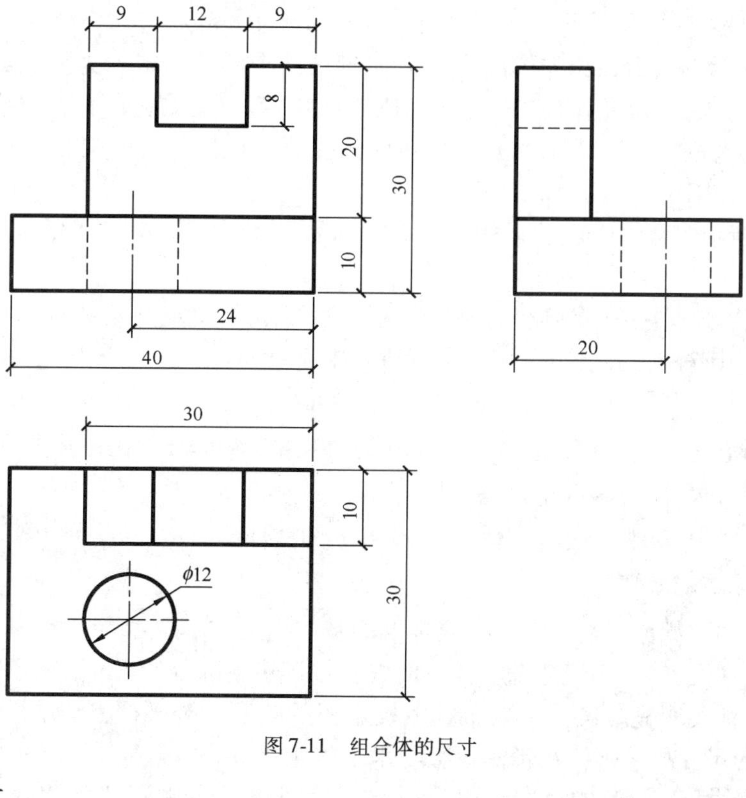

图 7-11　组合体的尺寸

2. 定位尺寸

表示组合体中各基本形体之间相对位置的尺寸称为定位尺寸。

标注定位尺寸应先选择标注尺寸的起点，即尺寸基准。长度方向一般可选择形体的左侧面或右侧面作为尺寸基准，宽度方向可选择形体的前侧面或后侧面作为尺寸基准。若形体是对称的，也可选择对称面作为标注长度和宽度方向的尺寸基准。高度方向一般以底面作为尺寸基准。

图 7-12 是各种定位尺寸标注的示例。

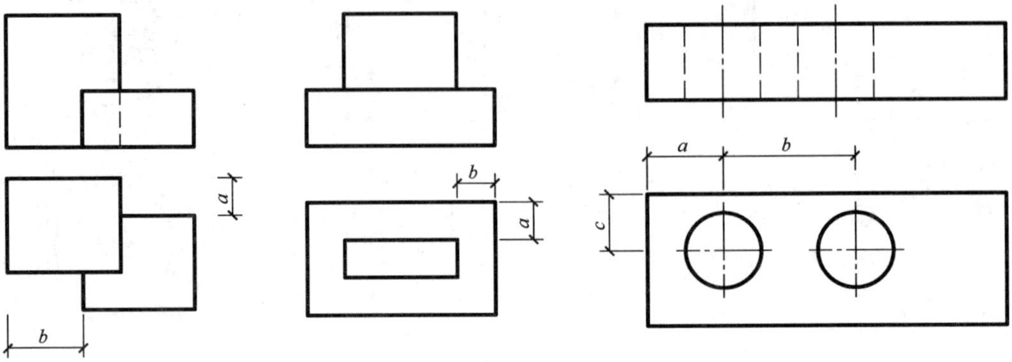

a)　　b)　　c)

图 7-12　组合体的定位尺寸

图 7-12a）所示形体是由两个长方体组合而成的，两长方体有共同的底面。高度方向不需要定位，但是应该标注出两长方体的前后和左右的定位尺寸 a 和 b。

图 7-12b）所示形体为由两个长方体叠加而成的，两长方体有一重叠的水平面。高度方向不需要定位，但是应该标注其前后和左右两个方向的尺寸 a 和 b。

图 7-12c）所示形体为在长方体的底板上切割出两个圆孔而成。为了确定这两个圆孔在底板上的位置，必须标出它们的定位尺寸，即圆心的位置。在左右方向上，以底板的左侧面为基准标出左边圆孔的定位尺寸 a，然后再定出两圆孔的中心距尺寸 b；在前后方向上，以底板的后面为基准，标注出两个圆孔的定位尺寸 c。

在图 7-11 所示组合体中表示圆柱孔中心位置的尺寸 24、20、确定槽的左右位置的尺寸 9 都是定位尺寸。

注意回转体（如圆柱孔）的定位尺寸应标注到回转体的轴线（中心线）上，不能标注到孔的边缘。图 7-11 中圆柱孔的定位尺寸 24 是标注到中心线的。

3. 总尺寸

表示组合体的总长、总宽和总高的尺寸称为总尺寸。图 7-11 中组合体的总宽、总高尺寸均为 30，它的总长尺寸为长方体的长度尺寸 40。

在组合体的投影上，只有把上述三类尺寸都准确地标注出来，尺寸标注才是完整的。

（二）尺寸标注的原则

（1）尺寸标注要规范。遵守制图国家标准的基本规定。

（2）尺寸标注要齐全，不能遗漏。读图时能直接读出各部分的尺寸，不用临时计算。

（3）尺寸标注要明显。尺寸一般布置在投影图的轮廓之外，并位于两个投影之间。通常属于长度方向的尺寸尽量标注在正面投影与水平投影之间；高度方向的尺寸尽量标注在正面投影与侧面投影之间；宽度方向的尺寸尽量标注在水平投影与侧面投影之间。某些细部尺寸也可以标注在投影图之内。

（4）尺寸标注要清晰。同方向的尺寸可以组合起来，排成几道，小尺寸在内，大尺寸在外，相互间要平行、等距，距离约为 7 ~ 10mm。

(三)尺寸标注的步骤

现以图 7-13 为例,说明标注尺寸的具体步骤。

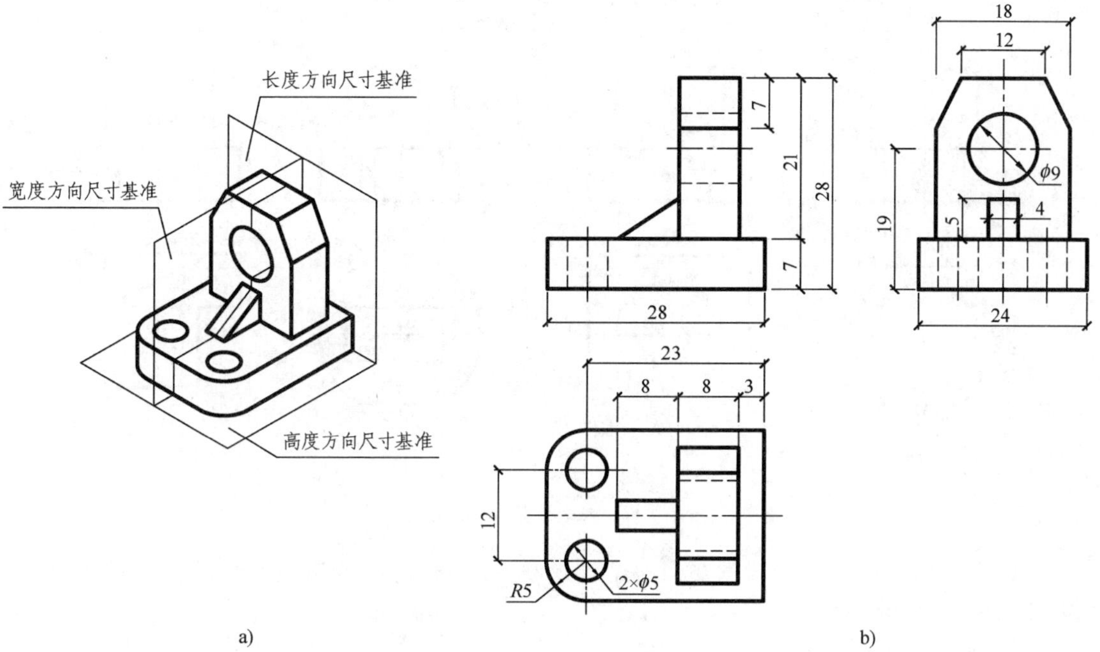

图 7-13 组合体尺寸标注举例

(1)形体分析。该组合体由带孔底板、带孔竖板及三棱柱板叠加组成。底板的左边有圆角。竖板的上方被切去两个斜角。

(2)标注各基本形体的定形尺寸。各基本形体的定形尺寸:底板的长 28、宽 24、高 7;圆孔的直径为 5;圆角的半径为 5。竖板的长 8、宽 18、高 21;圆孔的直径为 9。三棱柱板长 8、宽 4、高 5。

(3)标注各基本形体相互间的定位尺寸。该组合体的定位基准:底面为高度方向的基准;前后对称面为宽度方向的基准;底板右面为长度方向的基准。

底板圆孔的定位尺寸是 12、23;竖板圆孔的定位尺寸是 19;竖板到底板右面的定位尺寸是 3;竖板上方斜面的定位尺寸是 12 和 7。

(4)标注总尺寸。该组合体的总长和总宽为底板的长度 28 与宽度 24,总高尺寸为 28。

第三节 读组合体的投影图

根据组合体的投影想象组合体空间形状的全过程称为读图。画图是"物"到"图"的过程,而读图是由"图"到"物"的过程,这两方面的训练都是为了培养和提高空间想象能力和形体的构思能力。要正确、迅速地读懂组合体的投影,必须了解读图的思维规律,掌握读图的基本方法。

一、读图的思维要点

1. 必须把几个投影联系起来读

组合体的形状是通过几个投影来表达的,一个投影不能唯一地确定形体的形状。因此,读图时不能孤立地看一个投影就进行构思。

如图 7-14 所示的四组投影，表示了四种不同形状的物体。尽管它们的正面投影都相同，但只有当联系水平投影一起读，才能确定所表达的组合体的形状。

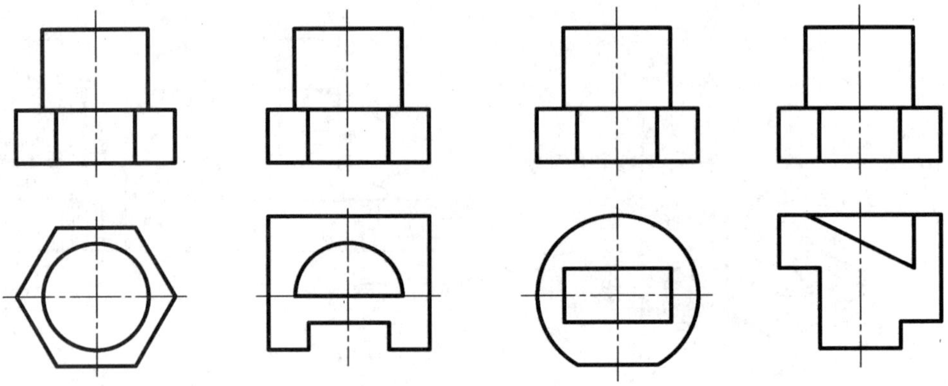

a)　　b)　　c)　　d)

图 7-14　两个投影一起读示例

由此可见，在读图时，一般都要将各个投影联系起来阅读、分析、构思，才能想象出这组投影所表示的组合体的形状。

2. 从反映特征形状的投影读起

在三面投影中，最能反映组合体形体特征的投影称为形体的特征投影，读图时，应从特征投影入手，再结合其他投影进行构思想象。

一般正面投影较多地反映了组合体的形状特征，所以读图时可从正面投影读起。但有时组合体的各组成部分的特征投影并不一定都集中反映在正面投影上，如图 7-15 所示的组合体由三部分叠加组成，正面投影反映形体Ⅲ的特征，水平投影反映形体Ⅰ的特征，侧面投影反映形体Ⅱ的特征。所以读图时，应先找出反映特征投影的投影图，再结合其他投影，便能较快的想象出组合体的形状。

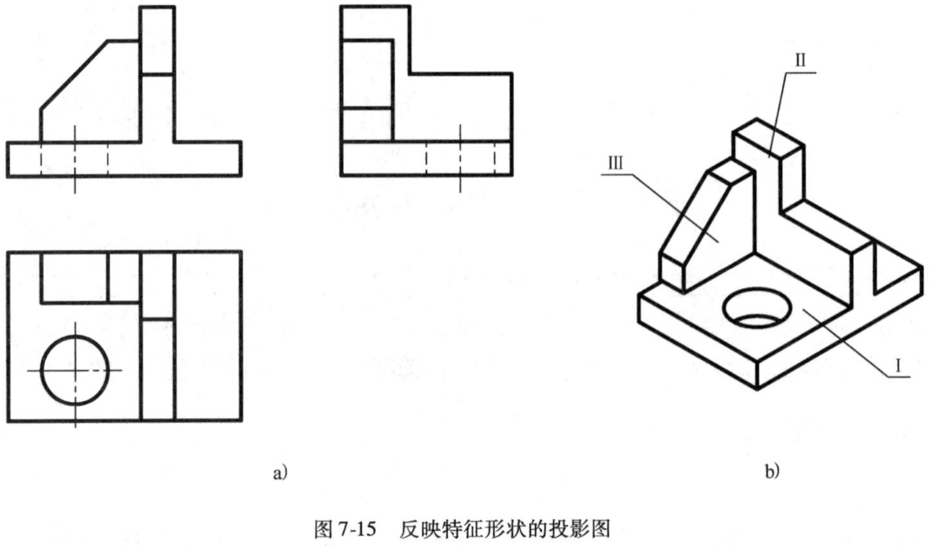

a)　　b)

图 7-15　反映特征形状的投影图

3. 从位置特征投影想象组合体各部分的相对位置

组合体各部分的相对位置有前、后、左、右、上、下的关系，在给定的三面投影中，必有反映物体各部分相对位置最明显的投影，即位置特征投影。读图时，应从位置特征投影想象组合体各部分的相对位置。

如图 7-16a）的正面投影的线框 1′与 2′清楚地表示形体Ⅰ与Ⅱ的上下、左右的相对位置。但形体Ⅰ与Ⅱ的前后关系，即哪个凸出，哪个凹入，只能通过位置特征投影加以判别。

如果只联系水平投影看，由于Ⅰ、Ⅱ长度方向的投影相等，很难确定这两部分的前、后位置，有可能会想象出图 7-16b）所示的四种结构形状。

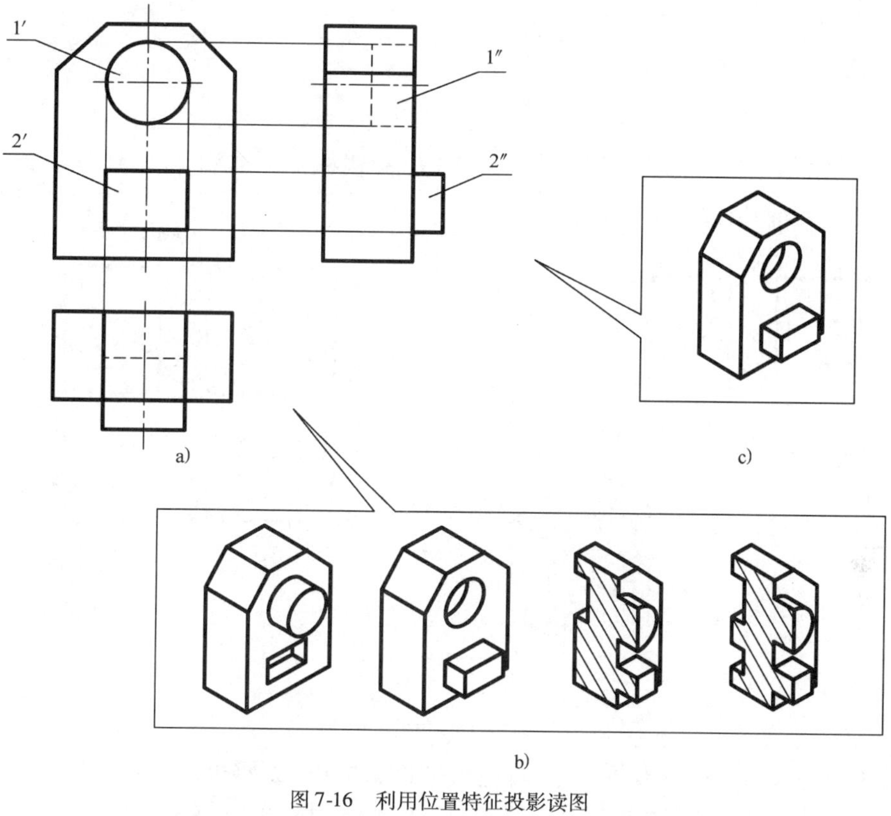

图 7-16　利用位置特征投影读图

只有将正面投影与侧面投影配合起来看，便可知形体Ⅰ是凹入，形体Ⅱ是凸出，如图 7-16c）所示。这里，侧面投影是反映该组合体Ⅰ、Ⅱ两部分前、后凸凹关系最清楚的一个投影。因此，图 7-16 的正面投影和侧面投影是表达组合体各部分相对位置最明显的两个投影，称为位置特征投影。只有把这两个投影配合起来看，才能完整而迅速地确定形体Ⅰ和形体Ⅱ的相对位置，并想象出该组合体的形状。

图 7-17 中列出三组组合体的三面投影，请读者根据投影中指定的两个封闭形线框，找出表示凸凹关系的位置特征投影，并想象出该组合体的形状。

4. 根据投影中线段的可见性，确定形体各部分的位置

当投影中有两个或两个以上的线框，不能借助于“三等关系”和“方位关系”找到在其他投影中对应的位置时，可根据投影中图线的可见性来分析、判断，以确定出组合体各部分的位置。

例如，从图 7-18a）水平投影的特征形线框 3 可知该形体为四棱柱挖去一个四棱柱孔；再从正面投影的方形线框 1′和圆形线框 2′，配合水平投影和侧面投影可初步确定该形体的前、后

壁开有方形孔和圆柱孔。但由于正方形 1′与圆形 2′相切,仅利用“三等关系”是不能确定这两个孔的确切位置。这时,可借助正面投影的线框 1′和 2′的线型来想象,由于线框 1′和 2′均为实线,所以方形孔在前壁、圆柱孔在后壁。

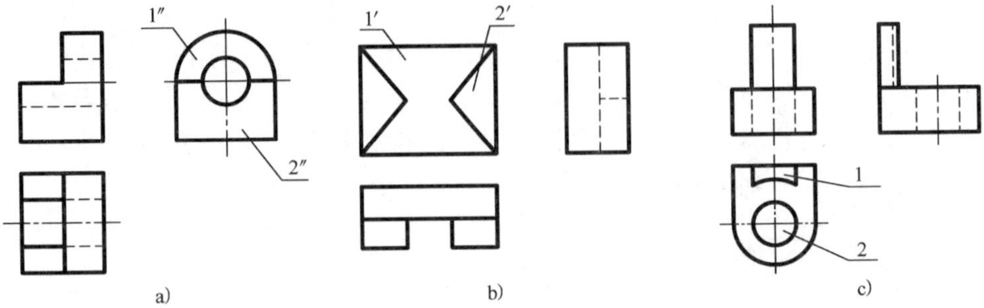

图 7-17 根据位置特征投影想象物体形状

而图 7-18b)所示组合体的三面投影,由于正方形线框 1′为虚线,圆形线框 2′为实线,所以圆柱孔在前壁,方形孔在后壁。

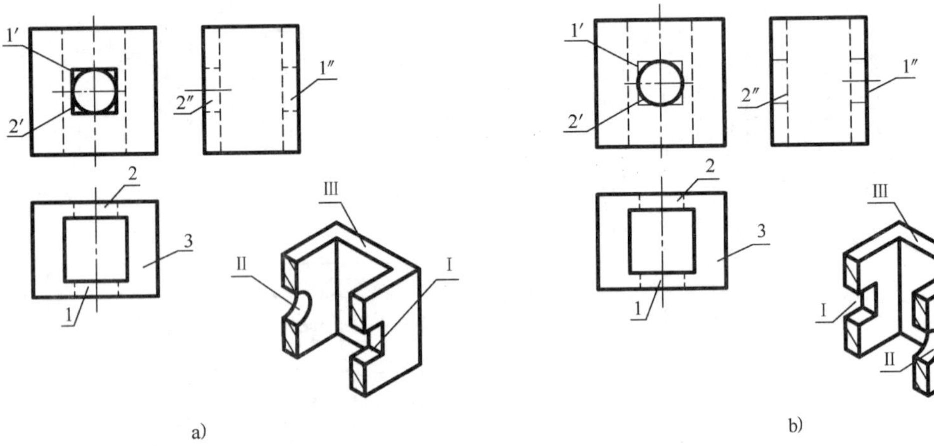

图 7-18 借助线段的可见性读图

图 7-19a)正面投影中的线框 1′、2′对应水平投影的甲、乙两条图线均为实线,由此可确定线框 2′对应于前方的线甲,线框 1′对应线乙,形成Ⅰ凹、Ⅱ凸的形体。

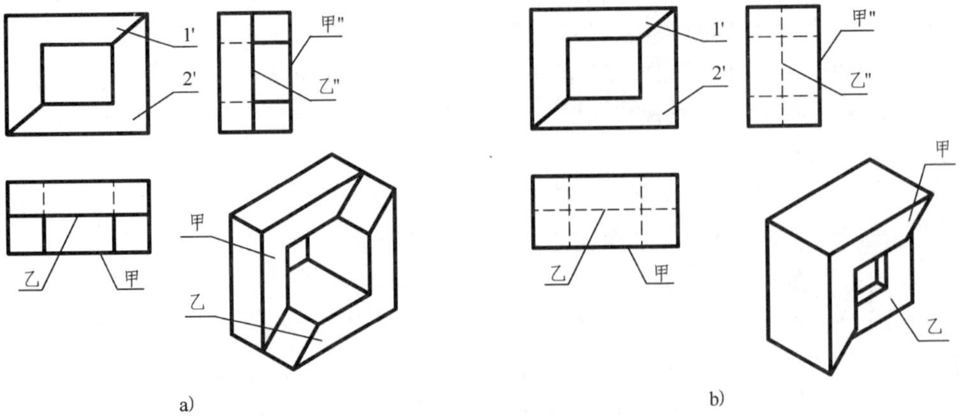

图 7-19 借助可见性读图

图 7-19b)正面投影中的线框 1′、2′对应水平投影的甲、乙两条线,其中乙线为虚线,由此可确定线框 2′对应后方的虚线乙,形成Ⅰ凸、Ⅱ凹的形体。

由以上分析可知:若正面投影图的上、下两个相邻线框,同时对应水平投影的是两条实线,则下边线框一定对应前方位线段,上边线框一定对应后方位线段,形体特点为上凹、下凸。若正面投影图的上、下两个相邻线框,对应水平投影的为一虚线,一实线,则上边线框对应实线,下边线框对应虚线,形体特点为上凸、下凹。

同样,若正面投影左、右两个相邻线框,同时对应侧面投影的是两条实线,则右边线框一定对应前方位线段,左边线框一定对应后方位线段。形体特点为左边凹、右边凸。若正面投影左、右两个相邻线框,对应侧面投影的为一虚线,一实线,则左边线框一定对应实线,右边线框一定对应虚线,形体特点为左边凸出、右边凹入。

二、读图的方法

读图常以形体分析法为基本方法。对于一些复杂的投影可采用线面分析法。具体地讲,就是用形体分析法看清楚构成组合体的各个基本立体的形状以及它们之间的相对位置,从而确定组合形式,想象出整个组合体的空间形状。必要时,用线面分析法看懂或画出局部的形状。

(一)形体分析法

形体分析法就是根据组合体的投影特点,按照各投影之间的“长对正、高平齐、宽相等”的三等关系,分析该形体是由哪些简单形体组成的,它们的形状以及相对位置、组合方式如何,最后综合想象出组合体的总体形状。

阅读图 7-20 所示组合体投影的步骤如下:

(1)划分线框、分解形体。运用形体分析法分线框、对投影,然后根据所画线框及投影的“三等关系”,确定出可将该组合体分为三部分,见图 7-20a)。

(2)逐步弄清各部分形状。根据三个投影的对应关系进行分析,想象出每一部分的空间形状,见图 7-20b)、图 7-20c)、图 7-20d)。

(3)确定组合体的整体形状。根据组合体每一部分的形状、相互间的位置及组合方式,从而确定出组合体的整体形状,见图 7-20e)。

(二)线面分析法

当形体的形状比较复杂时,有些局部投影所表示的结构形状可用线面分析法加以确定。用线面分析法读图,就是把组合体的投影划分成若干个线框,然后根据线、面的投影特性去分析各线框所表示的形体表面的形状和位置,进而想象出形体的空间形状。

用线面分析法读图时应注意以下几点:

1. 要明确各投影中线框和线段的空间含义

组成形体投影的图形包含两种元素:一种是线框,另一种是线段。用线面分析法读图必须熟悉各种位置线、面的投影特性,明确投影图中的线框和图线的空间含义。

1)线框的含义

由正投影的基本知识可知,投影图中的每一个线框一定是形体上的某一个表面的投影。但是,该线框是平面的投影还是曲面的投影,它的空间位置如何?还需要参照其他投影来确定。如图 7-21 所示,正面投影中各线框分别是组合体表面(平面、曲面或相切的组合面)的投影。

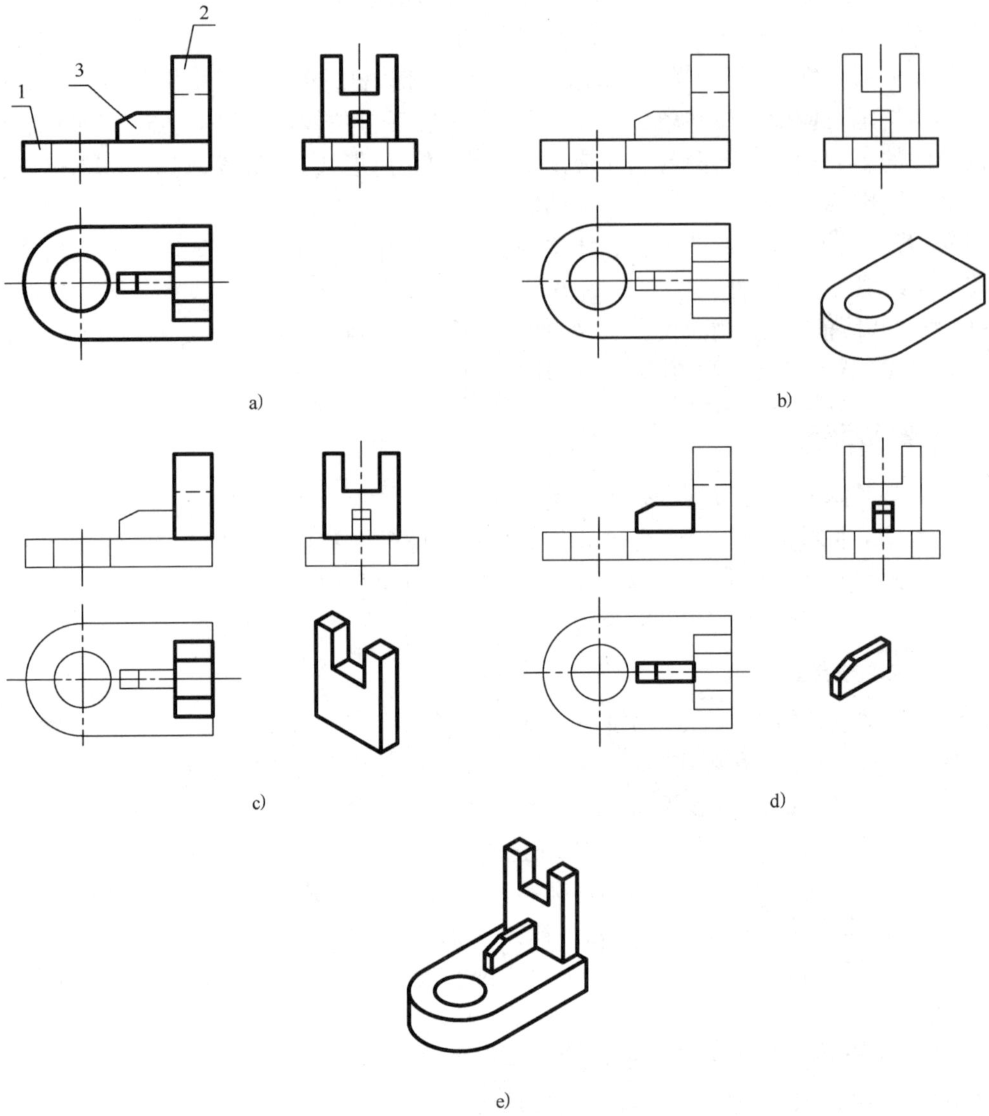

图 7-20　用形体分析法读图

a)分线框，划分形体；b)想象形体Ⅰ；c)想象形体Ⅱ；d)想象形体Ⅲ；e)综合起来想形体

投影中相邻的两线框表示组合体两个表面的投影，它们可能是相交两表面的投影，也可能是平行(或错位)两表面的投影，如图 7-22 所示。

2)线段的含义

投影中的线段分直线段和曲线段。它们可能是组合体两表面交线的投影；也可能是垂直于投影面的表面(平面或曲面)的积聚性投影；或是曲面轮廓素线的投影，如图 7-23 所示。

2. 要弄清线框的对应关系

形体表面在某投影中所形成的投影线框一定在其他投影中有对应的类似形线框或线段。如某投影线框在其他投影中找不到对应的类似形线框，则必有积聚性线段与之对应。读图时要注意利用“三等关系”和线、面的投影特性确定出各表面三个投影的对应关系，以确定各表面的空间位置。

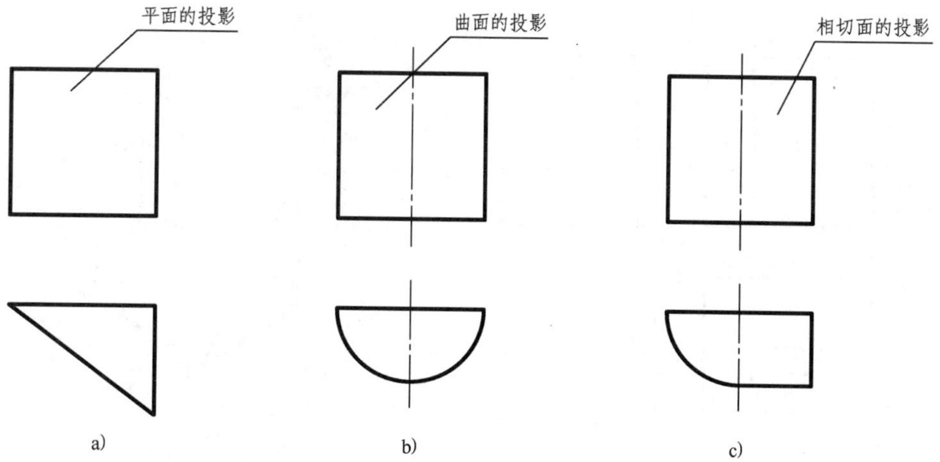

图 7-21　线框的含义

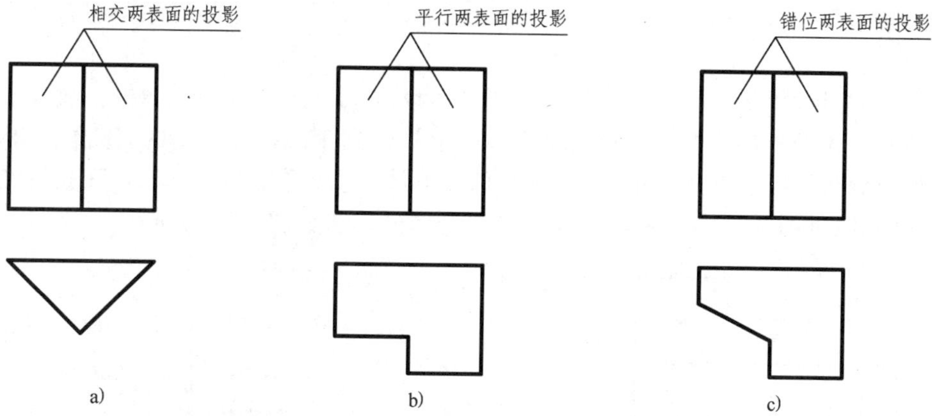

图 7-22　相邻线框的意义

如图 7-24a）中正面投影线框 1′，在水平投影中对应为类似形线框 1，在侧面投影中找不到对应的类似形线框，则必对应积聚性线段 1″，由此可知，面Ⅰ为侧垂面。

正面投影线框 2′和 3′，在水平投影中找不到对应的类似形线框，而分别可找到具有积聚性的线段 2、3，则说明面Ⅱ、面Ⅲ均是正平面。

水平投影线框 4，在正面投影上找不到类似形线框，此时必找到积聚性线段 4′，说明面Ⅳ为水平面。

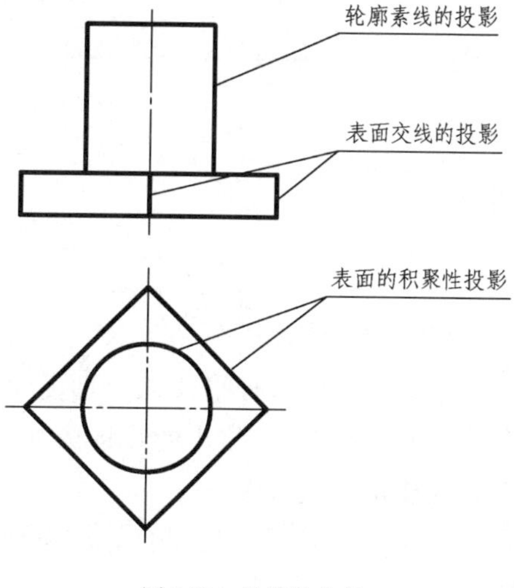

图 7-23　线段的含义

（三）读图的其他方法

根据组合体形状的不同，其看图的思维过程也是不同的。读图方法除形体分析法和线面分析法外，也可以采用第 4 章提到的拉伸法。

1. 分层拉伸法

当组合体的特征形线框都集中于某一个投影时，应设想把投影归位，分别把各个特征形线框沿其投影方向拉伸到给定的距离，即形成多层的柱状体。

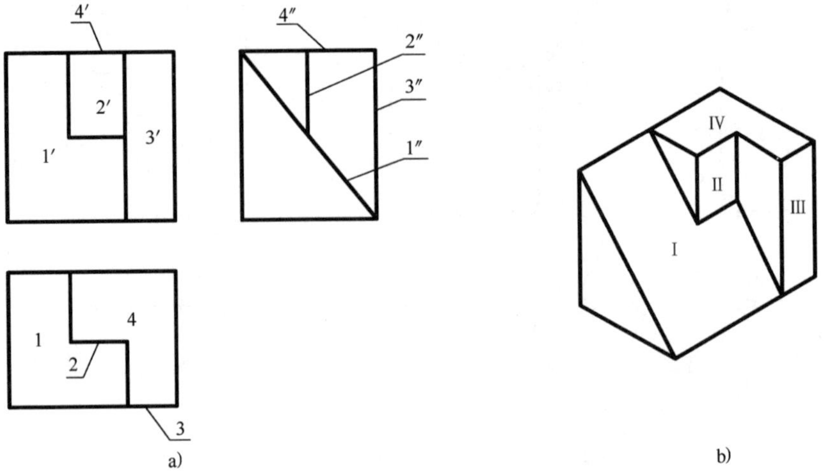

图 7-24　线框的对应关系

根据图 7-25a)所示的组合体的正面投影和水平投影,用分层拉伸法想象组合体形状的过程如下:

根据形体分析,可知水平投影线框 1、线框 2 为形体 Ⅰ、Ⅱ 的特征形线框。故设想把水平投影旋转归位,先把外形线框 1 所示的水平面往上拉伸到正面投影给定的 Z1 高度,构成形体 Ⅰ,然后再设想将特征线框 2 所示的平面形,贴在形体 Ⅰ 上,再往上拉伸到正面投影给定的高度,构成形体 Ⅱ,见图 7-25b)。从而想象出该组合体的形状如图 7-25b)所示。

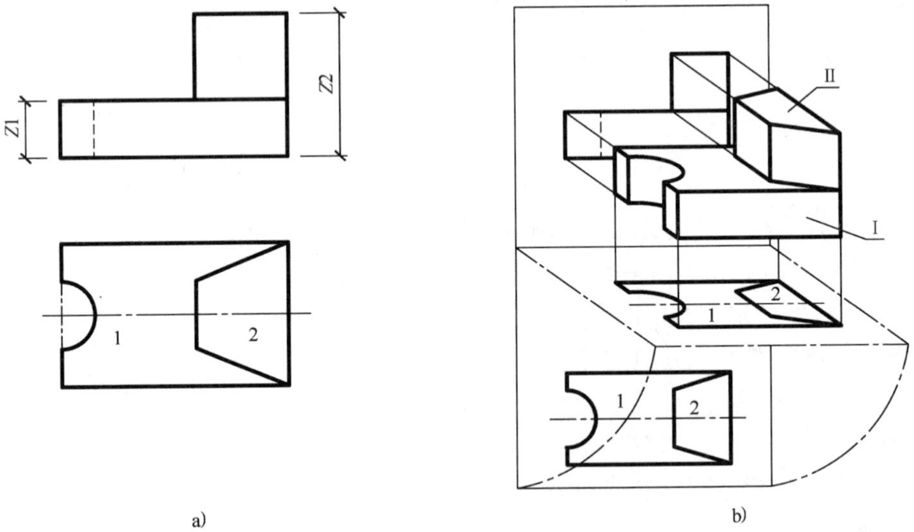

图 7-25　分层拉伸法

2. 分向拉伸法

当组合体的特征形线框分别反映在不同的投影上时,可设想将各个投影分别归位。先将大的特征形线框、后将小的特征形线框分别沿着其不同的投影方向拉伸,则形成特征形为不同方向的柱状类组合体。

根据 7-26a)所示的组合体的正面投影和水平投影,用分向拉伸法想象组合体形状的过程如下:

根据形体分析可知水平投影线框 1 是形体 Ⅰ 的特征形线框；正面投影线框 2′是形体 Ⅱ 的特征形线框。

先设想将水平投影归位，并把特征形线框 1 往上拉伸到 H 高度，形成燕尾槽体Ⅰ，如图 7-26b)。再设想把正面投影的特征形线框 2′所示正平面贴在形体 Ⅰ 上，并往前拉伸到 B 的宽度，形成具有半圆孔和方槽的形体 Ⅱ，如图 7-26c) 所示。通过这样的思维和想象，该组合体的形状就可构思出来，如图 7-26d) 所示。

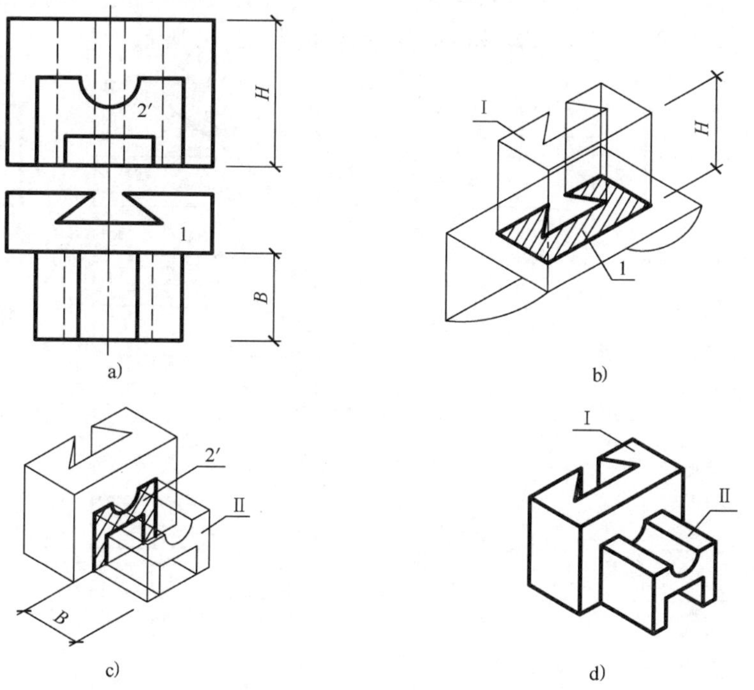

图 7-26　分向拉伸法

三、读图举例

阅读组合体三面投影的具体步骤如下：

(1) 划分线框、分解形体。运用形体分析法从反映形体形状特征比较明显的投影图进行线框划分，然后根据所画线框及投影的“三等关系”，将组合体大致划分为几个部分。

(2) 逐个分析、确定各部分形体的形状和位置。按所分的部分找出各投影间的对应关系，进行分析、想象每一部分的空间形状及相对位置；对不易确认的投影，可运用线面分析法进行分析。

(3) 确定组合体的整体形状。根据组合体每一部分的形状、相互间的位置及组合方式，从而确定出组合体的整体形状。并将想象出的组合体与原投影进行对照检查，直至完全正确为止。

[例 7-4] 根据图 7-27a) 所示组合体的三面投影，想象空间形状。

形体分析：

由于该组合体的水平投影的边框为矩形，正面投影的边框为左边缺少一部分的矩形，侧面投影的边框为右上角缺少一部分的矩形，且各投影中的图线都是直线段，所以可初步断定，该组合体是一个长方体被切去某些部分后形成的。但被什么样的平面所截切，需进一步进行线面分析。

线面分析：

正面投影有一积聚的直线段1′，水平投影与侧面投影均对应六边形线框，由此可知，I面是一个正垂面，长方块的左上部就是被这个平面切掉的，见图7-27b）。

水平投影中的线框2，对应正面投影和侧面投影均为直线段，可知II面是一个水平面，见图7-27c）。正面投影图中的线框3′，对应水平投影和侧面投影均为直线段，可知III面是一个正平面，见图7-27d）。长方块的前上部就是被这两个平面切割的。

其余的表面比较简单，读者可自行分析。这样，我们既从形体上，又从线、面的投影上弄清了该形体的三面投影，想象出该组合体的空间形状如图7-27e）所示。

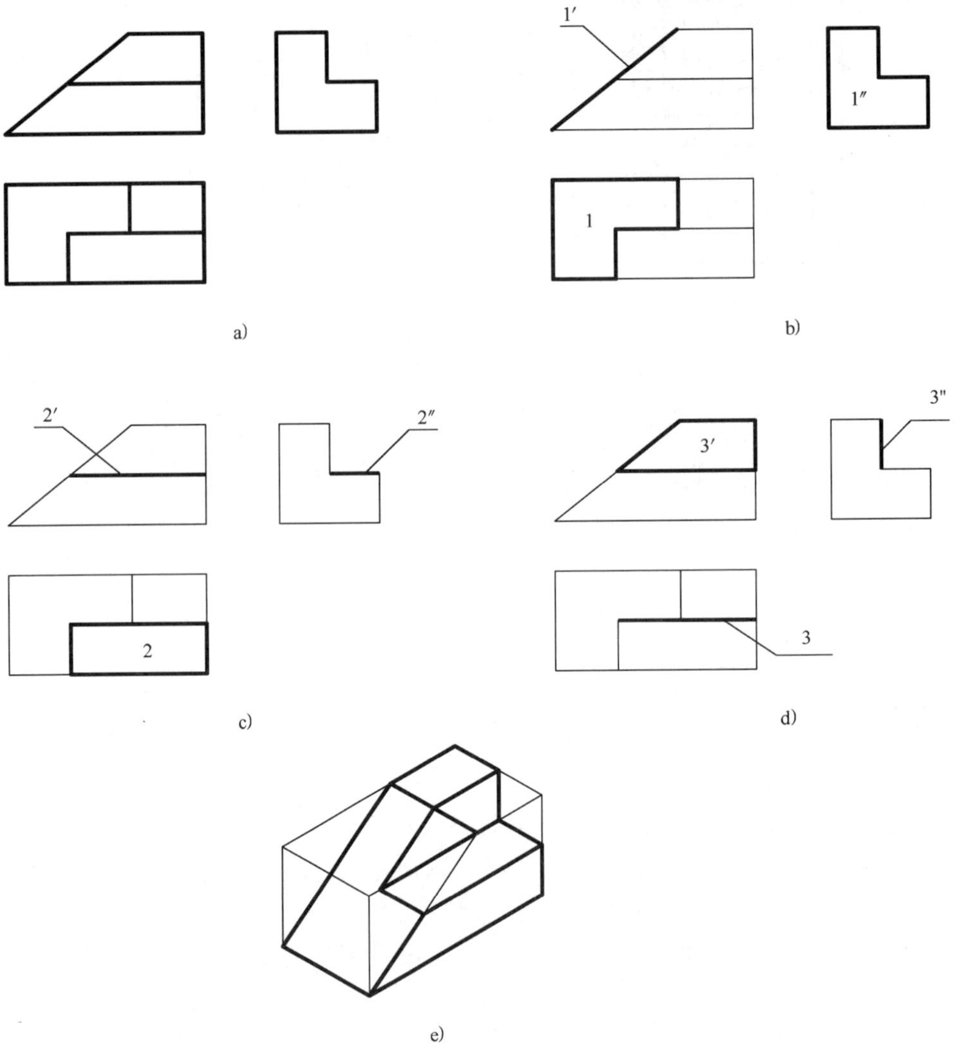

图7-27　读组合体的三面投影图

a）组合体的三面投影；b）线框Ⅰ；c）线框Ⅱ；d）线框Ⅲ；e）整体形状

［例7-5］ 已知组合体的两面投影，想象空间形状，并作出水平投影［图7-28a）］。

分析：

根据本题给出的正面投影和侧面投影，可确定该形体由长方体及右部半圆柱叠加，然后切割圆柱面和V形槽后形成，见图7-28b）。

作图：

(1)先画长方体及右方半圆柱，两形体右边靠齐，见图7-28c)。

(2)根据正面投影所反映切割半圆柱面的长度画出其水平投影，见图7-28d)。

(3)画小圆孔，见图7-28e)。

(4)画V形槽，完成全图，见图7-28f)。

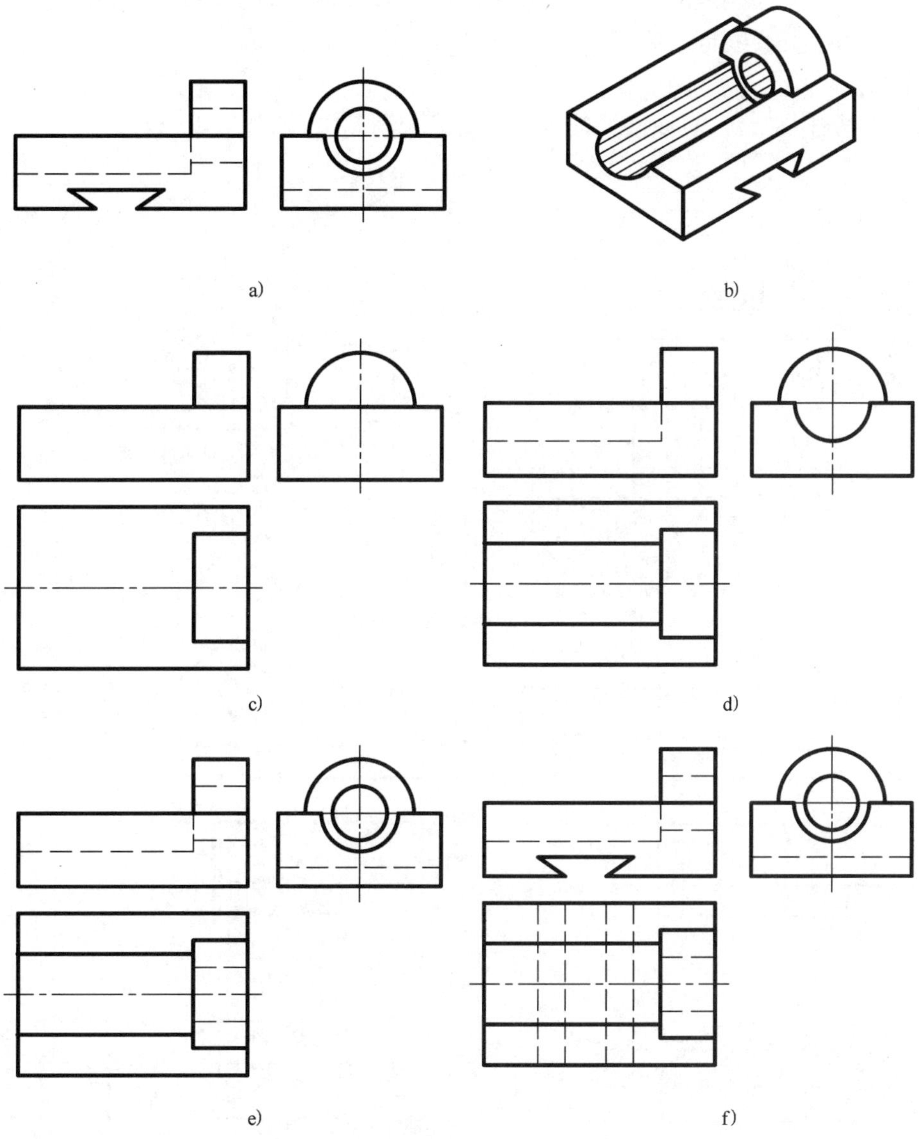

图7-28　已知组合体的两面投影，求第三投影

a)已知组合体的两投影；b)立体图；c)画长方体和半圆柱；d)画切割半圆柱面；e)画小圆孔；f)画V形槽，完成作图

[**例7-6**] 已知组合体的两面投影，想象空间形状，并作出侧面投影[图7-29a)]。

(1)形体分析。

从正面投影的外形轮廓看出，该立体的主体是六棱柱；从水平投影的轮廓看出，六棱柱的后端面有凹槽，前端面有一凸台，从前端面到后端面有一通孔。

(2)线面分析。

正面投影的粗实线可分为三个线框。线框 1′和 2′在水平投影上对应两条直线段。由此可知线框Ⅰ是六棱柱的前端面;线框Ⅱ表示为六棱柱前端面上凸台的前表面,这两个平面均为正平面。它们的正面投影的线框反映其实形。水平投影反映出了六棱柱和凸台前后方向的厚度。线框 3′在水平投影上对应两条虚线,表示圆孔的投影。另外,正面投影的两条铅垂虚线,对应水平投影后面的实线段,说明六棱柱后方有一从上到下贯通的凹槽,见图 7-29b)。

水平投影有粗实线围成的线框 4、5、6,它们分别对应的正面投影为三条直线段。由此可知:线框 4、6 为正垂面,线框 5 为水平面。

(3)作图:

①先画六棱柱及凸台,表面交线的投影按对应关系画出,见图 7-29c);

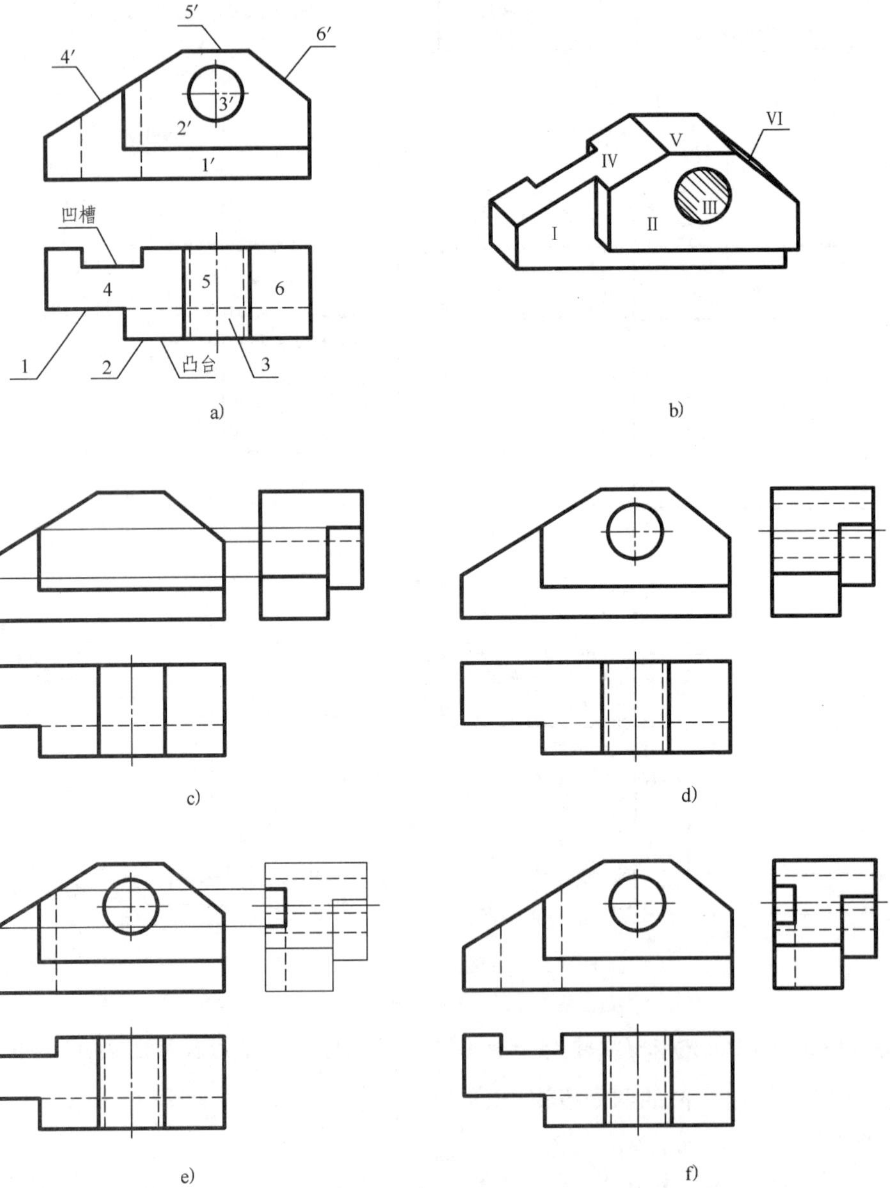

图 7-29　读组合体的两面投影,并作出侧面投影

a)分析;b)分析结果;c)画六棱柱、凸台;d)画通孔;e)画凹槽;f)擦去多余线,完成作图

②画圆孔，见图 7-29d)；
③画凹槽，见图 7-29e)。
④校核描深，完成全图，见图 7-29f)。

复习思考题

1. 组合体的组合形式有哪几种？各基本体表面间的关系有哪些？
2. 试述画组合体三面投影的方法和步骤？
3. 形体分析法和线面分析法的读图不同点是什么？
4. 组合体的尺寸有几类？标注尺寸的原则和方法是什么？

第八章 工程形体的表达方法

基本要求：

1. 了解视图的形成及应用。
2. 掌握各种剖视图的形成及画法。
3. 掌握各种断面图的形成及画法。
4. 了解工程制图中常用的简化画法。

为了清晰、完整、准确地表达工程形体的内外结构，国家标准《技术制图　图样画法》（GB/T 17451—1998、GB/T 17452—1998）规定了各种表达方法：视图、剖面图、断面图等。本章主要介绍这些表达方法的画法及其应用。

第一节　基本视图

在工程制图中，将物体向投影面投射所得到的图形称为视图。

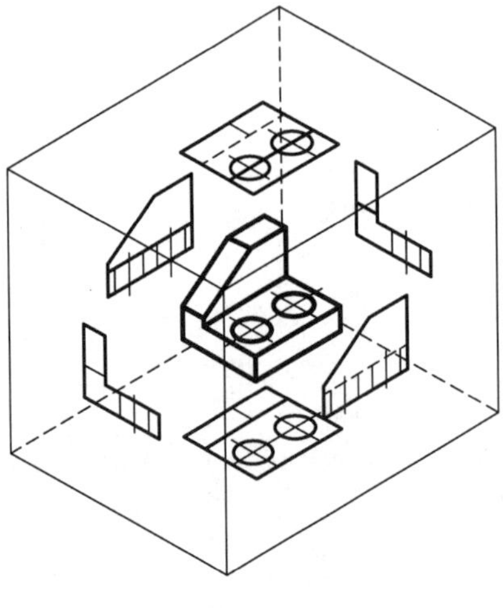

图 8-1　基本视图的形成

对于形状比较复杂的物体，用两个或三个视图尚不能完整、清楚地表达它们的内外形状时，可在原有三个投影面的基础上，再增设三个投影面（分别与 H、V、W 平行），组成一个正六面体。以正六面体的六个面作为基本投影面，物体向基本投影面投射所得到的视图，称为基本视图。基本视图的形成及展开如图 8-1、图 8-2 所示。

其中，把由前向后投射得到的视图称为主视图；把由上向下投射得到的视图称为俯视图；把由左向右投射得到的视图称为左视图；把由下向上投射得到的视图称为仰视图；把由右向左投射所得到的视图称为右视图；把由后向前投射所得到的视图称为后视图。

基本投影面按图 8-2 展开后，各基本视图的配置关系如图 8-3 所示。显然，基本视图之间仍保持“长对正、高平齐、宽相等”的关系。

在六个基本视图中，主视图、俯视图、左视图所表示的方位关系与前述的三面投影相同。右视图表示物体的上下、前后关系，仰视图表示物体的左右、前后关系，后视图表示物体的上下、左右关系。

通常，在土木工程制图中，将主视图称为正立面图；俯视图称为平面图；左视图称为左侧立面图;仰视图称为底面图;右视图称为右侧立面图;后视图称为背立面图。“建筑制图标准”规定每个视图下方都应注写图名,并在图名下用粗实线绘一条横线。图 8-4 为一所房屋的外形多面视图。

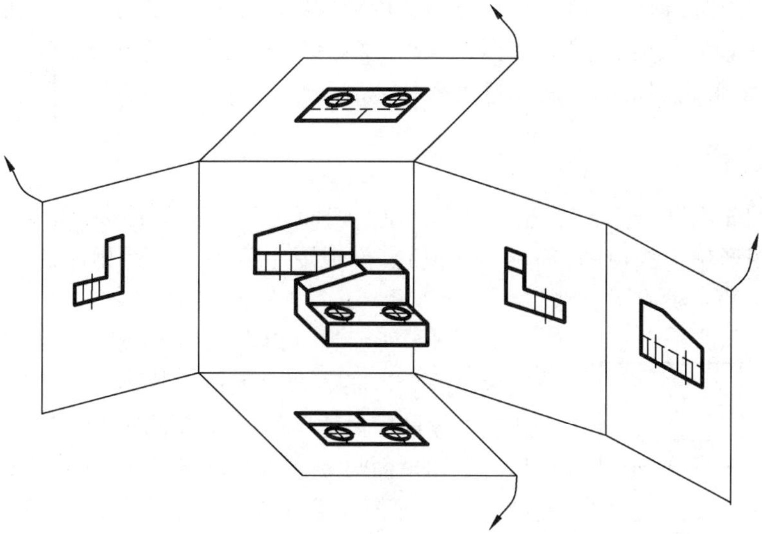

图 8-2　基本视图的展开

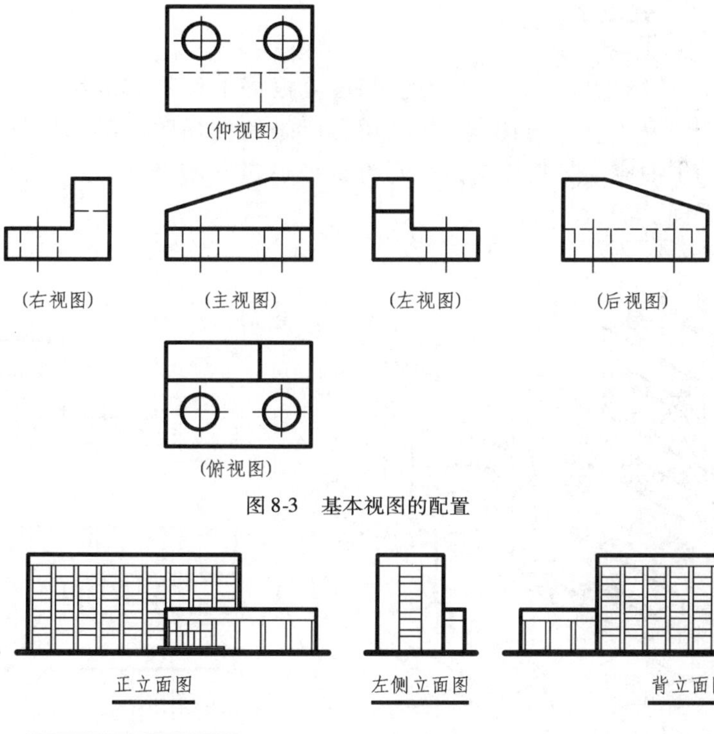

图 8-3　基本视图的配置

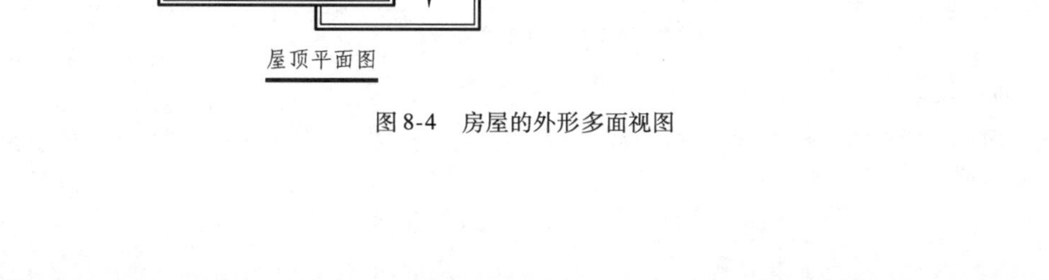

图 8-4　房屋的外形多面视图

第二节　剖　视　图

画物体的视图时，物体的可见轮廓线一般用粗实线表示，不可见轮廓线用虚线表示。当物体的内部结构比较复杂时，视图上就会出现许多虚线，使图形很不清晰，不便于画图和读图。为此，工程图中常采用剖切的方法表达工程物体看不见的内部结构。

一、剖视图的形成

假想用剖切面剖开物体，将处在观察者和剖切面之间的部分移去，而将其余部分向投影面投射所得的图形称为剖视图（简称为剖视）。剖视图主要用于表达物体的内部结构，是工程图样上广泛采用的一种表达方法。

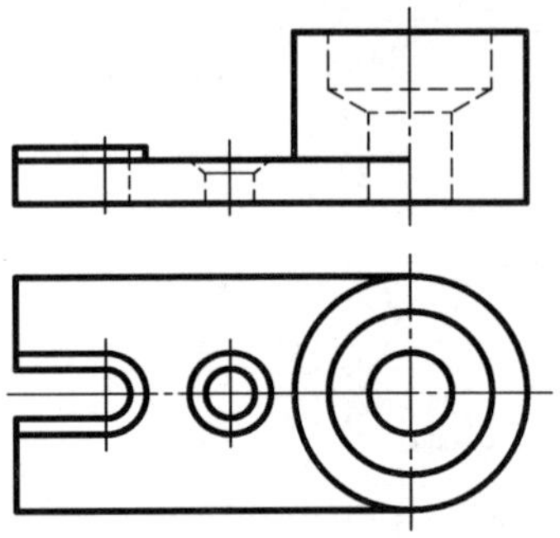

图 8-5　组合物体的视图

如图 8-5 所示为一组合物体的视图，看不见的孔和槽均用虚线表示。为了能清晰地表达该物体的内部结构，可假想用一个通过物体前后对称平面的剖切平面将其剖开，见图 8-6a）。然后移去剖切平面与观察者之间的部分，将留下的部分向正投影面进行投射，所得的主视图称为剖视图，见图 8-6b）。

二、剖视图的画法及标注

1. 确定剖切平面的位置

画剖视图时，应根据工程物体的结构特点选择剖切平面的位置，使剖切后所画的剖视图能确切反映要表达部分的真实形状。所以剖切平面应通过物体内部的对称面或通过孔的轴线，且平行于投影面。图 8-6 中剖切平面为正平面。

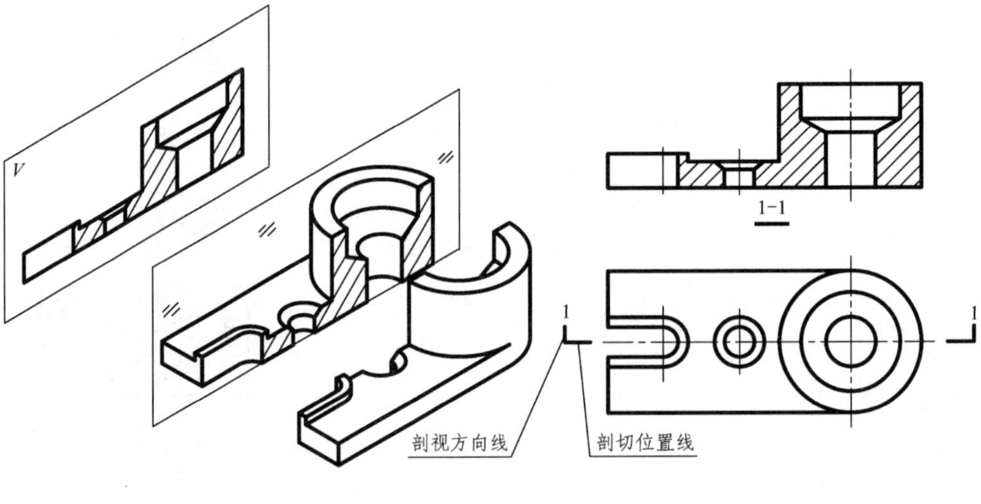

a)　　　　b)

图 8-6　剖视图的形成

2. 画剖视图

画剖视图时，可按投影关系先画剖切断面，然后画剖切平面后的可见部分。对于剖切平面后的不可见部分，如在其他视图中已表达清楚，其虚线省略不画。

在工程图样中，按规定应在断面内画出工程材料图例。表 8-1 为常用的建筑材料图例。

材 料 图 例　　表 8-1

名　称	图　　例	说　　明
自然土壤		包括各种自然土壤
夯实土壤		
砂、灰土		靠近轮廓线绘较密的点
天然石材	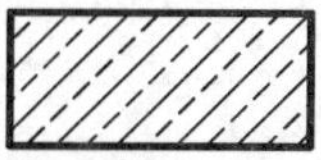	包括岩层、砌体、铺地、贴面等材料
普通砖	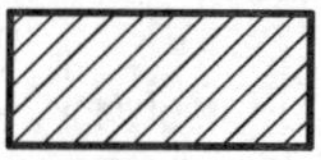	1. 包括砌体、砌块 2. 断面较窄，不易画出图例线时，可涂红
饰面砖		包括铺地砖、马赛克、陶瓷锦砖、人造大理石等
混凝土	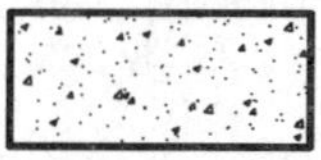	1. 本图例仅适用于能承重的混凝土及钢筋混凝土 2. 包括各种标号、骨料、添加剂的混凝土 3. 剖面图上画出钢筋时不画图例线 4. 断面较窄，不易画出图例线时，可涂黑
钢筋混凝土	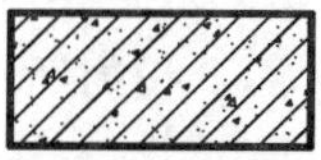	
毛石	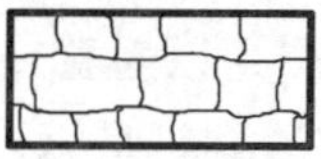	
木材		1. 上图为横断面图，左上图为垫木、木砖、木龙骨 2. 下图为纵断面
金属		1. 包括各种金属 2. 图形小时，可涂黑
防水材料		构造层次多或比例较大时，采用上面图例

如果所画剖视图不需指明材料，可在断面内画 45°方向的等间距平行细实线，如图 8-6 所示。

由于剖切是假想的，并不是真正把物体切掉一部分。所以只有在画剖视图时，才假想将物体切去一部分，其他视图还应按完整的物体考虑画出，如图 8-6b）中水平投影仍按完整的物体画出。

3. 剖视图的标注

为了便于读图，查找剖视图与其他图样间的对应关系，需对剖视图进行标注。剖视图的标注由剖切符号和编号组成。

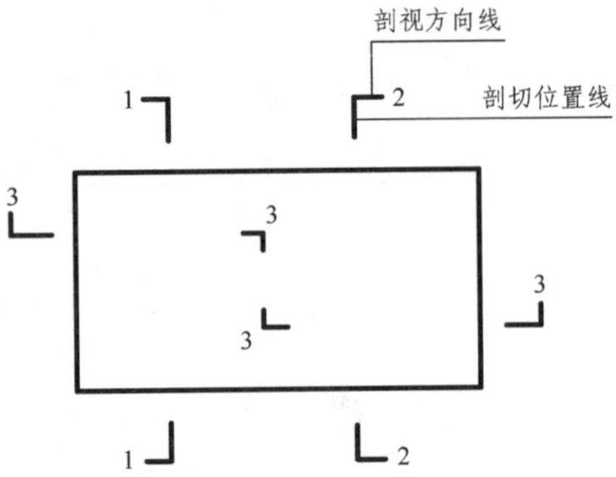

图 8-7　剖视图的剖切符号及编号

剖视图的剖切符号表示剖切面的起、讫、转折位置及投射方向。剖切符号由剖切位置线和剖视方向线组成。剖切位置线是剖切平面的积聚投影，用两段长度为 6 ~ 10mm 的粗实线来表示。剖切位置线画在图形的外部，且不与图线相交。剖视方向线用垂直于剖切位置线、长度为 4 ~ 6mm 的粗实线来表示。剖切符号的编号应注写在剖视方向线的端部，剖视图的编号宜采用阿拉伯数字，按顺序由左至右、由下至上连续编排，见图 8-7。剖切符号应标注在与剖视图有关的其他视图上。

在剖视图的下方要注写与剖切符号编号数字相同的图名，如“1-1”，并在图名下画一等长的粗实线。

三、剖视图的种类

由于工程物体的结构复杂，为了完整、清晰地表达工程物体，可根据结构特点采用不同的剖视图进行表达。

1. 全剖视图

用剖切面完全地剖开物体所得的剖视图，称为全剖视图。全剖视图一般用于不对称且外形比较简单的物体，图 8-6 所示就是全剖视图。

2. 半剖视图

当物体具有对称平面时，在垂直于对称平面的投影面上投射所得的图形，可以对称中心线为界，一半画成表示内部结构的剖视图，另一半画成表示外形的视图，这样的图形称为半剖视图。

图 8-8 所示的杯形基础左右对称，所以 1-1 剖视图是以对称中心线为界，一半画表达外形的视图，一半画表达内部结构的剖视图。为了表明它的材料是钢筋混凝土，则在其断面上画出相应的材料图例。

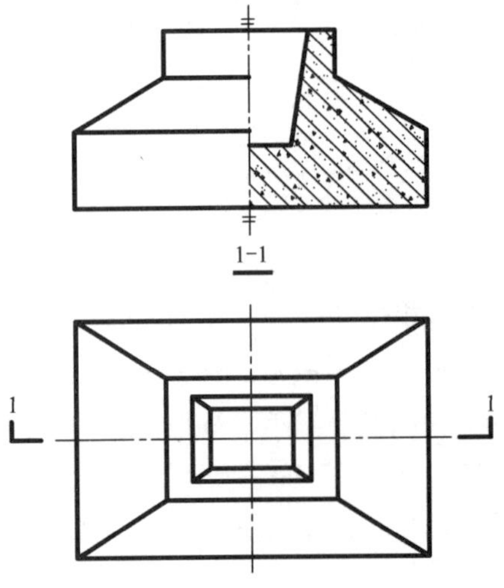

a)

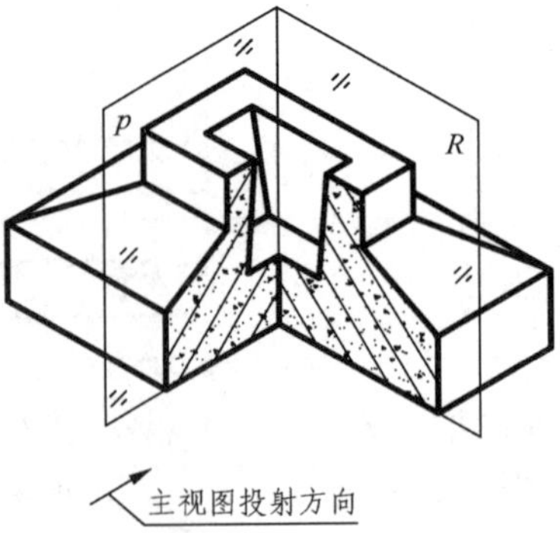

b)

图 8-8　半剖视图的形成

半剖视图主要用于表达内外形状较复杂且对称的物体。如图8-9所示的物体前后对称，主视图采用全剖视图，左视图和俯视图均采用半剖视图。这样的表示方法既可表达物体的内部结构形状，又可表达物体的外部结构形状。

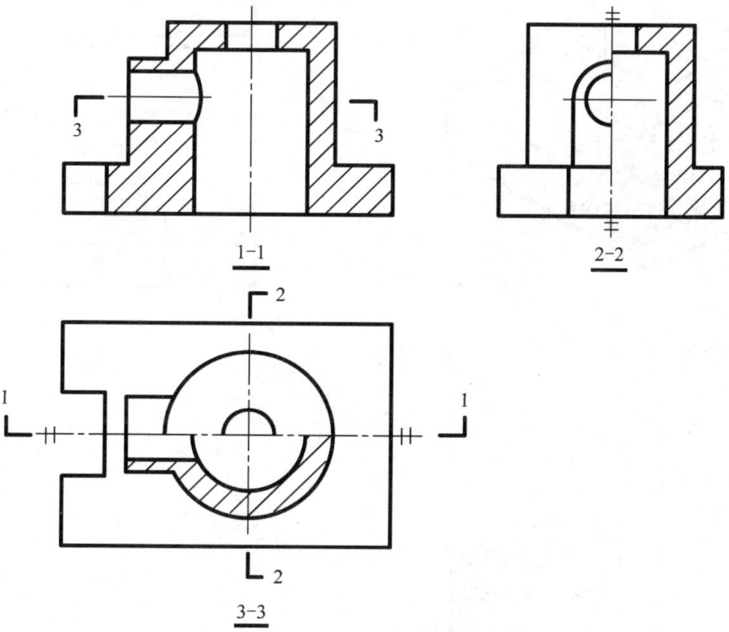

图8-9　全剖视图和半剖视图

一般情况下，当对称中心线为铅直线时，剖视图画在中心线右侧；当对称中心线为水平线时，剖视图画在水平中心线下方。由于未剖部分的内形已由剖开部分表达清楚，因此表达未剖部分内形的虚线省略不画。

半剖视图中剖与不剖两部分的分界用对称符号画出。对称符号由对称线和两端的两对平行线组成。对称线用细点画线绘制；平行线用细实线绘制，长度为6～10mm，每对平行线的间距为2～3mm。半剖视图仍需要标注剖视图的图名，并在相应的视图上标注剖切符号及编号。

3. *局部剖视图*

用剖切面局部地剖开物体所得的剖视图称为局部剖视图。局部剖视图适用于内外形状均需表达且不对称的物体。局部剖视图用波浪线将剖视图与外形视图分开。波浪线不应与图样上的其他图线重合，也不应超出轮廓线。

如图8-10所示，为了表示杯形基础内部钢筋的配置情况，仅将其水平投影的一角作剖切。正面投影仍是全剖视图，由于画出了钢筋的配置，可不再画材料图例符号。

在工程图样中，对一些具有不同构造层次的结构，可按实际需要用分层剖切的方法进行剖切，从而获得分层局部剖视图。分层局部剖视图常用来表达墙面、楼面、地面和屋面等部分的构造及做法。如图8-11所示为楼面的分层局部剖视图。

局部剖视图中大部分投影表达外形，局部表达内形，而且剖切位置都比较明显，所以，一般情况下图中不需要标注剖切符号及剖视图的名称。

四、剖视图的剖切方法

为了表达不同结构形状的物体，在画剖视图时，可采用以下几种剖切方法进行剖切。

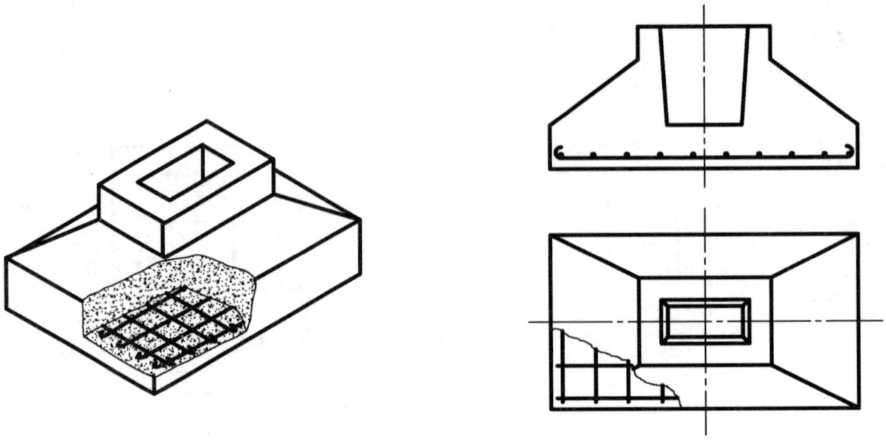

a) b)

图 8-10 杯形基础局部剖视图

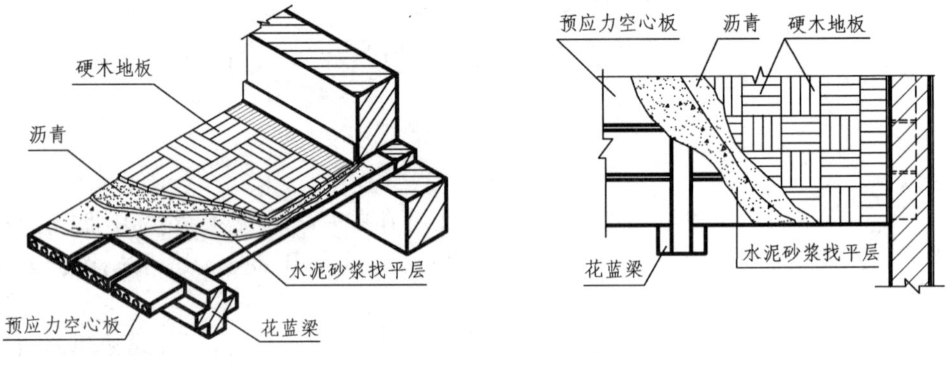

a) b)

图 8-11 分层局部剖视图

1. 单一剖切面剖切

用一个剖切平面或曲面剖切物体，这种剖切方法称为单一剖切面。工程图中大多使用平面作为剖切面。前边的图例均是采用单一剖切平面剖切后所形成的剖视图。

2. 用几个平行的剖切平面剖切

用两个以上互相平行的剖切平面剖切物体，这种剖切方法称为阶梯剖。阶梯剖适用于用一个剖切平面不能同时剖切到所要表达的几处内部构造的工程物体。

图 8-12 所示是一个物体的平面图和剖视图，这个物体在前后不同位置上有一个圆孔和长方孔。为了全面地表达其内部形状，可以假想用通过圆孔轴线和长方孔中心的两个互相平行的正平面剖切这个物体，移去两个剖切平面之前的部分，将后面剩余的部分向正投影面投射，便得到 1-1 剖视图。

图 8-13 的正面投影也是用两个平行平面剖切后得到的剖视图。

画阶梯剖时应该注意：由于剖切是假想的，所以在剖视图中，不应画出两剖切平面转折处的分界线。同时，在标注剖切符号时，应在两剖切平面转角的外侧加注与该符号相同的编号。

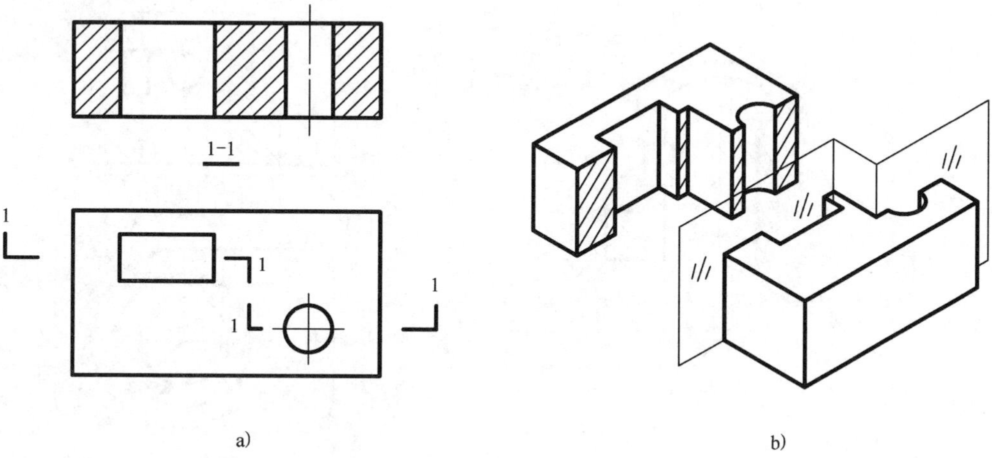

图 8-12　阶梯剖的形成

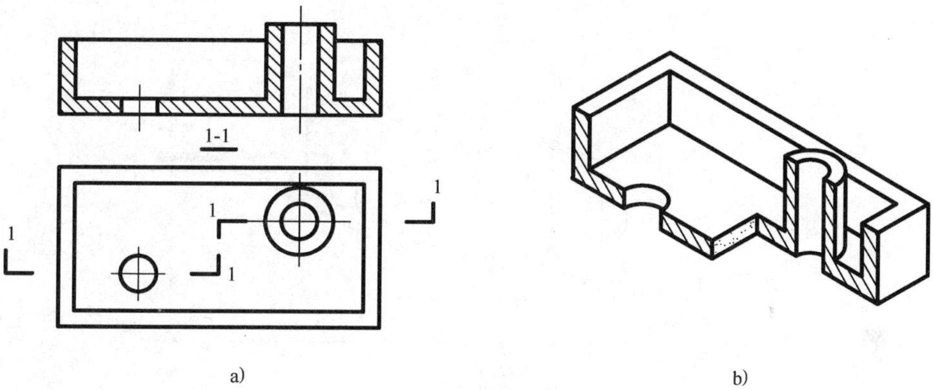

图 8-13　物体的阶梯剖

3. 用几个相交的剖切平面剖切

用两个以上相交的剖切平面剖切物体,这种剖切方法称为旋转剖。采用旋转剖时,其中一个剖切平面平行于一投影面,另一个剖切平面则与这个投影面倾斜,两剖切平面的交线应垂直于另一投影面。

作剖视图时,移去处于观察者和剖切平面之间的部分,将用平行于投影面的剖切平面剖开的部分直接向投影面投射;将用倾斜于投影面的剖切平面剖开的部分绕两剖切平面的交线旋转到平行于该投影面的位置,然后再向该投影面投射。

如图 8-14a)所示,1-1 剖视图是用相交于铅垂轴线的正平面和铅垂面剖切后,将铅垂剖切平面剖到的部分绕铅垂轴旋转到正平面位置,并与左侧用正平面剖切到的部分一起向正投影面投射而得到的。旋转剖所得到的剖视图的图名后应加注“展开”二字。

旋转剖常用于工程物体的内部结构形状用一个剖切平面剖切不能表达完全,并且这个工程物体在整体上又具有回转轴的情况。

图 8-15 所示的楼梯,正面投影是采用两个相交平面剖切后得到的剖视图。在剖视图中,不应画出两剖切平面相交处的交线。

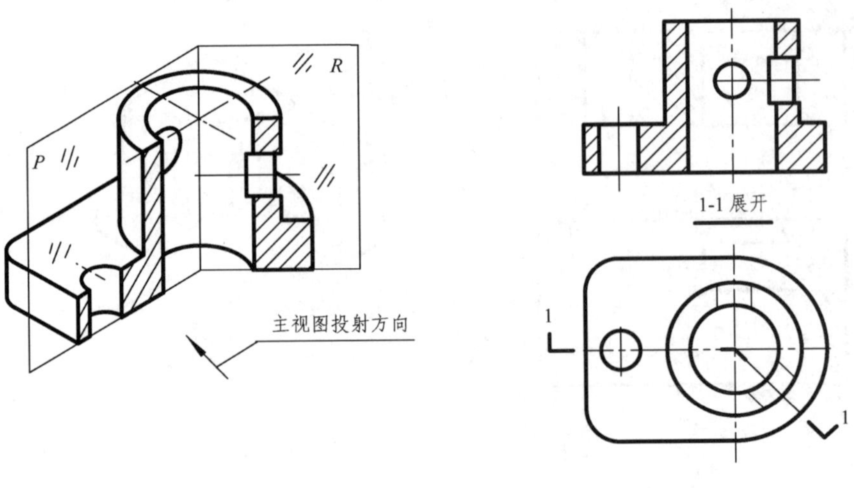

a)　　　　　　　　b)

图 8-14　旋转剖

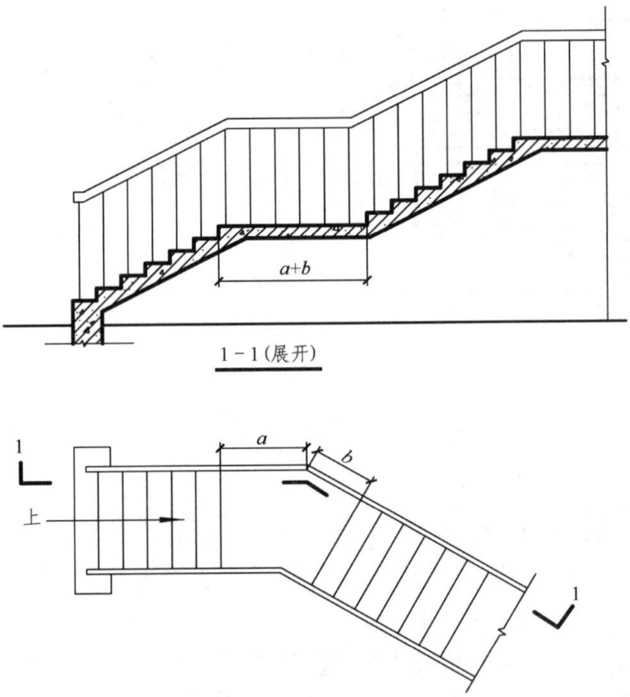

图 8-15　楼梯的旋转剖

第三节　断　面　图

一、断面图的形成

假想用剖切平面将物体的某处切断，仅画出该剖切面与物体接触部分的图形，该图形称为断面图。断面图常常用于表达工程中梁、板、柱的某一部位的断面真形，也用于表达工程物体的内部形状。断面图常与基本视图和剖视图互相配合，使工程物体表达得完整、清晰、简明。图 8-16 所示为屋面上檩条的断面图。

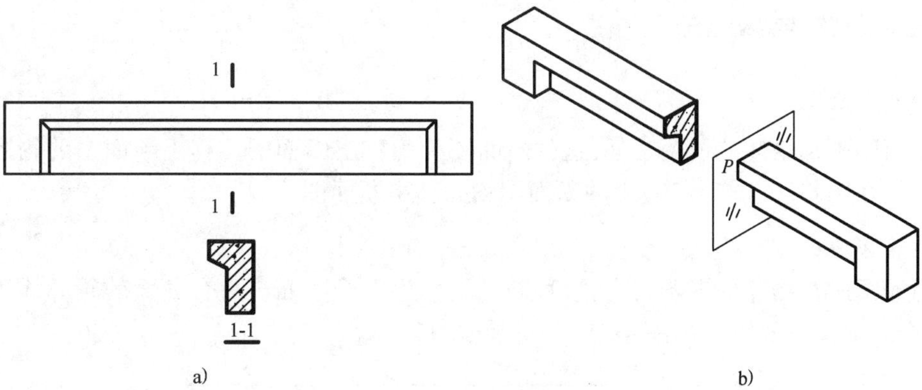

图 8-16　断面图的形成

断面图与剖视图的区别是：断面图只画出物体截断面的投影，而剖视图还要画出剖切平面后物体可见部分的投影。因此，剖视图包含了断面图。

图 8-17b）中 1-1、2-2 为工字柱的断面图，它们只画出断面的图形；图 8-17c）中 1-1、2-2 为工字柱的剖视图，它们不仅绘出断面的图形，还绘出剖切平面后可见部分的投影。

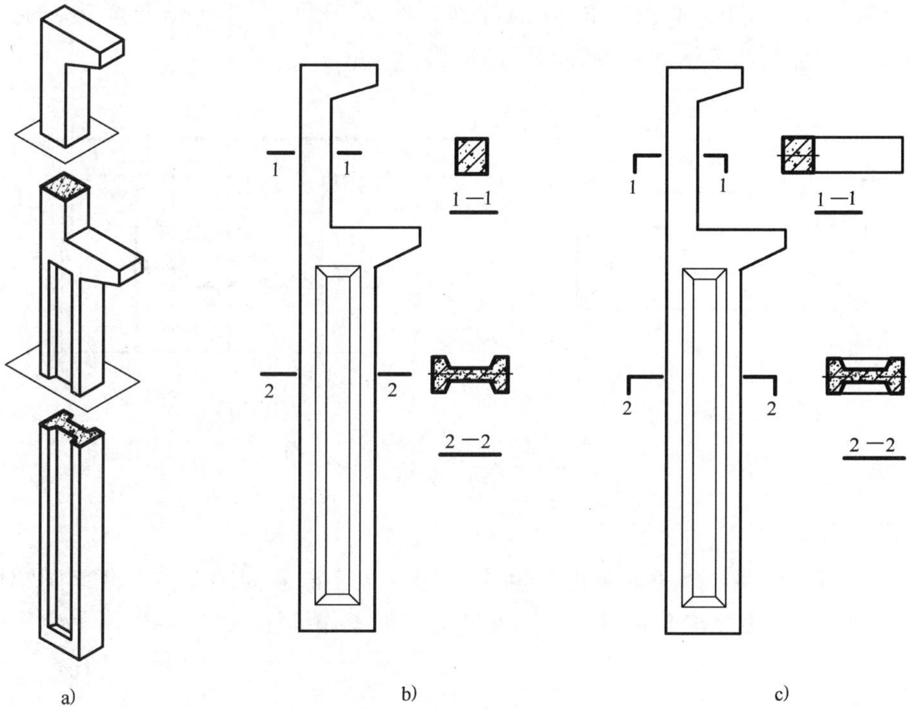

图 8-17　断面图与剖视图的区别

二、断面图的标注

断面图与剖视图在标注上也有区别。断面图的剖切符号仅画出剖切位置线，表示剖切平面的位置，而不画表示投射方向的剖视方向线。断面图的投射方向用编号的注写位置来表示。

图 8-16 中编号 1 写在剖切位置线左方，表示向左投射，所得断面图用“1-1”表示，在图 8-7b）中编号 1、2 均写在剖切位置线的下方，表示向下投射。

三、断面图的种类和画法

1. 移出断面图

将断面图画在物体的视图之外，这种断面图称为移出断面图。移出断面图的轮廓线用粗实线画出。在图 8-16、图 8-17b）中的断面图均为移出断面图。

2. 重合断面图

将断面图画在物体的视图之内，这种断面图称为重合断面。重合断面的轮廓线用粗实线画出，重合断面图一般不作标注 如图 8-18 所示。

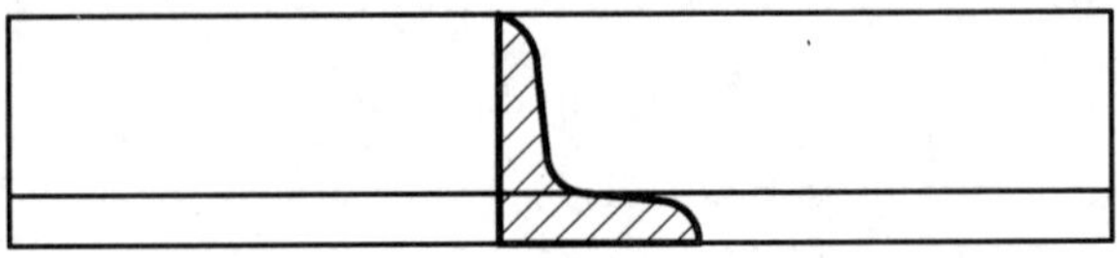

图 8-18　重合断面

重合断面图常用来表示工程墙面的花饰、屋面形状与坡度等。当重合断面不画成封闭图形时，应沿断面的轮廓线画出一部分剖面线。图 8-19a）采用重合断面表示屋面形状；图 8-19b）采用重合断面表示墙面装饰的凹凸结构。

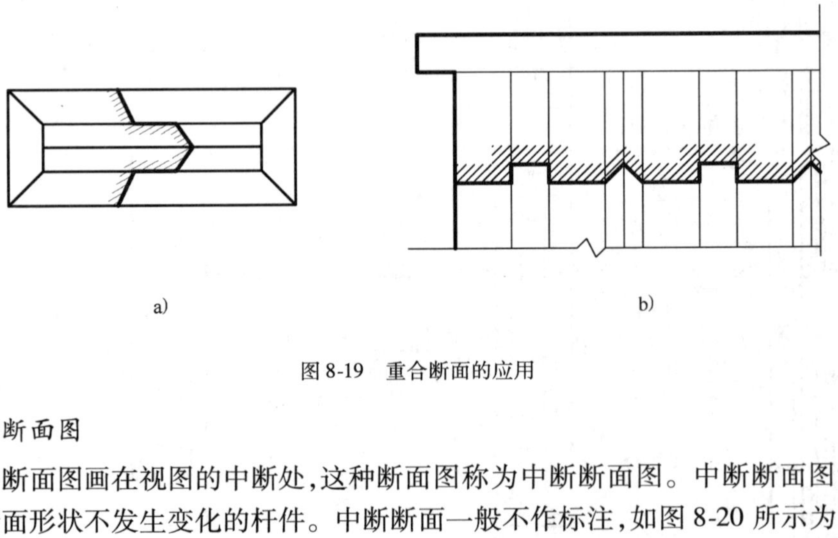

a)　　b)

图 8-19　重合断面的应用

3. 中断断面图

有时将断面图画在视图的中断处，这种断面图称为中断断面图。中断断面图常用来表示较长而横断面形状不发生变化的杆件。中断断面一般不作标注，如图 8-20 所示为工字钢的断面图。

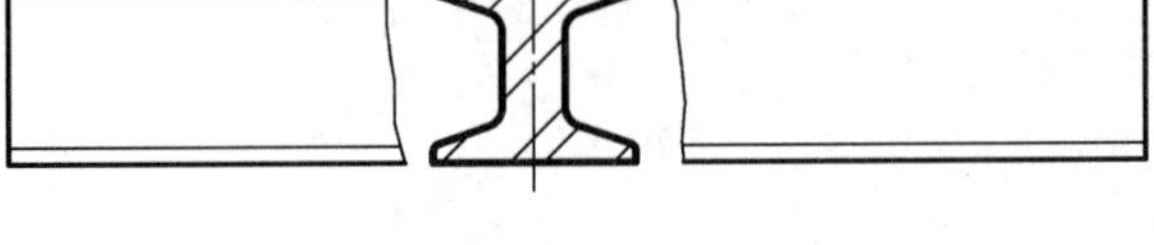

图 8-20　中断断面

第四节　其他表达方法

一、镜像投影

镜像投影是物体在镜面中反射图形的正投影，该镜面应平行于相应的投影面。当某些工程物体直接用正投影法绘制不方便时，可用镜像投影法绘制，但应在图名后注写“镜像”二字。

如图 8-21 所示，把镜面放在物体的下面，代替水平投影面，在镜中映射得到的图像则称为“平面图(镜像)”。显然镜像平面图和用正投影法绘制的平面图是有所不同的。此方法对于表现房间的天花板装饰很方便，被广泛使用。

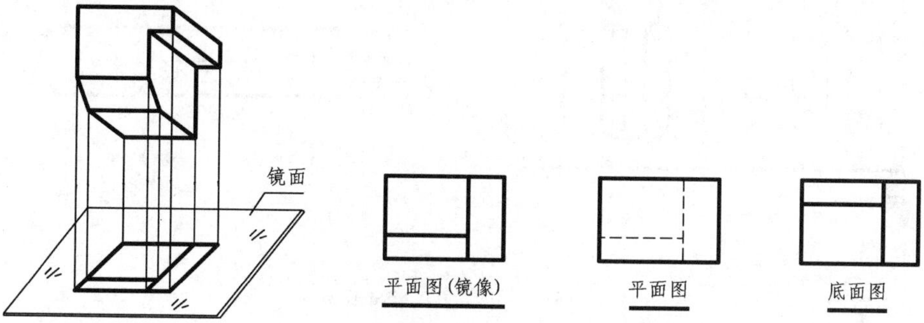

图 8-21　镜像投影

二、简化画法

在工程制图中，必要时可采用一些简化画法，以便画图与读图。

1. 对称画法

当构配件的图形对称时，可以只画图形的一半，但要加上对称符号。如图 8-22a) 所示的锥壳基础平面图，因为它左右对称，可以只画左半部，并画出对称符号，如图 8-22b) 所示。

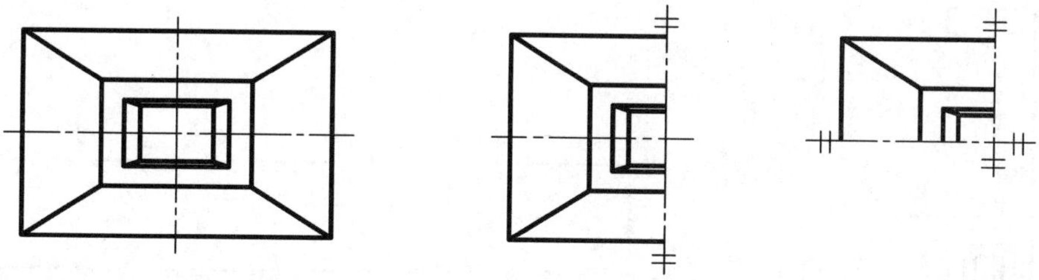

a)　　b)　　c)

图 8-22　对称画法 1

由于锥壳基础不仅左右对称，而且前后对称，因此它的平面图还可以进一步简化，只画出其四分之一，但同时要增加一条水平的对称符号，如图 8-22c) 所示。

对称的构配件图形，也可以稍超出图形的对称线之外来画，此时无须加上对称符号，如图 8-23所示。

2. 相同要素的省略画法

如果工程物体中有多个完全相同而连续排列的构造要素，其图形中可以仅在两端或适当位置画出其中一两个要素的完整形状，其余要素以中心线或中心线交点表示，以确定它们的位置，并在图形中注明个数，如图 8-24a）的混凝土空心砖和图 8-24b）的预应力空心板。

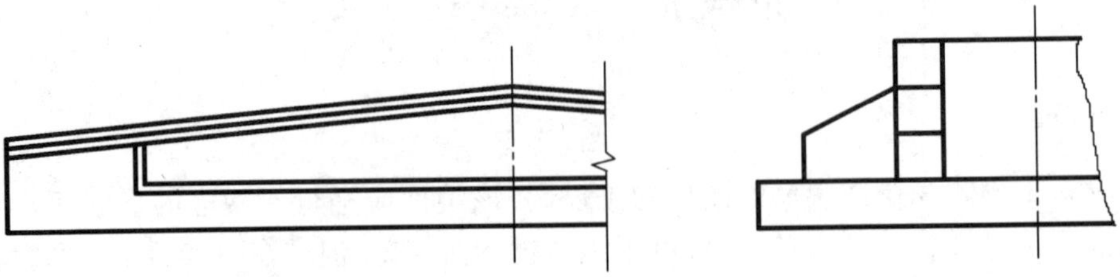

a)　　　　b)

图 8-23　对称画法 2

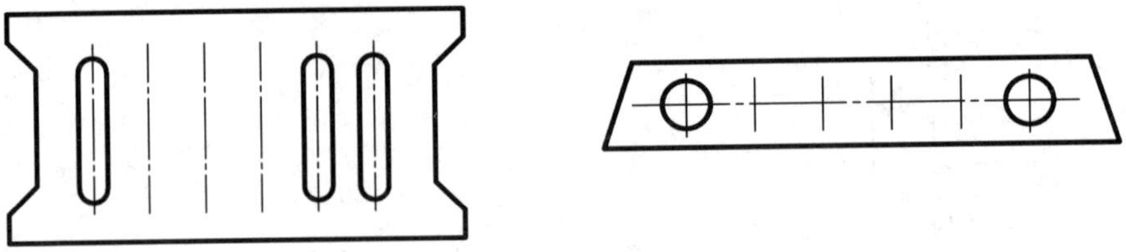

a)　　　　b)

图 8-24　相同要素的省略画法

3. 折断画法

较长的构件，如沿长度方向的形状相同，或按一定的规律变化，可断开省略绘制。然后在断开处两侧加上折断线，如图 8-25 所示的柱子。

4. 连接画法

一个构配件如果与另一构配件仅部分不相同，该构配件可以只画不同的部分，但要在两个构配件的相同部分与不同部分的分界线处，分别画上连接符号。两个连接符号应对准在同一位置线上，如图 8-26 所示。

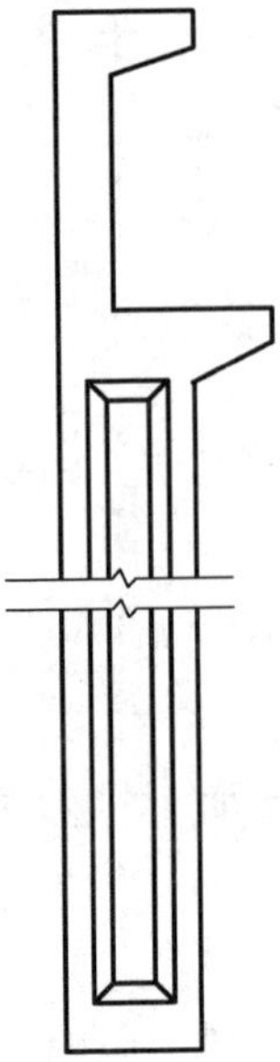

图 8-25　折断画法

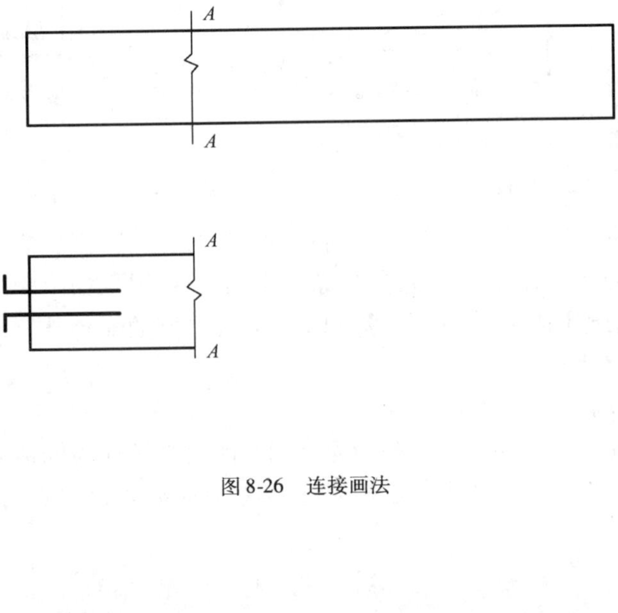

图 8-26　连接画法

复习思考题

1. 什么是基本视图？各基本视图的名称是什么？
2. 什么是剖视图、断面图？二者的异同点是哪些？
3. 剖视图有几种类型？它们的适用条件是什么？
4. 断面图有几种类型？
5. 剖视图和断面图如何标注？
6. 工程形体的其他表达方法有哪些？

第九章 房屋建筑施工图

基本要求：

1. 了解建筑施工图产生的一般过程，了解房屋施工图的分类。

2. 掌握建筑施工图的国标规定，掌握建筑平、立、剖面图、建筑详图的图示内容及图示方法。

3. 掌握建筑物配件的规定及图示方法，达到熟练阅读建筑施工图的目的。

将一栋拟建房屋的总体布局、内外形状、平面布置、建筑构造及内外装修等内容，按照“国标”的规定，用正投影法详细准确地画出的图样，称为房屋建筑图。房屋建筑图是指导施工的主要依据，所以又称为建筑施工图。

第一节　概　　述

一、房屋的组成及作用

虽然房屋的用途、结构形式、层数各有不同，但构成房屋的基本部分是相同或相似的。房屋由基础、墙或柱、门窗、楼地面、屋顶、楼梯等主要部分组成，如图 9-1 所示。

1. 基础

基础是房屋最下面的部分，埋在自然地面以下，承受房屋的全部荷载，并把这些荷载传给它下面的土层。墙下常采用条形基础，柱下常采用独立基础。

2. 墙或柱

墙或柱是房屋的垂直承重构件，承受楼面或屋顶传给它的荷载，并把这些荷载传给基础，它不仅是承重构件，而且也起围护、分隔、保温、隔声、防水等作用。

3. 门窗

门主要起沟通房屋内外的交通作用，有的门还兼有采光和通风的作用；窗的作用是采光、通风和眺望。

4. 楼地面

楼地面是房屋的水平承重和分隔构件，包括楼板和地面两部分。楼板将其所承受的荷载传给墙或柱，地面将其所承受的荷载传给它下面的地基。

5. 屋顶

屋顶是房屋顶部的承重和围护部分，由屋面承重结构层、保温隔热层和屋面防水层组成。屋面承重结构承受屋面的全部荷载，并将其传给墙或柱。保温隔热层的作用是防止冬季室内热量散失、夏季太阳辐射热进入室内，屋面防水层的作用是阻隔雨水、风雪对室内的影响。

6. 楼梯

楼梯是联系上下楼层的垂直交通设施，在灾害状态时供人们紧急疏散。

房屋除上述主要组成部分外，还有一些其他构件和设施，如勒脚、踢脚板、遮阳板、圈梁、过梁、女儿墙、防潮层、通风道、烟道、垃圾道、天沟、雨水管等。

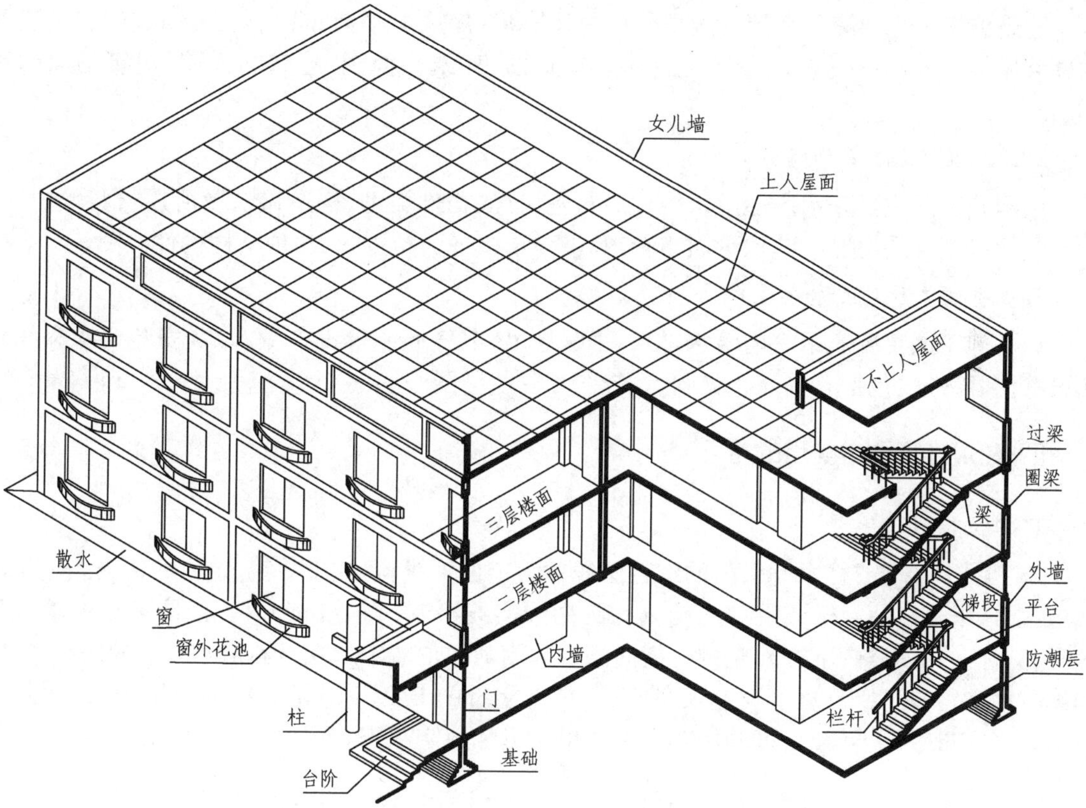

图 9-1 房屋的组成

二、房屋建筑设计程序

房屋的建造一般需要经过设计和施工两个过程。按房屋设计的过程，其程序一般可分为初步设计、技术设计和施工图设计三个阶段。

1. 初步设计阶段

设计人员接受设计任务后，根据使用单位的要求，收集资料，调查研究，综合分析，合理构思后作出几种方案图以供选用。

2. 技术设计阶段

根据审批后的方案图及建设单位提出的修改建议，对方案图进行修改，进一步解决构件造型、平面布置、房屋外形，绘制出比较详细的图，报送有关部门审批。

3. 施工图设计阶段

根据审批后的技术设计图，进一步解决各种技术问题，取得各工种的协调统一，绘制出能满足施工需要的一套能反映房屋整体和细部全部内容的图样。

三、房屋施工图的种类

房屋施工图是用于指导施工的一套图纸，根据其内容和作用不同，一般可分为建筑施工图、结构施工图和设备施工图三部分。

1. 建筑施工图（简称建施）

建筑施工图主要表示房屋建筑群体的总体布局，房屋的平面布置、立面形状、构造做法及内外装修等内容，一般包括总平面图、建筑首页图、建筑平面图、建筑立面图、建筑剖面图和详图。

2. 结构施工图（简称结施）

结构施工图主要表示房屋承重构件的布置情况、构件类型、构造做法及所用材料等内容，一般包括有基础图、楼层、结构平面布置图、屋顶结构平面布置图、各种结构构件详图。

3. 设备施工图（简称设施）

设备施工图主要表示室内给水排水、采暖通风、电气照明等设备的布置、安装要求和线路敷设等内容，一般包括有平面布置图、系统图和安装详图。

四、建筑施工图中常用的符号

1. 定位轴线与编号

施工图中从墙或柱中心引出的细点画线称为定位轴线，是施工放线、定位的依据。定位轴线应编号，编号注写在轴线端部的圆内。圆用细实线绘制，直径 8mm。平面图上定位轴线的编号，宜标注在图样的下方和左侧。横向编号采用阿拉伯数字从左至右沿水平向顺序编号；竖向编号用大写拉丁字母从下至上顺序编号（拉丁字母的 I、O、Z 不得用作轴线编号），如图 9-2 所示。当字母数量不够时，可增用双字母或单字母加数字注脚。

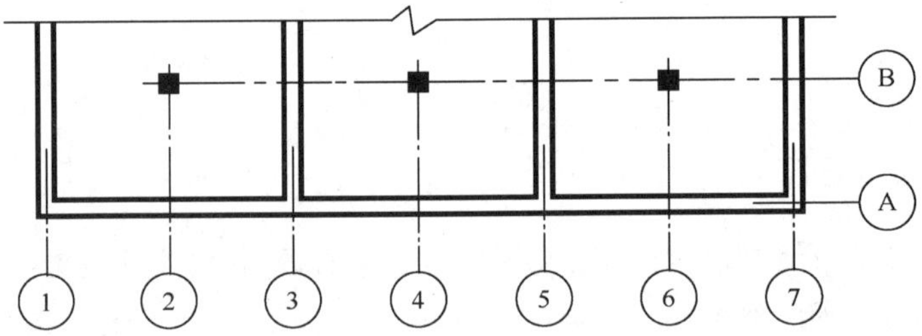

图 9-2

2. 附加轴线编号

对于一些与主要承重构件相联系的次要构件，可用附加轴线表示其位置。附加轴线的编号用分数表示，分子表示附加轴线的编号，用阿拉伯数字顺序编号，分母表示前一轴线的编号。编写方法见表 9-1。

3. 详图的轴线编号

在详图中，若一个详图适用于几根定位轴线时，应同时注明各有关轴线的编号；通用详图的定位轴线，应只画圆、不注写轴线编号，见表 9-2。

附加轴线编号　　　　表 9-1

名　　称	轴 线 编 号	说　　明
附加轴线编号	1/3	表示 3 号轴线后附加的第一根轴线
	2/B	表示 B 号轴线后附加的第二根轴线
	1/01	表示 1 号轴线之前附加的第一根轴线
	3/0A	表示 A 号轴线之前附加的第三根轴线

详图的轴线编号　　　　表 9-2

名　　称	轴 线 编 号	说　　明
详图的轴线编号	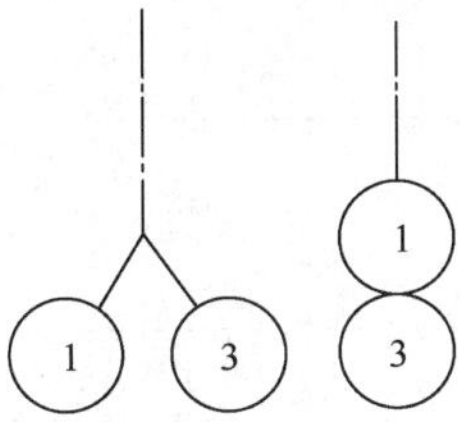	用于两根轴线时
	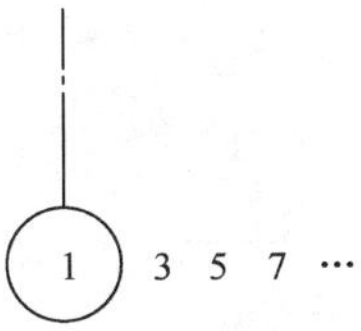	用于三根或三根以上轴线时
	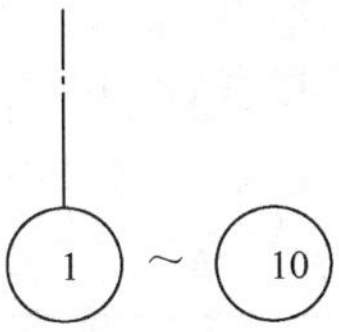	用于三根以上连续编号的轴线时
		通用详图的定位轴线

4. 标高

标高用于表示建筑物某一部位的高度，其数值以米(m)为单位，注写到小数点后第三位。在总平面图中，可注写到小数点后第二位。标高分绝对标高和相对标高两种。我国将青岛附近的黄海海平面的高度定为零点，以此为基准的标高称为绝对标高；在建筑工程上一般都采用相对标高。将房屋底层室内地面的高度定为零点，以此为基准的标高称为相对标高。零点标高应注写成 ±0.000，正数标高不注“ + ”，负数标高应注“ - ”。标高符号的具体画法和标注方法见表 9-3。

标高符号及标注 表 9-3

序 号	标高符号的标注	说 明
1	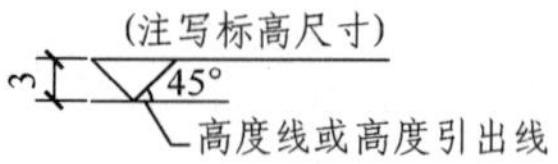	标高符号的基本画法
2	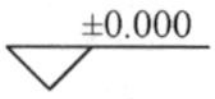	平面图上的标注
3	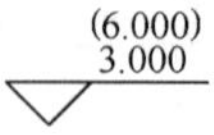	平面图上的多层标注
4	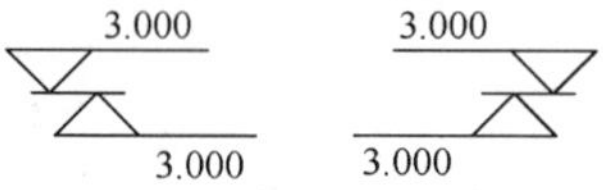	立面图、剖面图上的标注
5	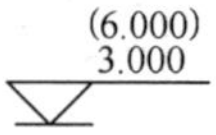	立面图、剖面图上的多层标注
6	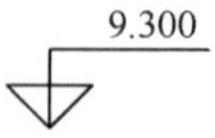	标高位置不够时的标注
7		室外(整平)标高的标注

5. 索引符号和详图符号

房屋平、立、剖面图都是用较小比例绘制，建筑物的一些节点及局部构造无法表达清楚，需画出详图表示。为了便于查阅图纸，常采用索引符号和详图符号来建立各种图样之间的联系。索引符号及详图符号的画法及标注方法见表 9-4。

索引符号和详图符号 表 9-4

名 称	图 示 方 法	说 明
索引符号	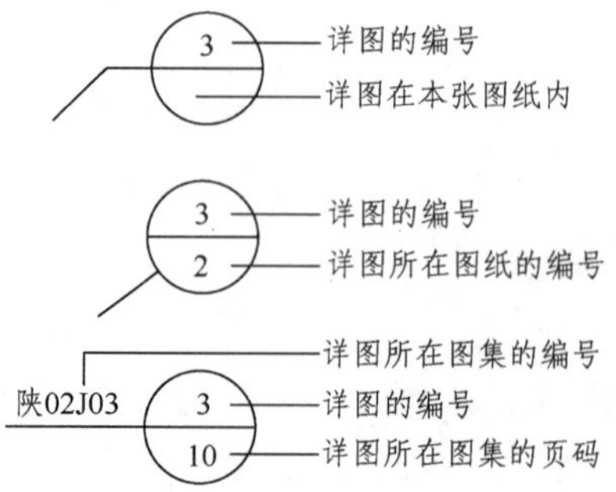	该索引符号为局部放大索引符号 圆圈直径为 10mm 线型为细实线，线宽为 0.25b 引出线必须通过圆心

续上表

名　称	图 示 方 法	说　　明
剖面索引符号	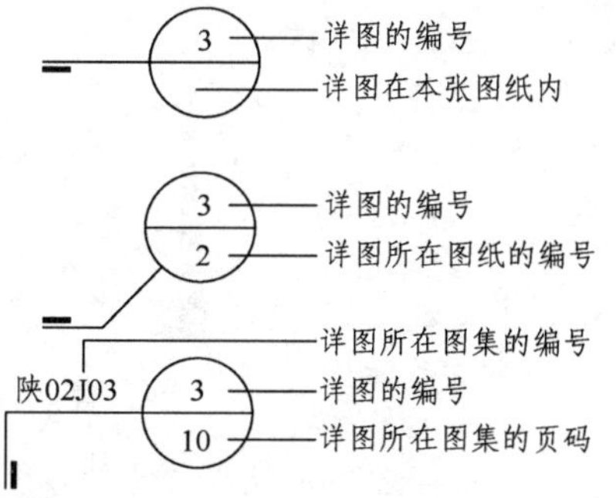	该索引符号为剖切局部放大索引符号 粗短线代表剖切位置 引出线一侧代表投影方向 圆圈直径为 10mm 线型为细实线，线宽为 0.25b 引出线必须通过圆心
详图符号	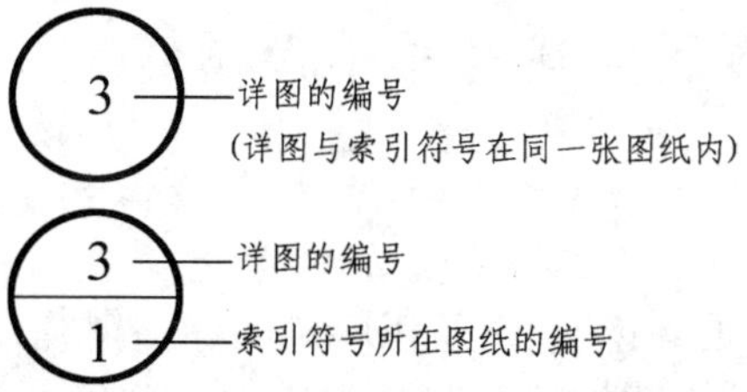	圆圈直径为 14mm 线型为粗实线，线宽为 b

6. 引出线

施工图中标注文字说明，尺寸及编号常需用到引出线。引出线应以细实线绘制，它可以是水平线、也可以是经过 30°、45°、60°、90°等方向再折为水平线。文字说明注写在水平线的上方，也可注在水平线的端部。如图 9-3a）多层构造共用的引出线，应通过被引出的各层。文字说明的顺序应由上至下与构造层次相一致。若构造层次为横向排列，则由上至下说明的顺序与由左至右的构造层次相一致。如图 9-3b）文字说明注写在水平线的上方或水平线的端部。

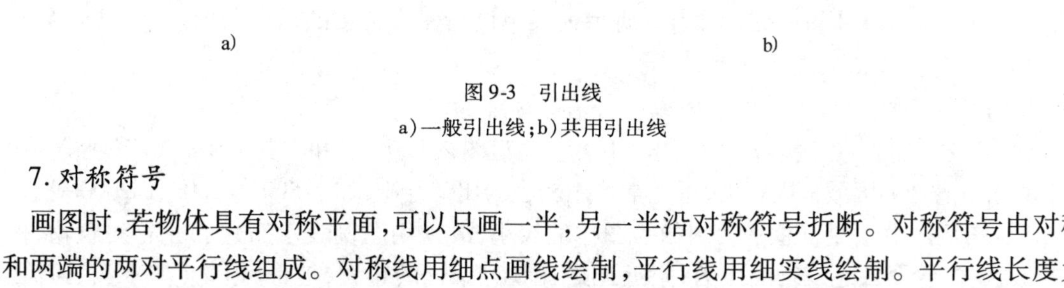

图 9-3　引出线

a）一般引出线；b）共用引出线

7. 对称符号

画图时，若物体具有对称平面，可以只画一半，另一半沿对称符号折断。对称符号由对称线和两端的两对平行线组成。对称线用细点画线绘制，平行线用细实线绘制。平行线长度为 6 ~ 10mm，间距为 2 ~ 3mm，对称线伸出平行线的距离应为 2 ~ 3mm，见图 9-4。

8. 指北针

指北针是建筑施工图中表明房屋朝向的符号。常画在建筑总平面图和建筑底层平面图的适当位置。指北针由圆和指针组成。圆的直径宜用24mm的细实线绘制,指针尾宽为3mm。头部应注“北”或”N”字,见图9-5。

图9-4　对称符号

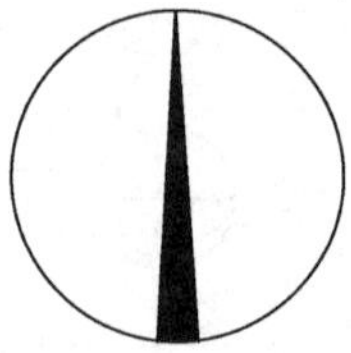

图9-5　指北针

第二节　首页图与建筑总平面图

一、首页图

建筑施工图的首页,通常由图纸目录、设计说明、建筑用料说明和门窗统计表组成。

首页图放在建筑施工图的首页装订,其中图纸目录起到组织编排图纸的作用。从图纸目录可了解到该工程由哪些图组成,每个图放在哪一张图纸中,图纸的规格在目录中也有表示。见图9-6。

设计说明主要叙述工程的设计依据,工程的结构形式、耐火等级、使用年限、建筑总面积及施工中应注意的事项。

建筑用料说明主要叙述建筑体各个部位装饰材料的类别,采用标准图集的编号及附注。

门窗统计表主要表明该工程所使用的门窗类别,门窗编号、采用标准图集的图集号、页次,型号、洞口尺寸,不同门窗类型的总数量。

二、建筑总平面图

1. 建筑总平面图的形成及作用

建筑总平面图是将新建房屋及其附近一定范围的建筑物、构筑物及周围环境的情况用水平投影的方法和规定的图例绘制出的图样,主要反映新建房屋的平面形状、位置、朝向、标高以及与原有建筑和周围环境的关系。总平面图是新建房屋定位、施工放线、土方施工及室外水、暖、电等管线布置设计的依据。图9-7所示为某单位新建宿舍楼的总平面图。

2. 建筑总平面图的图示内容

建筑总平面图主要包括以下内容:

(1)图名、比例。在建筑总平面图的下方应注写图名和比例,并在其下画一粗下划线。由于总平面图所表示的区域范围较大,所以常采用较小的比例绘制,如1:500、1:1000、1:2000等。

(2)图例。由于建筑总平面图的绘图比例较小,故采用图例表示新建和原有建筑物、构筑物的形状、位置及各建筑物的层数,附近道路、围墙、绿化的布置,地形、地物(如水沟、河流、池塘、土坡)的情况等。“国标”规定的总平面图常用图例见表9-5。图9-7中用粗实线画出的图形表示新建宿舍楼,用细实线画出的图形表示原有建筑物,房屋的层数可用平面图形内的点数或数字表示,由此可知,新建宿舍楼为三层。

建筑用料说明

名称	适用范围	类别	编号	附注
墙身砌体	见设计说明			
散水		细石混凝土	散4	宽度1200
墙身防潮层		防水砂浆防潮层	潮1	地面下60
室外平台及踏步		混凝土台阶	台1	
外墙饰面		外墙涂料	外13	颜色见立面
地面	厕所 盥洗间	陶瓷铺地砖	地29	鸭蛋色规格 300×300 600×600
	其他用房	水泥砂浆	地6	
	注：地面防水层均采用JJ-002高分子水泥基复合防水涂料			
踢脚板		同楼地面		高度150
墙裙	全部内墙面	油漆墙裙	裙5	高度1200苹果绿色
内墙面	厕所 盥洗间	瓷砖防水墙面	内40	高度到顶白色暗纹250×300
	其他用房	白色乳胶漆墙面	内21	
顶棚	厕所 盥洗间	PVC条板吊顶	棚30	吊顶高度2800
	其他用房	板底乳胶漆顶棚	棚6-B	
	楼梯 雨棚	板底刮腻子喷涂顶棚	棚2	白色乳胶漆
油漆	木材面	清漆	油3	奶油色
	抹灰面	乳胶漆	油18	白色乳胶漆
	金属面	银粉漆	油24	
屋面	上人屋面80厚	铺地砖面层屋面	屋3-1	憎水膨胀珍珠岩板保温层
	不上人屋面	水泥砂浆面层屋面	屋2	50厚发泡聚苯板保温层
	防水层均为1.2mm厚聚乙烯双面丙纶复合防水卷材，冷黏法黏结			

注：表格内用料编号 详见陕02J-01《建筑用料及做法》

图纸目录

序号	图别	图号	图纸名称	图纸规格
1	建施	J-01	门窗统计表 用料说明 设计说明	3#
2	"	J-02	底层平面	2#
3	"	J-03	二、三平面	"
4	"	J-04	东、西、北立面	"
5	"	J-05	屋顶平面、剖面	"

设计说明

1. 本工程设计依据为国家现行设计规范、甲方设计要求及工程勘察报告，依据场地高程资料确定建筑室外标高为400.20m，设计室内±0.000相对的标高为400.80m。
2. 本工程为三层砖混结构，总建筑面积1281m²，耐火等级为二级，耐久年限为50年。
3. 内墙阳角均做2100mm、高50mm宽1:2水泥砂浆保护角。
4. 室外台阶、坡道、散水、道路采用的有关垫层做法3:7灰土改为4:6砂石垫层。
5. 防水工程严格按图纸及图集要求做好坡向和坡度，并坡向地漏和明沟，作好防水层的处理。
6. 暖气罩构造参见陕02J04-1第67页图1的图A, C, D。
7. 施工前要全面熟悉各专业图纸，并注意土建安装与设备工艺之间的密切配合，以防出现错漏碰等现象，如有错误请与设计人员联系。

门窗统计表

类别	编号	利用标准图集			洞口尺寸(mm)		总数	备注
		图集号	页次	型号	宽	高		
门	LM-1	陕02J06-3	71	$DHLM_2$-38	2400	2700	1	
	M-1	陕02J06-1	7	M_2-1527	1500	2700	1	
	M-2	"	6	M_1-1027	1000	2700	38	
	M-3	"	9	M_4-0927	900	2700	12	
	M-4	"	7	M_2-1521	1500	2100	1	
窗	SGC-1	陕02J06-4	29	CST_{80}-78-S	1800	1800	45	
	SGC-2	"	28	CST_{80}-67-S	1500	1800	5	
	SGC-3	"	26	CST_{80}-21-S	1800	500	1	
	SGC-4		26	CST_{80}-39-S	1800	1400	3	

1. 所有门窗洞口尺寸及数量须核对无误后方可定货加工。
2. 外窗均设纱窗，底层外窗均设室外防护栏杆，具体情况可根据市场样品定货

陕西XX设计公司				工程名称	XX大学		
				设计项目	教职工宿舍楼		
设计总负责人		工种负责人		图纸目录门窗统计表 用料说明设计说明		设计号	15-2-8
审核		设计				图别	建施
校对		制图				图号	J-01
						日期	2015 2

图9-6 首页图

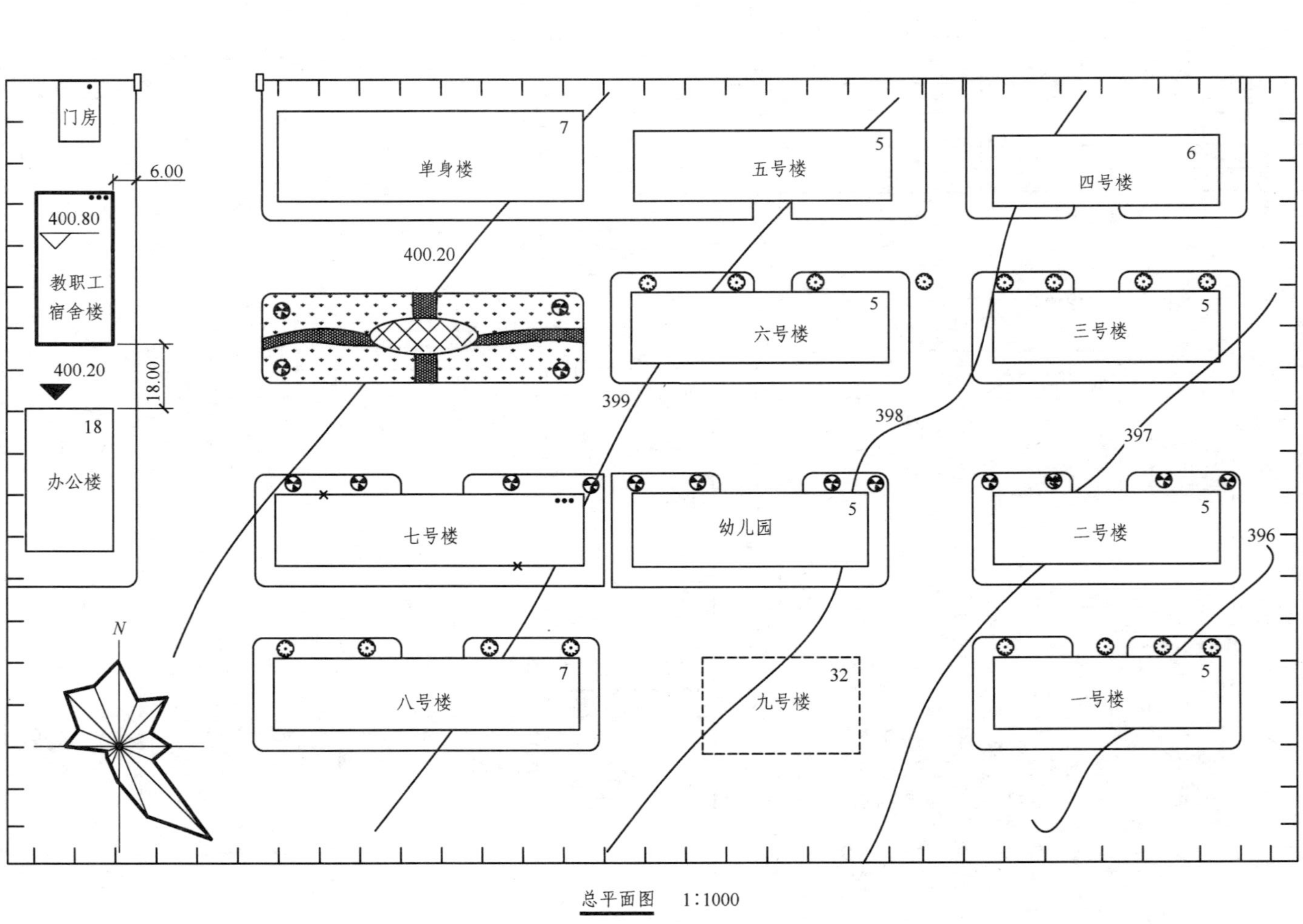

总平面图 1∶1000

图9-7 总平面图

总平面图图例 表9-5

名称	图例	说明
新建的建筑物		用粗实线表示 需要时,可在图形右上角以点数或数字(高层宜用数字)表示层数
原有的建筑物	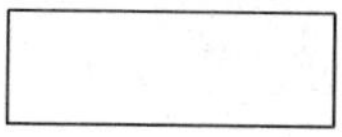	用细实线表示 应注明拟利用者
计划扩建的预留地或建筑物		用中虚线表示
拆除的建筑物	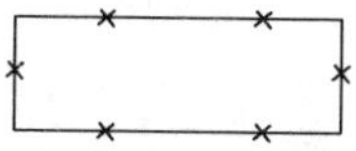	用细实线表示
围墙和大门		图为砖石、混凝土或金属材料的围墙
原有的道路	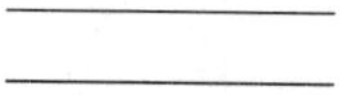	
计划扩建的道路		
建筑物下的通道	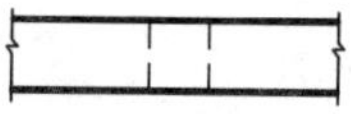	
新建的地下建筑物或构筑物		
护坡	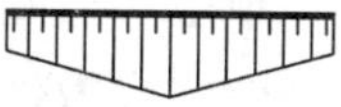	边坡较长时,可在一端或两端局部表示
挡土墙		被挡土在"突出"的一侧
坐标	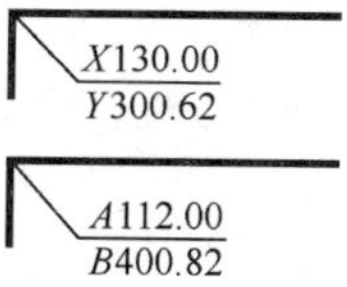	测量坐标 施工坐标
针叶乔木		
阔叶乔木		

(3)新建房屋平面定位。新建房屋的位置一般可根据原有房屋或道路来定位,并以米(m)为单位标注出定位尺寸。如图9-7表示出新建宿舍楼的东墙平行于主干道,并与之相距

6m;南墙面距办公楼 18m,宿舍楼与办公楼平行,它们之间的距离为 18m。对新建成片的建筑群或复杂的建筑物,常需画出测量坐标网进行定位,用坐标(X,Y)给出每一建筑物及道路转折点的位置。

(4)新建房屋的标高。在总平面图中应标注新建房屋底层地面和室外地坪的绝对标高。如图 9-7 所示的新建教职工宿舍楼的底层地面的绝对标高为 400.80m,室外地坪的绝对标高为 400.20m。地势变化较大的区域,总平面图中还应画出等高线。

(5)指北针和风向频率玫瑰图。总平面图中要画出指北针和风玫瑰图。指北针用来表示建筑物的朝向。风玫瑰图表示该地区各个方向常年风向频率。风玫瑰图上所表示的风向,是指从外面吹向该地区中心的。从图 9-7 所示的风向频率玫瑰图中可以看出该地区长年主导风向是东南风。

第三节　建筑平面图

一、建筑平面图的形成及作用

假想用一水平剖切平面沿门窗洞的位置将房屋剖开,然后移去剖切平面和它以上部分,将剩余部分从上向下做投射,在水平投影面上所得到的图样称为建筑平面图,简称平面图,实际上是一个房屋的水平全剖视图。

建筑平面图主要表示建筑物的平面形状、内部分隔、房间、走廊、楼梯、台阶、门窗、阳台的水平布置和大小等。

二、建筑平面图的命名

沿底层门窗洞口切开后得到的平面图,称为底层平面图;沿二层门窗洞口切开后得到的平面图,称为二层平面图;依次可得到三层平面图……顶层平面图。如果中间各层房间平面布置完全一样时,则相同楼层可用一个平面图表示,该平面图称为标准层平面图。若建筑平面图为对称图形时,可将两层平面图画在一起,中间用对称符号作为分界线,并在图的下方分别标注相应的图名。

建筑平面图还包括有屋顶平面图,它是房屋顶面的水平投影图,用来表示屋面的排水方向、雨水管位置等。图中还应画出凸出屋面的构筑物,如水箱、烟道、通风道、女儿墙、消防梯等。图 9-8 ~ 图 9-11 分别是宿舍楼的底层平面图,二、三层平面图,屋顶平面图和楼梯间屋顶平面图。

三、建筑平面图的图示内容

1. 比例

由于建筑物的形状较大,因此,常用较小的比例绘制建筑平面图。平面图常用比例为 1:50、1:100、1:200。

2. 图例

因为建筑平面图的绘图比例较小,所以在平面图中某些建筑构造、配件和卫生器具等都不

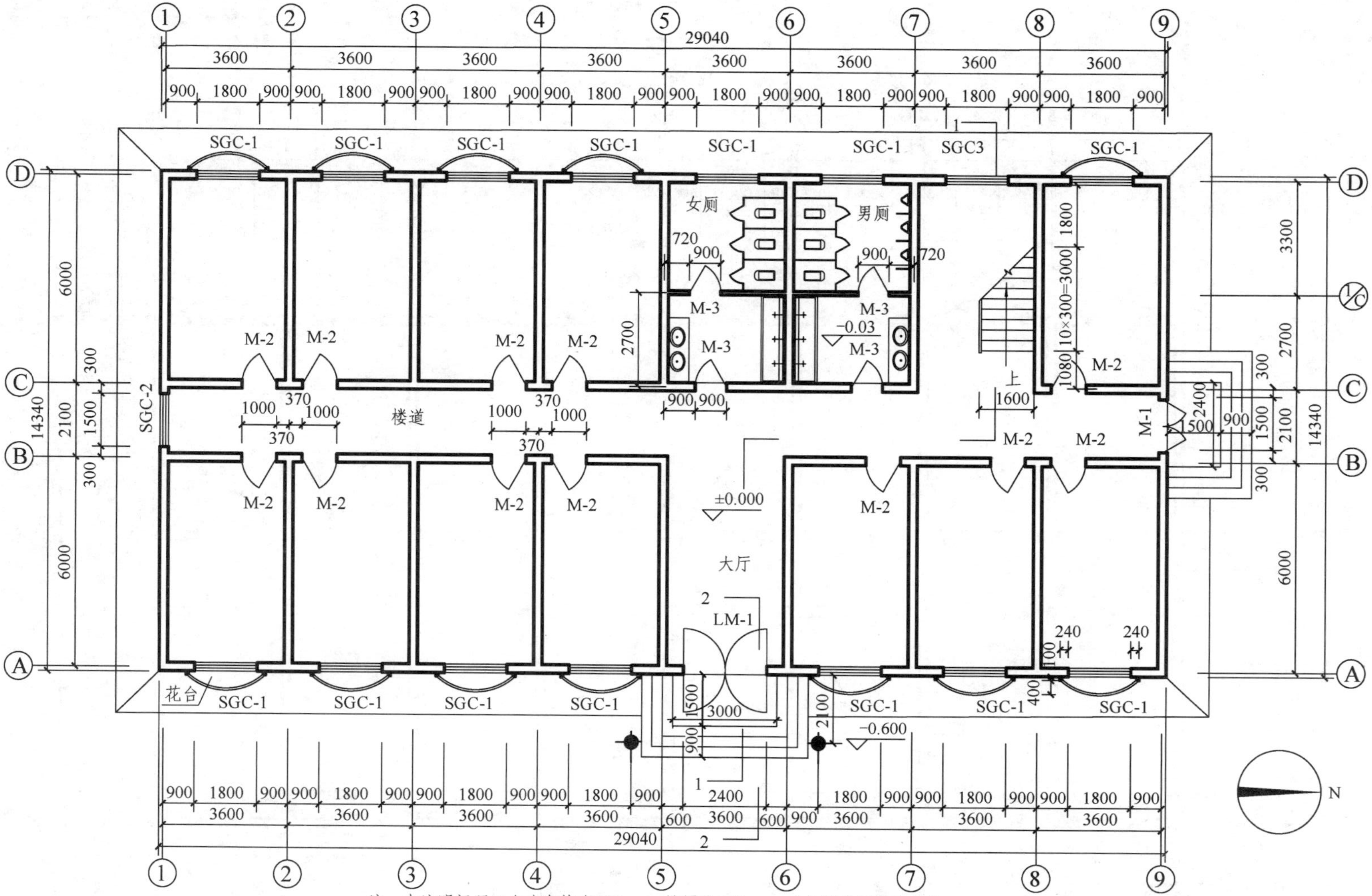

注：未注明门洞口大头角均为370mm，墙厚为240mm。未注明房间均为宿舍。

底层平面图　1∶100

图9-8　底层平面图

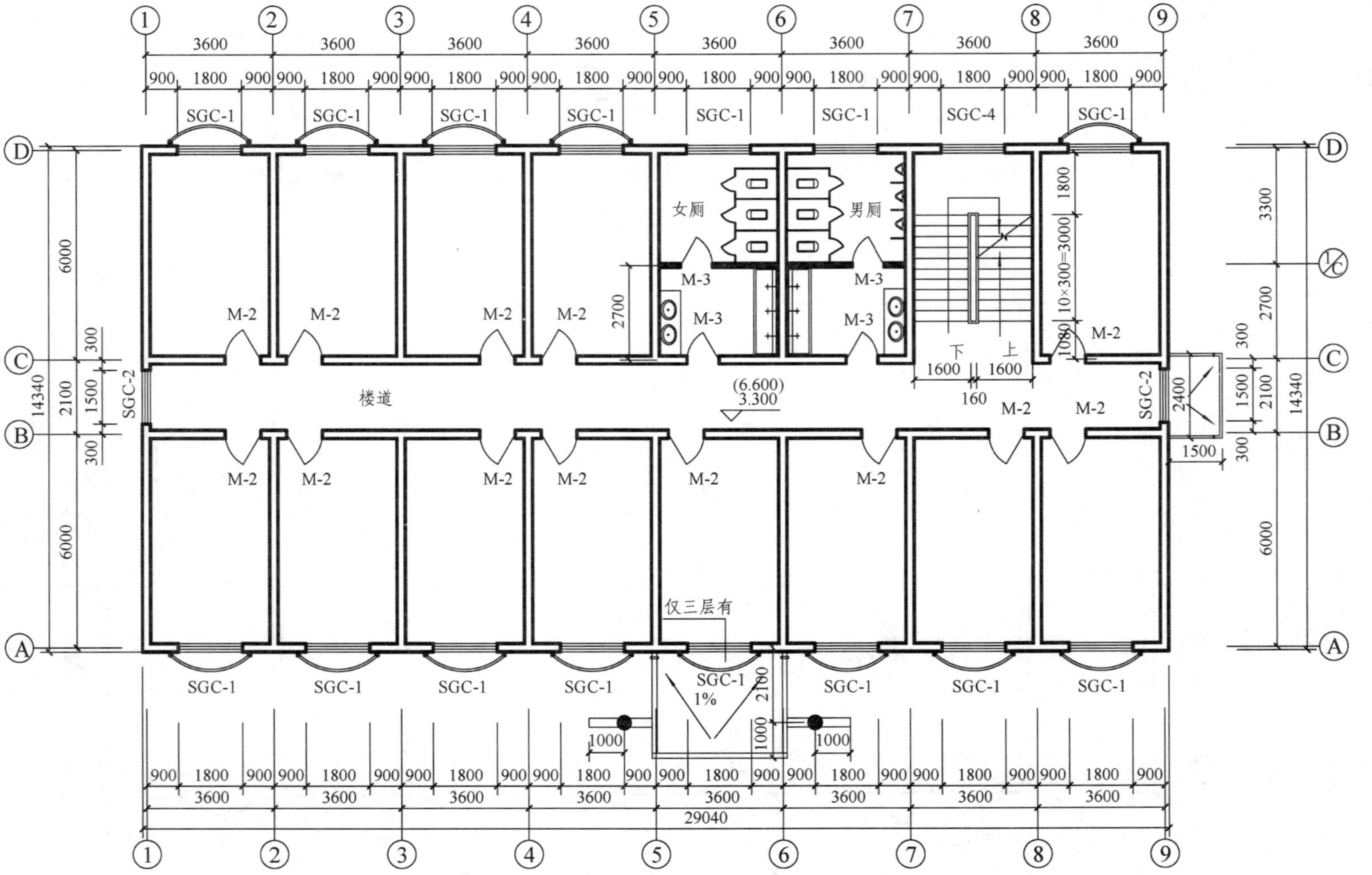

注：未注明门洞口大头角均为370mm，墙厚为240mm。未注明房间均为宿舍。

二、三层平面图　1∶100

图9-9　二、三层平面图

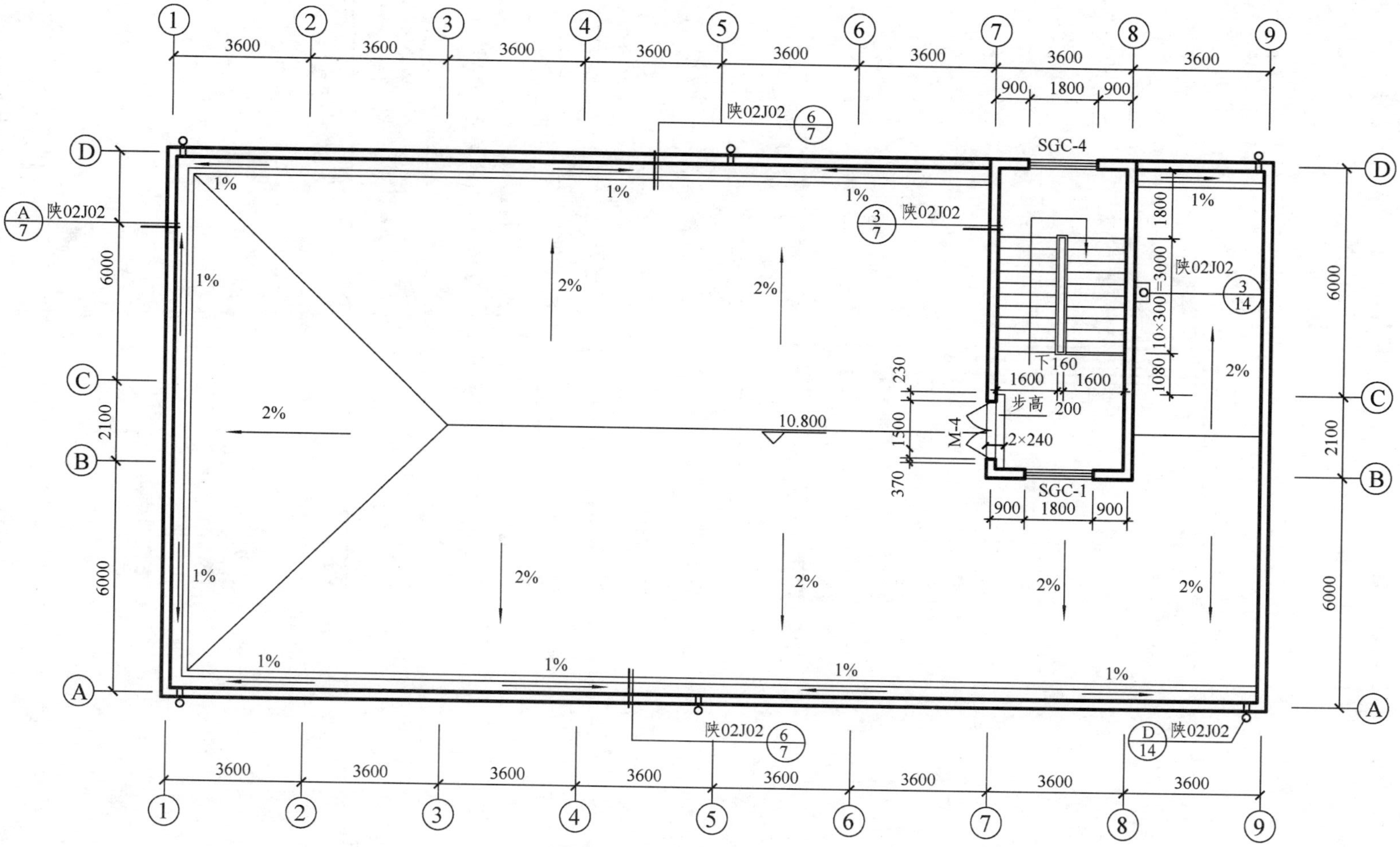

屋顶平面图 1:100

图9-10 屋顶平面图

能按其真实投影画出，而是要用“国标“中规定的图例表示。绘制房屋施工图常用图例见表9-6和表9-7。如底层平面图中的楼梯、洗脸盆、门、窗等均用图例符号表示。

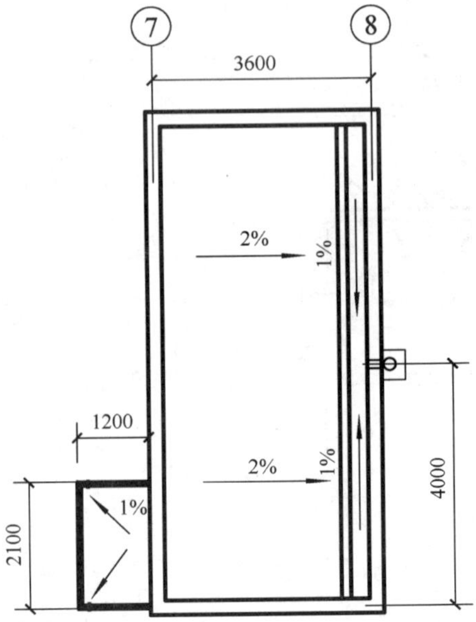

楼梯间屋顶平面图 1:100

图9-11 楼梯间屋顶平面图

平 面 图 图 例　　表9-6

序号	名 称	图 例	说 明
1	墙体	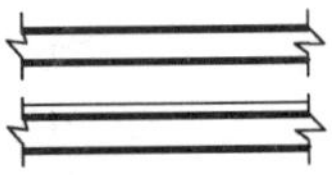	上图为内墙 下图为有保温层或幕墙的外墙
2	隔断		适用于到顶与不到顶隔断
3	栏杆		
4	门口坡道	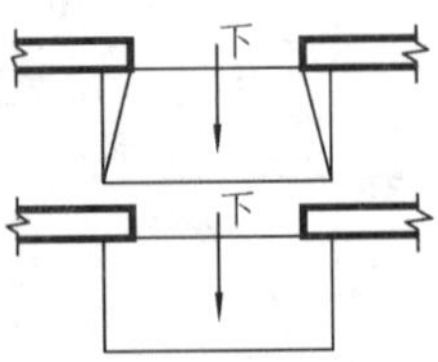	
5	平面高差	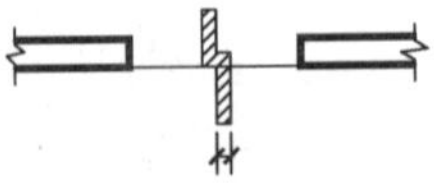	适用于高差小于100的两个地面或楼面相接处

续上表

序号	名　称	图　　例	说　　明
6	孔洞		阴影部分可以涂色代替
7	墙顶留洞	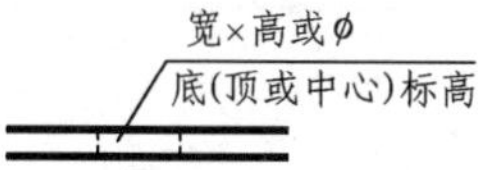	以洞中心或洞边定位宜以涂色区别墙体和留洞位置
8	墙顶留槽	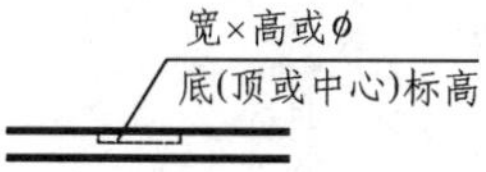	
9	烟道	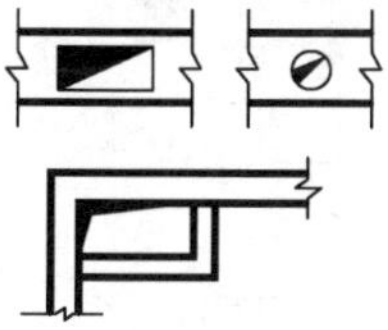	阴影部分可以涂色代替墙体与烟道材料相同时,相接处墙身线应断开
10	通风道	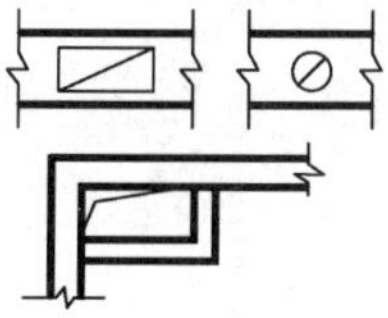	
11	检查孔	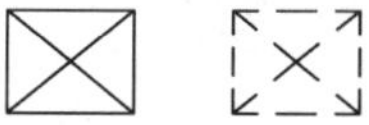	左图为可见检查孔 右图为不可见检查孔

楼梯及门窗图例　　表 9-7

序号	名　称	图　　例	说　　明
12	楼梯	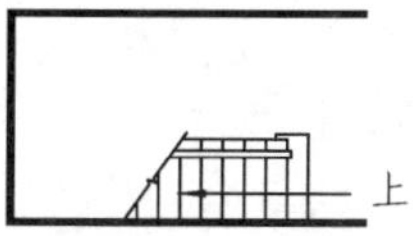	底层楼梯平面
		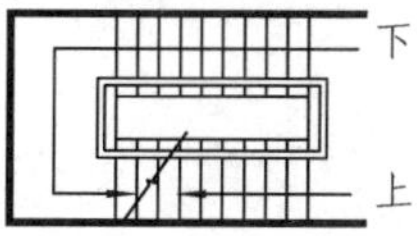	中间层楼梯平面
		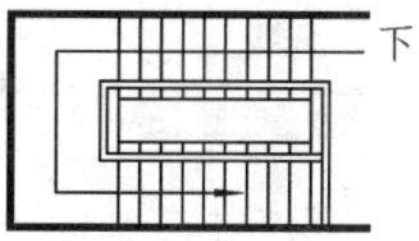	顶层楼梯平面

序号	名　称	图　　例	说　　明
13	空门洞	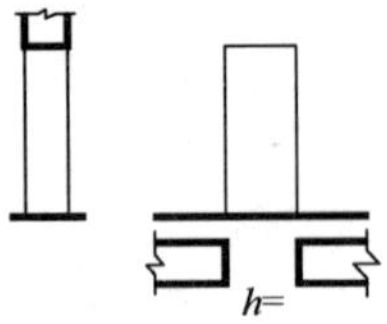	h 为门洞高度
14	单扇门 (包括平开或单面弹簧)	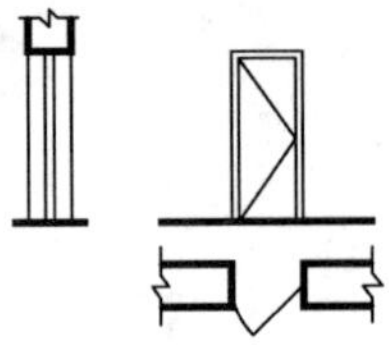	1. 门的名称代码用 M 表示； 2. 图例中剖面图左为外，右为内，平面图下为外，上为内； 3. 立面图上开启方向线交角的一侧为安装合页的一侧，实线为外开，虚线为内开； 4. 平面图上门线应 90°或 45°开启，开启弧线宜绘出； 5. 立面图上开启线在一般设计图中可不表示，在详图及室内设计图上应表示； 6. 立面形式应按实际情况绘制
15	单面开启双扇门 (包括平开或单面弹簧)	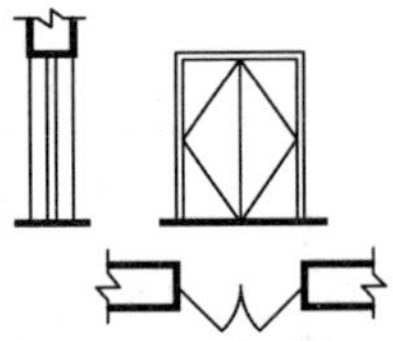	
16	双面开启单扇门	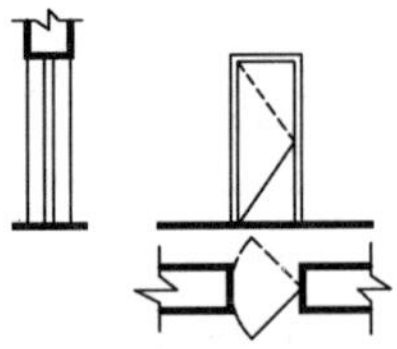	
17	单层固定窗	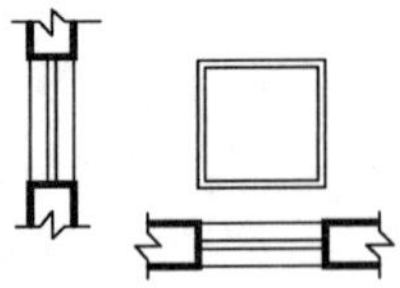	1. 窗的名称代码用 C 表示； 2. 图例中剖面图左为外，右为内、平面图下为外、上为内； 3. 立面图上的斜线表示窗的开启方向，实线为外开，虚线为内开； 4. 平面图和剖面图上的虚线仅说明开关方式，在设计图中不需表示； 5. 立面图上开启线在一般设计图中可不表示，在详图及室内设计图上应表示； 6. 立面形式应按实际情况绘制
18	单层外开平开窗	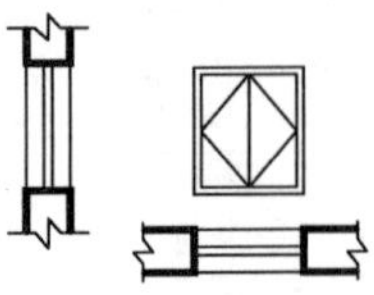	

3. 定位轴线

在房屋施工图中,用来确定房屋基础、墙、柱和梁等承重构件的相对位置,并带有编号的轴线称为定位轴线。定位轴线是施工放线、测量定位、结构设计的依据。

定位轴线要用细实线画出,端部还要画上直径为 8mm 的细实线圆,并在圆内写上编号。对于前后、左右不对称的图形,应在四面标注定位轴线。若对称,则在左方下方标注。在图 9-8 中,横向轴线为①~⑨,纵向轴线为Ⓐ~Ⓓ,有一根附加轴线。

4. 图线

由于在平面图上要表示的内容较多,为了分清主次和增加图面效果,常选用不同的线宽和线型来表达不同的内容。在《房屋建筑制图统一标准》(GB/T 50001—2010)中规定,凡是被剖到的主要建筑构造,如承重墙、柱等断面轮廓线用粗实线绘制(墙、柱断面轮廓线不包括抹灰层厚度),被剖切到的次要建筑构造以及未剖切到但可见的配件轮廓线,如窗台、阳台、台阶、楼梯、门的开启方向和散水等均用中实线绘制。尺寸线、尺寸界线、箭头尾线、折断线等均用细线绘制。绘制较简单的图样时,可采用两种线宽的线宽组,其线宽比为 b∶0.25b,即被剖切上的线用粗实线绘制,其余线均为细线绘制。

5. 门窗编号

由于建筑平面图一般采用较小比例绘制,门窗无法在平面图上表达清楚,所以"国标"规定门窗均用图例符号表示。常用门窗图例见表 9-7。

在建筑平面图中,门窗图例旁应标出门窗代号。不同材质、不同形状、不同大小的门应编不同的号。如图 9-8 中 M-1、M-2、M-3、LM-1、SGC-1、SGC-2 等。其中 M 是门的代号,C 是窗的代号,LM 是铝合金门的代号,SGC 是塑钢窗的代号,1、2、3…是不同类型门窗的编号。为了便于施工,图中还应列出门窗表,表中应列出门窗类别、门窗编号、洞口尺寸、数量及所选用标准图集的编号等内容。门窗表通常情况下放在建筑施工图的首页图中,如图 9-6 所示。

6. 尺寸标注

平面图尺寸分外部尺寸和内部尺寸两部分。

1)外部尺寸

为了便于看图和施工,需在外墙外侧沿横向、竖向分别标注三道尺寸。第一道尺寸称为细部尺寸。这道尺寸离外墙线最近,是以定位轴线为基准的门窗洞及洞间墙的尺寸。标注时尺寸线到图形轮廓线的距离不宜小于 10mm。如图 9-8 中靠近外墙的 900、1800 等尺寸。第二道尺寸称为定位尺寸,表示轴线之间的距离。它标注在各轴线之间,说明房间的开间及进深的尺寸。例如图中的 3600 是开间尺寸;6000 为进深尺寸。第三道尺寸称为总尺寸,它是从建筑物一端外墙皮到另一端外墙皮的总长和总宽尺寸。三道尺寸线间的距离宜为 10mm,本例总长为 29.04m,总宽为 14.34m。

当平面图的上下或左右的外部尺寸相同时,只需要标注左(右)侧尺寸与下(上)方尺寸就可以了;否则,平面图的上下与左右均应标注尺寸。外墙以外的台阶、平台、散水等细部尺寸应单独标注。

2)内部尺寸

内部尺寸是指外墙以内的全部尺寸,主要用于注明内墙门窗的位置及其宽度、墙体厚度、房间大小、卫生器具等固定设备的位置及大小。

7. 标注室内、外地面和楼面的标高

建筑平面图中应标注楼面、地面、阳台、台阶、楼梯休息平台等处的相对标高(底层室内地面定为±0.000)。本例底层室内地面为±0.000,卫生间地面标高为-0.03,这表示该处比室内地面低30mm。

8. 抹灰层、材料图例

平面图中被剖切到的构、配件断面上,其抹灰层和材料图例应根据不同的比例采用不同的画法:比例大于1:50 的平面图,应画出抹灰层的面层线,并宜画出材料图例;比例小于等于1:50的平面图,可不画抹灰层的面层线和材料图例;比例为1:100~1:200 的平面图,可简化材料图例,如砖墙涂红,钢筋混凝土涂黑等;比例小于1:200 的平面图,可不画材料图例。

9. 注写有关的符号及文字

在平面图中应注写各房间的名称,表明房间的功能,在需画详图的部位还应注出详图索引符号。建筑剖面图的剖切符号也应标注在底层平面图中。用图形表示不清楚的内容,可以用文字加以说明。

10. 图名、比例

建筑平面图画完以后,应在平面图的下方注写图名比例,图名下画粗下划线。

四、看图示例

现结合本章图9-8 所示底层平面,说明平面图的内容及其阅读方法。

从图上可以看出这是教工宿舍底层平面图,其比例为1:100,从平面图右下角处的指北针可以看出该宿舍为坐西朝东方向。宿舍入口位于楼的⑤~⑥之间,室外设有四步台阶,2 个门,门厅右侧的南北向走廊端头设有次要出入口,走廊两侧分布有12 个房间,其中西侧⑤~⑦之间的两个房间为男厕和女厕,其他各房间均为教工宿舍。窗台外设有花池。花池兼起遮阳作用。

图中横向定位轴线编号为1~9,竖向定位轴线编号为A~D。房屋总长29.04m,总宽14.34m。开间尺寸均为3.60m,进深均为6.00m,墙厚均为240mm。外门编号为LM-1,M-1,内门编号为M-2,M-3,窗的编号为SGC-1,SGC-2,SGC-3。门和窗的详细尺寸均在门窗表中说明。

图中还表示了室内楼梯、各种卫生设备的配置和位置情况,以及室外台阶、散水的大小与位置。

五、建筑平面图的画图步骤

(1)定轴线加墙厚,首先根据轴线间尺寸绘制出轴线网,然后根据墙厚尺寸绘制出内外墙轮廓线,见图9-12a)。

(2)安门窗、画楼梯、台阶、散水、雨篷等细部,见图9-12b)。

(3)标注内部尺寸、标高等,见图9-12c)。

(4)标注外部尺寸、轴线编号、注写文字和符号(如详图索引符号、剖面符号等),并按规定加深图线,完成全图,见图9-8。

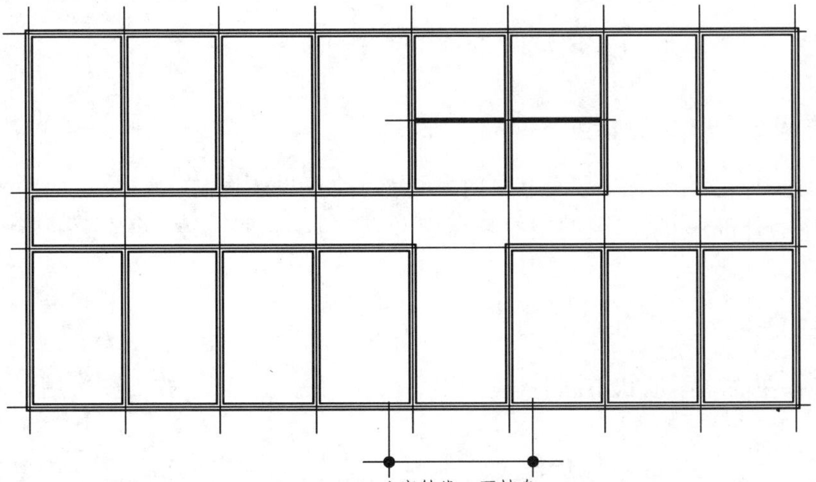

a) 定轴线，画墙身

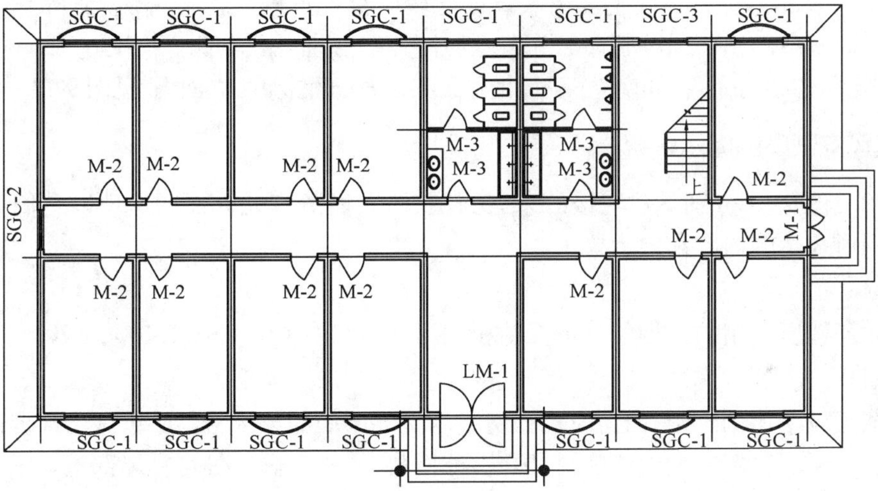

b) 画门窗、楼梯、台阶、散水

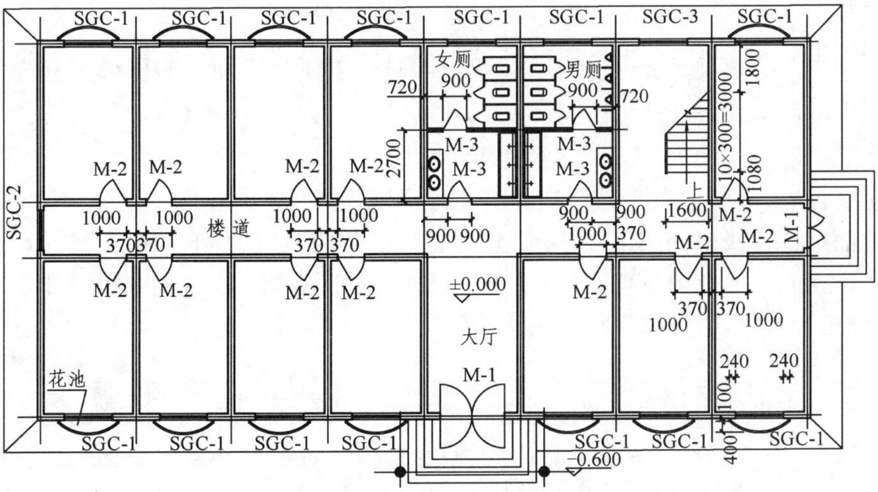

c) 标注标高及内部尺寸

图 9-12　平面图绘图步骤

a) 定轴线,画墙身;b) 画门窗、楼梯、台阶、散水;c) 标注标高及内部尺寸

第四节　建筑立面图

一、建筑立面图的形成及作用

将房屋立面向与之平行的投影面上投射,所得到的正投影图称为建筑立面图。建筑立面图主要表达房屋的外部形状、房屋的层数和高度、门窗的形状和高度、外墙面的装修做法及所用材料等。

二、立面图的命名

当房屋前后、左右立面形状不同时,应画出每个方向的立面图。立面图常用以下几种方式命名:

(1)按房屋两端定位轴线编号命名:如① ~ ⑨立面图、⑨ ~ ①立面图、Ⓐ ~ Ⓓ立面图等。

(2)按方位命名:可将反映主要出入口或比较明显地反映出房屋外貌特征的立面图命名为正立面图。其余的立面图分别命名为背立面图、左侧立面图、右侧立面图。

(3)按房屋的朝向命名:如南立面图、北立面图、东立面图和西立面图,见图 9-13 ~ 图 9-15。

三、建筑立面图的图示内容

图 9-13 ~ 图 9-15 分别是住宅楼的东立面图、西立面图和北立面图。现以它们为例,说明建筑立面图所表达的内容和图示要求。

1. 比例

绘制立面图所采用的比例应与平面图相同,其常用比例为 1:50、1:100、1:200。

2. 图例

立面图用较小比例绘制,门窗应用图例表示。外墙面的装饰材料除可画出部分图例外,还应用文字加以说明。图中相同的门窗、阳台、外檐装饰、构造做法等可在局部重点表示,绘出其完整图形,其余可只画轮廓线。

3. 定位轴线

在立面图中,一般只画两端的定位轴线及其编号,以便与平面图对照确定立面图的方向,如图 9-13 中的① ~ ⑨和图 9-15 中的Ⓐ ~ Ⓓ。

4. 图线

为了使立面图中的主次轮廓线层次分明,增强图面效果,应采用不同线型。具体要求如下:

室外地面用特粗线($1.4b$)表示;立面外包轮廓线用粗实线绘制;门窗洞口、台阶、花台、阳台、雨篷、檐口、烟道、通风道等均用中实线画出;某些细部轮廓线,如门窗格子、阳台栏杆、装饰线脚、墙面分格线、雨水管和文字说明引出线等均用细实线画出。

5. 尺寸标注

立面图中应注出外墙各主要部位的标高及高度方向的尺寸,如室外地面、台阶窗台、门窗上口、阳台、雨篷、檐口、屋顶、烟道、通风道等处的标高。对于外墙预留洞除注出标高外,还应注明其定量尺寸和定位尺寸。

6. 标注

立面图画完后,应在其下注明图名比例。图名下画粗下划线。

东立面图 1:100

图9-13 东立面图

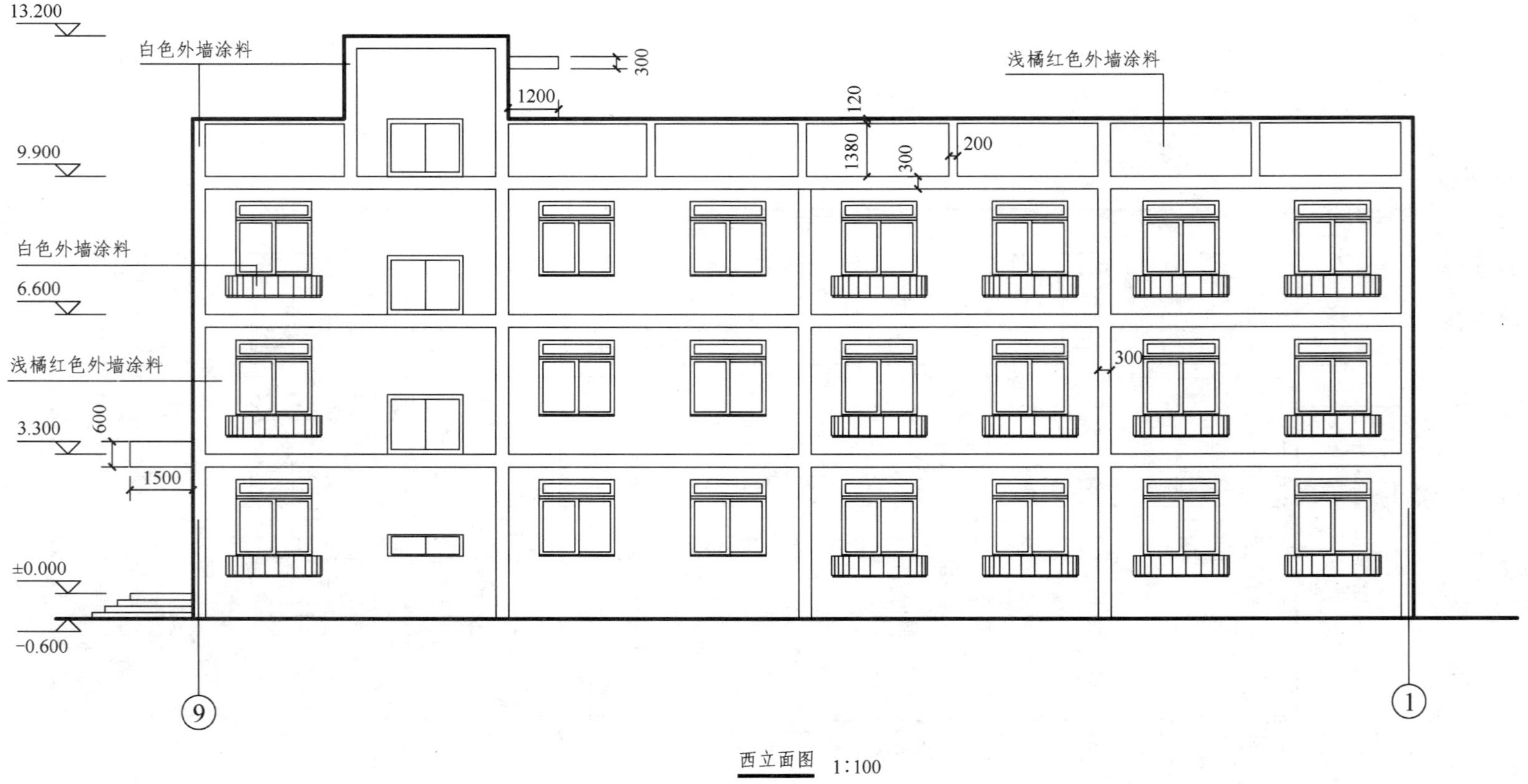
13.200
9.900
6.600
3.300
±0.000
−0.600
白色外墙涂料
白色外墙涂料
浅橘红色外墙涂料
浅橘红色外墙涂料
1200
300
120
1380
300
200
300
600
1500
9
1
西立面图 1∶100

图9-14 西立面图

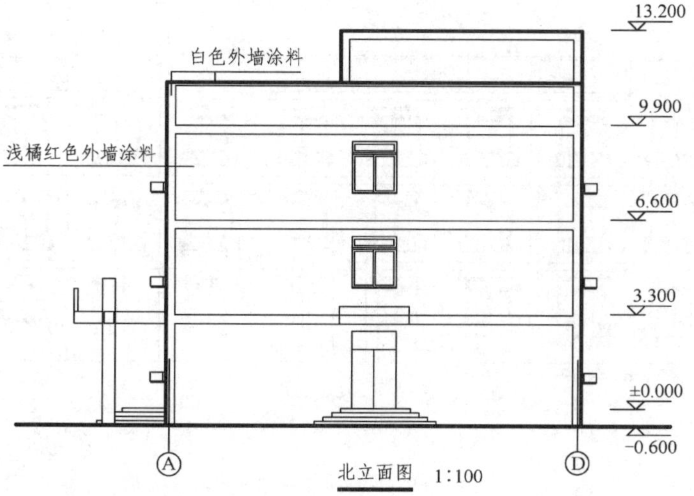

图 9-15 北立面图

四、看图示例

现以本章图 9-13 东立面图为例说明立面图的内容及阅读方法。

查找轴线编号或图名。立面图两端通常标注有定位轴线编号,此编号与平面图的轴线编号是一致的,将二者联系起来对照阅读,便能够确定该立面图是表示房屋的东立面图。

了解房屋的外形。从立面图上能够看出,房屋的外形、房屋的高度变化,以及台阶、勒脚、阳台、雨篷、门窗、花台、屋顶和雨水管等细部的形式和位置。图中表示主要出入口位于房屋的中偏右部位,次要出入口位于一层北侧。楼梯通屋顶,所有外墙门均设雨篷,东面雨篷靠两根圆形柱支撑,屋面楼梯间雨篷和北面雨篷为悬挑雨篷。

了解房屋各部位的标高。从图中所标注的标高能够看出房屋室内外地面高差为 0.60m,房屋最高处标高为 13.200m,其他各部位标高和高度尺寸如图所示。

了解墙面装饰材料及做法。从图中引出的文字说明中,可知房屋外墙面装饰材料为浅橘红色外墙涂料,立面装饰线为白色外墙涂料。

五、建筑立面图的绘图步骤

建筑立面图的绘图步骤如下:

(1)绘室外地坪线、外墙轮廓和墙面分格线图,见图 9-16a)。

(2)绘细部,如门窗、阳台、勒脚、雨篷等,见图 9-16b)。

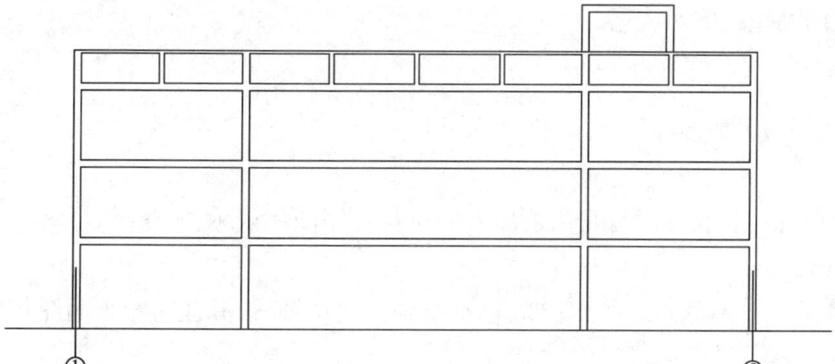

a)

图 9-16a)

b)

图 9-16　立面图的绘图步骤

a)画轮廓及墙面分格线;b)画门窗、台阶及细部

(3)标注标高、注写文字和索引符号等,并按规定加深图线,完成全图,见 9-13。

第五节　建筑剖面图

一、建筑剖面图的形成及作用

假想用一个或两个铅垂的剖切平面把房屋垂直切开,移去构造简单的一半,将剩余部分向投影面投射,所得到的剖视图称为建筑剖面图,见图 9-17。

用剖面图表示房屋,通常是将房屋横向剖开,必要时也可纵向将房屋剖开。剖切面选择在能显露出房屋内部结构和构造比较复杂、有变化、有代表性的部位,并应通过门窗洞口的位置。若为多层房屋应选择在楼梯间和主要入口。当一个剖切平面不能同时剖到这些部位时,可转折成两个平行的剖切平面。

建筑剖面图主要用于反映房屋内部在高度方面的情况,如屋顶的形式、楼房的层次、房间和门窗各部分的高度、楼板的厚度等;同时也可以表示出房屋所采用的结构形式。

二、建筑剖面图的命名

剖面图命名应与底层平面图剖切符号相对应,如 1-1 剖面图或 *A-A* 剖面图。

三、建筑剖面图的图示内容

1. 比例

剖面图比例与平面图相同。

2. 图例

建筑剖面图比例较小,门窗及构造层次的材料可用图例表示。

3. 定位轴线

在剖面图中,凡是被剖到的承重墙、柱都要画出定位轴线,并注写与平面图相同的编号。

4. 图线

在剖面图中,被剖到的室外地面线用特粗线(1.4b)表示,其他被剖到的部位,如散水、墙

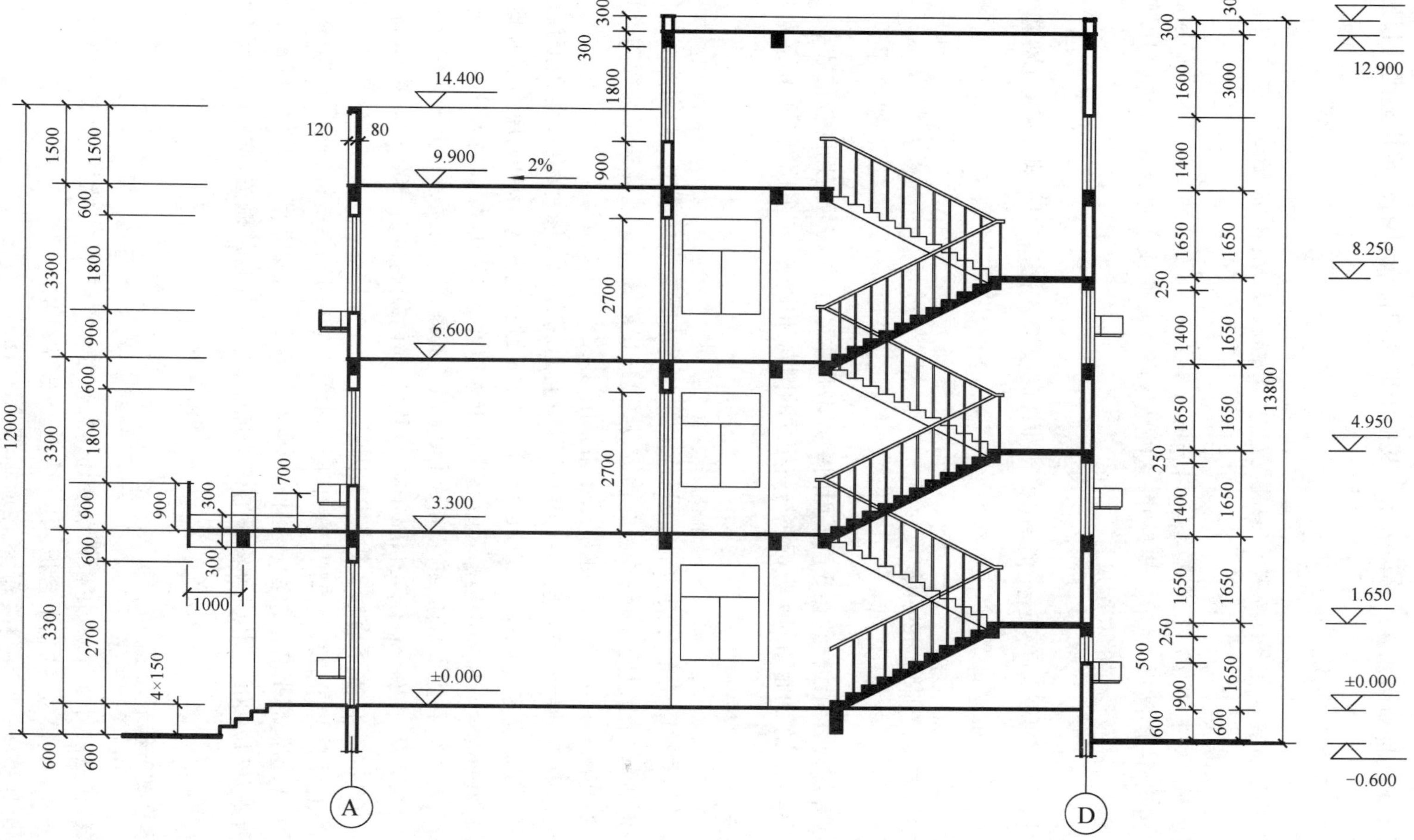

1-1剖面 1∶100

图9-17 1-1剖面图

身、地面、楼梯、圈梁、过梁、雨篷、阳台、顶篷等均用粗实线或图例表示。在比例小于1:50的剖面图中,钢筋混凝土构件断面允许用涂黑表示。其他未剖到但能看见的建筑构造则按投影关系用细实线画出。

5. 尺寸标注

房屋剖面图主要标注房屋各组成构件的高度尺寸和标高,其次应标注轴线尺寸。

1)高度尺寸

房屋剖面图外部尺寸也需标注三道尺寸:第一道尺寸,以层高为基准的门窗洞及洞间墙的高度尺寸;第二道尺寸,层高尺寸;第三道尺寸,室外地坪至女儿墙顶之间的总尺寸。房屋剖面图内部应注出室内门窗及墙裙的高度尺寸。

2)标高

注出室内外地面、各层楼面、阳台、楼梯、平台、檐口、顶篷、门窗、台阶、烟道和通风道等处的标高。

3)轴线尺寸

注出承重墙或柱定位轴线间的距离尺寸。

6. 标注

剖切位置线和剖视方向线必须在底层平面图中画出并注写编号,编号可用阿拉伯数字,罗马数字或拉丁字母编号。在剖面图的下方标注与其相同的图名和比例。图名比例下画粗下划线。

四、看图示例

图9-17为某大学教职工宿舍楼的剖面图。1-1剖面图从底层平面图中1-1剖切线的位置可知,是从⑤~⑥轴线间通过门厅,在楼道处转折,从⑦~⑧轴线间通过楼梯间剖切的。拿掉房屋右半部分,所作的右视剖面图。该图为阶梯剖面图。比例为1:100。

1-1剖面图表明该房屋为三层楼房,平屋顶,屋顶上四周有女儿墙,女儿墙为钢筋混凝土墙。楼梯间屋顶上四周也有女儿墙,为砖墙,高度为300mm,顶标高为13.200m,屋面排水坡度为2%,楼梯通屋顶,屋面为上人屋面。楼梯间屋面为不上人屋面。室外地坪标高为-0.600m。层高均为3.300m。入口处有四步台阶,踢面高为150mm,上有雨篷。雨篷带有上下翻檐,翻檐高度不同,两个面高度为上300mm,下300mm,一个面上部两端高度为300 mm,中间高度为900mm,下部为300mm。雨篷下有柱支撑,柱为圆形。

从尺寸标注上可看出Ⓐ轴线上有门、窗、高度分别为2700mm、1800mm,窗台高为900mm,有花池、花池栏板与窗洞底平齐。门洞、窗洞顶距楼面为600mm,女儿墙高度为1500mm,厚度为120mm,顶标高为11.400m。该剖面图没有表明地面、楼面、屋顶的做法,这些内容将在墙身详图中表示。

五、建筑剖面图的绘制步骤

(1)定轴线,绘室内外地坪线、定楼板及楼梯休息平台位置,并绘出墙身,见图9-18a)。

(2)绘门窗、楼梯、楼板、休息平台板、梁等结构,见图9-18b)。

(3)绘细部,如楼梯、楼梯栏杆、雨篷、屋面等,见图9-18c)。

(4)标注标高及高度尺寸、注写有关文字和详图索引符号等,并按规定加深图线,完成全图,见图9-17。

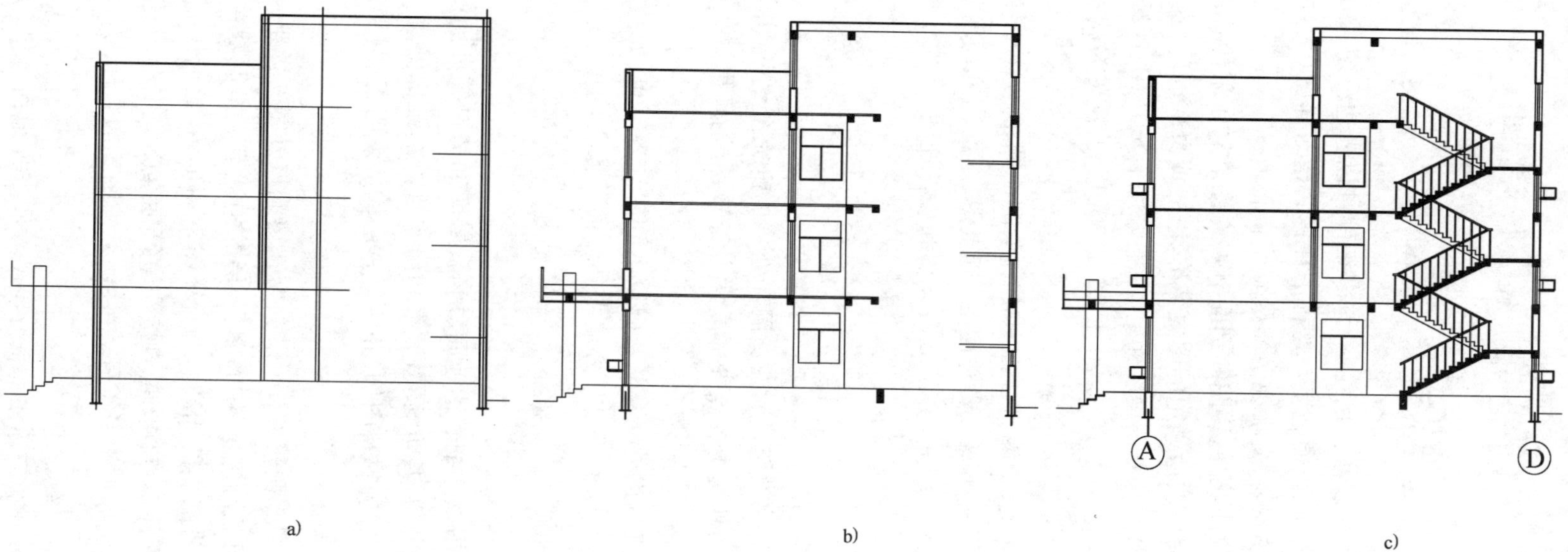

图9-18　剖面图的绘制步骤

a)画轴线、墙身、定层高；b)画门窗、楼板、梁等；c)画楼梯、细部等

第六节　建 筑 详 图

一、概述

建筑平、立、剖面图一般以小比例绘制,许多细部难以表达清楚,因此在建筑图中常用较大比例绘制若干局部性的图样,以便施工。这种图样称为建筑详图(大样图)。详图的特点是比例大、图示清楚、尺寸标注齐全、文字说明详尽。

建筑详图包括建筑构件、配件详图和剖面节点详图。对于采用标准图或通用详图的建筑构、配件和剖面节点,只要注明所采用的图集名称、编号或页次,可不画详图。

详图所用比例视图形本身复杂程度而定,一般采用 1:5、1:10、1:20 等。详图常用比例,建筑物或构筑物的局部放大图为 1:10、1:20、1:25、1:30、1:50;配件及构造详图为 1:1、1:2、1:5、1:10、1:15、1:20、1:25、1:30、1:50 等。

详图的数量视需要而定,如墙身详图只需一个剖面图;楼梯详图需要平面图、剖面图、踏步、栏杆(栏板)等详图;门窗详图需要立面图、节点图、断面图和门窗扇立面图等。详图的剖面区域上应画出材料图例。本节仅介绍墙身详图和楼梯详图。

二、墙身详图

墙身详图的形成及作用。

外墙身详图是假想用一剖切平面在窗洞口处将墙身完全剖开,并用大比例画出的墙身剖面图。也可在建筑剖面图外墙上各点处标注索引符号,分别画出放大图,整齐排列在一起,构成外墙身详图。

外墙身详图详尽地表示出外墙身从基础以上到屋顶各节点,如防潮层、勒脚、散水、窗台、门窗过梁、地面、各层楼面、屋面、檐口、外墙内外墙面装修等的尺寸、材料和构造做法,是施工的重要依据。

1. 图示内容

墙身剖面详图主要用以详细表达地面、楼面、屋面和檐口等处的构造,楼板与墙体的连接形式以及门窗洞口、窗台、勒脚、防潮层、散水和雨水管等的细部做法。同时,在被剖到的部分内,根据所用材料画上相应的材料图例,并注写多层构造说明,见图 9-19。

2. 规定画法

由于墙身较高且绘图比例较大,画图时,常在窗洞口处将其折断成几个节点。若多层房屋的各层构造相同时,则可只画底层、中间屋、顶层的构造节点。但要在中间层楼面和墙洞上下皮的标高处用括号加注省略层的标高。墙身详图常用 1:20 比例绘制。有时,房屋的檐口、屋面、楼面、窗台、散水等配件节点详图可直接在建筑标准图集中选用,但需在建筑平面图、立面图或剖面图中的相应部位标出索引符号,并注明标准图集的名称、编号和详图号。

3. 尺寸标注

在墙身剖面详图的外侧,应标注垂直分段尺寸和室外地面、窗口上下皮、外墙顶部等处的标高,墙的内侧应标注室内地面、楼面和顶篷的标高。这些高度尺寸和标高应与剖面图中所标尺寸一致。

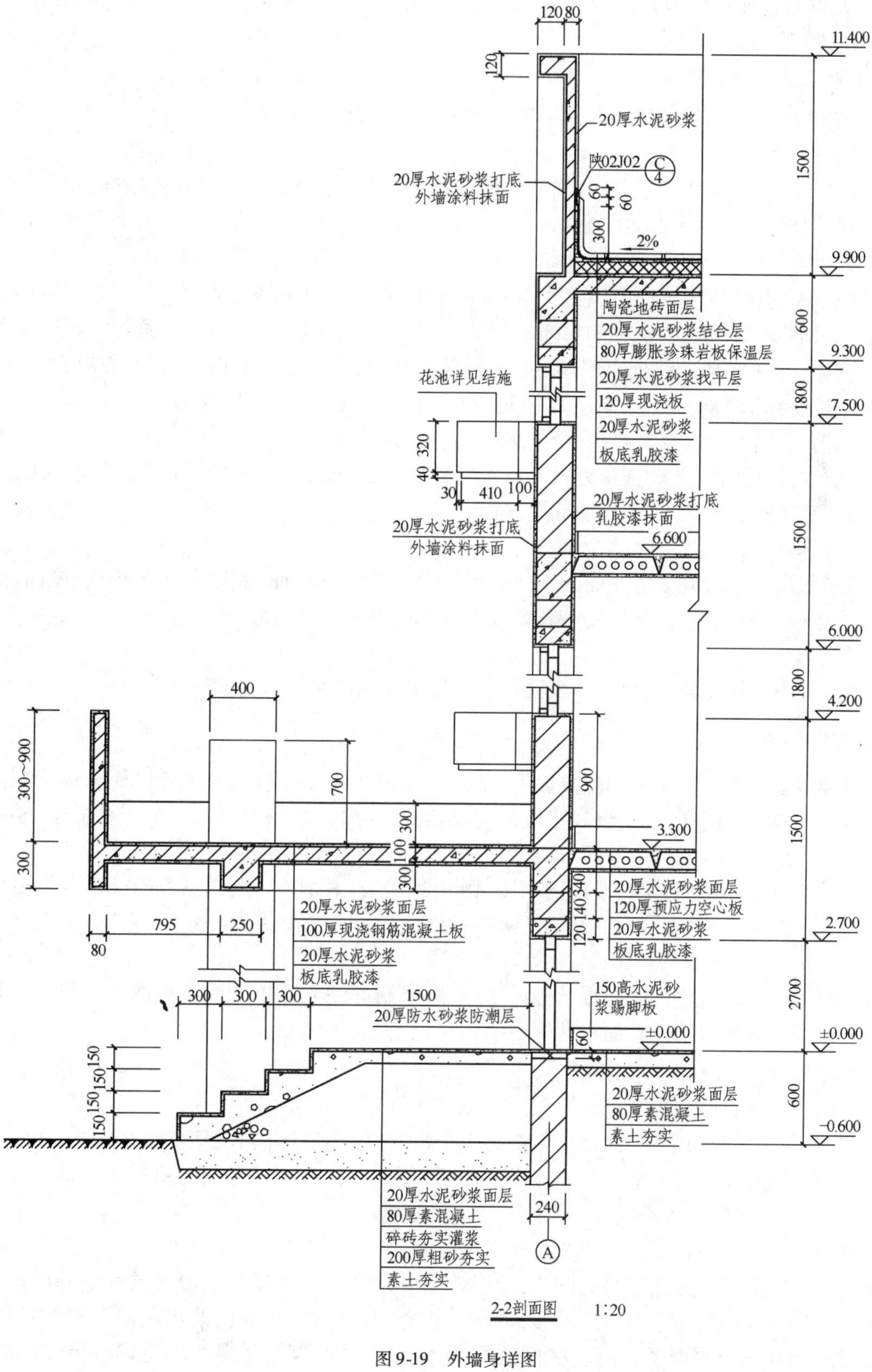

2-2剖面图 1:20

图 9-19 外墙身详图

墙身剖面详图中的门窗过梁、楼板和屋面板等构件，其详细尺寸均可省略不注，施工时，可在相应的结构施工图中查到。

4. 墙身详图看图示例

现以图9-19为例，从下往上说明该详图的内容及其阅读方法。

1）图名、比例

根据图名结合底层平面图可知，该详图是对Ⓐ轴线上外墙进行垂直剖切、从右向左进行投影面得到的剖视图，比例为1∶20。因各层与墙连接处构造不同，所以每一层构造均画出。

2）细部构造

墙身在室内地面下60mm处设有20厚水泥砂浆防潮层，防止地下水对墙身的侵蚀。墙内表面做150高水泥砂浆踢脚板，窗框和窗扇的断面和尺寸，因采用标准图，此处未详细画出。窗洞上部有过梁，与楼板相接的墙处有圈梁，过梁、圈梁均为钢筋混凝土制作。墙外侧设有台阶、雨篷、花池。台阶为素混凝土制作，雨篷为钢筋混凝土制作，花池在结构施工图中另有详图表示。

地面、楼面、屋面为多层次构造，分别采用分层注解的方法表示。屋面排水坡度为2%，采用材料找坡，在屋面与女儿墙连接处设有泛水。外墙内表面采用水泥砂浆打底，乳胶漆抹面。外墙外表面采用水泥砂浆打底，外墙涂料抹面。

3）尺寸标注

外墙详图尺寸标注方法与剖面图相同。图中标有室内外地面、防潮层、各层楼面、屋面、女儿墙顶面、各层门窗上下口的标高。墙厚、散水、台阶、雨篷、花台等处的尺寸。

4）轴线编号

外墙身详图应标注轴线编号，以表明是哪一根轴线上的墙。

三、楼梯详图

楼梯是多层房屋垂直交通的重要设施，楼梯有单跑楼梯、双跑楼梯、三跑楼梯和螺旋型楼梯几种形式。楼梯由楼梯段、平台和栏板（栏杆）组成。楼梯段简称梯段，包括楼梯横梁、楼梯斜梁和踏步。踏步的水平面称踏面，垂直面称踢面。平台包括平台板和平台梁。

楼梯详图包括楼梯平面图、楼梯剖面图、踏步和栏板（栏杆）节点详图。楼梯详图应尽可能画在同一张图纸上。平面图、剖面图比例应一致，一般为1∶50；踏步、栏板（栏杆）节点详图比例要大一些，可采用1∶5、1∶10、1∶20等。

楼梯详图一般分为建筑详图和结构详图，分别绘制并编入建施图和结施图中。但对于较简单的楼梯，两图可合并绘制，编入结施图中。

1. 楼梯平面图

1）平面图的形成及作用

假想，用一水平剖切平面，沿每层上行第一个梯段（即楼层窗洞）将楼梯水平切开，向水平面做的水平剖视图称为楼梯平面图。楼梯平面图的作用在于表明各层梯段和楼梯平面的布置以及梯段的长度、宽度和各级踏步的宽度。

2）楼梯平面图命名

按剖切位置不同分为底层平面图、二层平面图、…、顶层平面图。一般每层都应画出平面图，但三层以上的房屋，若中间多层的楼梯形成、构造完全相同，则只需画出底层、一个中间层（标准层）和顶层三个平面图。但应在标准层的平台面、楼面以括号形式加注省略层的标高，见图9-20。

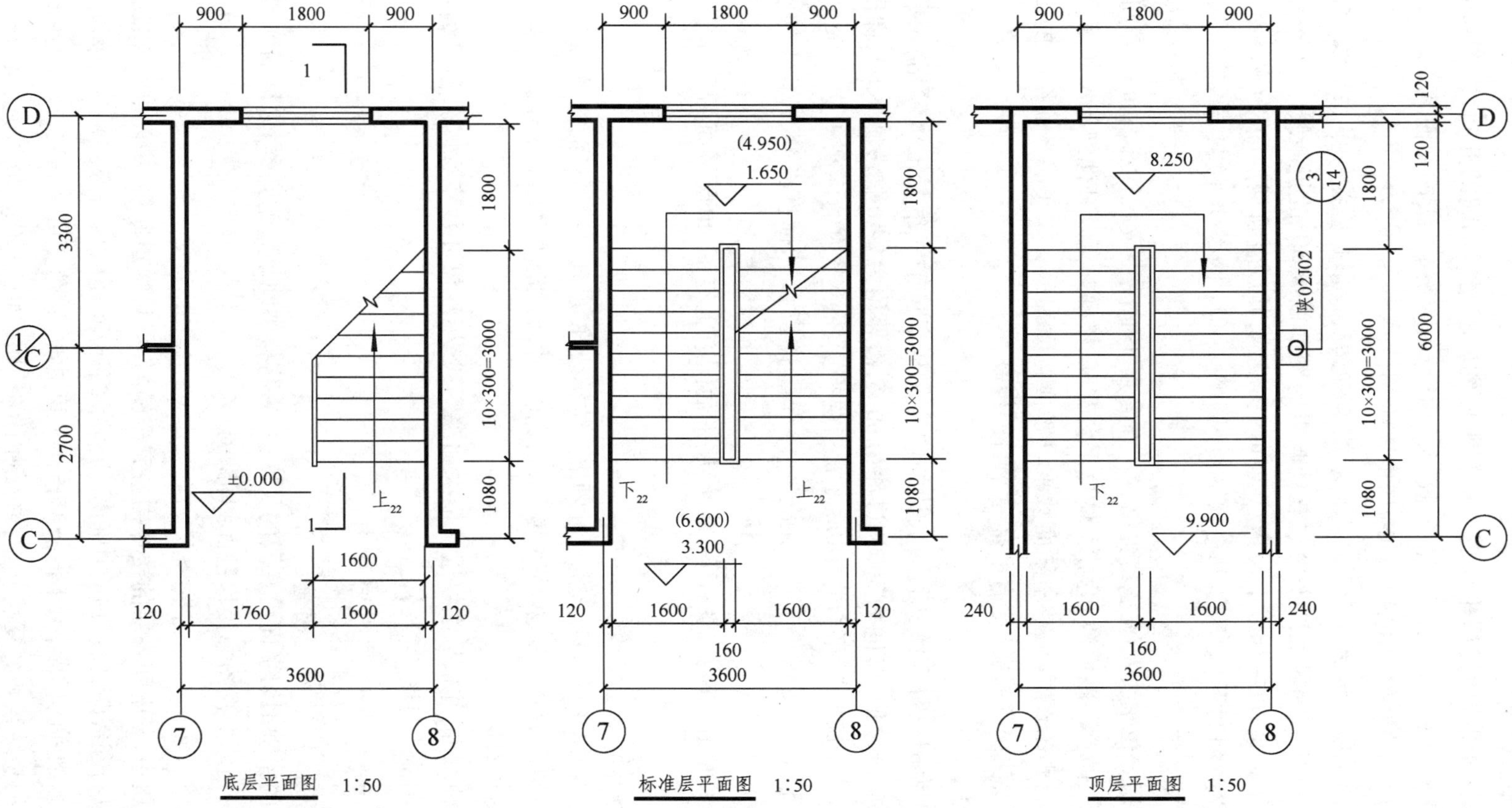
底层平面图 1:50
标准层平面图 1:50
顶层平面图 1:50
900
1800
900
3300
2700
1800
10×300=3000
1080
6000
120
±0.000
(4.950)
1.650
(6.600)
3.300
8.250
9.900
上22
下22
1760
1600
160
240
3600
陕02J02

图9-20 楼梯平面图

3）规定画法

楼梯平面图的图线同房屋平面图。楼梯平面图应根据楼梯间的开间、进深和清厚，画出墙、窗、平台、栏板（栏杆），各梯段踏步的投影。由于梯段最高一级的踏面数总比步级数少1。底层平面图中应标注楼梯间剖面图的剖切位置线。

楼梯平面图中应画出梯段折断线。折断线若按真实投影画应为一条水平线，为避免与踢面投影线混淆，规定在梯段上部平台位置处画以与踏面线成30°的折断线。为了表示各个楼层的楼梯的上下关系，可在梯段上用指示线和箭头表示，并以各自楼层的楼（地）面为准，在指示线端部注写“上”和“下”。因顶部楼梯平面图中没有向上的楼梯，故只有“下”。

4）尺寸标注

楼梯间要用定位轴线及编号表明位置。在各层平面图中要标注楼梯间的开间和进深尺寸、梯段的长度和宽度、踏面数和宽度、休息平台宽度、楼梯井宽及其他细部尺寸等。梯段的长度要标注水平投影的长度，通常用踏面数乘以踏面宽度表示。如底层平面图中的 $10 \times 300 = 3000$。另外还要注出各层楼（地）面、休息平台的标高。

5）看图示例

以图9-20为例说明楼梯平面图表达的内容。从定位轴线编号上可看出该楼梯位于⑦⑧轴线与ⒸⒹ轴线之间，开间为3600，进深为6000，墙厚均为240，梯段宽1600，梯段长3000，踏步为22级，梯井宽160、平台宽1800，二、三层平面图括号内的标高4.950，6.600为三层平面的标高。顶屋平面图外有一落水管，详细图样应参见标准图集陕02J的14页第3个图。

楼梯底层平面图只有上，没有下，二、三层平面图有上有下，顶层平面图只有下，栏杆封住另一边。

6）楼梯平面图的绘制步骤

首先，根据楼梯间的开间和进深尺寸画出定位轴线，然后画出墙厚及门窗洞，见图9-21a）。

其次，画出楼梯平台宽度、梯段长度、梯段宽度。根据踏步级数11在楼梯上作10等份，画出踏面数，见图9-21b）。

然后画其他细部，并根据图线层次依次加深图线，标注尺寸数字、标高、轴线编号、楼梯上下方向指示线和箭头见图9-21c）。

2. 楼梯剖面图

1）楼梯剖面图的形成

用一假想的铅垂剖切平面沿梯段的长度方向，将楼梯间垂直剖开，向未被剖到的梯段方向进行投射，所得到的剖视图称楼梯剖面图，见图9-22。

2）规定画法

在多层房屋中，若中间各层的楼梯构造完全相同，可只画出底层、中间层（标准层）和顶层的剖面，中间以折断线断开，但应在中间层的楼面、平台面处以括号形式加注中间各层相应部位的标高。未被剖到的梯段，由于栏板遮挡而不可见时，其踏步可用虚线表示，也可不画，但仍应标注该梯段的步级数和高度尺寸。楼梯剖面图不画屋面和基础。以折断线断开。楼梯剖面图应表示出楼梯的形式和构造，各构件之间、构件与墙体之间的搭接方法，梯段形状，踏步、栏杆、扶手的形状和高度。

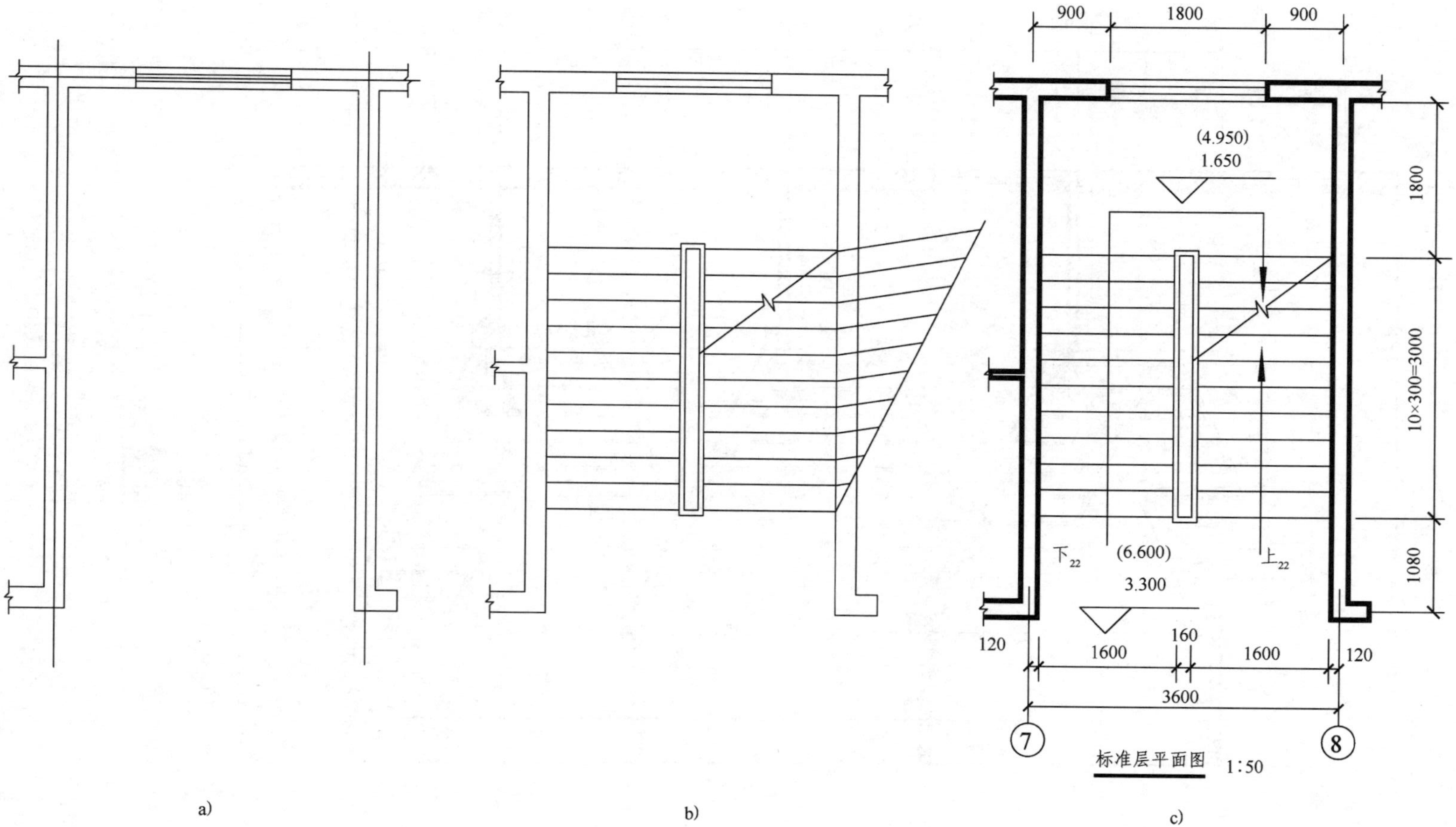

图9-21 楼梯平面图的绘制步骤

a)定开间、进深，画墙厚、门窗；b)画踏步、栏杆；c)画细部、标注

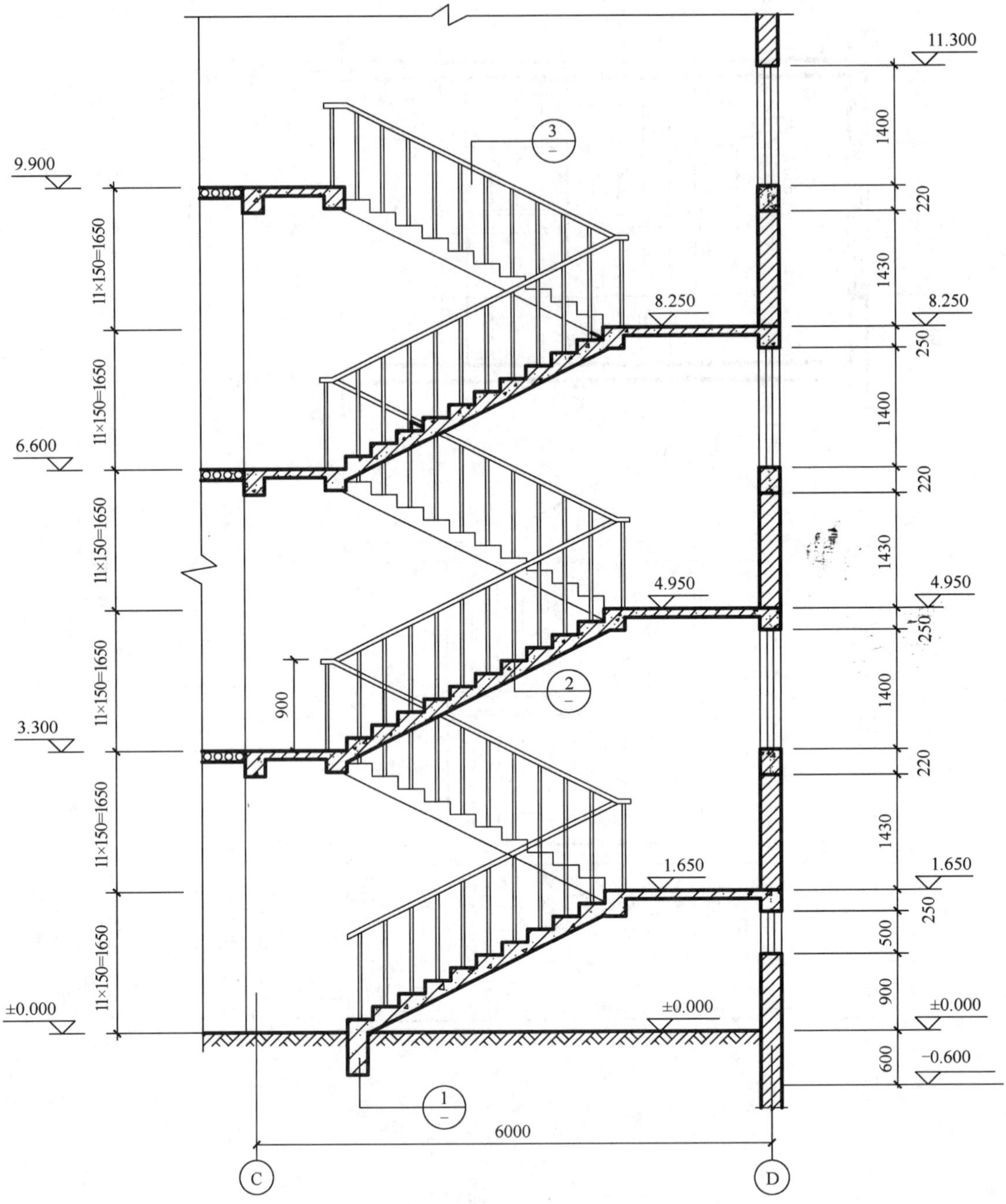

1-1剖面 1∶50

图 9-22　楼梯剖面图

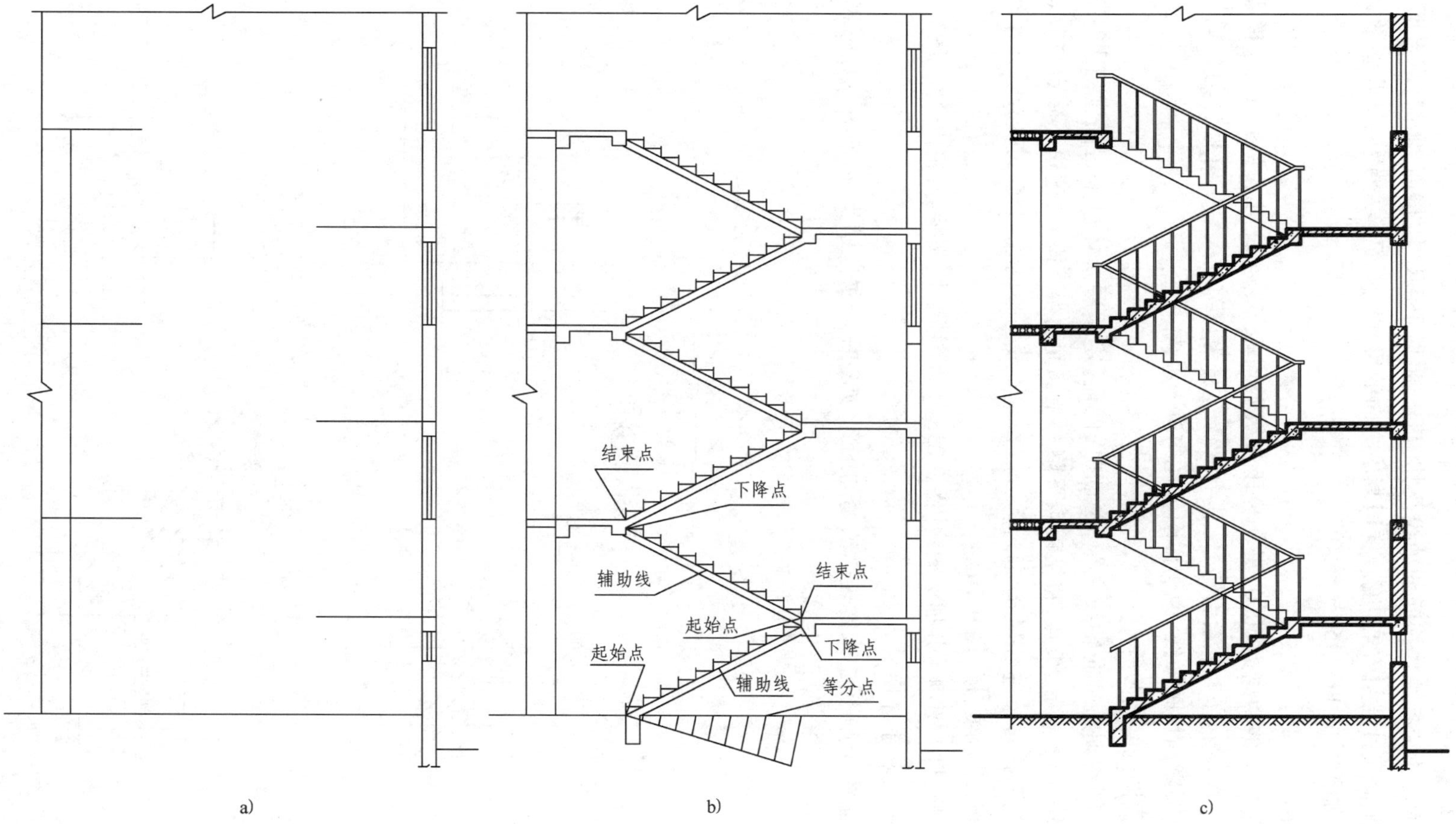

图9-23 楼梯剖面图的绘制步骤

a)画墙身，定楼层和平台高；b)作分格，画踏步，画梁、板；c)画栏杆、材料图例

3）尺寸标注

在楼梯剖面图中应标注楼梯间的轴线及其编号、轴线间距尺寸、楼面、地面、平台面、门窗洞口的标高和竖向尺寸、栏板的高度。梯段高度方向的尺寸以乘积形式标注，即步级数×踢面高＝梯段高度，如图中的11×150＝1650。

4）看图示例

该楼梯Ⓒ Ⓓ之间的距离为6000，每个梯段步级数均相等，为11步，梯板、平台、梯梁为现浇钢筋混凝土。楼梯上有3个索引符号，其中1号、2号为局部放大索引符号、3号为局部剖切索引符号，因其圆圈内均画横线，说明详图就在本章图纸内。

5）楼梯剖面图的绘制步骤

首先，确定剖切到的竖向轴线之距，画墙厚、门窗，定楼层及休息平台高度［图9-23a）］。其次，确定梯段的起始点、结束点，将结束点下降一个梯面高得下降点，通过下降点与起始点连一辅助线。将踏面投影长进行等分，通过等分点作垂直线与辅助线相交，过交点作水平线绘踏步，绘楼梯梁、板，平台梁、板［图9-3b）］。

然后，绘栏杆、材料图例等并加深图线［图9-23c）］，标注尺寸、文字等，完成全图［图9-22）］。

3. 节点、踏步、扶手详图

在楼梯平面图、剖面图中未能表达清楚的细部，如扶手、栏杆、踏步等，应另画详图表示，其比例一般为1∶10～1∶20，见图9-24。

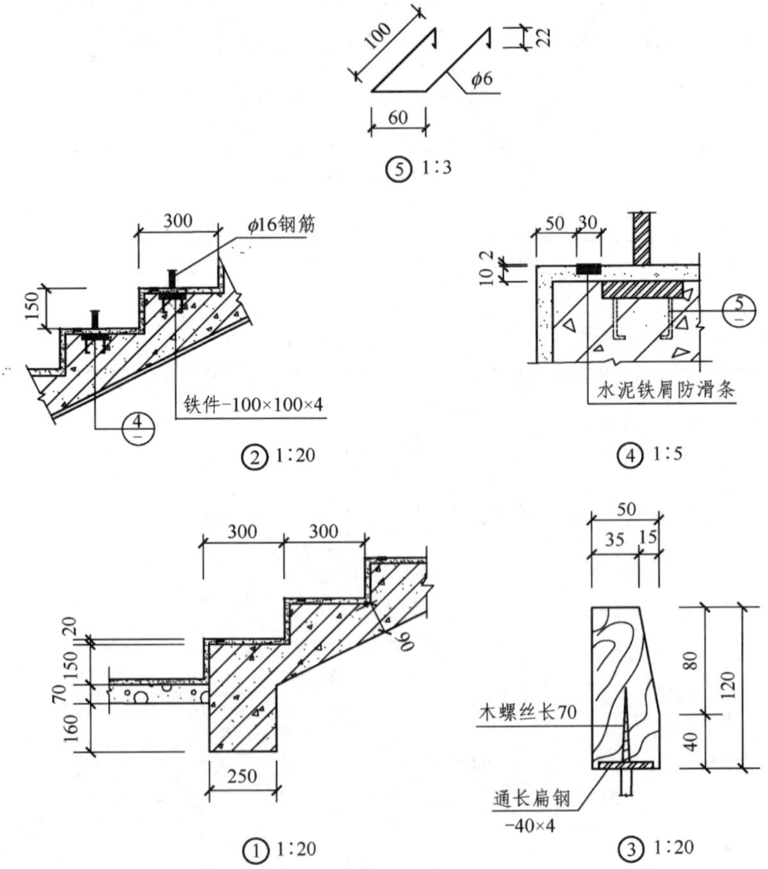

图9-24 楼梯节点详图

①号详图表明梯段、梯段梁与楼地面的连接构造及每一部位的详细尺寸。

②、④、⑤号详图表明踏步的形状、尺寸、防滑条的位置、材料及面层做法。一般只画出几级即可，其余以折断线断开。图中预埋件因比例小，不够详细，所以又用更大比例画出其详图。

③号详图表明扶手的截面形状、尺寸、材料及连接情况。

复习思考题

1. 房屋由哪些构件组成？它们有何作用？
2. 定位轴线如何编号？哪几个字母不能用作轴线编号？
3. 标高分几种？单位如何？
4. 索引符号与详图符号的大小及线型有何规定？
5. 绘制对称符号及指北针。
6. 绘制本校区总平面图，比例自选。

第十章 结构施工图

基本要求：

1. 了解结构构件的组成材料、级别、分类，了解结构施工图的国标规定。
2. 掌握基础、楼层、梁、板、柱的平面布置图及节点详图。
3. 掌握楼梯结构施工图的表示内容，达到熟练阅读结构施工图的目的。

第一节 概 述

建筑物是由结构构件（如墙、梁、板、柱、基础等）和建筑配件（如门、窗、阳台等）所组成的。结构构件在建筑物中主要起承重作用，它们互相支承，联成整体，构成建筑物的承重结构体系，称为“建筑结构”。

在房屋设计中，除了进行建筑设计、画出建筑施工图外，还要根据建筑各方面的要求，进行结构选型和构件布置。经过变形、强度等方面的结构计算，确定建筑物各承重构件的用材、形状、大小以及内部构造等，并将设计结果绘制成图样，用以指导施工，这种图样称为结构施工图，简称“结施”。

一、结构施工图的基本内容

房屋按主要承重构件所采用的材料不同，可分为木结构、砖木结构、砖混结构、混合结构、钢筋混凝土结构、钢结构等类型。结构类型不同，结构施工图的具体内容及编排方式也各有不同，但一般都包括如下三部分。

1. 结构设计说明

结构设计说明主要包括三个方面，即工程概述、地基及基础说明和其他说明。结构设计说明以文字说明为主，必要时附一辅助图样，其内容是全局性的。如果工程较小，结构不太复杂，可在基础平面图中加上结构设计说明，不再另写。

2. 结构布置平面图

结构布置平面图主要包括基础平面布置图、楼层结构平面图、屋面结构平面图、圈梁布置平面图等。

3. 构件详图

构件详图主要包括梁、板、柱等构件详图和楼梯、雨篷、阳台、屋架等结构节点详图。

二、钢筋混凝土结构简介

混凝土是将水泥、砂子、石子和水，按一定比例配合，浇注入模，经养护硬化后得到的一种与天然石料有相同性质的材料，俗称人造石材。混凝土的抗压强度很高，而抗拉强度却很低。如果用混凝土制作可能承受拉力的构件，其承载力很低。图 10-1a）表示素混凝土梁（全部由混凝土制成）在荷载 P 的作用下成为一受弯构件，即表现为下部受拉、上部受压。当外部荷载 P 还不太大时，梁的下部就被拉裂，从而导致梁体折断。钢筋的抗压和抗拉强度都很高，在构件受拉区配置适量的钢筋[图 10-1b）]，可以提高构件承载力。像这样把混凝土和钢筋两种材料组合成一体，使混凝土主要承受压力，钢筋主要承受拉力，就形成钢筋混凝土构件。

a)　　　　b)

图 10-1　梁的示意图

a）素混凝土梁；b）钢筋混凝土梁

民用建筑中各种结构构件所受的外力多为竖向力，如构件自重、雨雪重量、固定设备重量和人的重量等。这些重量由上向下逐层传递，即由板传递给墙，墙传递给基础，基础传递给地基（土壤），从而完成了整个传递过程。

三、结构施工图的图示特点

建筑结构专业制图除应符合《建筑结构制图标准》（GB/T 50105—2010）外，还应符合《房屋建筑制图统一标准》（GB/T 50001—2010）以及国家现行的有关强制性标准的规定。

1. 图线

结构施工图的图线宽度及线型应按表 10-1 的规定选用。据图样复杂程度与比例大小，先选用适当基本线宽 b，再选用相应的线宽组。

常用图线　　　　表 10-1

名称		线型	线宽	一般用途
实线	粗		b	螺栓、主钢筋线、结构平面图的单线结构构件、钢木支撑及系杆线，图名下横线、剖切线
	中		$0.5b$	结构平面图及详图中剖到或可见的墙身轮廓线、基础轮廓线、钢、木结构轮廓线、箍筋、板筋线
	细		$0.25b$	可见的钢筋混凝土构件的轮廓线、尺寸线、标注引出线，标高符号、索引符号
虚线	粗		b	不可见的钢筋、螺栓线，结构平面图中的不可见的单线结构构件线及钢、木支撑线

续上表

名称		线型	线宽	一般用途
虚线	中		0.5b	结构平面图中的不可见构件、墙身轮廓线及钢木构件轮廓线
	细		0.25b	基础平面图中的管沟轮廓线、不可见的钢筋混凝土构件轮廓线
单点长画线	粗		b	柱间支撑、垂直支撑、设备基础轴线图中的中心线
	细		0.25b	定位轴线、对称线、中心线
双点长画线	粗		b	预应力钢筋线
	细		0.25b	原有结构轮廓线
折断线			0.25b	断开界线
波浪线			0.25b	断开界线

在同一张图纸中，相同比例的图样，应选用相同的线宽组。

2. 比例

结构施工图根据图样的用途、被绘物体的复杂程度，应选用表10-2的常用比例，特殊情况下也可选用可用比例。

当构件的纵、横向断面尺寸相差悬殊时，可在同一详图中选用不同的比例绘制。

比　例　　表10-2

图名	常用比例	可用比例
结构平面图、基础平面图	1:50、1:100、1:150、1:200	1:60
圈梁平面图、总图中管沟、地下设施等	1:200、1:500	1:300
详图	1:10、1:20	1:5、1:25、1:4

3. 构件代号

结构构件的种类繁多，内容复杂，为了便于绘图和读图，在结构施工图中常用代号来表示构件的名称，构件代号一般为构件名称大写汉语拼音第一个字母。常用构件代号见表10-3。

常用构件代号　　表10-3

序号	名称	代号	序号	名称	代号
1	板	B	7	楼梯板	TB
2	屋面板	WB	8	盖板或沟盖板	GB
3	空心板	KB	9	檐口板	YB
4	槽形板	CB	10	吊车安全走道板	DB
5	折板	ZB	11	墙板	QB
6	密肋板	MB	12	天沟板	TGB

续上表

序号	名称	代号	序号	名称	代号
13	梁	L	25	刚架	GJ
14	屋面梁	WL	26	框架	KJ
15	吊车梁	DL	27	支架	ZJ
16	圈梁	QL	28	柱	Z
17	过梁	GL	29	基础	J
18	联系梁	LL	30	设备基础	SJ
19	基础梁	JL	31	桩	ZH
20	楼梯梁	TL	32	柱间支撑	ZC
21	檩条	LT	33	雨篷	YP
22	屋架	WJ	34	阳台	YT
23	托架	TJ	35	梁垫	LD
24	天窗架	CJ	36	预埋件	M

注：预应力钢筋混凝土代号，应在构件前加"Y-"，如"Y-KB"表示预应力空心板。

当采用标准、通用图集中的构件时，应用该图集中的规定代号或型号注写。

4. 剖面图、断面详图编号顺序的编排

结构平面图中的剖面图、断面详图编号顺序宜按下列规定编排：

(1)外墙按顺时针方向从左下角开始编号。

(2)内横墙从左至右，从上至下编号。

(3)内纵墙从上至下、从左至右编号。

结构平面图中断面编号顺序表示方法，如图10-2所示。

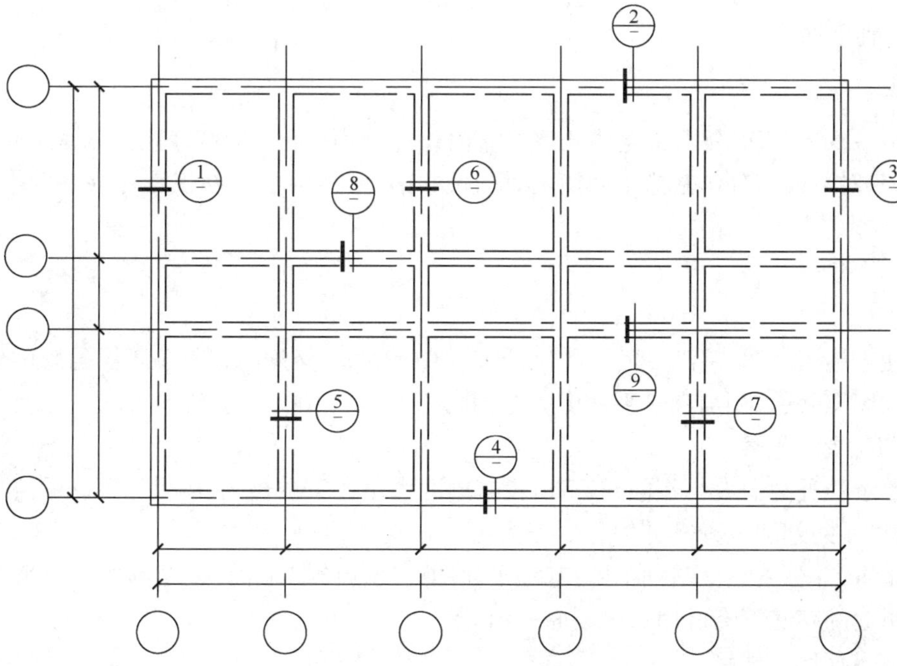

图10-2　结构平面图中断面编号顺序表示方法

第二节　基　础　图

基础是建筑物地面以下承受建筑物全部荷载的构件,基础下面的地层称为地基。基础的组成如图 10-3 所示。为进行基础施工而开挖的土坑称为基坑。埋入地下的墙称为基础墙。基础墙下加宽放大的砌体称为大放脚。大放脚下最宽部分的一层称为垫层。室内地面下一皮砖处墙体上的防潮材料称为防潮层(此处若有地圈梁则不做防潮层,因地圈梁已起到防潮作用),它能阻止地下水因毛细作用而侵蚀地面以上的砌体。

基础可采用不同的构造形式,选用不同的材料。混合结构民用建筑的基础,按其构造形式可分为墙下条型基础和柱下独立基础(图 10-4);按其材料不同可分为砖基础、毛石基础和钢筋混凝土基础。

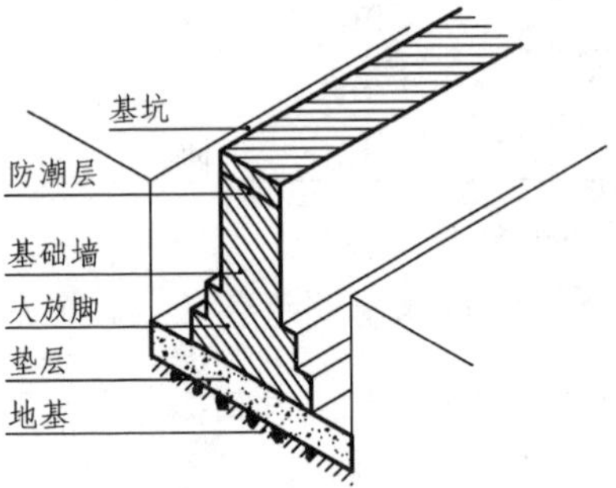

图 10-3　基础的组成

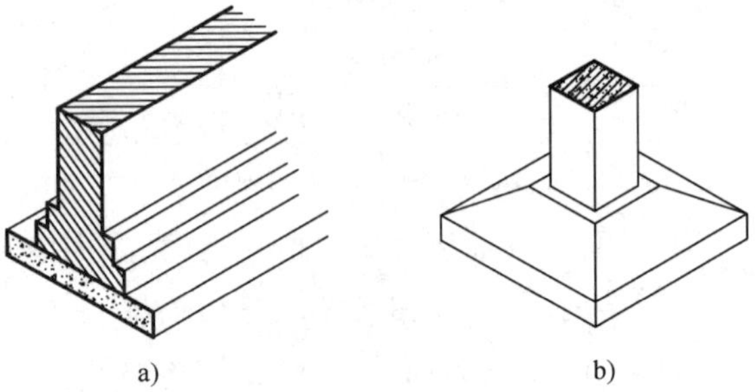

图 10-4　基础的形式

a)条型基础;b)独立基础

基础图一般包括基础平面图、基础断面图和说明三部分。基础图是施工放线、开挖基槽、砌筑基础等的依据。现以墙下条型基础为例,说明基础图的内容和特点。

一、基础平面图

1. 形成

假想用一水平剖切平面,沿建筑物底层室内设计地面(即 ±0.000)把整幢建筑屋切开,移去上面部分,对下面部分作基槽未回填土时的投影图,所得的水平剖视图称为基础平面图,如图 10-5 所示。

2. 基本内容

1)比例

为了便于施工对照,基础平面图的比例、定位轴线编号必须与建筑施工图的底层平面图完全相同。如图 10-5,采用与建筑平面图完全相同的比例 1∶100。

2)剖切位置及编号

各种墙承受外力的大小不同,其下所设基础的大小也不尽相同,应采用不同的编号加以区分,并画出详图的剖切位置及其编号。若为柱下独立基础,则应注写其编号。图 10-5 给出了三种剖切位置,并标注独立基础 J-1。基础平面图中还应给出地沟、过墙洞的设置情况。因设过墙洞而引起的基底下降可用移出断面表示。

3)基础平面图的线型

基础平面图是一个剖视图,因此其线型与剖视图画法相同,即被剖切到的墙、柱轮廓线用

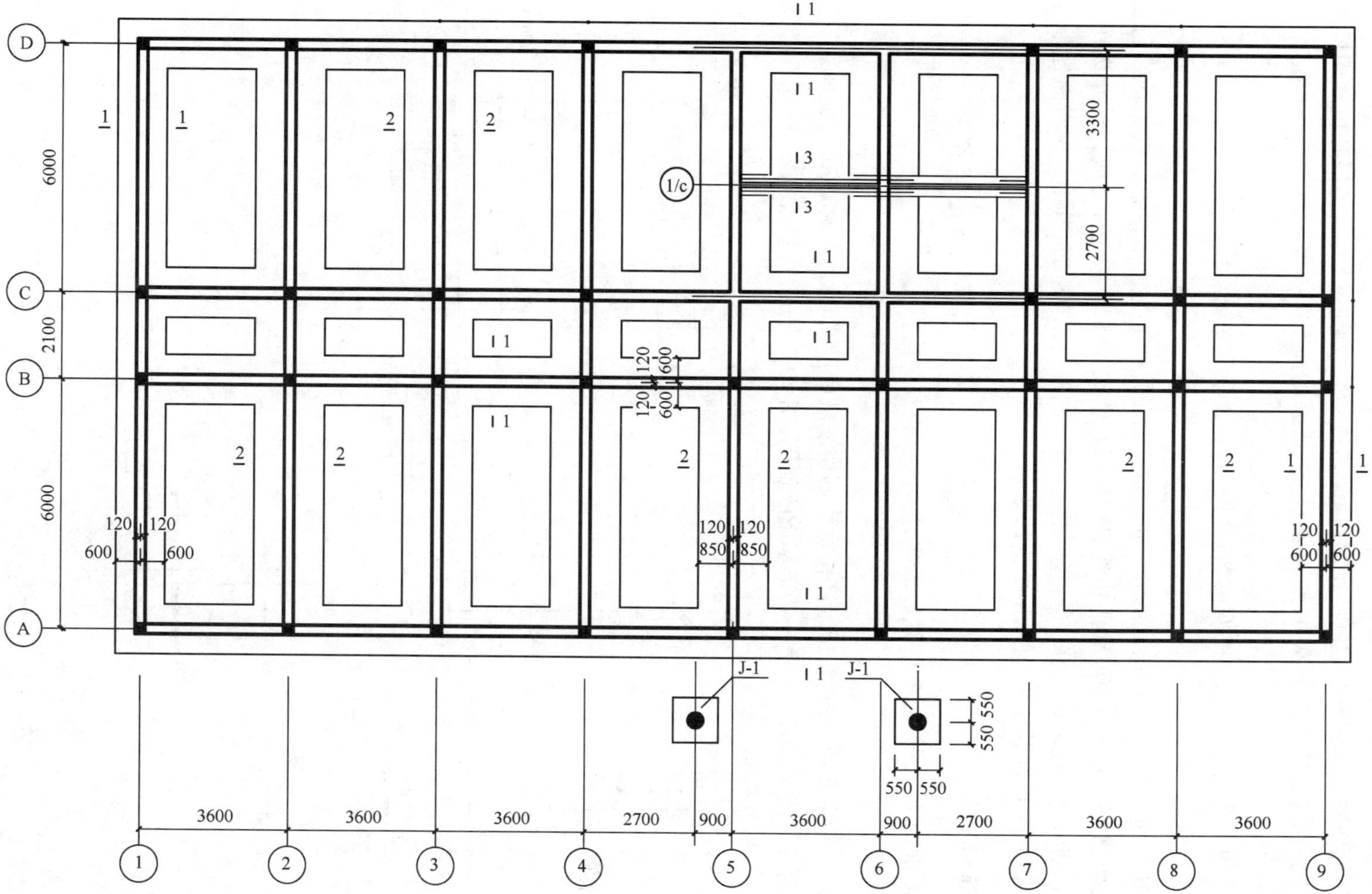

基础平面布置图 1:100

图10-5 基础平面布置图

粗实线绘制，基础底面轮廓线用细实线绘制（不画基础台阶或大放脚的轮廓线）。

4）尺寸标注

基础平面图主要标注轴线之间的距离；轴线到垫层边、墙边的距离；垫层宽度和墙厚等尺寸。另外还要注写必要的文字说明，如混凝土、砖、砂浆的强度等级等。

5）图名

基础平面布置图完成后，应书写图名、比例，并在其下画一粗实线。

3. 看图示例

从图 10-5 可以看出，整幢房屋的墙下都是条形基础，柱下为独立基础。以①轴线的基础为例，轴线两侧的中实线为基础墙的边线，墙厚 240，细线是条型基础宽度线，宽为 1200。J-1 为方型独立基础，长、宽均为 1100，条型基础有 1-1、2-2、3-3 三种断面，其中 3-3 断面处基础是地面加厚所形成的，为不可见构件，用中虚线表示。

二、基础断面图

基础断面图主要表达基础的截面形状、尺寸、材料和做法。

1. 形成

假想用一铅垂剖切平面，在指定部位垂直剖切基础所得的断面图，称为基础断面图。基础断面图比例可以放大，图 10-6 是一条形基础断面图，图 10-7 是独立基础图。

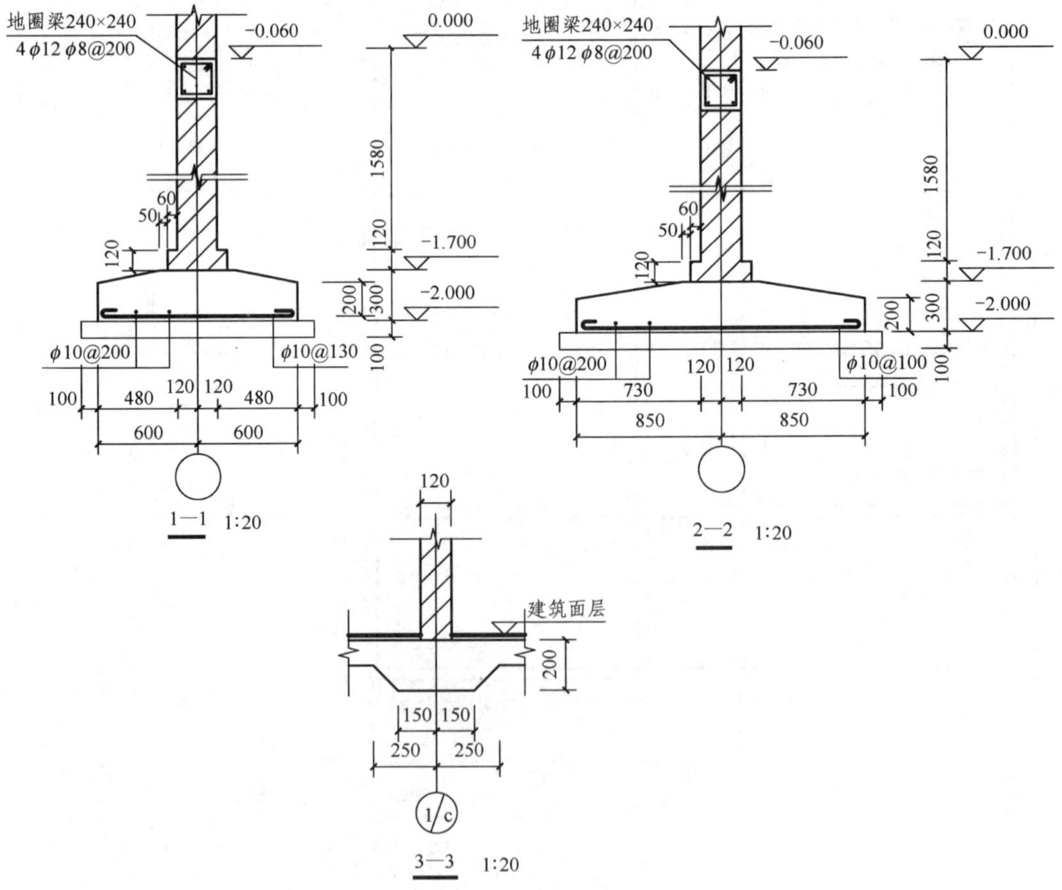

图 10-6 条形基础断面尺寸

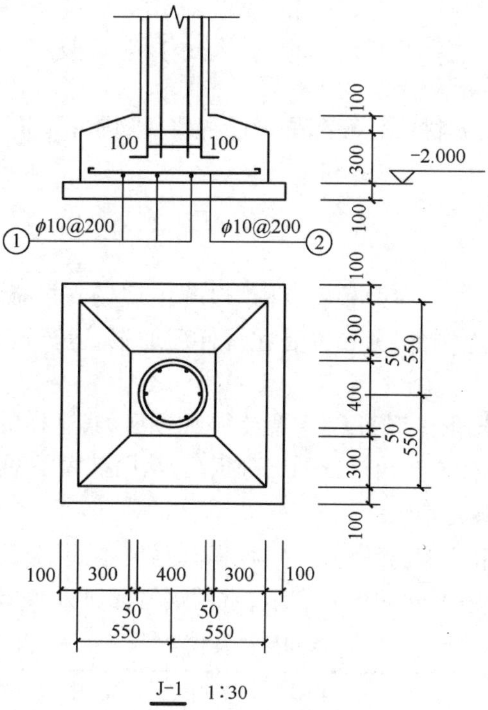

图 10-7 独立基础图

2. 基本内容

1)线型

与剖切平面相交上的线画粗实线,材料图例符号画细实线。

2)尺寸标注

基础断面图应标注详细尺寸,如垫层高度、大放脚尺寸、地圈梁顶标高、垫层底标高等。

3)轴线编号

基础断面图是基础施工的依据,表达了基础断面所在轴线位置及其编号。如果是通用断面图,在轴线圆圈内不加编号(如 1-1、2-2 断面图);如果是特定断面图,则应注明轴线编号(如 3-3 断面图)。基础断面图详细地表明了基础断面形状、大小及所用材料,地圈梁的位置和做法,基础埋置深度及施工所需尺寸。

4)图名、比例

基础断面图的图名与基础平面图中的编号相对应,图名下画一粗实线;比例一般为 1∶15、1∶20、1∶25 等。

3. 看图示例

1-1 断面图所示基础为钢筋混凝土条形基础,其下做 100mm 厚混凝土垫层,垫层两边宽出基础 100,其上有一层砖砌大放脚,基础墙上做有 240 × 240 的地圈梁取代防潮层。基底标高为 -2.000m, 地圈梁顶标高为 -0.06m 等尺寸。图 10-6 中还画出了 120 隔墙基础的做法,隔墙位置参见建施底层平面图。

图 10-7 是钢筋混凝土独立基础图,该基础为四棱台。其下设有 100 厚垫层,垫层四周宽出基础 100,基底纵横向配筋。

第三节　楼层结构施工图

混合结构民用建筑楼层的材料一般都是钢筋混凝土，因此下面重点介绍钢筋混凝土结构施工图的特点和要求。

一、钢筋混凝土结构

钢筋混凝土构件的生产方式有两种：一种是在施工现场支模板、绑钢筋、浇灌混凝土而形成的构件，称现浇钢筋混凝土构件；另一种是在构件厂加工，运至施工现场安装而成的构件，称预制钢筋混凝土构件。

在构件制作时，通过预先张拉钢筋，对混凝土施加预压力，这样的构件称为预应力钢筋混凝土构件。预应力钢筋混凝土构件抗拉抗压强度都很高，从而扩大了钢筋混凝土结构的应用范围。

1. 钢筋品种和混凝土强度等级

钢筋混凝土构件所使用的钢筋品种繁多，根据其强度不同，分为下列等级。不同种类和级别的钢筋，在结构施工图中用不同的代号表示，常用钢筋品种及代号见表10-4。

钢筋品种及代号　　表10-4

钢筋品种	代　号	钢筋品种	代　号
Ⅰ级钢筋（3号钢，外形光圆）	ф	Ⅲ级钢筋（22硅钢，外形螺纹，人字纹）	⏀
Ⅱ级钢筋（16锰硅钢，外形螺纹，人字纹）	⏀	Ⅳ级钢筋（45锰硅钒低合金钢，外形螺纹或光圆）	⏀

与钢筋代号写在一起的还有该号钢筋的直径，根数或间距，如②3⏀20表示：②号钢筋是三根直径为20mm的Ⅱ级钢筋，又如④ф6@200表示：④号钢筋是Ⅰ级钢筋，直径为6mm，每200mm放置一根。@为等间距符号。

混凝土根据其抗压强度不同，分成不同等级，用代号表示为C10、C15、C20、C25、C30、C35、C40、C45、C50、C55、C60等。

2. 钢筋的名称及作用

钢筋混凝土构件中的钢筋，有的是由于受力需要配制的，有的则是由于构造要求安放的，这些钢筋在构件中的作用不同，可分为以下几种，见图10-8。

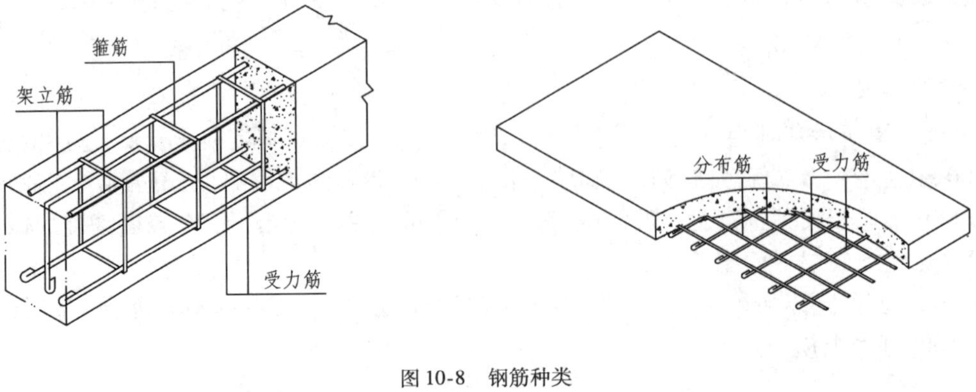

图10-8　钢筋种类

(1)受力钢筋:构件中承受拉压应力的钢筋为受力筋,梁、板中的受力筋根据其形状分为直筋和弯筋。

(2)架立筋:固定梁内受力筋和箍筋位置,构成梁内骨架的钢筋。

(3)箍筋:承受剪力或扭力的钢筋,并固定受力筋和架立筋位置,用于梁或柱内。

(4)分布筋:指板内固定受力筋位置的钢筋,与受力筋方向垂直,可抵抗热胀冷缩引起的温度变形。

(5)其他钢筋:指因构造要求或施工安装需要而配置的构造筋,如腰筋、预埋锚固筋、吊环等。

3. 钢筋的保护层

为了防止钢筋锈蚀,钢筋在构件中不能裸露,要有一定厚度的混凝土作为保护层。保护层厚度指钢筋外边缘距构件外表面的距离,可起到防火及增加混凝土与钢筋黏结力的作用。钢筋混凝土结构设计规范规定,各种构件混凝土保护层的厚度如表 10-5 所示。

钢筋混凝土保护层　　表 10-5

钢筋名称	构件名称		保护层厚度
受力筋	墙和板	截面厚度≤100	10
		截面厚度>100	15
	梁或柱		25
	基础	有垫层	35
		无垫层	70
箍筋	梁或柱		15
分布筋	墙和板		10

4. 钢筋的弯钩

如果受力筋为光圆钢筋,为了增强钢筋与混凝土之间的黏结力,避免钢筋在受力时滑动,应将钢筋两端做成弯钩。表面带纹钢筋与混凝土之间的黏结力强,两端不必做成弯钩。钢筋端部弯钩的形式一般有半圆弯钩和直角弯钩,如图 10-9 所示。

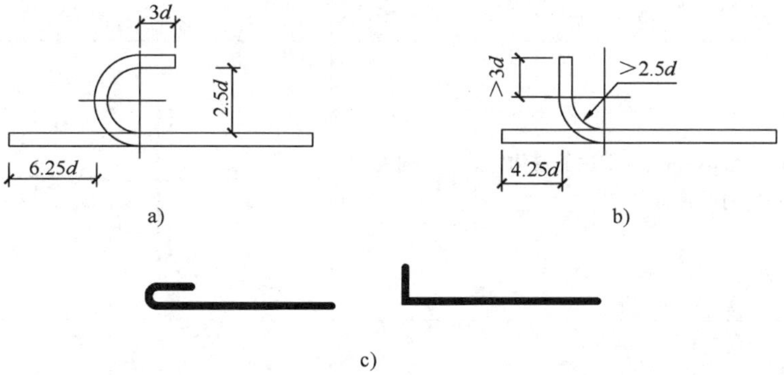

图 10-9　钢筋的弯钩

a)半圆弯钩;b)直角弯钩;c)弯钩简化画法

箍筋弯钩一般也有两种形式,如图 10-10 所示。

5. 钢筋的图例

构件中的钢筋,有直的、弯的、带钩的、不带钩的等,这些都需要在图中表达清楚。表 10-6

列出了钢筋的常用图例。

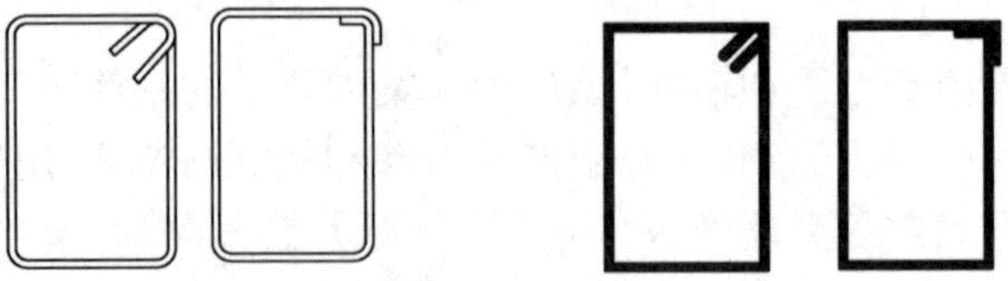

a)　　b)

图 10-10　箍筋的弯钩

a)箍筋;b)箍筋的简化画法

钢筋的常用图例　　表 10-6

序号	名　称	图　例	说　明
1	钢筋横断面	●	
2	无弯钩的钢筋端部		长短钢筋投影重叠时在短钢筋端部画斜线
3	带半圆弯钩的钢筋端部		
4	带直弯钩的钢筋端部		
5	无弯钩钢筋的搭接		
6	带半圆弯钩钢筋的搭接		

6. 钢筋的表示方法

在结构施工图中,钢筋的表示方法要符合表 10-7 的规定。

钢 筋 的 画 法　　表 10-7

序号	说　明	图　例
1	当板中配双层钢筋时,底层钢筋弯钩应向上或向左;顶层钢筋应向下或向右	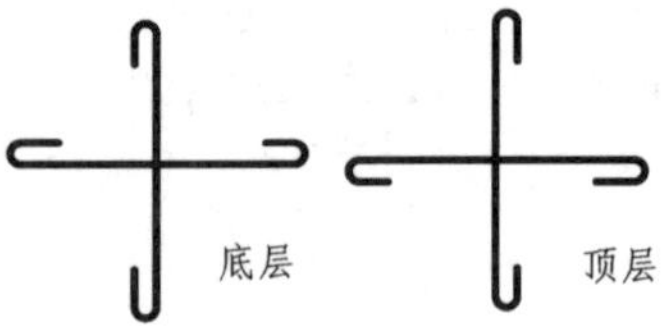
2	当墙体配双层钢筋时,在配筋立面图中,远面钢筋弯钩应向上或向左;近面钢筋应向下或向右。(JM:近面;YM:远面)	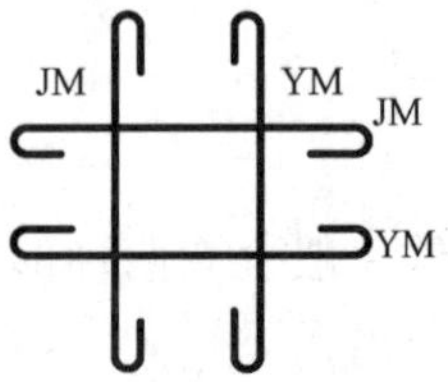

续上表

序号	说　　明	图　　例
3	如果断面图不能表达清楚钢筋布置，应在断面图外增加钢筋大样图	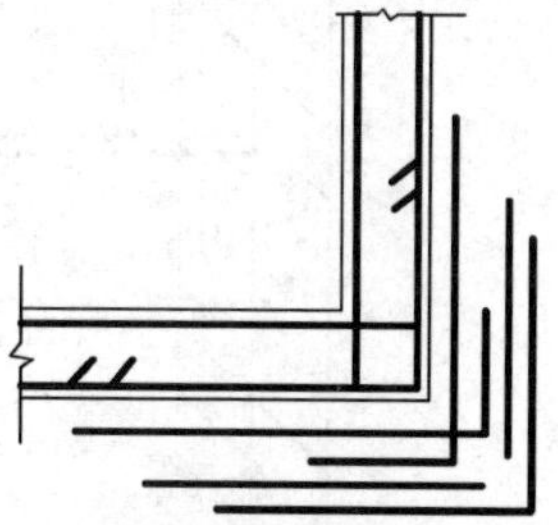
4	如果箍筋布置复杂，应加画钢筋大样及说明	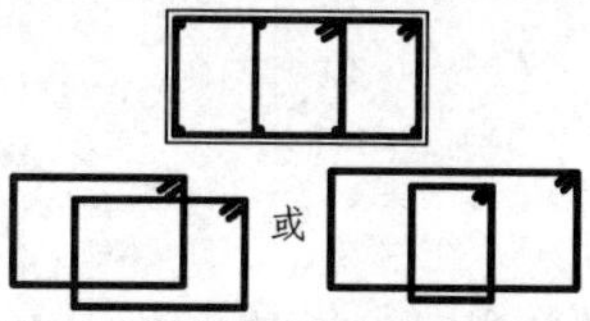

7. 钢筋在平面、立面、剖面图中的表示方法

(1)当构件布置较简单时，结构平面布置图可与板配筋平面图合并绘制。平面图中的配筋比较复杂时，可按表 10-7 中序号 5 的方式绘制，如图 10-11 所示。

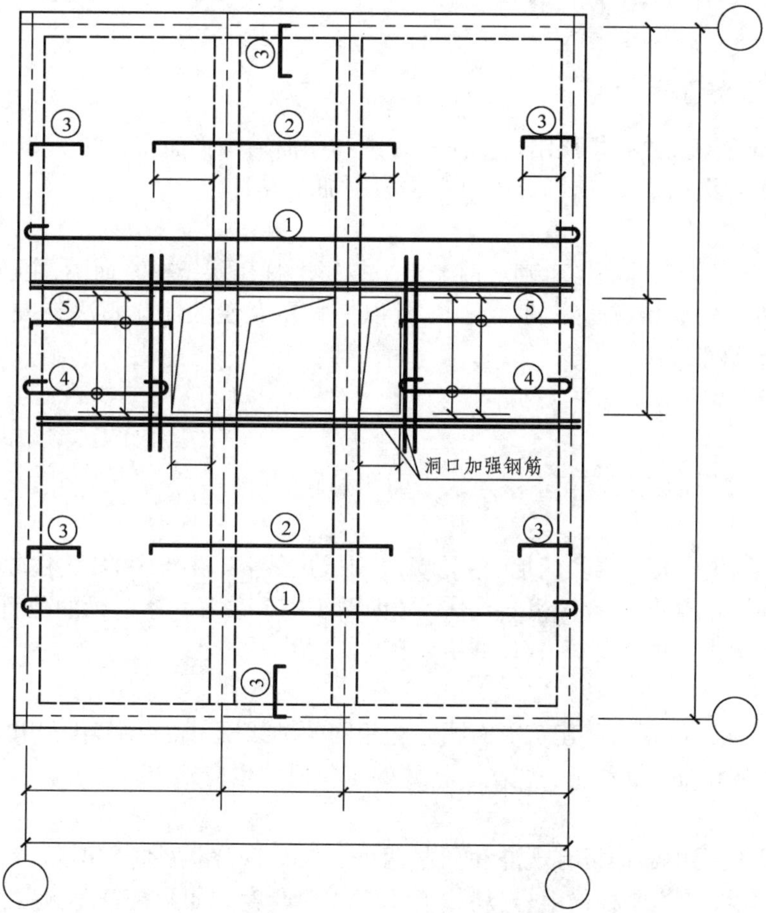

图 10-11　比较复杂的配筋结构平面图画法

(2)钢筋在立面、断面图中的配置,应按图 10-12 所示的方法表示。

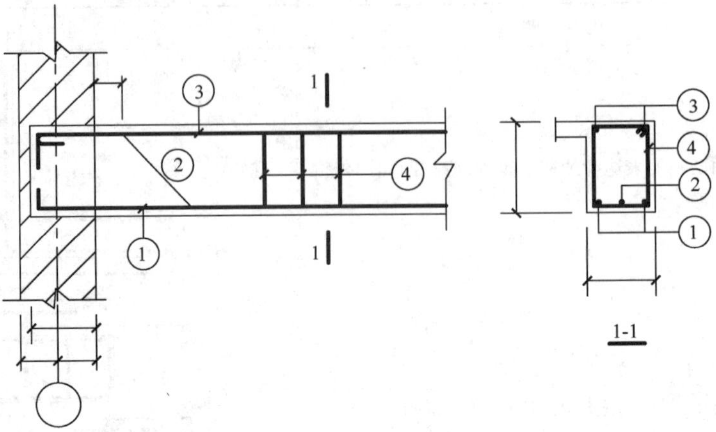

图 10-12　梁的配筋图

8. 配筋图的简化画法

(1)当构件对称时,钢筋网片可用一半或 1/4 表示,如图 10-13 所示。

(2)当构件中的钢筋配置较简单时,可采用局部剖切的方式,在其模板图的一角或一局部用波浪线隔开,在内表明钢筋的布置,并标注钢筋的直径、间距等,如图 10-14 所示。

(3)对称的钢筋混凝土构件,可在同一图样中一半表示模板,另一半表示配筋,如图10-15 所示。

二、结构平面布置图

结构平面布置图主要有楼层结构平面布置图和屋面结构平面布置图。由于楼层和屋面的结构布置和图示方法基本相同,因此仅以楼层为例加以说明。

1. 形成

楼板铺设完成后,上部墙体未砌之前的水平投影图称楼层结构平面图,主要用来说明楼层中各种结构构件的设置情况。在施工图中,常以一种示意性的简化画法来表示。图 10-16所示为二层结构平面布置图。

2. 基本内容

1)比例

楼层平面布置图的比例应与本层建筑平面图相同。

2)线型

在结构平面图中,被板挡住的墙、柱轮廓线画成虚线,未被挡住的墙、柱轮廓线画成细实线;门窗洞口均省略;梁的位置用粗实线表明(如图 10-15 中 L-3 等);梁的位置也可按梁的投影画出,并注写编号(如图 10-16 中 L-4、L-5 等)。

3)尺寸标注

楼层结构平面图应画出与建筑平面图完全相同的轴线网,标注轴线编号和轴线尺寸,以便确定梁、板及其他构件的位置。一些次要构件的定位尺寸也应给出。

4)楼板

楼层结构平面图中的楼板有现浇和预制两种。若为现浇板(如 XJB-1),在需要现浇的范围内画一斜线,斜线上注明板的编号,斜线下注明板的厚度。如果配筋不太复杂,直接在楼层结构平面图中画出;如果复杂,另画详图表示。

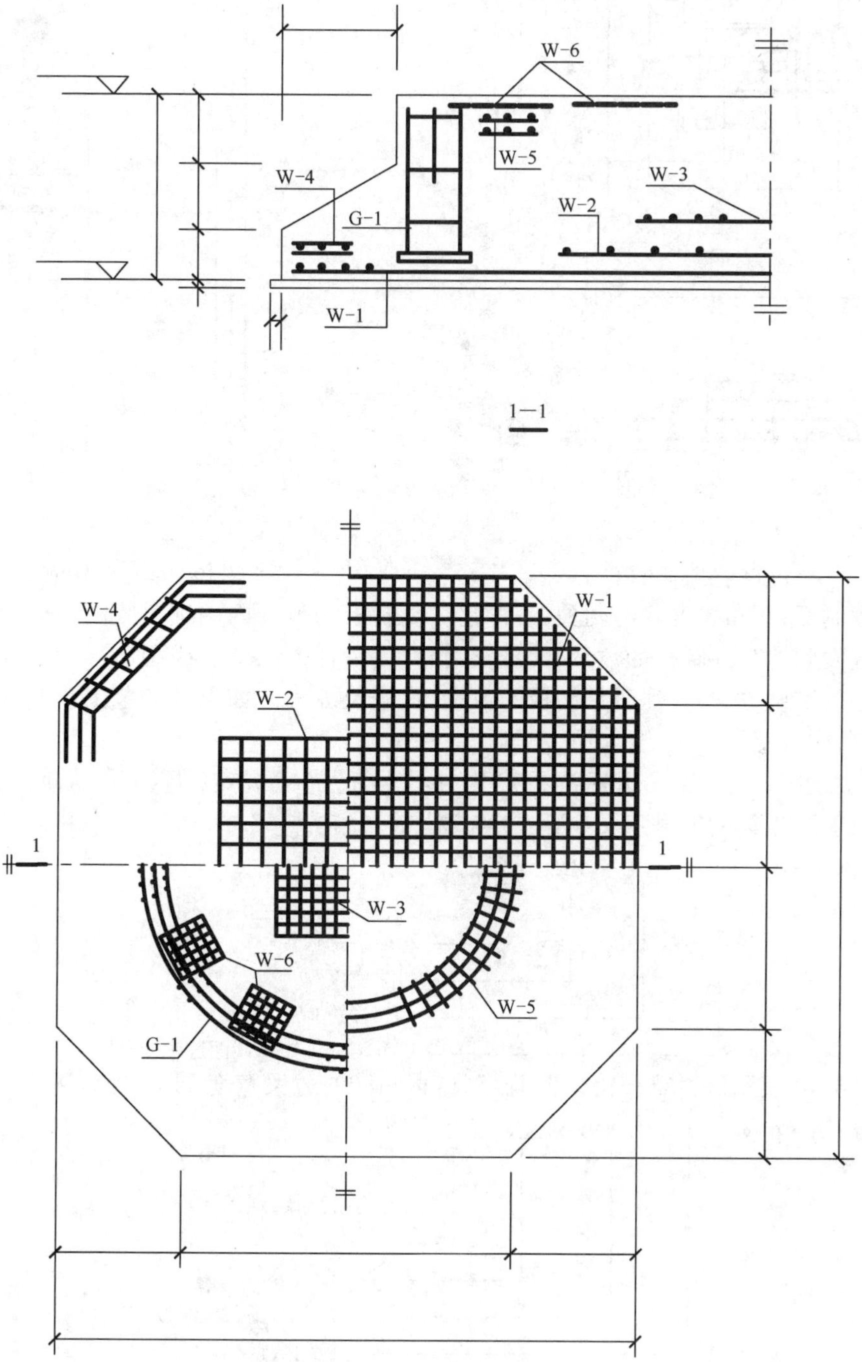

图 10-13　配筋简化图

注:图中“*W*”为钢筋网代号“*G*”为钢筋骨架代号。

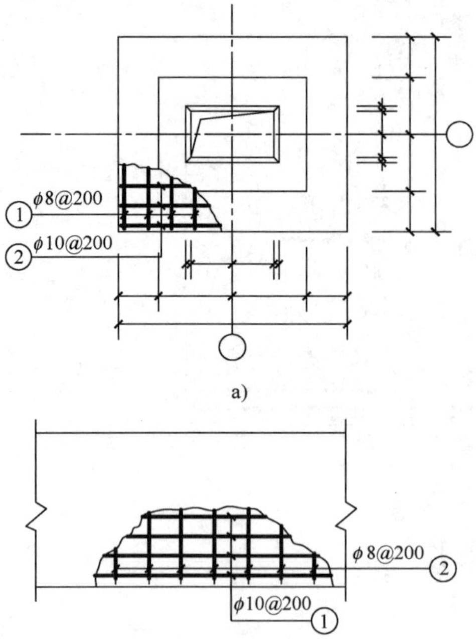

图 10-14　配筋简化图

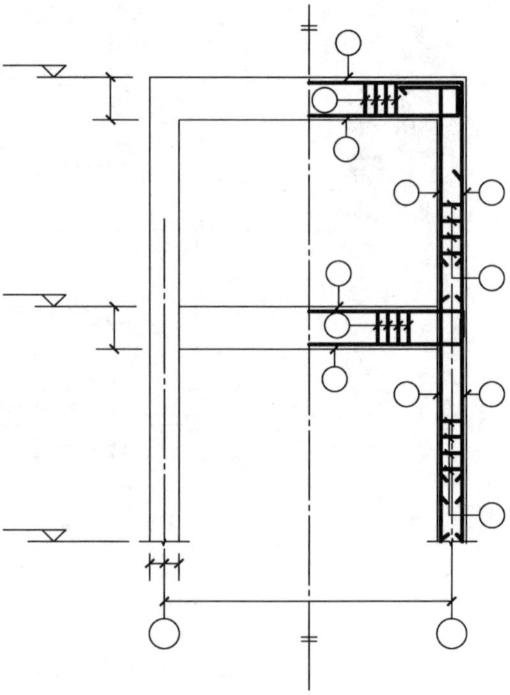
图 10-15　配筋简化图

若为预制板，其布置方式有两种：一种是在预制板的范围内用细实线画一对角线，在对角线的一侧或两侧注写预制板的数量、代号及编号；另一种是以细实线画出板的实际布置情况，直接表示板的铺设方向，并注明预制板的数量、代号及编号。如果某些范围预制板的数量、品种完全相同，则可用同一标记，如甲、乙等。

钢筋混凝土梁、板多采用标准图。构件代号有统一规定，但编号各地区有所不同。图 10-16中的梁、板等的编号意义如下：

过梁的代号　GL　XX　XX　X

- X —— 荷载级别代号
- XX（第二组）—— 过梁宽度
- XX（第一组）—— 洞口净跨
- GL —— 钢筋混凝土矩形截面过梁代号

如 GL18240 表示该过梁净跨（即门窗洞口宽）1800，过梁宽度 240，1 级荷载。

预应力多孔板　X　Y-KB　XX　X　X

- X（末位）—— 荷载级别代号
- X —— 板宽
- XX —— 板跨
- Y-KB —— 预应力多孔板代号
- X（首位）—— 板的数量

3Y-KB3654 表示 3 块预应力钢筋混凝土空心板，板跨即板长为 3600；板宽 500；4 级承载能力。

5）圈梁布置图

为了加强房屋的整体刚度，防止由于地基的不均匀沉降对房屋的不利影响，应按规定设置

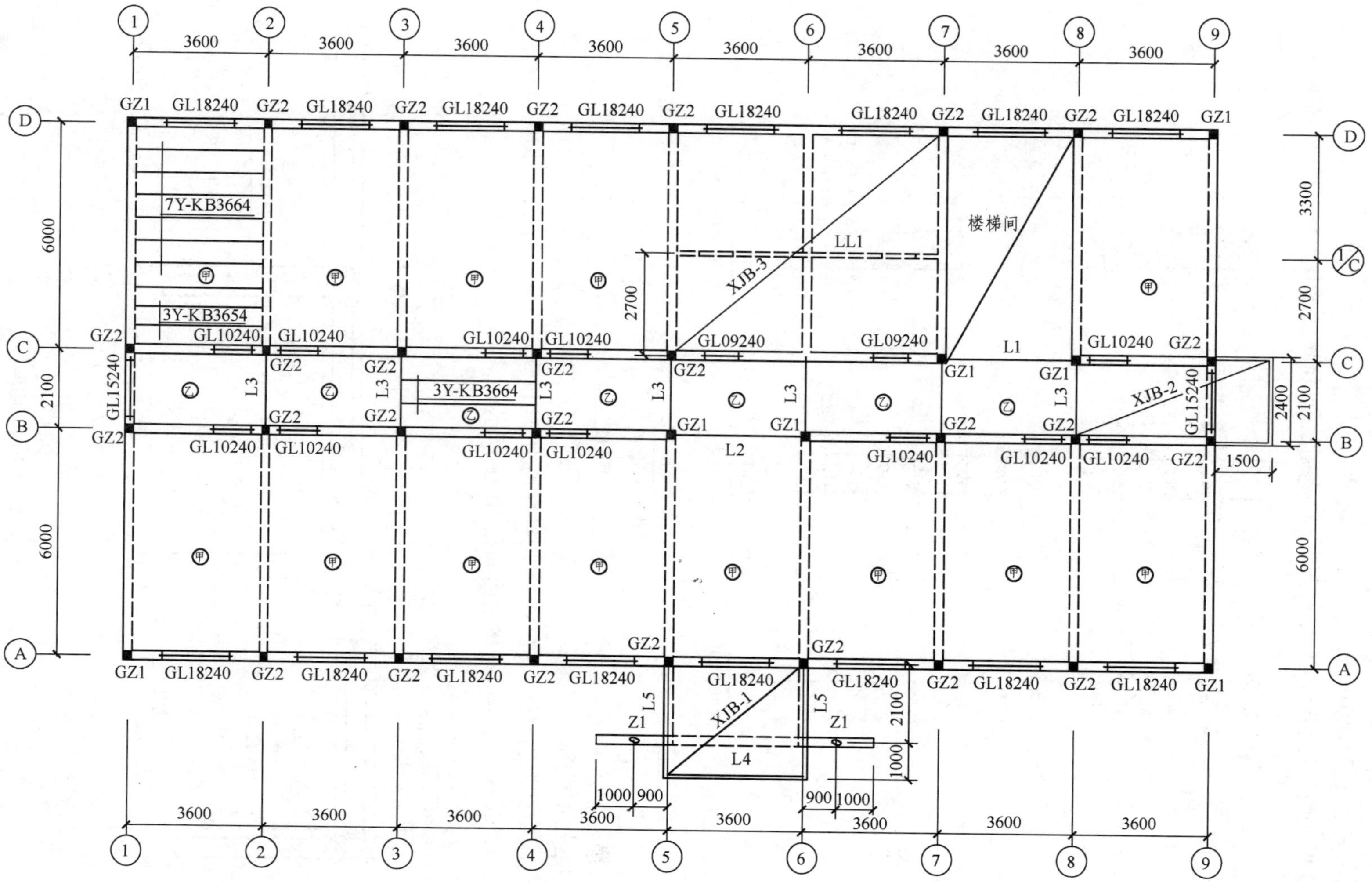

二层结构平面图 1:100

图10-16 楼层结构平面图布置图

圈梁。圈梁常沿墙体统长布置成闭合形，可现浇也可预制装配。圈梁布置图可在楼层结构布置平面图中表示，也可单独画出。

图 10-17 为圈梁断面图，因所有承重墙上均设圈梁，所以圈梁布置图与楼层承重墙布置图相同。

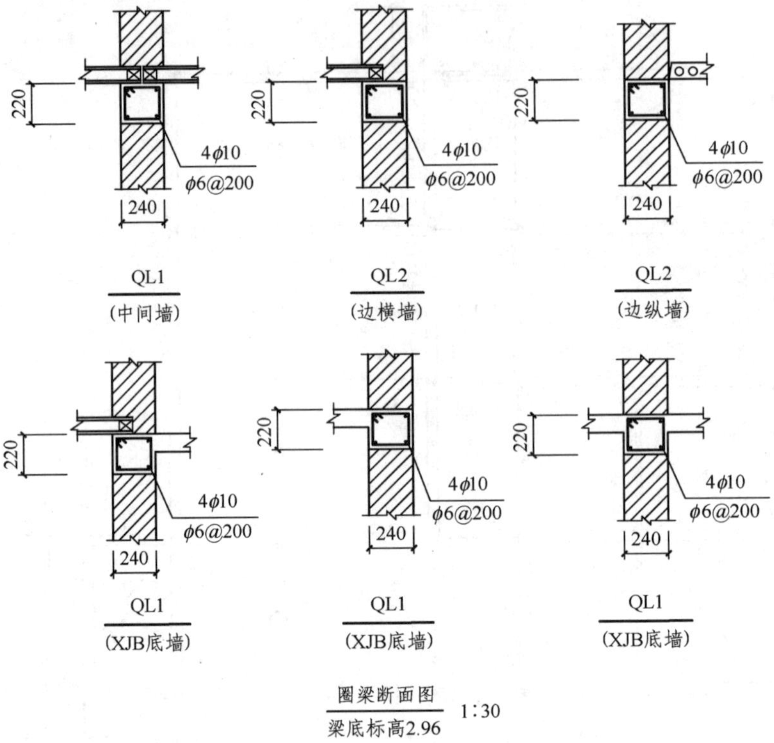

图 10-17　圈梁断面图

6）构造柱布置图

为了加强房屋的整体性，提高房屋的抗震能力，应按规定设置构造柱。图 10-16 中所有纵横墙相交处均设构造柱。构造柱断面如图 10-18 所示。

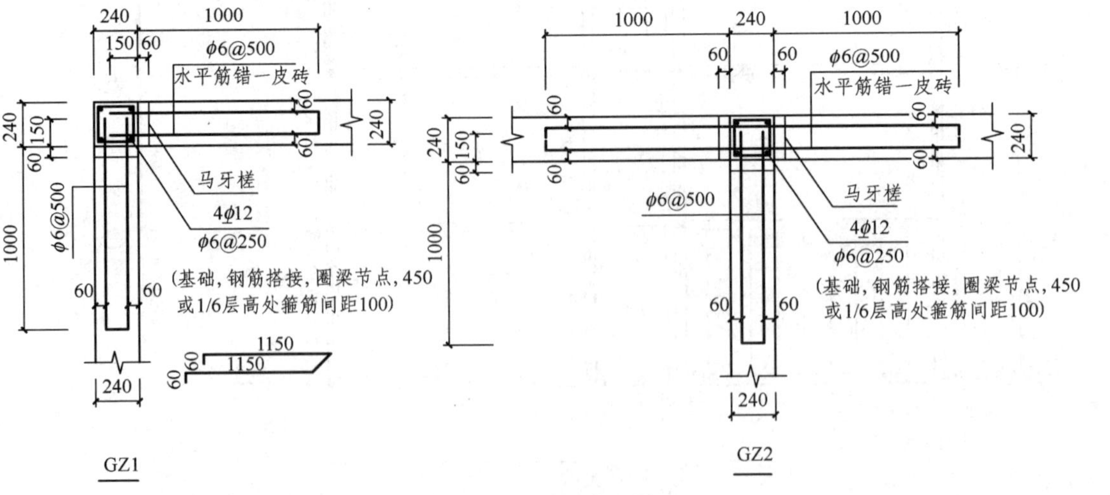

图 10-18　构造柱断面图

7）构件索引表

为便于制作、安装和编制工程预算，设计师要对各楼层内的结构构件进行统计，以表格形式表明结构构件的名称、数量及所在图纸编号等内容。二层楼面结构构件统计资料如表 10-8 所示。

二层构件索引表 表 10-8

构 件 名 称	构 件 代 号	数 量	所在图(册)号
预应力空心板	Y-KB3654	39	陕 96G42
预应力空心板	Y-KB3654	112	陕 96G42
现浇板	XJB-1	1	结施 2
现浇板	XJB-2	1	结施 2
现浇板	XJB-3	1	结施 2
梁	L1	1	结施 2
梁	L2	1	结施 2
梁	L3	7	结施 2
梁	L4	1	结施 2
梁	L5	2	结施 2
联系梁	LL1	1	结施 2
过梁	GL18240	16	CG329
过梁	GL15240	2	CG329
过梁	GL10240	12	CG329
过梁	GL09240	1	CG329
柱	Z1	2	结施 5
构造柱	GZ1	8	CG329
构造柱	GZ2	26	CG329

第四节 钢筋混凝土构件详图

结构平面图只表示建筑物各承重构件的平面布置,至于它们的形状、大小、材料、构造和连接情况等需要画出详图来表达。

钢筋混凝土构件详图是加工钢筋、浇筑构件的设计依据,详图内容包括构件模板图、配筋图、预埋件图、钢筋表及必要的文字说明。

模板图:主要表达构件的形状、大小、孔洞及预埋件的位置,是架设和制作构件模板的依据,见图 10-21。其画法与建施类似,并应标注各部分的详细尺寸。在实际工程中,当构件外形复杂或预埋件较多时,才需画出模板图。配筋图若能表达清楚外形,则不必画模板图。模板图包括模板立面图和断面图。

配筋图:主要用来说明构件内部钢筋的设置情况,如钢筋的形状、数量、材质、排放位置、粗细等情况,是钢筋下料、成形的依据。配筋图包括配筋立面图、断面图和钢筋详图。钢筋详图是将配筋立面图中的钢筋"抽"出来,用与立面图大小相同的比例画在其下方,并标上每种钢筋的编号,根数、直径以及各段的长度,这样的图俗称"抽筋图"。当构件配筋及钢筋形状复杂时,才画钢筋详图。

预埋件图:基于构件连接、吊装等的需要,在构件制作时,需要将一些铁件预先固定在钢筋骨架上,浇筑混凝土后,使其一部分表面露在构件外面,称为预埋件。通常要在模板图或配筋图中标明预埋件的位置，预埋件的形状、大小等还需另画详图。

钢筋表：为了备料、看图之便，在构件图中常常配合绘制一张钢筋明细表，简称钢筋表。钢筋表是加工钢筋、编制预算的依据。

一、钢筋混凝土梁详图

图 10-19 是一钢筋混凝土梁详图，由于其外形简单，故只画出配筋图和钢筋表。配筋图包括配筋立面图、断面图和钢筋详图。

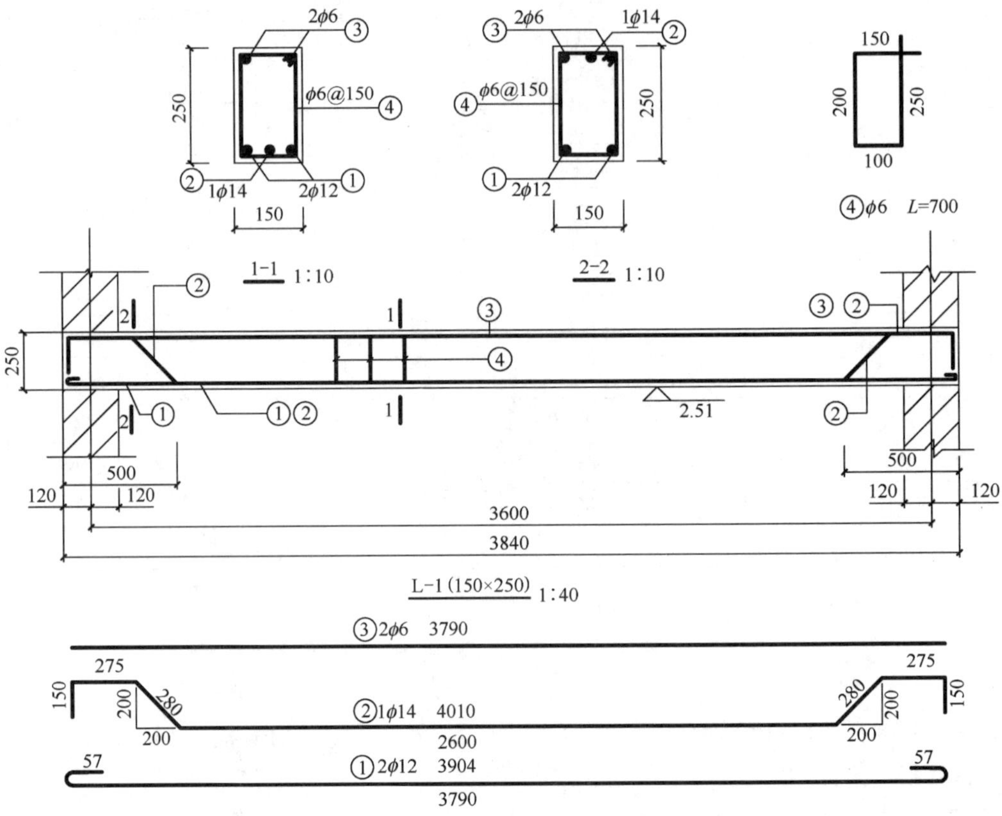

钢筋明细表

编　号	规　格	简　图	单根长度	根　数	总长(m)	备　注
①	φ12		3904	2	7.81	
②	φ14		4010	1	4.01	
③	φ6		3790	2	7.58	
④	φ6		700	24	16.80	

图 10-19　梁详图

1. 形成

假设钢筋混凝土梁为一透明体，内部钢筋可以看见，将此梁向投影面作投射，所得到的投影图称为配筋立面图。

2. 基本内容

1）图名、比例、图线

L-1 为构件的名称代号及编号。由于梁的长度远大于其断面高度和宽度，故立面图与断面图采用不同比例绘制。梁的可见轮廓用细实线表示，不可见轮廓用虚线表示，断面图不画材料符号。

2）钢筋图示方法及标注

钢筋的立面图用粗实线表示，钢筋的断面图用小黑点表示。所有钢筋都应编号，并注写根数、等级、直径和间距。如①号筋 2 ф 12 表示 2 根 I 级钢筋，直径为 12mm，放在梁底部两侧；②号筋是弯起筋，其中间段位于梁下部，接近两端时斜向 45°弯起至上部，到两端又垂直向下弯 150mm；③号钢筋是根据构造要求配置的，不受力，所以不带弯钩，在梁上部全长设置；④号筋6@200，表示 I 级钢筋，直径为 6mm，钢筋间距为 200mm，沿梁长均匀排放。

3）断面图

立面图应注明断面图的剖切位置，断面图数量的多少以能将钢筋走向表达清楚为宜。从图中可以看出梁为矩形梁，1-1、2-2 是梁的两个断面图，1-1 表达中间情况，2-2 表达两端情况，钢筋的弯起部分不必取断面。1-1 断面②号筋在底部，2-2 断面②号筋弯至上部。两断面其余钢筋相同。

4）钢筋详图（抽筋图）

抽筋图一般都画在与立面图相对应的位置，从构件最上或最左的钢筋开始一次排列，并与立面图中的同号钢筋对齐。同一号钢筋只画一根，在钢筋上标注编号、根数、品种、直径及下料长度。

5）尺寸标注

立面图应标注梁的长度、弯起筋的弯起位置、梁底标高；断面图上应标注断面的宽度和高度。

6）钢筋表

钢筋表中包括的项目有构件名称、构件数量、钢筋编号、规格、简图、长度、根数、总长等。钢筋表必须与配筋图完全相同，才能保证施工的准确性。

二、现浇钢筋混凝土板详图

图 10-20 为一现浇钢筋混凝土板详图，板的外形简单不另出模版图。板详图只画出配筋图和钢筋表。

1. 形成

将板向水平投影面进行投射，板的轮廓线用细实线表示，钢筋用粗实线表示，被板挡住的轮廓线用虚线表示。钢筋以立面图形式画在平面图中，就形成了配筋平面图，如图 10-20 所示。

2. 基本内容

1）钢筋形状

图 10-20 中钢筋有两种不同的形式：一种为①、②号筋，是配置在板下部的钢筋，主要承受板下部拉力；另一种为③、④号筋，是配置在板上部的钢筋，主要承受支座处板面的拉力，这种钢筋称负向钢筋。

2）钢筋编号及标注

不同钢筋应采用不同的编号，可直接在钢筋上画圆圈标注，圆圈直径为 6mm，并注明钢筋

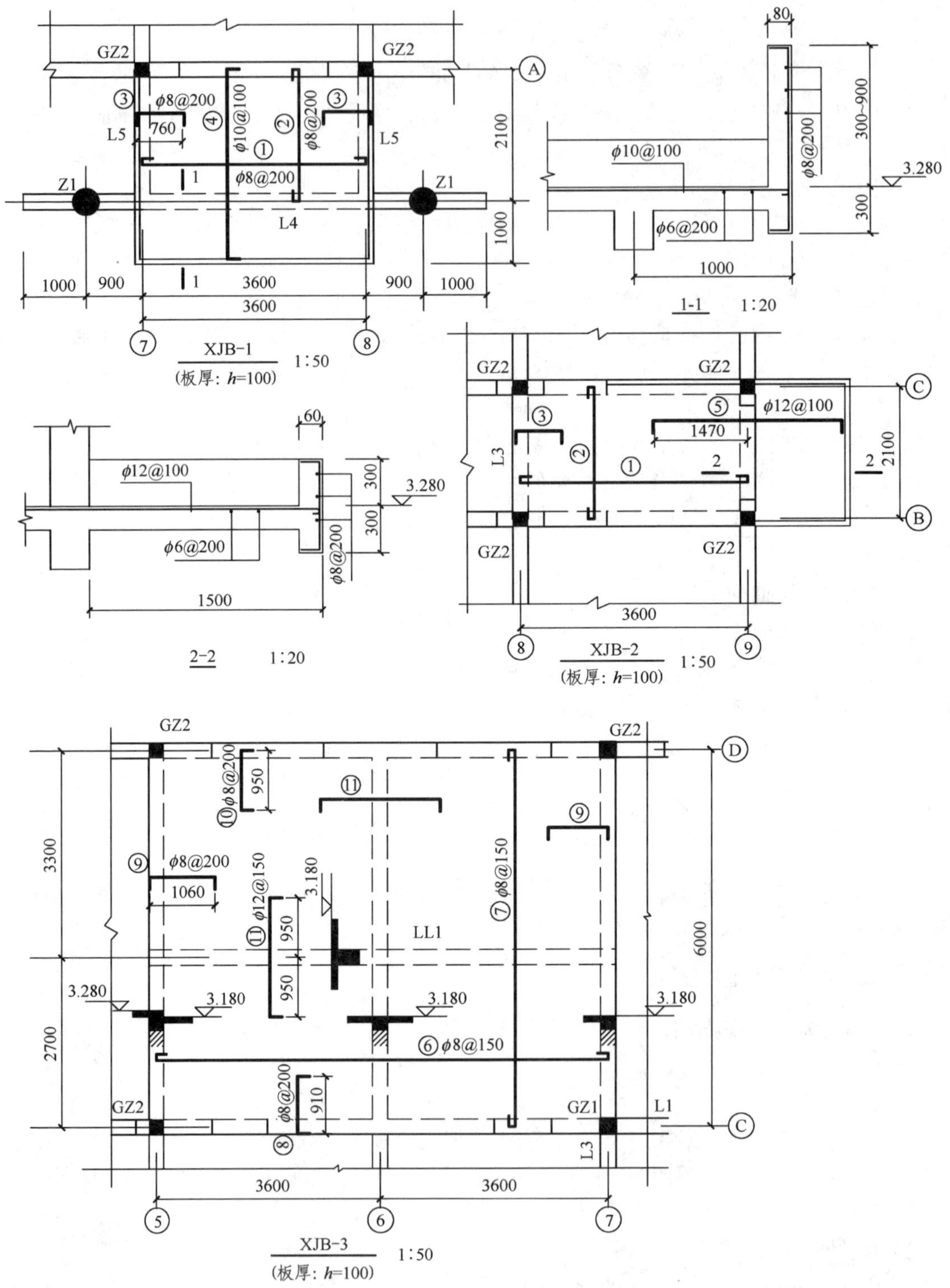

图 10-20　现浇板配筋图

的直径、等级及间距；相同编号的钢筋，可只在一处注明。图 10-20 板中受力筋、分布筋、负向钢筋都画了一根，其数量可由构件长度及钢筋间隔距离算出。

3）尺寸标注

板应注明轴线、板长、板宽等尺寸；负向钢筋应注明其长度，若有弯起钢筋，应注明弯起点。为支模定位方便，应给出板底标高。

4）重合断面图及板上预留洞

重合断面图主要表达板与梁及墙上圈梁的相互关系。对于用水较多的房间，如卫生间、厨房等，由于有管道要穿过楼板，因此要预留孔洞。板详图中应表达预留洞的大小、位置及形状。图 10-20XJB-3 中预留洞见水施。

5）断面详图

主要表达梁或墙上圈梁的钢筋情况、板厚及圈梁的高度等。

三、钢筋混凝土柱详图

民用建筑柱的形状比较简单，通过配筋图就能将形状和配筋表达清楚，故不必画出模板图。工业厂房的钢筋混凝土柱外形比较复杂，预埋件数量较多，要想表达清楚工业厂房的柱，就必须画出模板图和配筋图。图 10-21 是一单层工业厂房单跨车间的预制钢筋混凝土柱详图，它是一个较完整的钢筋混凝土构件详图。

1. 形成

将柱向投影面作正投射，所得的投影图称为柱的模板图；假设柱为透明体，内部钢筋可见，将其向投影面作正投射，所得的投影图称为柱的配筋图。

2. 基本内容

1）模板图

主要表达柱的外形、尺寸、标高、预埋件的位置等，作为构件制作、安装模板和预埋件的依据。图 10-21 最左侧为柱的模板图，其顶部有一预埋件 M-1，它是用来焊接屋架的；牛腿顶面和距牛腿顶面 830mm 处分别有预埋件 M-2、M-3，这两个预埋件是用来焊接吊车梁的。三个预埋件均有详图，从图中可以看出其形状完全相同，只是大小不同，M-1 的上部是一块钢板，钢板长 400mm、宽 250mm、厚 10mm，下部是 4 根 Ⅰ 级钢筋，直径为 16mm、长度为 300mm。柱分上柱、牛腿和下柱三部分。模板图未画出断面图，与配筋断面图结合，可知上柱为方形实心柱，断面大小为 400mm × 400mm，下柱为工字形柱，断面大小为 400mm × 600mm，牛腿处为变截面柱，其 2-2 处的断面大小为 400mm × 950mm，牛腿顶面标高 6m，上柱顶面标高 9.3m，柱总高为 10.55m。

柱面有两个翻身点，一个吊装点标记。这是因为该柱是预制柱，在制作运输安装过程中需要将构件翻身和吊起，这对构件的受力状态会产生很大的影响。若翻身或起吊的位置不对，可能导致构件破坏，因此需要根据力学分析找出起吊与翻身的合理位置，并做标记。

2）配筋图

柱配筋图用一个立面图、三个断面图和钢筋表三部分来表达。其中立面图表示了 10 种钢筋的编号，纵向位置及形状，箍筋的间距。1-1 断面表示上柱钢筋情况，①号筋是 4 根 Ⅰ 级钢筋，直径为 22mm，分放在柱的四角处，从柱顶伸到牛腿内 800mm。⑤号筋是上柱箍筋，间距 200mm，在顶部 500mm 范围内间距加密为 100mm；2-2 断面表示柱牛腿处钢筋情况，⑨、⑩号筋是布置在牛腿内的钢筋，⑥号筋是箍筋，其余均为上下柱伸入牛腿处的钢筋；3-3 断面表示下柱钢筋情况，②号筋是 4 根直径为 18mm 的 Ⅰ 级钢筋，分放在下柱的四角处，③号筋是 4 根

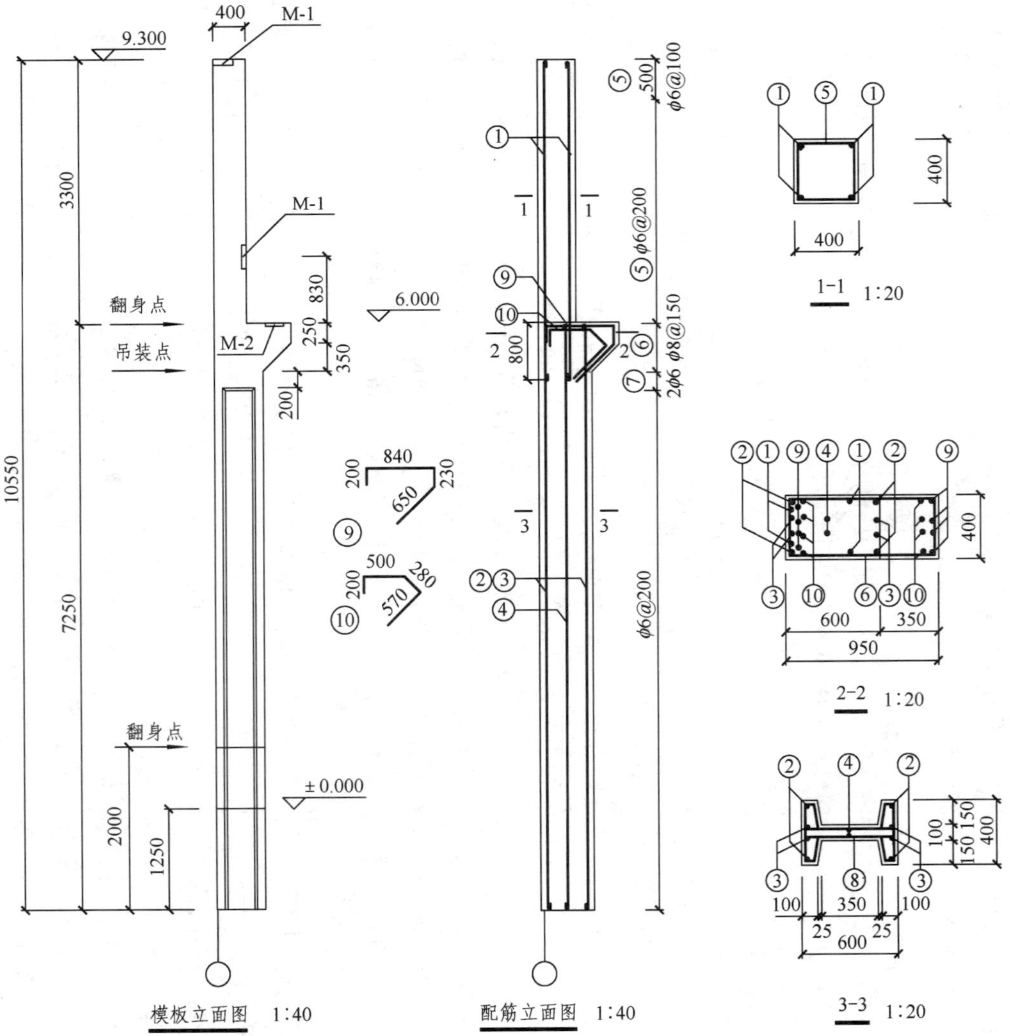

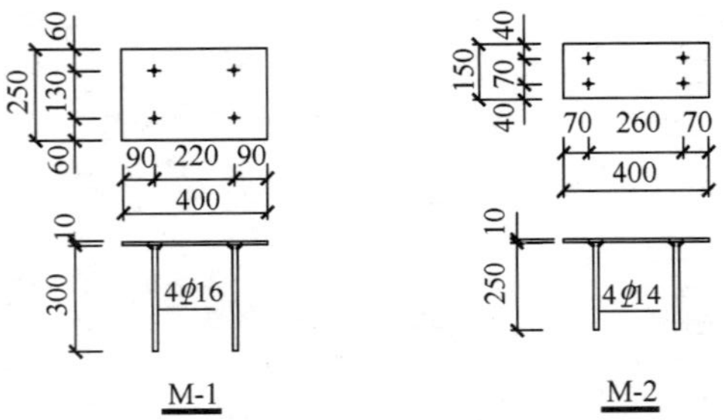

钢筋编号	钢筋规格	形　状	数量	长度(mm)
①	φ22		4	4330
②	φ18		4	7430
③	φ16		4	7400
④	φ10		2	7300
⑤	φ6		14	1500
⑥	φ8		5	2280
⑦	φ6		2	1900
⑧	φ6		33	2700
⑨	φ12		4	1900
⑩	φ12		4	1600

说明：
1. 柱混凝土采用C20
2. 预埋件采用一级钢板
3. 焊条采用T422

图10-21　预制柱详图

直径为16mm的Ⅰ级钢筋，分放在下柱的两侧，④号筋是2根直径为10mm的Ⅰ级钢筋，放在下柱工字形断面的中部，②、③、④号筋均由柱底伸到牛腿顶面。⑦号筋是牛腿下工字形断面上一小部分范围内的箍筋，⑧号筋是下柱的箍筋，各段箍筋布局不同，都在立面图上给以说明。图中钢筋共有10种，只有⑨、⑩号筋比较复杂，且在立面图中不易标注各段尺寸，需单独绘制详图。另外由于钢筋排列较密，钢筋品种直径等在引出线上不便注写，所以在钢筋表中加以注明，看图时应对照立面图、断面图、钢筋表仔细阅读。除了图样和钢筋表以外，图中还有文字说明，主要说明不能用图表达的内容。

四、楼梯结构施工图

钢筋混凝土楼梯，按施工方式不同可分为现浇楼梯和预制楼梯，按受力方式不同可分为板式楼梯和梁板式楼梯，见图10-22。板式楼梯的梯段从受力上可以看作一块板，两端支撑在平台梁上，平台梁支撑在楼梯间两端的侧墙上。其特点是结构简单、底面平整、施工方便，但自重较大、材料消耗多，适用于梯段跨度不大、荷载较小的楼梯。

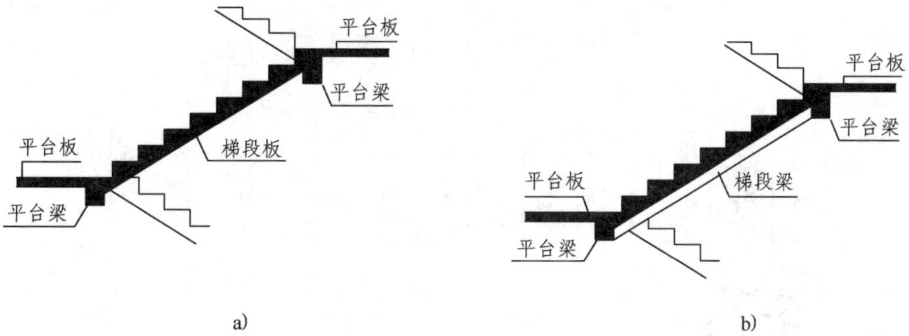

图10-22 现浇钢筋混凝土楼梯

a）板式楼梯；b）梁板式楼梯

梁板式楼梯的梯段两侧有斜梁，斜梁的两端支撑在平台梁上，梯段承受的荷载通过斜梁传给平台梁，平台梁与平台板一起支撑在楼梯间两端的侧墙上。斜梁可设在踏步的下面、上面或侧面。

楼梯结构施工图包括平面布置图、剖面图和构件详图。为了便于阅读，常将该部分内容编排在一张图纸上。现以现浇板式楼梯为例说明楼梯平面布置图的表达方式。

（一）楼梯平面布置图

1. 形成

从本层往上走的第一个梯段将楼梯水平切开，移去上部将下部向水平面做正投射，所得的投影图称为楼梯平面布置图。

2. 基本内容

楼梯平面布置图主要反映梯板、平台梁、平台板的平面位置，用细实线画出楼梯间墙体及各构件的平面轮廓线，注明墙体轴线号及各构件的代号，并标出楼梯开间、进深、梯段长度、平台宽度等主要尺寸。如图10-23所示，从二层平面图可以看出该楼梯的上下平台梁编号为TL-1，梯段板编号为TB-2、TB-3，平台板编号为PTB，平台板配筋较简单，故直接在平面图中表示，不需另画大样。

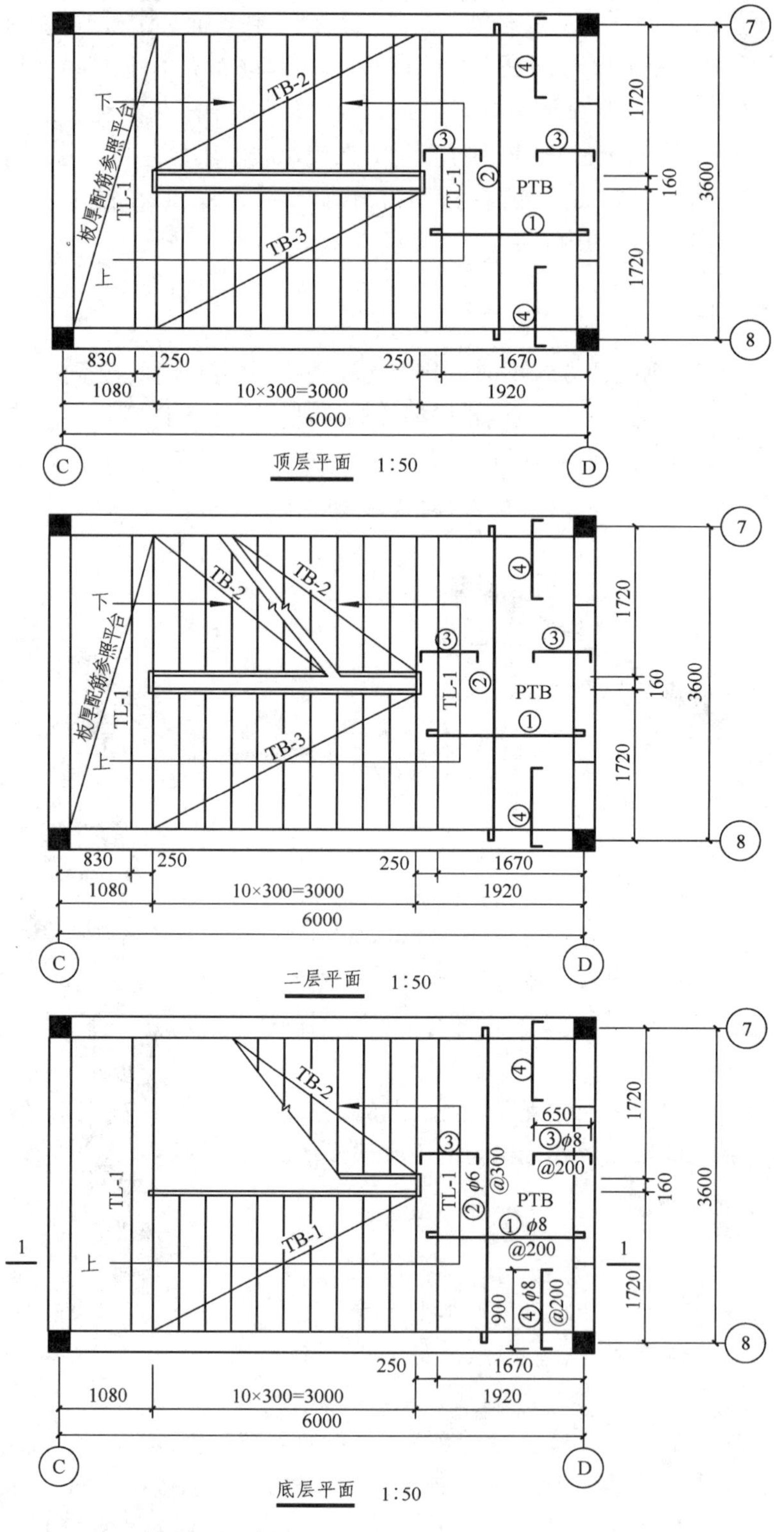

图 10-23 楼梯平面布置图

(二)剖面图和构件详图

1. 形成

剖面图形成与建施中所述方法相同,如图 10-24 所示。

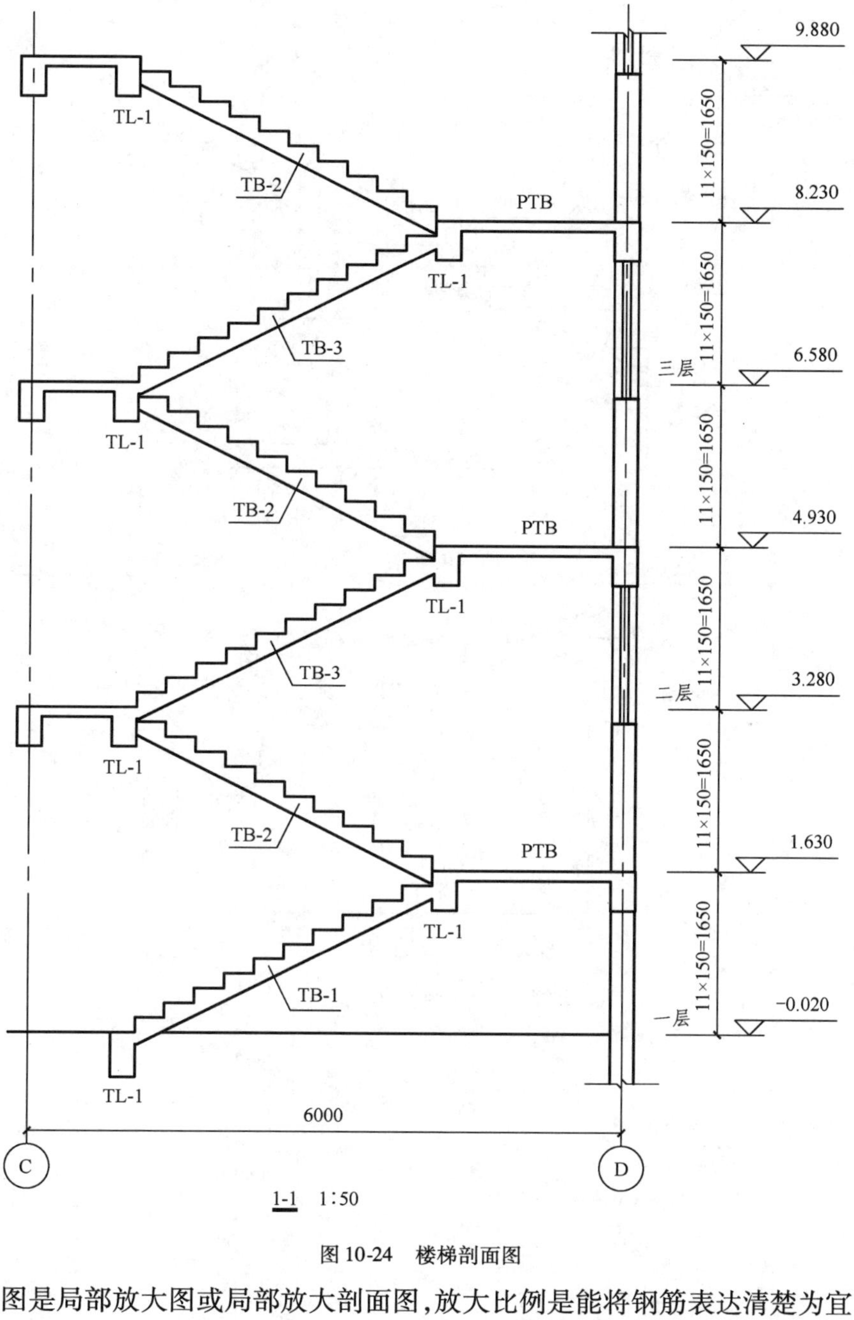

图 10-24 楼梯剖面图

构件详图是局部放大图或局部放大剖面图,放大比例是能将钢筋表达清楚为宜。

2. 基本内容

楼梯剖面图主要表示梯梁、梯板、平台的位置及编号。构件详图主要表达构件中所配钢筋的情况。如图 10-25 的 TB-1 所示,①号筋是板底受力筋,其上有分布筋②,③、④号筋是板面受力筋,其下有分布筋。板厚为 120mm,梯板支撑在两端平台梁上,平台板厚 100mm,由于梯梁的配筋较简单，所以仅用一个配筋截面图来表示钢筋布置情况。如 TL-1 中梁宽为 250mm、梁高为 400mm、梁长为 3840mm，①号筋为受力钢筋，②号筋为架立钢筋，③号筋为箍筋，沿梁全长设置。

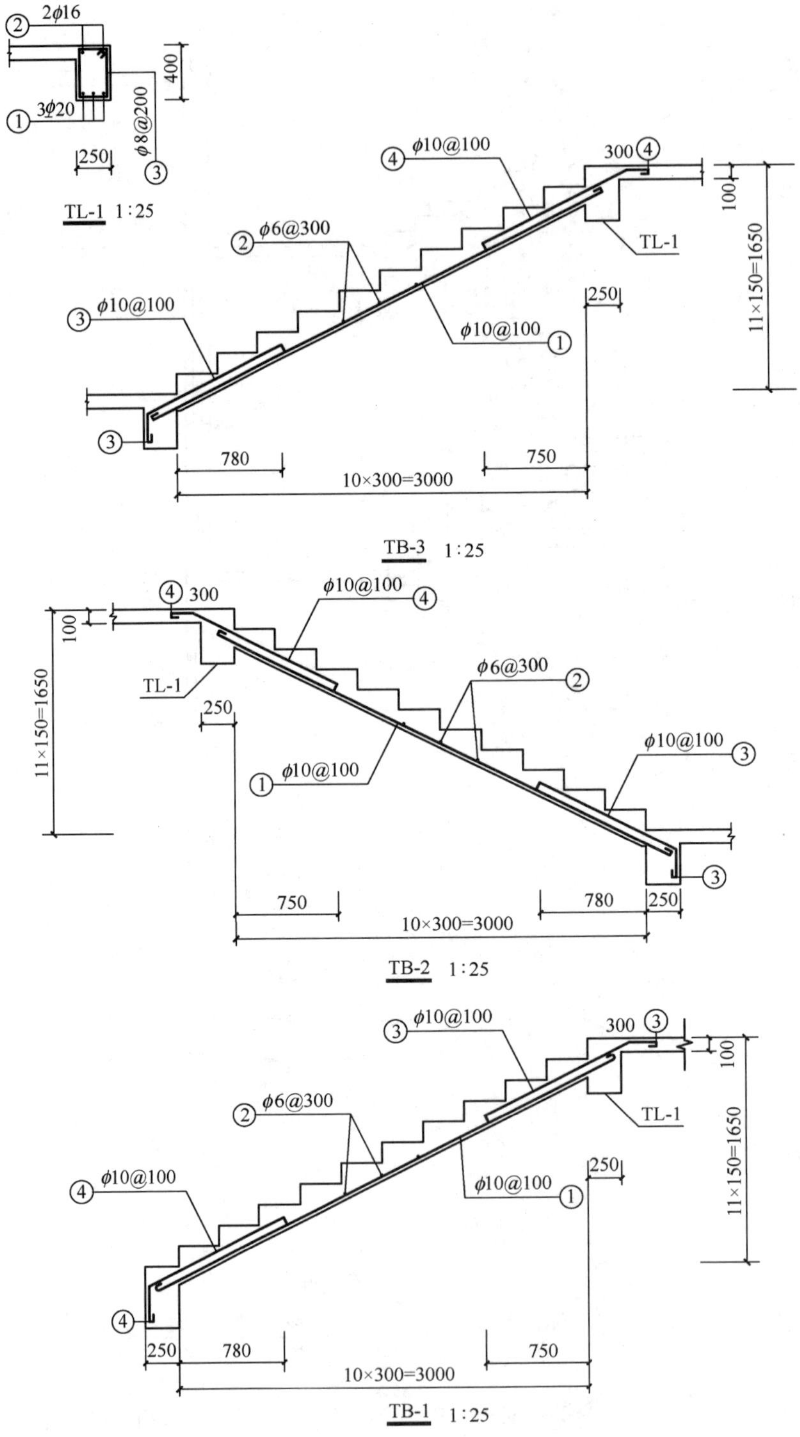

图 10-25 构件详图

复习思考题

1. 写出梁、板、柱、基础、桩等的结构代号。
2. 抄绘独立基础施工图。
3. 钢筋的弯钩有几种？
4. 过梁、多孔板代号中每一字母表示什么含义？
5. 钢筋混凝土简支梁中通常有几种钢筋？
6. 钢筋混凝土构建详图应包括哪几部分内容？

第十一章
正投影中的阴影

基本要求：

1. 掌握在正投影图中绘制阴影的方法。

2. 掌握常见建筑形体阴影的作法。

在正投影中绘制建筑形体的阴影，是建筑类专业必须学习的内容之一。掌握基本建筑形体阴影的画法，是绘制建筑阴影的基础。本章介绍阴影的基本概念、组合体阴影和常见建筑形体阴影的画法。

第一节　阴影的基本概念与基本规律

一、概述

1. 阴和影的形成

在光线的照射下，物体表面上直接受光的部分比较明亮，称为物体的阳面；背光的部分比较阴暗，称为物体的阴面。阳面和阴面的分界线称为阴线。由于物体通常是不透光的，所以照射在阳面上的光线受到阻挡，使得在物体本身或其他物体原来迎光的表面（即阳面）上出现了阴暗部分，称为影子或落影。影子的轮廓线称为影线，它是阴线的落影。落影所在的面称为承影面。阴与影统称为阴影。

图 11-1 所示为一台阶模型在平行光线照射下产生的阴影。从图中可以看出：通过台阶模型阴线上各点（称为阴点）的光线与承影面的交点，正是影线上的点（称为影点）。由此可知：阴和影是互相对应的。物体的影线正是该物体阴线的落影。

2. 正投影中加绘阴影的作用

人们对于周围的各种物体，凭借它们在光线照射下产生的阴影，可以更清晰地看出它们的形状和空间组合关系。因此，如在建筑设计的表现图中画上阴影，不仅丰富了图形的表现力，也增强了图面的美感。如图 11-2 所示，有三种不同形状的壁饰，依附于墙面上，它们具有完全相同的立面图。如不观察它们的平面图，就不能加以辨别。若在立面图中加绘了阴影，就能看出三者的区别，从而丰富了图形的表现力。又如图 11-3 所示在房屋立面图，画上阴影后，就能反映房屋墙面的一些凹凸层次，增强了立面图的效果。

应指出的是，在正投影图中加绘物体的阴影，实际是画出阴和影的正投影。在一般不致引起误解的情况下，我们就简单地说成是画出物体的阴和影。

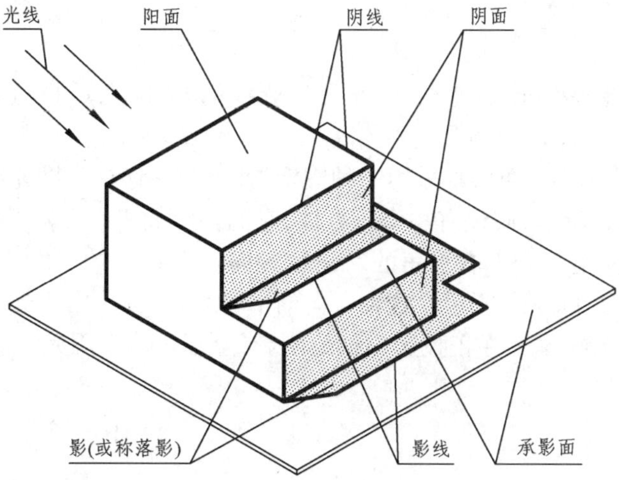

图 11-1　阴和影的形成

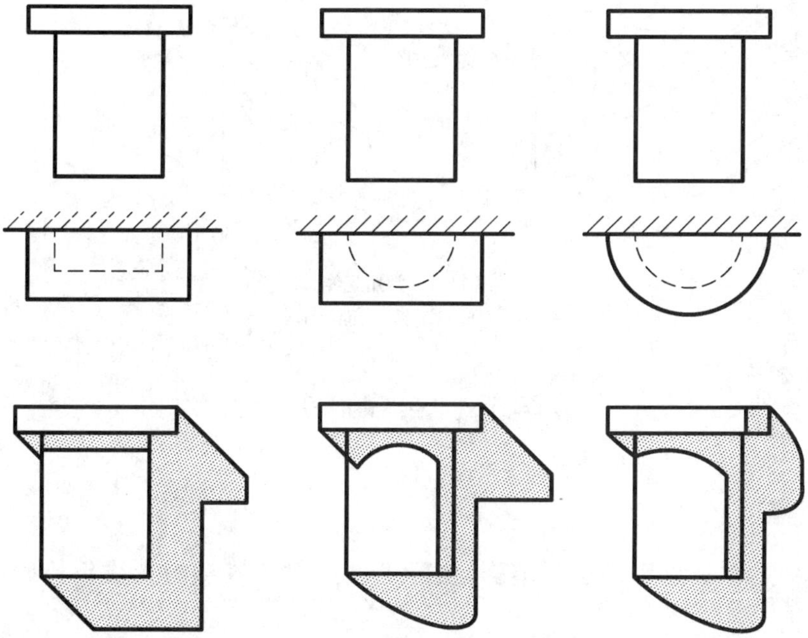
图 11-2　正投影图中加绘阴影的作用

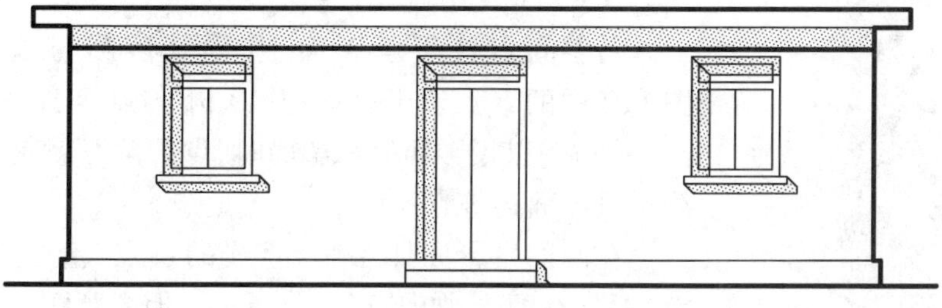
图 11-3　阴影在建筑表现图中的作用

二、常用光线

呈现阴影的光线有辐射光线(如灯光)和平行光线(如太阳光)两种。不同方向的光线,将产生不同形状的阴影。

在建筑图立面上加绘阴影时,常采用一种固定指向的平行光线,即光线 L 由物体的左、前、上方射来。如图 11-4a)所示,假设有一个正方体,它的各个面平行于相应的投影面,光线即为该正方体的前方左上角射至后方右下角的对角线方向。光线 L 的三个投影 l、l'及 l'',对投影轴都成 45°的方向,如图 11-4b)所示。这种方向的平行光线,称为常用光线。常用光线 L 与任一投影面的倾角 $\alpha \approx 35°$。本书在正投影中加绘阴影,全部采用常用光线。

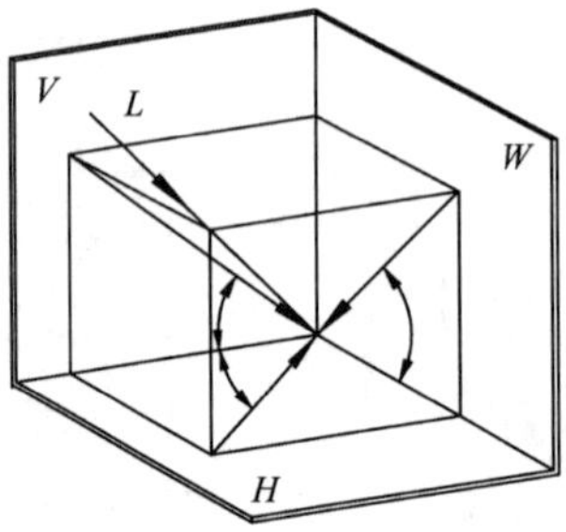

a)

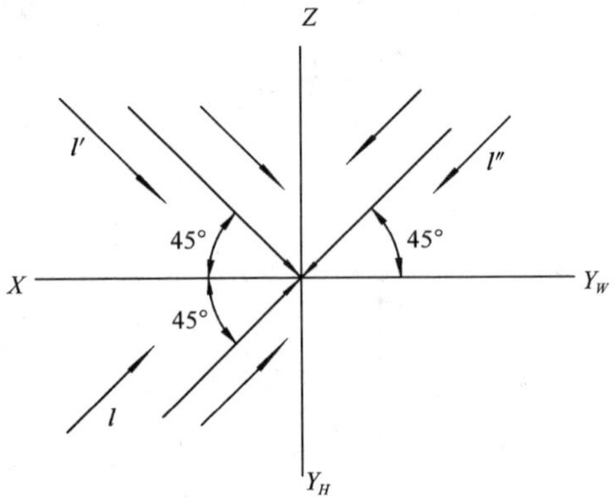

b)

图 11-4 常用光线

a)空间状况;b)三面投影

第二节 点的落影

一、点的落影

(1)空间一点在某承影面上的落影,实际上就是射于该点的光线延长后,与承影面的交点。

如图 11-5 所示,要作出点 A 在承影面 P 上的落影,可通过点 A 作光线 L,则光线 L 与 P 面的交点 A_P,就是点 A 在 P 面上的落影。可见,求点的落影,就是求直线(光线)与面(承影面)的交点。

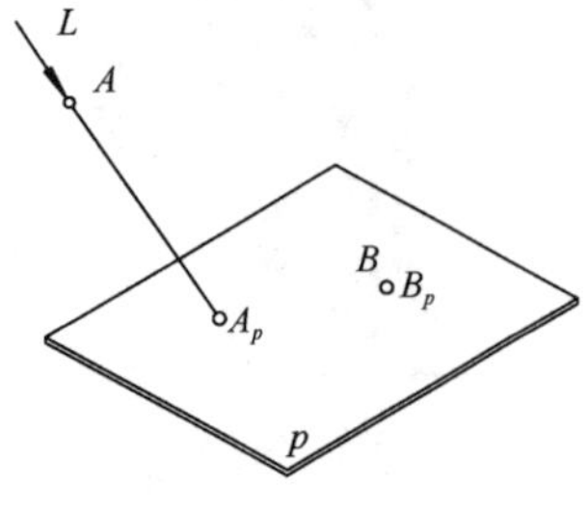

图 11-5 点的落影

若空间点位于承影面上,则其落影与该点自身重合。图 11-5中的 B 点位于 P 面,其影 B_P 与点 B 自身重合。

(2)当以投影面为承影面时,点的落影就是通过该点的光线对投影面的迹点。

在两面投影面体系中,直线的迹点(直线与投影面的交点)通常有两个,如图 11-6a)所示。但究竟哪一个迹点是空间点 A 的落影呢?这要看过点 A 的光线先与哪个投影面相交。首先相交的那个投影面上的迹点,就是所求的落影。在

图 11-6中，过点 A 的光线 L 先与 V 面相交，因此正面迹点 A_V 就是点 A 的落影。如设想 V 面是透明的，则过点 A 的光线会与 H 面相交，得水平迹点 A_H。此影称为点 A 的虚影（或称为假影），一般不必画出，但以后在求作阴影过程中有时需利用它。

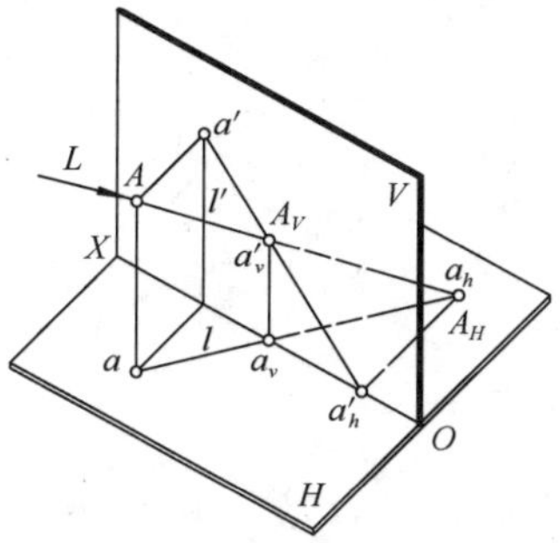

a)

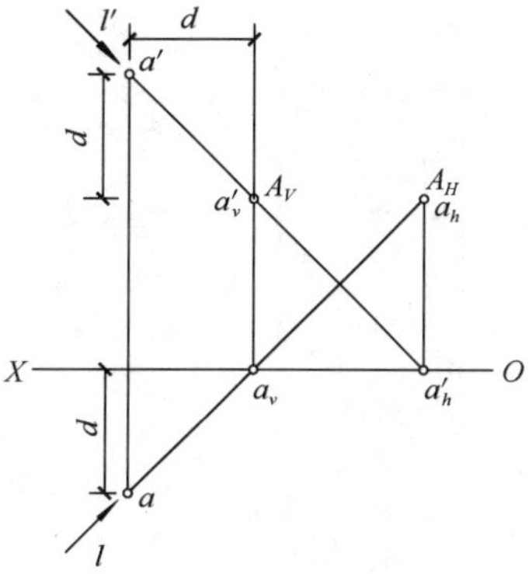

b)

图 11-6　点在投影面上的影

点 A 的落影 A_V 的 V 面投影 a_v' 和 A_V 自身重合，而其 H 面投影则位于 OX 轴上，a_v、a_v' 又分别位于光线 L 的投影 l、l' 上。因此，求作点 $A(a、a')$ 的落影 $A_V(a_v、a_v')$ 的步骤是：先过 a、a' 作光线的投影 l、l'，l 和 OX 轴的交点 a_v 就是落影 A_V 的 H 面投影。然后在 l' 上求得 a_v' 即可。如图 11-6b）所示。使光线的投影 l、l' 继续延长，l' 则与 OX 轴相交于 a_h'，在 l 上可求得 a_h，$(a_h、a_h')$ 就是点 A 在 H 面上的虚影 A_H。

二、点在各种位置平面上的落影

1. 空间点在投影面上的落影

空间点在某投影面上的落影，与该点同面投影之间的水平距离和垂直距离，都等于空间点对该投影面的距离。

如图 11-6b），点 A 的落影 $A_V(a_v')$ 与点 A 的投影 a' 之间的水平距离和铅垂距离，都正好等于点 A 到 V 面的距离，即投影 a 到 OX 轴的距离 d。

点在任何投影面平行面上的落影也符合上述规律。如图 11-7a）所示，点 $A(a、a')$ 在正平面 P 上的落影 $A_P(a_p、a_p')$，其中 a' 和 a_p' 之间的水平距离和铅垂距离，都等于点 A 对 P 面的距离。因此，根据点对投影面平行面的距离，就可以在一个投影中求作点的落影。如图 11-7b）所示，即过 a' 作光线 l'，在 a' 的右下方取一点 a_p'，使 a_p' 与 a' 的铅垂（或水平）距离等于点 A 对正平面 P 的距离 d，则此点 a_p' 也是点 A 在 P 面上落影 A_P。

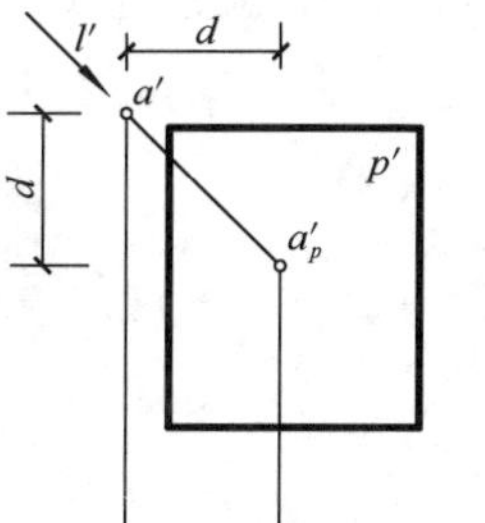

a)

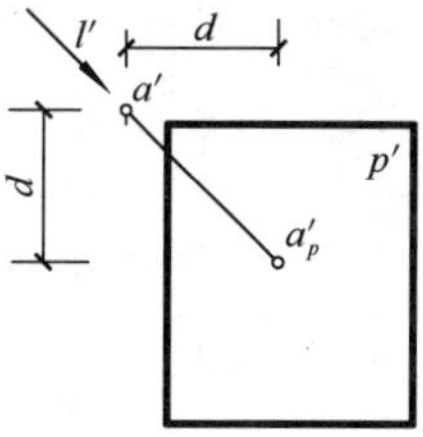

b)

图 11-7　点在投影面平行面上的落影

2. 点在投影面垂直面上的落影

若投影面垂直面为承影面时，点在上面的落影，可利用承影面的积聚性投影作图，如图 11-8 所示。

3. 点在一般位置平面上的落影

若一般位置平面为承影面时，点落于该面的影子用求一般直线与一般位置平面的交点方法作图，如图 11-9 所示。过点 A 的光线 L 与承影面 P 的交点 $A_P(a_p、a_p')$ 就是点 A 的落影。

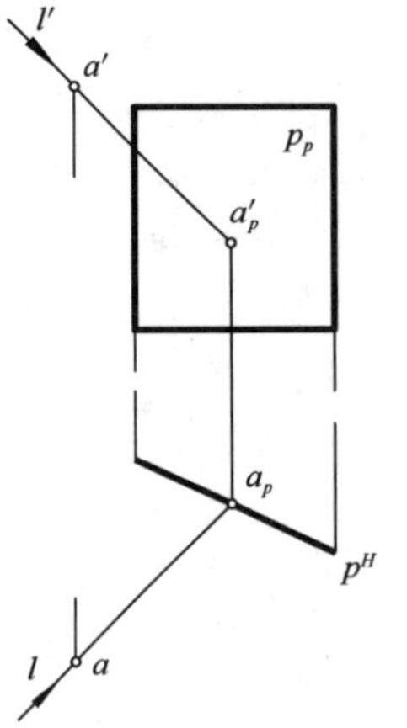

图 11-8　点在投影面垂直面上的落影

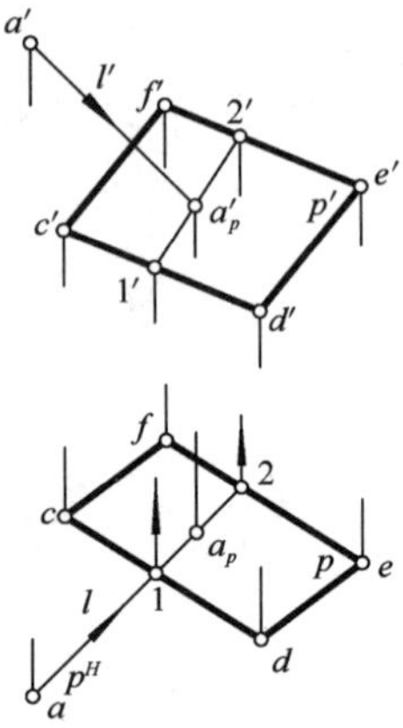

图 11-9　点在一般位置面上的落影

第三节　直线的落影

一、直线的落影

(1)直线在某承影面上的落影是过该直线的光平面与承影面的交线。

当承影面为平面时，直线在其上的落影一般仍然是一直线，如图 11-10 中的直线 AB。求直线在平面上的落影，本质上就是求两平面的交线。

若直线平行于光线的方向，则其落影成为一点，如图 11-10 中直线 CD。

(2)求直线线段在一个承影平面上的落影，只要作出线段上两端点（或直线上任意两点）的落影，连线即可。

图 11-11 中，直线 AB 落影于 V 面上，可分别过直线上两端点 A、B 引光线，求出这两条光线的正面迹点 A_V 及 B_V，连线 A_VB_V 就是直线 AB 在 V 面上的落影。

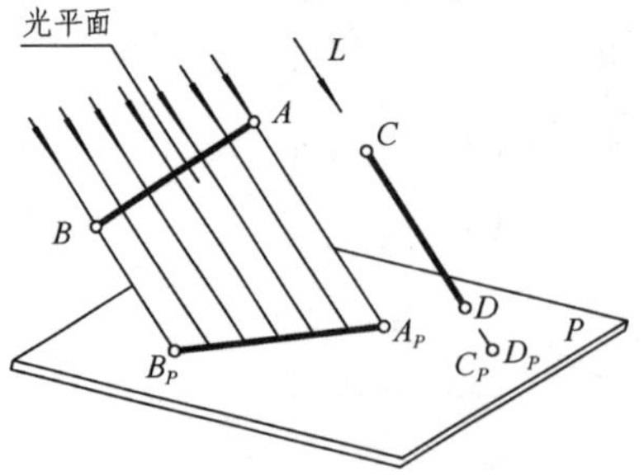

图 11-10　直线的落影

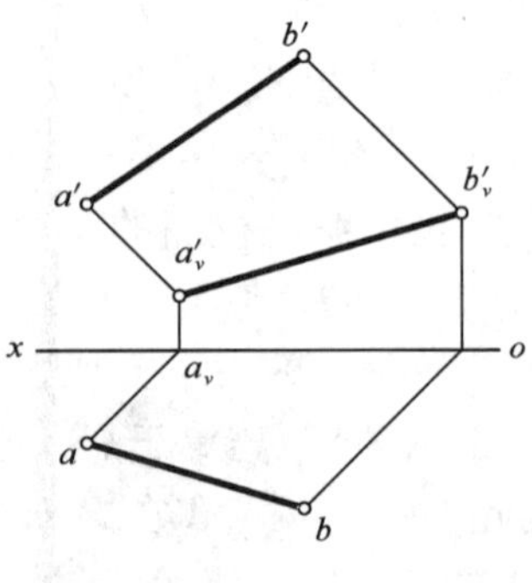

图 11-11　直线在投影面上的落影

图 11-12 中，直线 AB 的承影面为铅垂面 P，可分别求出直线上两端点 A、B 的落影 $A_P(a_p、a_p')$ 及 $B_P(b_p、b_p')$。连线 $a_p'b_p'$ 为直线 AB 在 P 平面上的落影 $A_P B_P$ 的 V 面投影，而 A_PB_P 的 H 面投影 $a_p b_p$ 则

积聚在 P^H 上。

图 11-13 中，直线 AB 的承影面为一般位置平面 P。求直线 AB 在 P 面上的落影，可根据图 11-9 的方法，分别求出直线上两端点 A、B 的落影 $A_P(a_p、a_p')$ 及 $B_P(b_p、b_p')$，则连线 $a_p b_p$ 和 $a_p'b_p'$ 分别是所求直线落影的 H 和 V 投影。

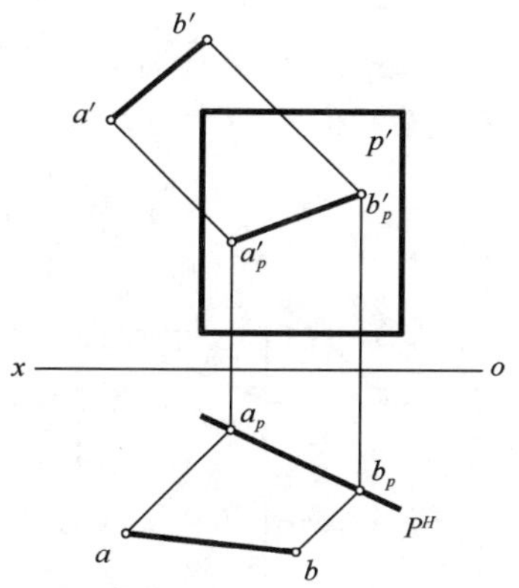

图 11-12　直线在铅垂面上的落影

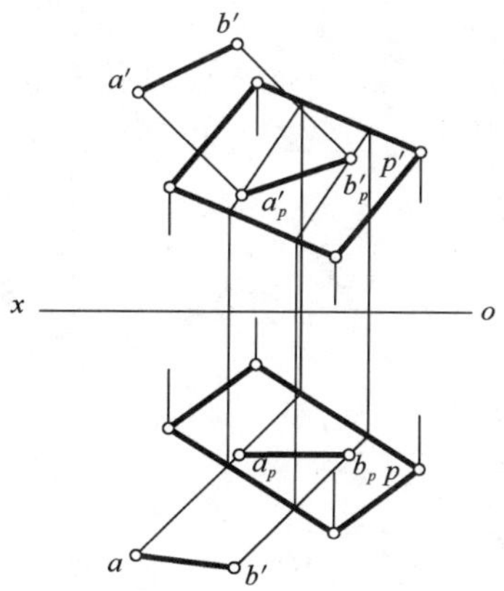

图 11-13　直线在一般位置面上的落影

二、直线的落影规律

1. 直线落影的平行规律

(1)直线平行于承影平面，则直线的落影与该直线平行且等长。

图 11-14a)是求正平线 CD 的影，由作图可知，点 C 落在 V 面上 C_V，而 CD 平行于 V 面，因此，直线 CD 在 V 面上的落影 C_VD_V 必然平行于 CD 本身，且等长，它们的同面投影也一定平行且等长。即 $c_v'd_v'$ 平行 $c'd'$。

图 11-14b)中，求作直线 AB 在铅垂面 P 上的落影。从 H 面投影中看到 $ab /\!/ P^H$，故可知直线 AB 是与 P 面平行的。因此，直线 AB 在 P 面上的落影 A_PB_P 必然平行于 AB 本身，且等长，它们的同面投影也一定平行且等长。由此，只需求出直线 AB 一个点的落影如 a_p'，即可作出与 $a'b'$ 平行且等长的落影 $a_p'b_p'$。

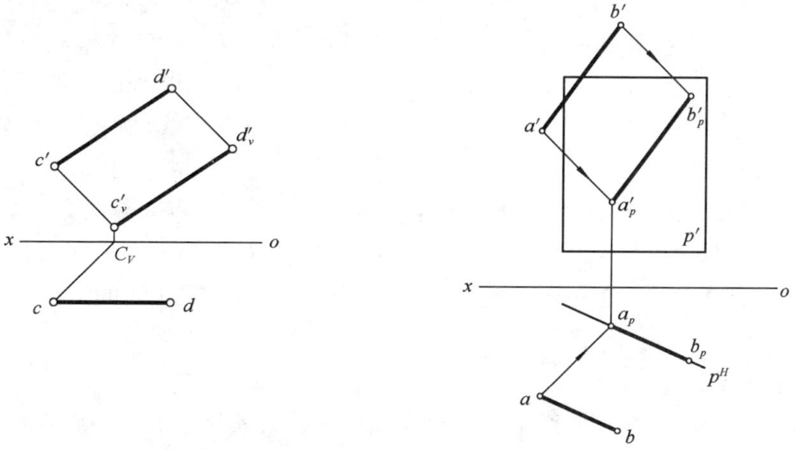

a)　　b)

图 11-14　直线在其平行平面上的落影

(2)两直线互相平行，它们在同一承影平面上的落影仍平行。

图 11-15 中，AB 与 CD 是两平行直线，它们在 P 面上的落影 A_PB_P 与 C_PD_P 必然互相平行。它们的同面投影也一定互相平行。因此，可先求出其中一条直线的落影如 $a'_pb'_p$，则另一直线 CD，只需求出一个端点的落影 c'_p 就可作出与 $a'_pb'_p$ 平行的落影 $c'_pd'_p$。

(3)一直线在两平行承影平面上的落影互相平行。

图 11-16 中，承影平面 P 与 Q 是互相平行的。故过直线 AB 的光平面，与两平行平面交线必然互相平行，即两段落影互相平行，这两段落影的同面投影也互相平行。

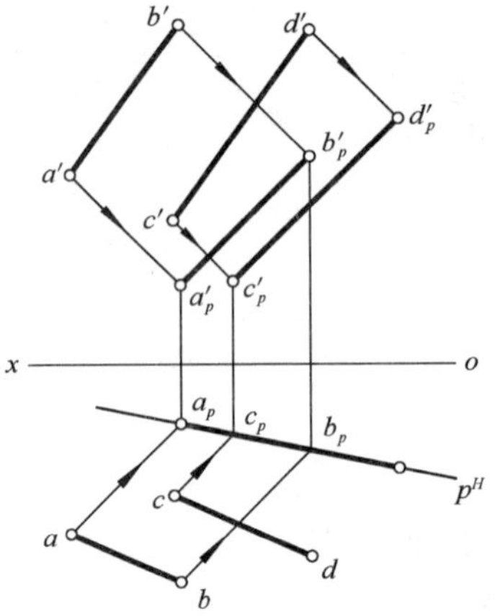

图 11-15　平行两直线的落影

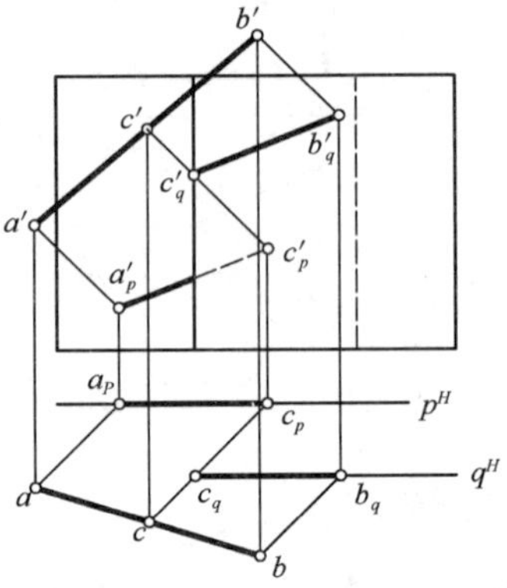

图 11-16　直线在平行两平面上的落影

AB 线的落影为两段，它们分别落影于 P 面和 Q 面上。为作出 AB 线在 P 面和 Q 面上的影子，可先作出端点 A、B 的落影 $A_P(a_p$、$a'_p)$ 和 $B_Q(b_q$、$b'_p)$，它们分别位于两个承影面上。A_P 和 B_Q 两个影点是不能连线的。再求出点 C 在 P 面上的影子 $C_P(c_p$、$c'_p)$，得 AB 线在 P 面上的影 $A_P\,C_P$ $(a_p\,c_p$、$a'_pc'_p)$。然后过影点 b'_q，作 $a'_pc'_p$ 的平行线，即得 AB 线在 Q 面上的落影 $C_QB_Q(c_qb_q$、$c'_pb'_p)$。

AB 线上的点 C，实际同时落影于 P 和 Q 面上，我们把这样的点称为过渡点。

线段在 P 面上的影子有一部分被 Q 面遮挡可不画出或画虚线。

2. 直线落影的相交规律

(1)直线与承影面相交，直线落影必然通过该直线与承影面的交点。

图 11-17 中，直线 AB 与承影面 P 相交于点 B。交点 B 在 P 面上，故其落影 B_P 与该点 B 本身重合。而 B_P 又应在直线的落影上，因此，直线的落影通过 B_P，也就是通过交点 B。作图时，只需求出该直线另一个点的落影 $A_P(a_p$、$a'_p)$，连线 $a'_pb'_p$ 即为直线 AB 在 P 面上落影的正面投影。

(2)两相交直线在同一承影面上的落影必然相交，落影的交点就是两直线交点的落影。

图 11-18 中，直线 AB 和 CD 相交于点 K。先求出交点 K 的落影 $K_P(k_p$、$k'_p)$，再求出两直线上各一个端点的落影，如 a'_p 和 c'_p，然后分别与 k'_p 相连，即得两相交直线的落影。

(3)一直线在两个相交的承影面上的两段落影必然相交，落影的交点(称为折影点)必然位于两承影面的交线上。

图 11-19 中，直线 AB 在相交两平面 P 和 Q 上的落影，实际上是过 AB 的光平面与两承影平面相交所得到的交线，为折线。折影点 C_{I} 位于 P 与 Q 的交线上。

作图时，先分别作出直线上两端点 A、B 在 P 面和 Q 面上的落影 $A_P(a_p$、$a'_p)$ 和 $B_Q(b_q$、$b'_q)$，

然后求出折影点 C。折影点 C_{I} 的作图过程是：由折影点 C_{I}（位于 P、Q 两面交线上）的 H 面投影 c_1 引 45°光线，返回到 AB 线上得点 $C(c、c')$，再由 c' 作 45°光线，即可得到折影点的 V 面投影 c_1'。连线 $a_p'c_1'$ 和 $c_1'b_q'$，就是直线 AB 在相交两平面 P 和 Q 上落影的 V 面投影。

图 11-20 所示是直线 AB 在两个投影面上的落影。点 B 的虚影（B_h）与点 A 的落影 A_h 相连，交 ox 轴得到折影点 K。连线 A_HK 和 KB_V 就是直线 AB 的两段落影。

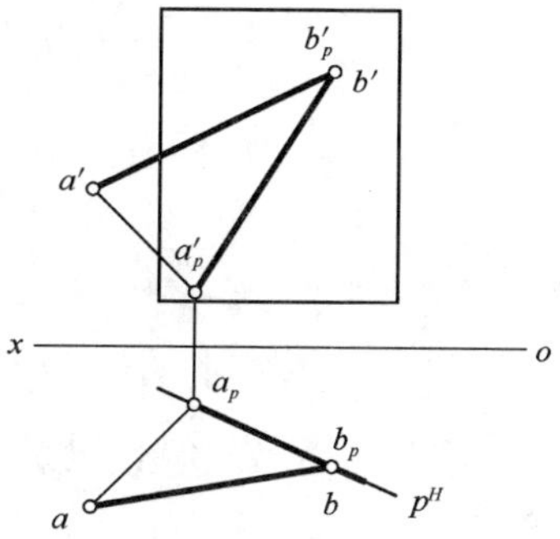

图 11-17　直线与承影面相交

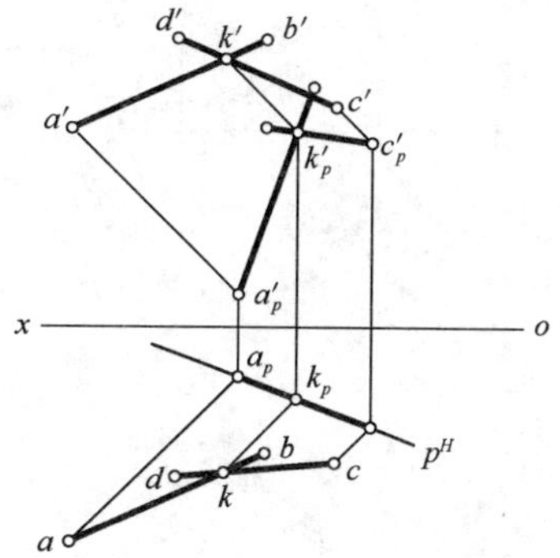

图 11-18　相交两直线的落影

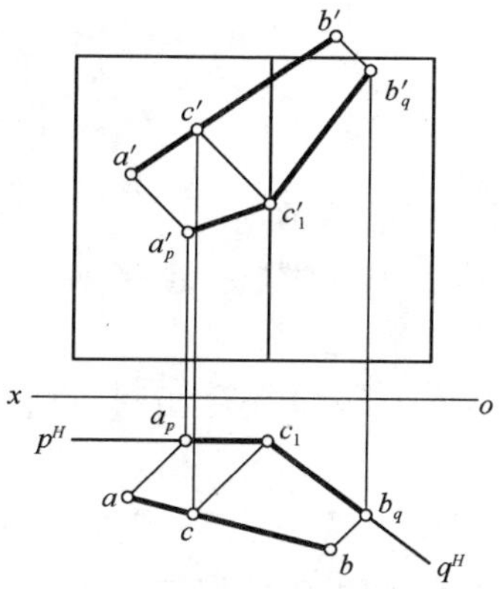

图 11-19　直线在相交两平面上的落影

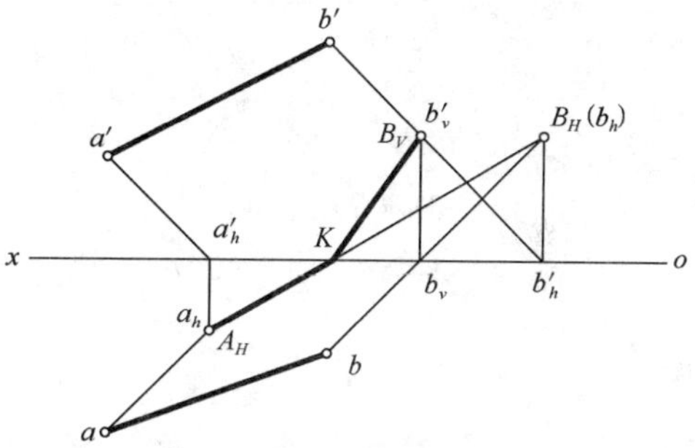

图 11-20　直线在两个投影面上的落影

3. 投影面垂直线的落影规律

（1）某投影面垂直线在任何承影面上的落影，在该投影面上的投影是与光线投影方向一致的 45°直线。

图 11-21 所示，铅垂线 AB 在地面和房屋上的落影，实际上就是通过 AB 线所引光平面与 H 面和房屋表面的交线。由于 AB 线垂直于 H 面，所以该光平面也垂直于 H 面。光平面的 H 面投影有积聚性，且与光线的 H 面投影方向一致。所以光平面与 H 面及房屋表面相交所得到的交线，其 H 面投影均积聚在光平面的 H 面投影上，成 45°直线。

（2）某投影面垂直线在另一投影面（或其平行面）上的落影，其投影与原直线的同面投影平行，且距离等于该直线到承影面的距离。

图 11-22 为铅垂线 AB 与侧垂线 BC 在正平面 P 上的落影。在 V 面投影中，不仅 $a_p'b_p' \parallel a'b'$，$b_p'c_p' \parallel b'c'$，而且它们之间的距离等于这两条直线与正平面 P 的距离 d。

图 11-23 是求正垂线 EF 的影。由图可知，点 F 落在 V 面上 f_v'，因此由直线落影的垂直规律（1）知，直线 EF 在 V 面上的影是 45°光线方向。而直线 EF 平行于 H 面，所以它在 H 面上的

影与其自身平行。过折影点 k 作 ef 的平行线与过点 e 所作的45°光线相交，e'_h即是点 E 在 H 面上的影。

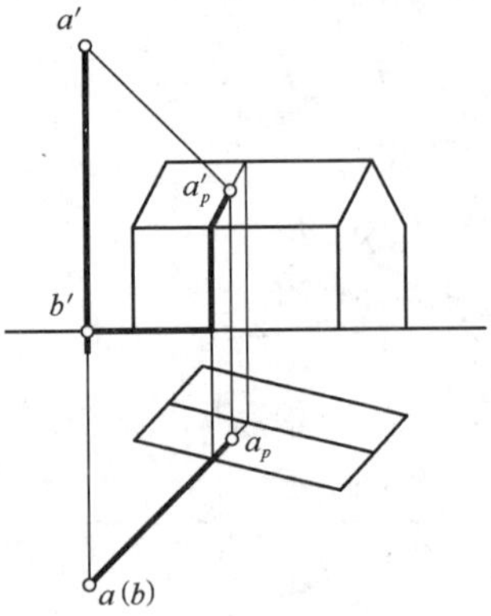

图 11-21　某投影面垂直线的落影在该投影面上的投影

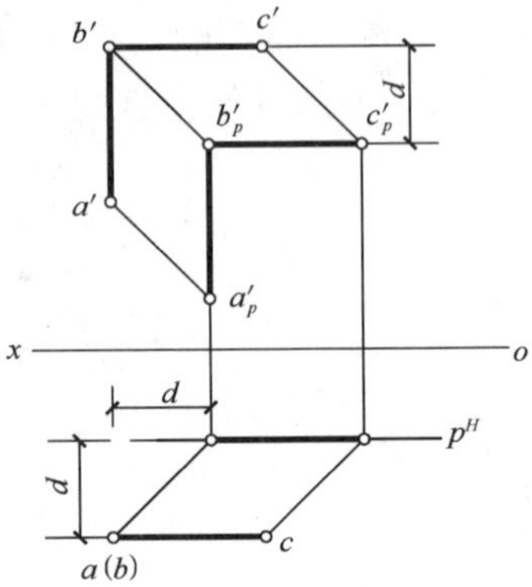

图 11-22　某投影面垂直线的落影在另一投影面上的投影

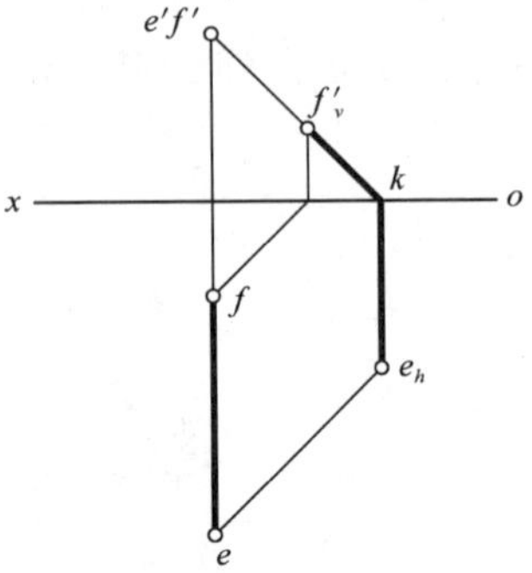

图 11-23　直线在投影面上的落影

第四节　平面的落影

一、平面多边形的落影

(1)平面多边形的落影轮廓线(影线),就是多边形各边线的落影。

求作多边形的落影,首先作出多边形各顶点的落影,然后用直线顺次连接起来,即多边形的落影。如图 11-24 所示,为多边形在投影面上落影的作图。

(2)若平面图形在所平行的承影面上落影,其形状、大小与原形完全相同,故它们的同名投影也相同。

图 11-25 所示,为五边形落影于 P 面上。由 H 面投影中可以看出:二者是相互平行的铅垂面。因此,五边形及其落影的 H 面投影均积聚成直线,它们 V 面投影的形状和大小完全相同。

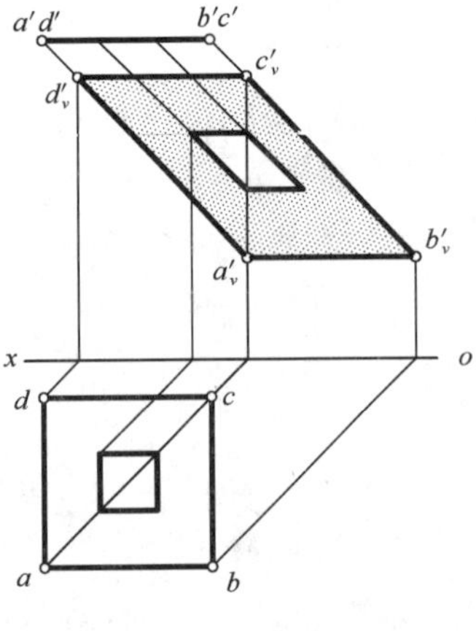

图 11-24　平面多边形在投影面上的落影

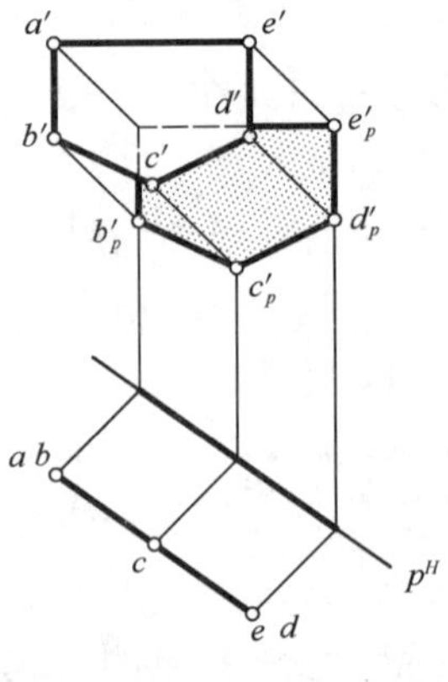

图 11-25　平面落于平行的平面上的影子

(3)平面多边形如平行于某投影面,则在该投影面上的落影反映该平面图形的实形。

图 11-26 所示,五边形平行于 V 面,它在 V 面上的落影 $a'_vb'_vc'_vd'_ve'_v$ 与投影 $a'b'c'd'e'$ 形状完

全相同，均反映了五边形的实形。

(4)若平面图形与光线的方向平行，它在任何承影平面上的落影成一直线，并且平面图形的两面均呈阴面。

图 11-27 所示的五边形，平行于光线的方向，它在铅垂承影平面 P 上的落影是一条直线 E_PB_P。这时，平面图形上只有迎光的两条边线 AB 和 BC 被照亮，而其他部分均不受光，所以两侧表面均为阴面。

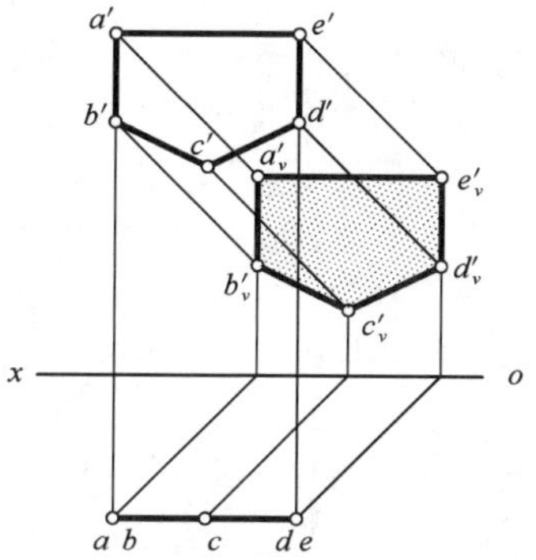

图 11-26　平面图形在平行于投影面上的落影

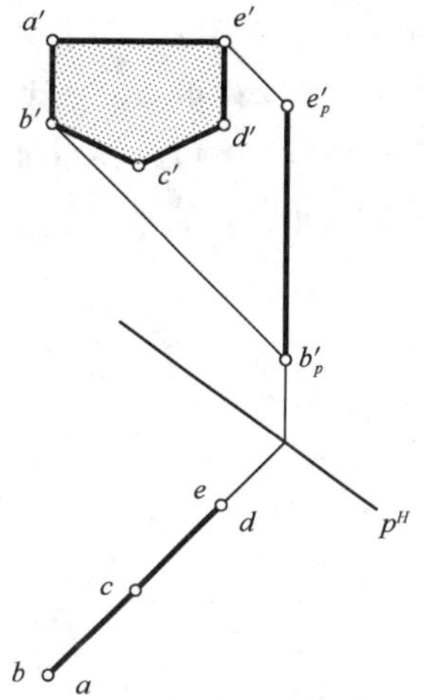

图 11-27　平行于光线的平面图形的落影

二、平面图形阴面和阳面的判别

在光线的照射下，平面图形的一侧迎光，则另一侧必然背光，因而有阴面和阳面的区分。我们在正投影图中加绘阴影时，需要判别平面图形的各个投影是阳面的投影还是阴面的投影。

当平面图形为投影面垂直面时，可在有积聚性的投影中，直接利用光线的投影来加以检验。如图 11-28a)所示，P、Q、R 三平面均为正垂面，其 V 面投影都积聚成直线，所以，只需判别它们的 H 面投影是阳面的投影还是阴面的投影。从 V 面投影看出：位于 45°范围的平面 Q 对 H 面的倾角大于 45°，光线照射在 Q 面的左下侧面，当自上向下作 H 面投影时，Q 面的 H 面投影表现为阴面的投影。而 P 面和 R 面的上侧表面均为阳面，故 H 面投影表现为阳面的投影。

图 11-28b)中，所示三平面均为铅垂面，根据它们的 H 面投影进行分析，可以判明 Q 面的 V 面投影表现为阴面的投影，而 P 面和 R 面的 V 面投影均表现为阳面的投影。

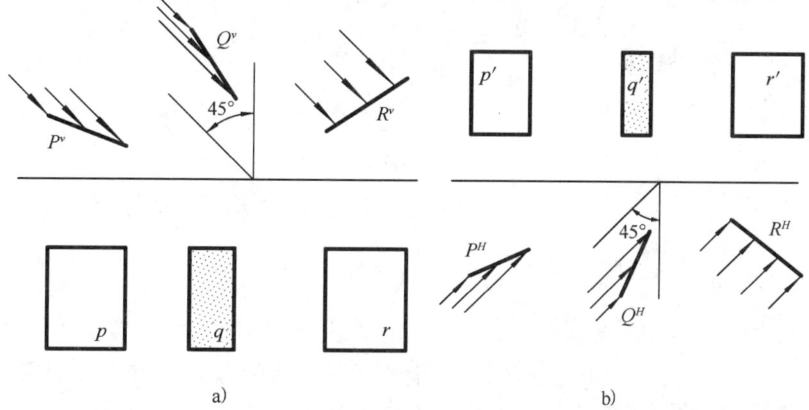

a)　　b)

图 11-28　投影面垂直面阴面和阳面的判别

三、平面图形的落影作图举例

[**例 11-1**] 求侧平面 *ABCD* 在投影面上的落影(图 11-29)。

分析:

由给定的投影可知,*ABCD* 是一矩形。其中 *AB*、*DC* 是正垂线,*AD*、*BC* 是铅垂线。

作图:

分别过 $a'b'$、$c'd'$和 ad、bc 作 45°光线,由过 ad、bc 所作的 45°光线与 ox 轴的交点向上作竖直线同 $a'b'$和 $c'd'$所作的 45°光线相交,即得 *ABCD* 在 *V* 面上的落影 $a_v'b_v'c_v'd_v'$,影在 *V* 面上的落影的水平投影落在 *OX* 轴上不必画出。

[**例 11-2**] 求与 *V* 面平行的矩形 *ABCD* 在投影面上的落影(图 11-30)。

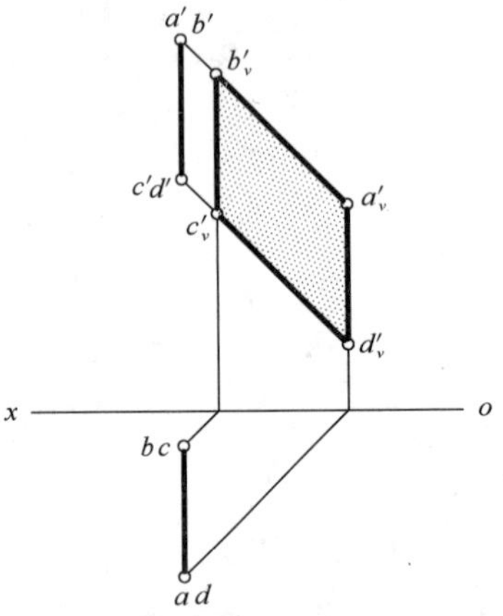

图 11-29　求侧平面在投影面上的落影

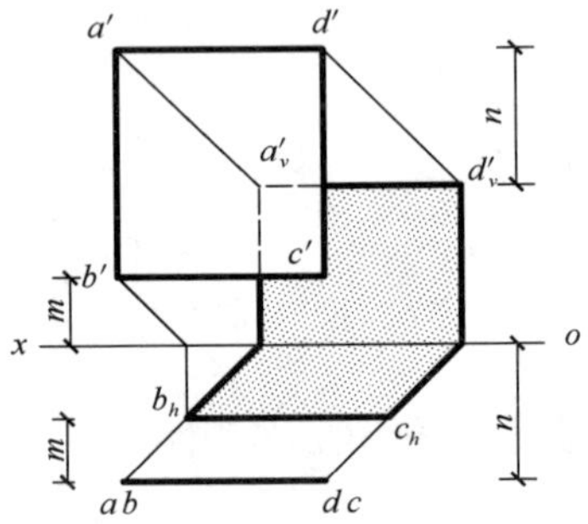

图 11-30　求矩形 *ABCD* 的落影

分析:

由给定的投影可知, *AB*、*DC* 是铅垂线,*AD*,*BC* 是侧垂线。

作图:

根据作图可知点 *B* 落影于 *H* 面上 b_h,因此铅垂线 *AB* 在 *H* 面上的影是过 b_h 的 45°光线方向(垂直落影规律),过 b_h 的 45°线与 *OX* 轴的交点作竖直线,则铅垂线 *AB* 线在 *V* 面上的落影必在其上(相交规律(3),平行规律(1)),过 a'作 45°光线与竖直线相交,交点 a_v'即是点 *A* 在 *V* 面上的落影,利用直线的有关落影规律即可作出矩形 *ABCD* 的落影,如图 11-30 所示。

矩形 *ABCD* 的落影也可利用直线到投影面的距离 m、n(垂直规律(2))和垂直规律(1)作出。

[**例 11-3**] 求三角形 *ABC* 在投影面上的落影(图 11-31)。

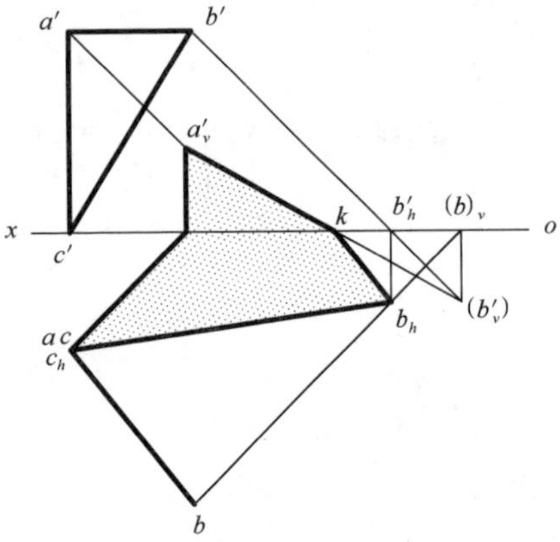

图 11-31　求三角形 *ABC* 的落影

分析:

由给定的投影可知, *AC* 是铅垂线,*AB* 是水平线,*BC* 是一般位置线,其中点 *C* 在 *H* 面上,因此直线 *AC*、*BC* 在 *H* 面上定有影子并通过点 *C*。

作图：(图 11-31)

过点 C 的影子 c_h 作 45°光线，铅垂线 AC 的影子必在其上[垂直规律(1)]，通过 45°线与 OX 轴的交点作竖直线，AC 在 V 面上的影子定在此竖直线上[相交规律(3)和平行规律]，过 a' 作 45°光线与此竖直线的交点即为直线 AC 的端点 A 在 V 面上的影 a'_v。

点 B 落影于 H 面上，其影为 b_h，连 $c_h b_h$ 即为 BC 线在 H 面上的影。

点 A 落影于 V 面，点 B 落影于 H 面，因此线 AB 会落影于 H 面和 V 面上，交点应在 OX 轴上[相交规律(3)]。为求线 AB 在 V 面上的影，先求点 B 在 V 面上的虚影(b'_v)，连 $a'_v(b'_v)$ 与 OX 轴的相交得点 k，a'_vk 即为线 AB 在 V 面上的影。连 kb_h 即为线 AB 在 H 面上的影。

四、特殊位置的圆的影

1. 平行于承影面的圆

若圆平行于承影面，其落影为实形圆。图 11-32a) 中，圆平行于水平投影面，此圆在该投影面上的落影反映实形。作图时，只需将圆心的落影求出，再画一同样大小的圆即可。

2. 不平行承影面的圆

若圆不平行于承影面，其落影一般为椭圆。图 11-32b) 中，水平圆在 V 面的落影为椭圆，该椭圆可用八点法作出。具体作法如下：

(1) 先在水平投影中作出圆的外切正方形 $abcd$ 及其对角线；

(2) 作出正方形在 V 面上的落影，即平行四边形 $a'_vb'_vc'_vd'_v$，连接对角线 $a'_vc'_v$ 和 $b'_vd'_v$，其交点 o'_v 就是圆心落影的正面投影，也是椭圆的中心。

(3) 作平行四边形各边的中点，得到四个影点 $1'_v$、$3'_v$、$5'_v$、$7'_v$，以 o'_v 为圆心，$o'_vd'_v$ 为半径画圆弧，与 $3'_v7'_v$ 交 m、n 两点，过点 m 和 n 作水平线与对角线交得四点 $2'_v$、$4'_v$、$6'_v$、$8'_v$。依次光滑地连接这八个点，就得圆的落影——椭圆。

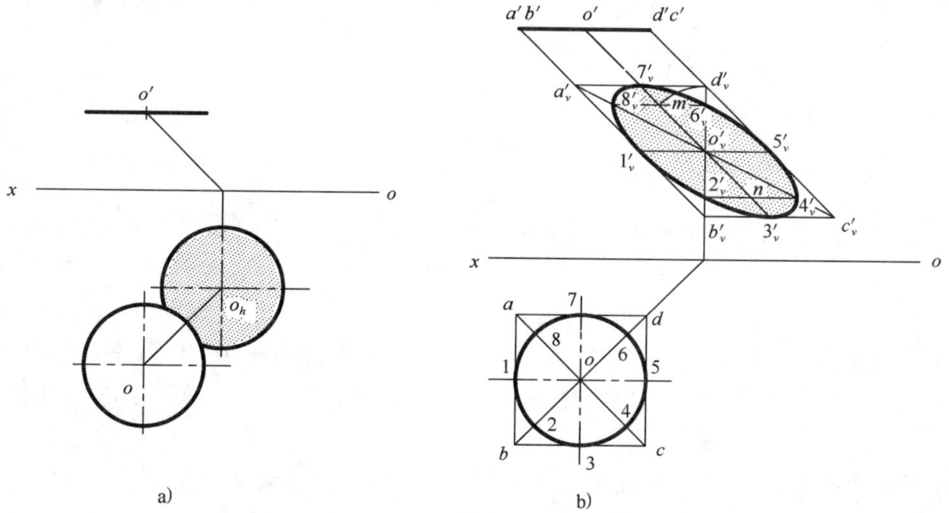

图 11-32 平行于投影面的圆的落影

在求作建筑阴影时，往往需要作出紧靠正平面的水平半圆的落影，如图 11-33 所示。只要解决半圆上五个特殊位置点的落影即可。点 I 和 V 位于正平面上，其落影 $1'_v$ 和 $5'_v$ 与其投影 $1'$ 和 $5'$ 重合；圆周左前方的点Ⅱ，其影 $2'_v$ 落于中线上；正前方的点Ⅲ，其影 $3'_v$ 落于 $5'$ 的正下方；右前方的点Ⅳ，其影 $4'_v$ 与影 $2'_v$ 同高，$4'_v$ 到中线距离等于 $4'$ 到中线距离 d 的两倍。将 $1'_v$、$2'_v$、$3'_v$、$4'_v$、

$5'_v$光滑连接起来，就是半圆的落影（半个椭圆）。

根据半圆上这五个点的落影特点，可单独在 V 投影上直接进行落影作图，如图 11-34 所示。

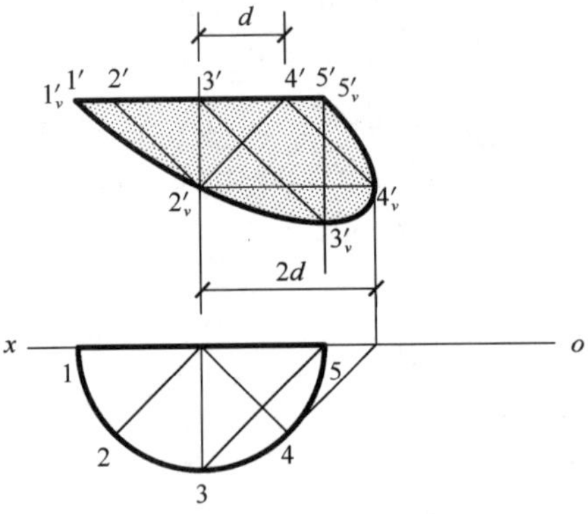

图 11-33 半圆的落影

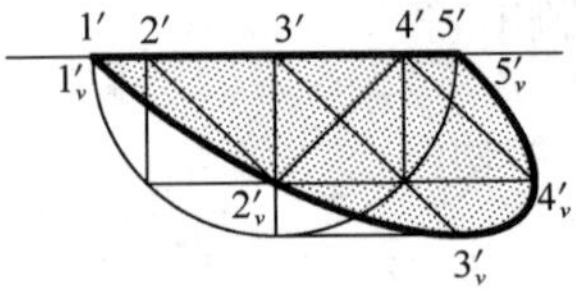

图 11-34 半圆落影的单面作图

第五节 平面立体的阴影

一、求作平面立体阴影的一般步骤

首先识读立体的正投影图，将立体的各个组成部分的形状、大小及其相对位置分析清楚。进而逐一判明立体的各个表面是阴面还是阳面，以确定立体的阴线，由阴面和阳面形成凸角的交线才是阴线。然后分析各段阴线将落影于哪个承影面上，并根据各段阴线与承影面之间的相对关系，运用前述的落影规律和作图方法，逐段求出阴线的落影——影线。最后，在阴面和影线所包围的轮廓内均匀涂上颜色，以表示这部分是阴暗的。

二、平面立体阴影举例

1. 长方体的阴影

当平面立体的表面为投影面的平行面或垂直面时，可根据它们有积聚性的投影判别其是否受光。

图 11-35 所示的底面位于 H 面上的长方体，它的上、前、左三面为阳面，后、右面为阴面，故其阴线是四段折线 $FB-BC-CD-DE$。该长方体的落影全部位于 H 面，阴线 BF、DE 在 H 面上的影 fb_h 和 ed_h 为 45°光线方向，BC 线是正垂线，CD 为侧垂线，它们在 H 面上的影和自身平行。

图 11-36 的长方体在 H 和 V 面上均有落影，其中阴线 BC 和 CD 落影于 V 面上，其影为 $b'_vc'_v$，$c'_vd'_v$。阴线 FB 和 ED 在 H、V 面上均有落影，可按落影规律作图。

图 11-37 是一悬空的长方体，它的左、前、上三面为阳面，右、后、下面为阴面，故其阴线是六段折线 $AB-BC-CD-DE-EF-FA$。该长方体在 H、V 面上均有影子，每段线的落影作图可按投影面垂直线的落影规律进行。从 AB 开始，一段段作出。AB、BC、CD 三段均落影于 V 面；ED 落影于 H、V 两个面；EF 落影于 H 面；FA 落影于 H、V 两个面。

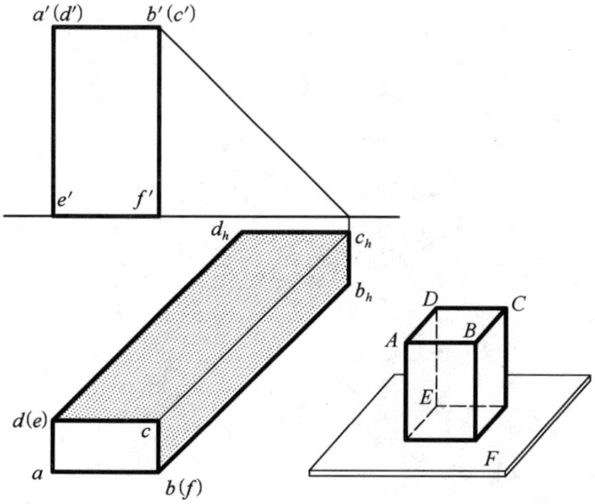

图 11-35　长方体在 H 面上的落影

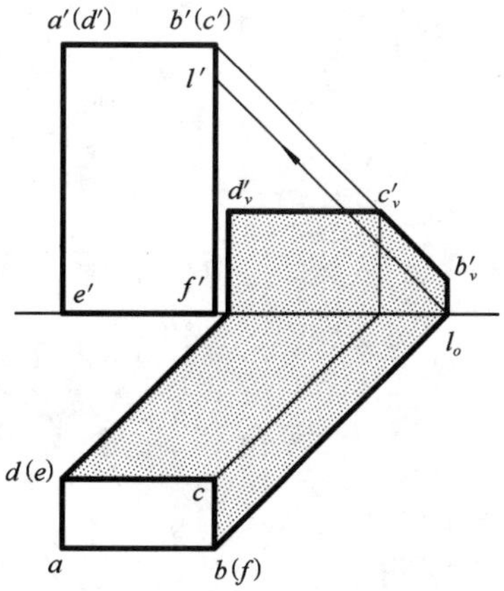

图 11-36　长方体在 V、H 面上的落影

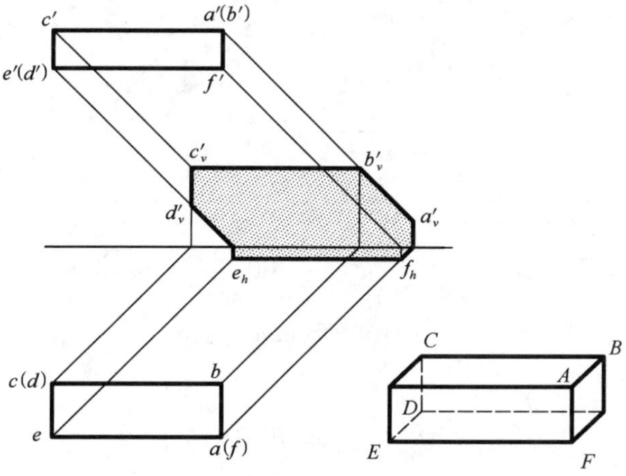

图 11-37　悬空长方体在 V、H 面上的落影

2. 多面体的阴影

图 11-38 为贴附于正面墙上的五边形水平板。由 V 面投影中看出：板的上、下两水平面中，上表面为阳面，下表面为阴面。板的左、右两侧棱面中，向左的为阳面，向右的为阴面。由 H 面投影中看出，前边的两个铅垂面均为阳面。该立体的阴线是 $FG-GI-IJ-JD-DE$ 五段，承影面为正平面（墙面），作图可根据每段线的落影规律完成。

图 11-39 为贴附于正面墙上的六边形水平板。板的上、下两水平面中，向上的为阳面，上表面为阳面，下表面为阴面。板的左、右两侧棱面中，向左的为阳面，向右的为阴面。六边形水平板的前立面为正平面是阳面。前边的两个铅垂面中左侧的是阳面、右侧的是阴面。因此它的阴线从右到左依次为 $AB-BC-CD-DE-EF-FG$，共六段。根据规律便可作出它们在墙面上的落影。

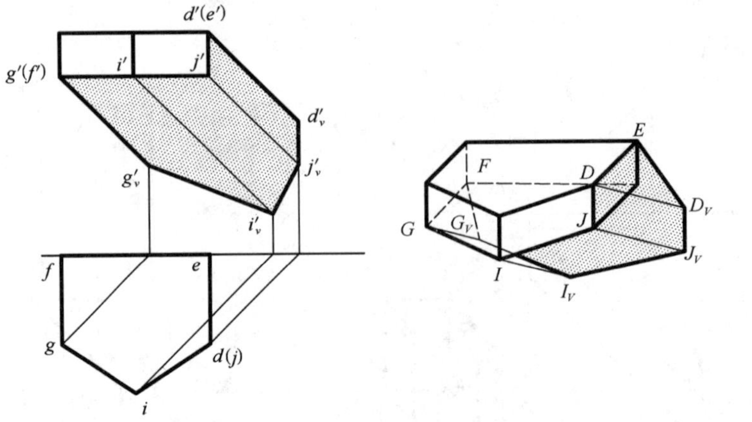

图 11-38　五棱柱的阴影

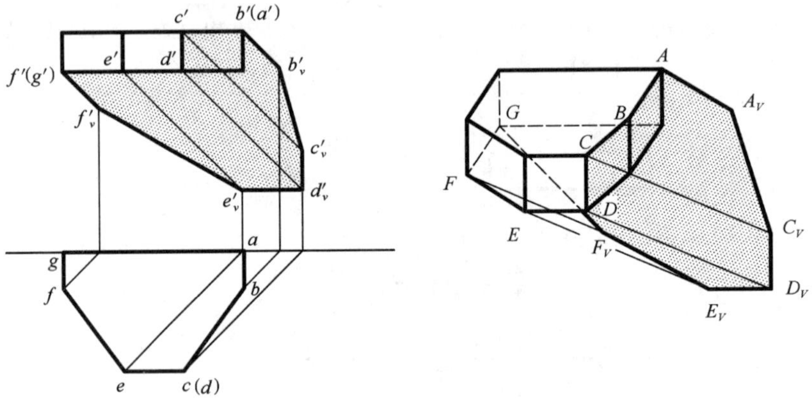

图 11-39　六棱柱的阴影

第六节　建筑形体的阴影

一、组合形体的阴影

如图 11-40 所示的形体由左、右两个长方体组合而成。右侧长方体阴线为 *CA* - *AB* - *BM*，承影面也是 *H* 面。左侧长方体的阴线为 *FD*-*DE*-*EG*-*GK*，承影面不仅仅是 *H* 面，右侧长方体的阳面 *P* 和 *Q* 也是承影面。

作图过程如下：

右边长方体的影完全落在 *H* 面上，阴线 *CA* 垂直于 *H* 面，其落影的 *H* 投影是过 *ca* 与光线 *H* 投影一致的 45°线段 ca_h。阴线 *AB* 与 *H* 面平行，则落影 A_HB_H 平行 *AB*；阴线 *BM* 也与 *H* 面平行，落影与 *BM* 平行，均可按直线的落影规律作图。

左侧长方体的阴线 *FD* 垂直于 *H* 面，点 *D* 的落影在 *P* 面上，所以 *FD* 落影于 *P* 和 *H* 面上，是折线，J_H 是折影点。*FD* 在 *H* 面上落影的 *H* 投影是过 *f* 与光线 *H* 投影一致 45°直线段 fj_h；在 *P* 面上的落影的 *V* 投影 $j_h'd_o'$平行 $f'd'$。

阴线 *DE* 是正垂线，分段落影于 *P*、*Q*、*H* 三个面上。*DE* 上的 *D*Ⅱ部分落在在 *P* 面上，落影

的 V 面投影是过 $d'e'$ 与光线 V 投影一致的45°线段 $d'_o2'_o$。Ⅱ$_O$ 是点Ⅱ在 P 与 Q 交线上的落影。DE 的下一段ⅡI 落在 Q 面上，其落影Ⅱ$_OI_O$，平行于 DE。DE 的最后一段 IE 落在 H 面上，落影 I_HE_H 平行于 DE。1_he_h 是的落影 $I_h\ E_h$ 的 H 投影。I_O 和 I_H 是点 I 落影的过渡点对。

阴线 EG 和 GK 全部落影于 H 面上，可按直线的落影规律作图。

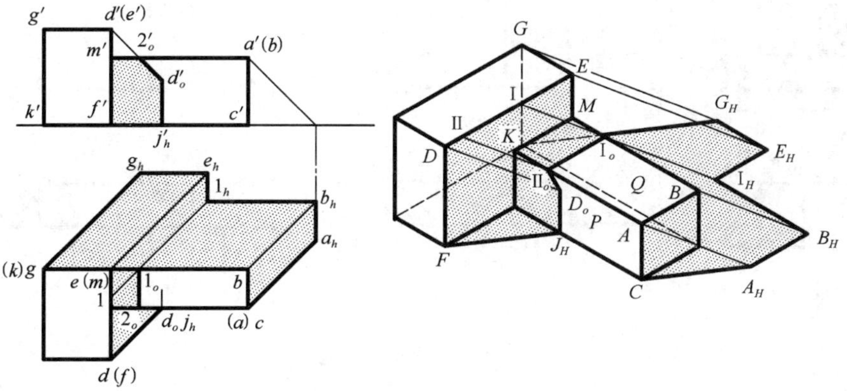

图 11-40　组合形体的阴影

二、几种常用建筑形体的阴影

由平面体组成的建筑形体，其表面通常是投影面的垂直面或平行面，一般位置平面则较少。因此，对其阴面、阳面的判别；阴线的确定，不难解决。阴线确认之后，进而分析清楚各段阴线与有关承影面的相对位置，充分运用前述的直线落影规律和各种作图方法，逐段求出这些阴线的落影，便得到该建筑形体的落影。以下所举各例，对阴影的具体求作步骤一般不拟详述，仅对其落影的特征略加分析。

1. 窗洞的阴影

图 11-41 所示是几种不同形式的窗口。此处所列三个例图中，窗口、窗台、窗檐的阴线若平行于窗扇平面（或墙面），它们在其上的落影均与自身平行。

如果这些阴线正好又是投影面的垂直线，那么它在窗扇平面或窗外墙面上落影不仅与相应的阴线平行，而且其 V 面投影还能反映该阴线对承影平面的距离。从这些实例中可看到，落影宽度 m 反映了窗扇平面凹入墙面的深度；落影宽度 n 反映了窗台或窗檐凸出墙面的距离；落影宽度 $n+m$ 反映了窗檐和窗套凸出窗扇平面的距离。因此，只要知道这些距离的大小，即使没有 H 面投影，也能在 V 面投影中直接加绘阴影。

还要注意到：有些阴线的影不只是落于一个承影面上，而是落于几个不同的承影面上。如图 11-41a）中，阴线 CA 在窗台和窗扇平面均有影，阴线 CA 在窗台面上的落影的水平投影是（c）（20），在窗扇平面的落影的正面投影是 $2'_oa'_o$。阴线 AB 在窗扇平面的落影的正面投影是 $a'_o1'_o$，ⅠB 段则落影于窗洞的左侧面上。

图 11-41b）中，窗檐上的阴线 AB 的影就分成四段：AⅠ和ⅢB 两段落影于窗外墙面上，其正面投影是 $a'_o1'_1$ 和 $3'_ob'_o$；ⅠⅡ段落影于窗扇平面上，其正面投影为 $1'_o2'_o$；ⅡⅢ段落影于窗口内右侧面上，其正面投影为 $2'_o3'_o$，影点Ⅱ$_O$ 和Ⅲ$_O$ 都位于两承影面的交线上而成为折影点。影线Ⅱ$_O$Ⅲ$_O$ 所在的承影面是侧平面，故在正面投影中，$2'_o3'_o$ 与承影面的积聚投影相重合。此外，要看到 $1'_11'_o$ 是阴点Ⅰ在前后两个承影面上的落影，是一对过渡点。

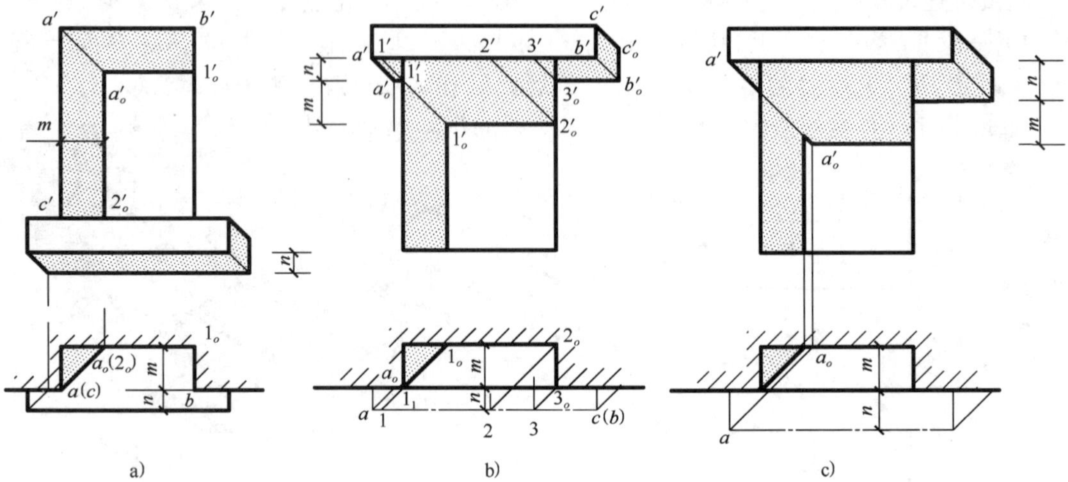

a)　　　　b)　　　　c)

图 11-41　几种窗口的阴影

2. 门洞的阴影

图 11-42 所示为几种门洞的阴影。

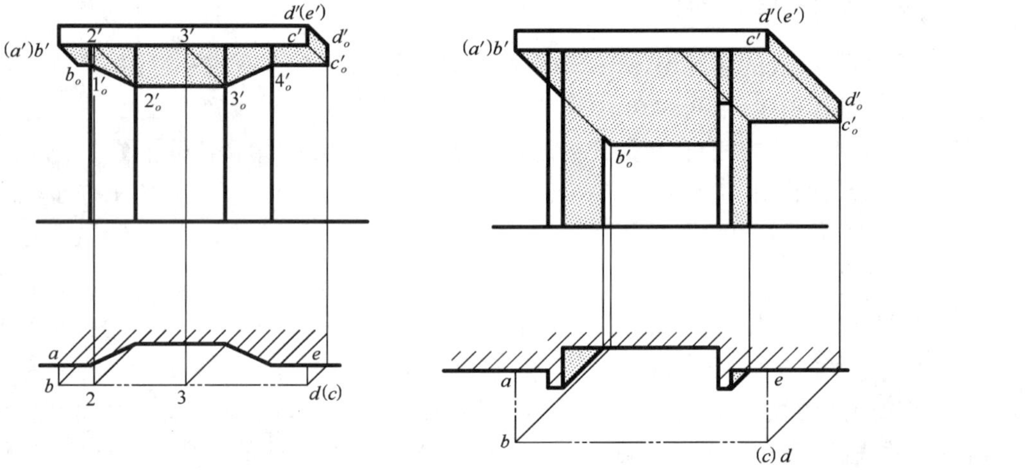

a)　　　　b)

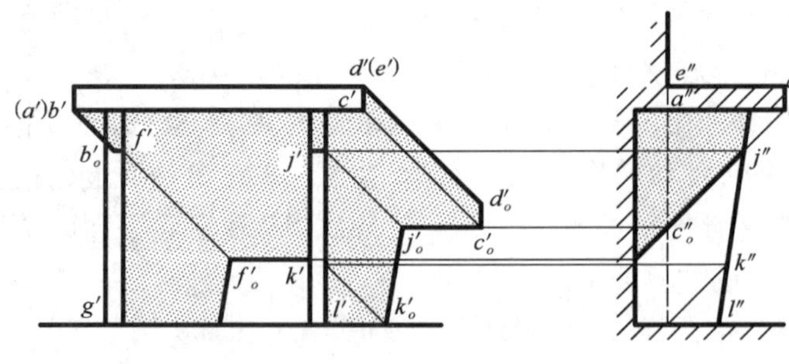

c)

图 11-42　几种门洞的阴影

在图 11-42a) 中，雨篷阴线为 $AB-BC-CD-DE$，其中 AB、CD、DE 的落影均在墙面上，可按落影规律作出。雨篷阴线 BC 在墙面和门洞各个表面上均有影，可先求出 BC 在墙面和门扇面上的影。即再求出它在门洞斜面上的影ⅠⅡ($1'_o2'_o$)、ⅢⅣ($3'_o4'_o$),做法见图。

图 11-42b)中,门洞左右壁柱各有一条阴线,左壁柱阴线落影于地面和门扇上;右柱侧阴线落影于地面和墙面上。雨篷阴线为 $AB-BC-CD-DE$,其中 AB 落影于墙面、壁柱左侧面和前表面、门扇上,由于 AB 是正垂线,所以落影的 V 面投影中为 45°直线。BC 落影于门扇、门洞右侧面、右壁柱前表面及墙面上;CD、DE 的落影全在墙面上,可按直线的落影规律作图。

图 11-42c)中,雨篷阴线仍为 $AB-BC-CD-DE$,作图同上。门斗侧墙的阴线 FG 和 JL 互相平行,它们在门扇和墙面上的落影也互相平行。落影的 V 投影要利用返回光线求折影点。如斜线 JL 落于墙根处的折影点 K_o。

3. 台阶的阴影

图 11-43 所示台阶,其两侧有矩形挡墙。左侧挡墙的阴线是铅垂线 AB 和正垂线 BC。两条阴线的交点 B 落影于 R 面上,即 B_R(b_r、b_r')。

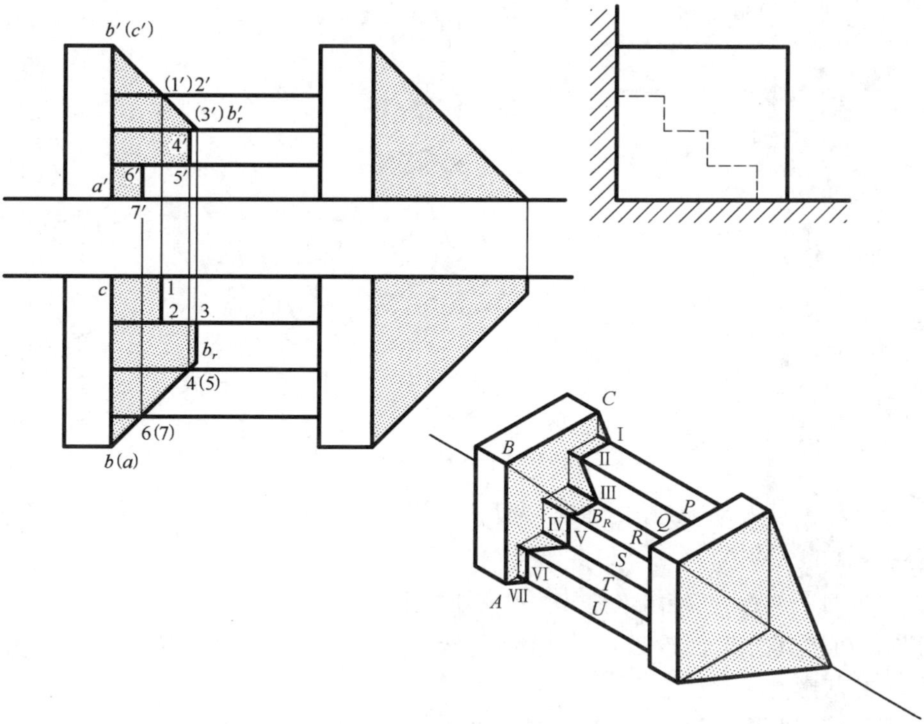

图 11-43　台阶的阴影(一)

铅垂线 AB 落影于地面、踏面(T、R)及踢面(U、S)上。落影的水平投影表现为45°直线,而在 V 面投影中,$7'6'$、$5'4'$平行于 $a'b'$,并反映阴线 AB 对 U、S 面的距离。

正垂线 BC 落影于墙面、踏面(P、R)及踢面(Q)上。落影的 V 面投影中表现为45°直线,而其 H 面投影 12、$3b_r$ 平行于 bc,并反映阴线 BC 对 P、R 面的距离。

右侧挡墙的阴线也是铅垂线和正垂线,落影于地面和墙面。

图 11-44 所示台阶,左、右两侧挡墙上的阴线各为三段。其中 AB 与 EF 为铅垂线;CD 与 GJ 为正垂线,它们的落影用上述方法可解决。

阴线 BC 和 FG 均为侧平线。右侧阴线 FG 的落影是折线,一段在地面上,另一段在墙面上，其落影可通过以下几种方法来解决：

（1）先分别求出点 F 落于地面上的影为 F_H；点 G 落于墙面上的影 G_V。再求出点 G 在地面上的虚影 G_H。连线 $F_H G_H$ 交于点 $K_O(k_o、k_o')$，K_o 为折影点，$F_H K_O$ 为地面上实有的落影，通过点 K_O，影线即折向墙面。连线 $K_O G_V$，即得 GF 在墙面上的落影。

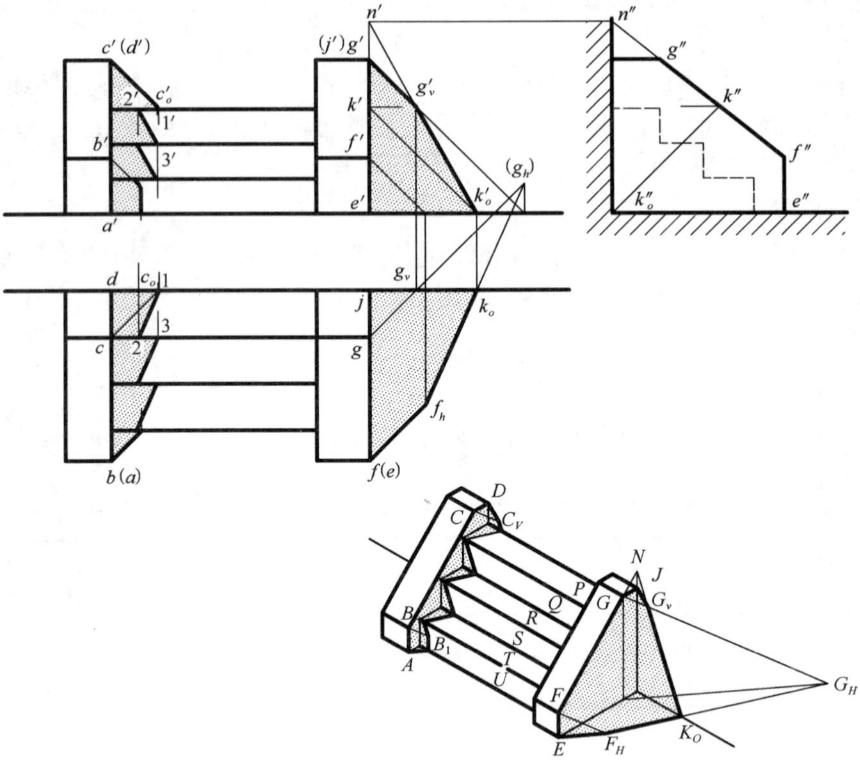

图 11-44　台阶的阴影（二）

（2）分别求出点 F 落于地面上的影为 F_H；点 G 落于墙面上的影 G_V。在 W 面投影中，求出阴线 FG 与墙面的交点 $N(n'、n'')$。将连线 $N\ G_V$ 延长，与墙脚线交于点 $K_O(k_o、k_o')$。$g_v'k_o'$ 为 GF 在墙面上落影的 V 面投影，连线 $k_o f_h$ 为 GF 在地面上的落影的 H 面投影。

（3）根据折影点的 W 面投影 k_o''。用反回光线求出 k_o' 和 k_o，连线 $g_v'k_o'$ 与 $k_o f_h$ 即为 GF 在墙面与地面上的落影。

将以上几种解题方法搞清楚，则左侧挡墙阴线 BC 的落影不难画出。BC 在踏面上的影，应平行于 GF 在地面上的影，BC 在踢面和墙面上的影，应平行于 GF 在墙面上的影。

第七节　圆柱体的阴影

一、圆柱体的阴影

1. 圆柱体的阴线

圆柱体由圆柱面和上、下底平面围成的。柱面上的阴线是柱面与光平面相切的素线。如图 11-45a）所示，有两光平面相切于圆柱面得到两条素线即阴线 AB、CD。这两条阴线将柱面分成大小相等的两部分,阳面与阴面各占一半。圆柱体的上底面为阳面,下底面为阴面。这样,整个圆柱体的阴线是由两条素线 AB、CD 和两个半圆弧 BD、AC 组成的封闭线,图 11-45b)所示。

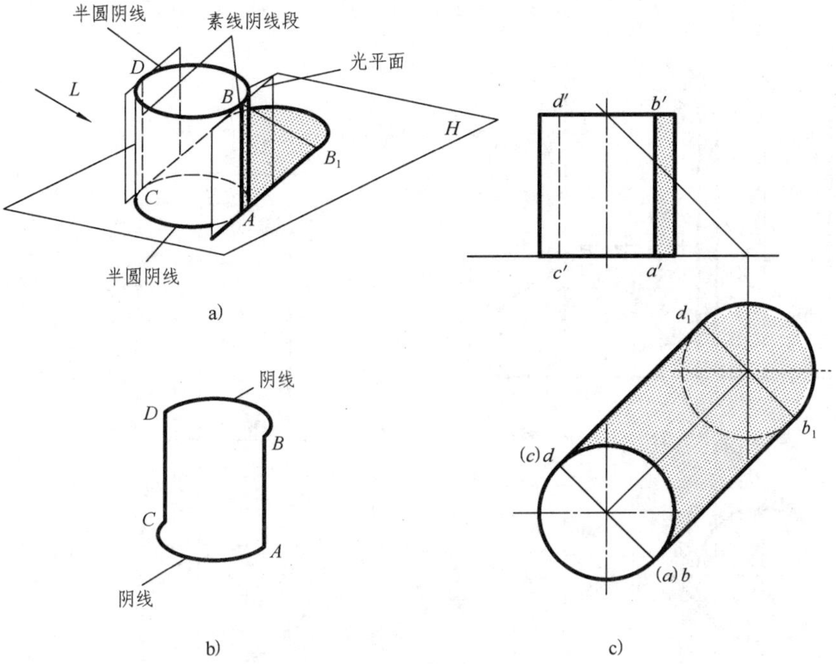

图 11-45　正圆柱阴影的形成和画法

2. 圆柱面上阴线的作图

图 11-45 所示圆柱体处于铅垂位置,所以,与圆柱面相切的光平面必然是铅垂面。光平面的 H 面投影则积聚成 45°直线,与圆柱面的积聚投影圆周相切。因此,作图时,首先在 H 面投影中作两条与光线投影方向一致的 45°线与圆周相切,得到 $(a)b$、$c(d)$ 点,即为柱面阴线的 H 面投影,再得阴线的 V 面投影 $a'b'$、$c'd'$。柱面的左前方一半为阳面,右后方一半为阴面。在 V 面投影中,$a'b'$ 右侧的一小条阴面的可见投影,将它涂上颜色。

图 11-46 中,给出了在 V 面投影中直接求阴线的作图方法。是在圆柱的上方(或下方)作半圆,过圆心引两条不同方向的 45°线,与半圆交于两点,由此引到圆柱的 V 面投影中,即得所求阴线。

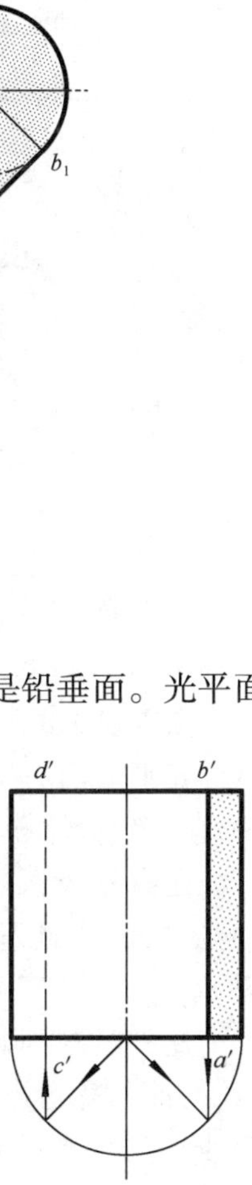

图 11-46　圆柱阴线单面作图方法

3. 圆柱体的落影

图 11-45c)所示圆柱体的落影完全在 H 面上,其中圆柱体的上底圆之影落于 H 面上,为实形圆。作图时,先求圆心的落影,然后画圆。下底圆之影与其自身重合。圆柱面的两条阴线在 H 面上的落影为 45°线,与上、下底圆的落影相切。

图 11-47 说明了直圆柱在 V 面投影中,两素线影线间的距离 2 倍于两阴线间的距离,请读者自行分析证明之。这个特征,有利于在一个投影中直接求作圆柱的影线。

二、在圆柱面上的落影

图 11-48 是带有圆盖盘的圆柱。圆盖盘下底圆弧 AF 是阴线。其上有一段弧 $BCDE$ 落影于下部圆柱面上。利用圆柱面 H 投影的积聚性可求作阴线 $BCDE$ 的落影。

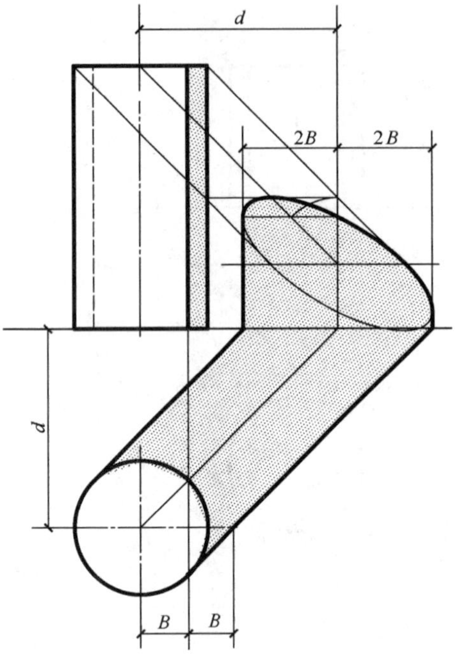

图 11-47 铅垂圆柱在 V 面上落影的特点

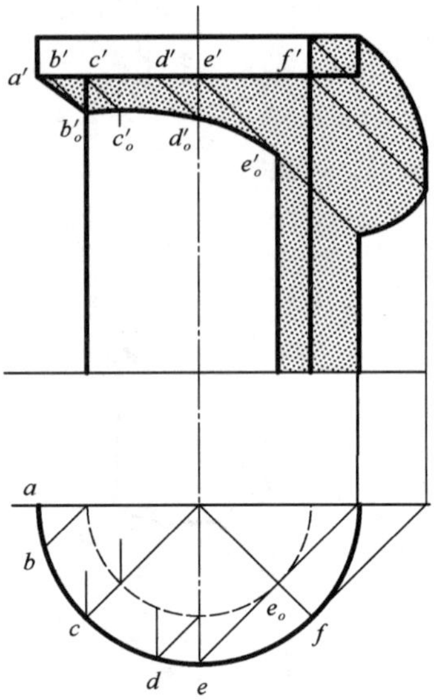

图 11-48 圆盖盘在圆柱面上的落影

作图时，首先应求作一些特殊的影点。我们注意到，在此图中，如通过圆柱轴线（是一铅垂轴线）作一个光平面，则此形体被该光平面分成对称的两个半圆柱面，此光平面为对称平面。圆盖盘上的阴线及其落在柱面上的影线，也以该光平面为对称平面。于是盖盘阴线处于对称光平面内的一点 C，与其落影 C_O 间的距离最短。因此，在 V 面投影中，影点 c'_o 与阴点 c' 的垂直距离也最小。这样，影点 C'_O 就成为影线上的最高点，必须将它画出。

还有落于圆柱最左轮廓素线上和最前素线上的影点 B_O 和 D_O，由于它们对称于上述的光平面，因此高度相等。当在 V 面投影中求得 b'_o 后，自 b'_o 作水平线与中心线相交。可得 d'_o。

此外，位于圆柱阴线上的影点 E_O 也需要画出。在 H 面投影中，作 45°线与圆柱相切于点 e_o，而与盖盘圆周相交于点 e，由 e 求得 e'。自 e' 作 45°线，与引自点 e_o 的垂线（即圆柱的阴线）相交，即得 e'_o。以光滑曲线连接 b'_o、c'_o、d'_o、e'_o 各点，即得盖盘阴线在柱面上落影的 V 面投影。

图 11-49 是带有正方盖盘的圆柱。我们注意到，正方盖盘的侧垂线 BC 是阴线，而 BC 线上有一段，落影于圆柱面上。这部分影线的 V 面投影，与承影圆柱面的水平投影成对称形状，表现为圆弧形。其半径与圆柱的半径相等，圆弧影线的中心 o' 与 $b'c'$ 间的距离，正好等于该阴线 BC 到圆柱轴线间的距离，即 H 面投影中轴 o 与 bc 之距离。V 面投影中，自 $b'c'$ 向下，在中心线上量取 o 与 bc 的距离 m，得点 o'。以 o' 为心，以圆柱半径为半径画圆弧，弧线上的一段，就是 BC 的落影。其余作图，不再赘述。

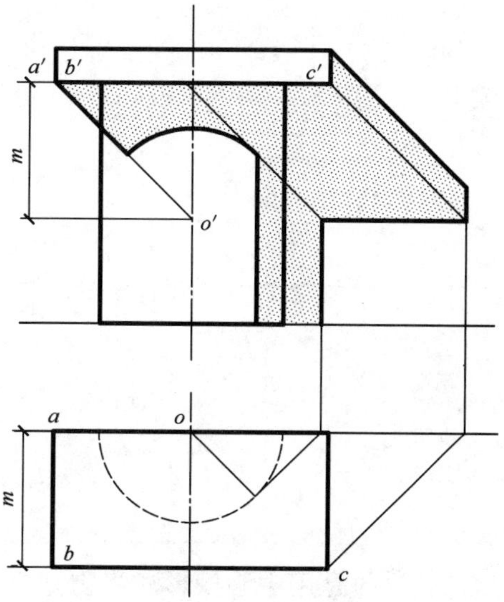

图 11-49　正方形盖盘在圆柱面上的落影

复习思考题

1. 在正投影中加绘形体的阴影,其含义是什么?
2. 阴线与影线有什么关系?
3. 直线常用的落影规律有哪些?
4. 求形体的阴影步骤是什么?
5. 你认为求作形体的阴影应注意什么?
6. 如何用距离关系求门窗洞的阴影?
7. 过渡点和折影点有什么区别?
8. 求圆柱体的阴影基本原理是什么?

第十二章
透视投影

基本要求:

1. 了解透视投影的形成及基本知识。
2. 掌握透视投影的基本画法。
3. 掌握透视投影的实用画法。

透视投影(又称透视图,简称透视)是用中心投影法将物体投影在单一投影面上所得到的图形。透视投影反映人眼观测的真实物体形象,直观性好,立体感强。在建筑设计中常用透视图表现建筑的实物效果,并用作设计投标图供建设单位选择。本章主要介绍透视的基本知识及画法。

第一节　透视投影的基本知识

一、透视投影的形成

假设人们透过一个透明的画面来看物体,则观看者的视线与画面相交所形成的图形就称为物体的透视投影,如图 12-1 所示。

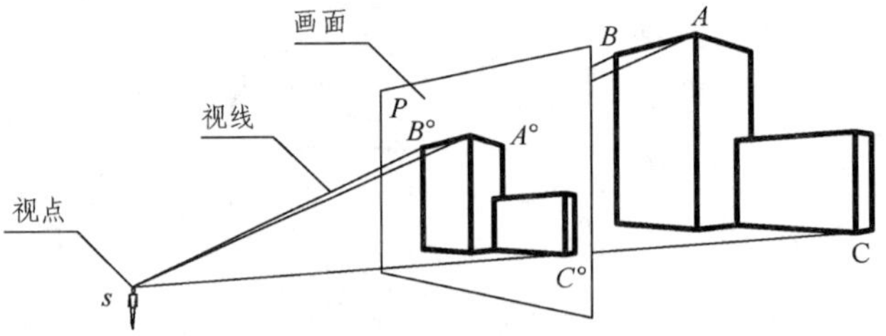

图 12-1　透视的形成

二、透视投影的常用术语

在绘制透视投影时,时常用到一些专门的术语,如图 12-2 所示,我们必须弄清含义,才有利于了解透视投影的形成过程和掌握透视投影的作图方法。

基面——放置建筑物的水平地面,以字母 G 表示。

画面——透视图所在的平面,以字母 P 表示。画面一般垂直于基面。

基线——基面 G 与画面 P 的交线。在画面上以 g-g 表示基面的位置,在基面上以 p-p 表示画面的位置。

视点——相当于人眼的位置，即投影中心，以字母 S 表示。

站点——视点 S 在基面 G 上的正投影，以字母 s 表示。

心点——视点 S 在画面 P 上的正投影，以字母 s°表示。

中心视线——引自视点 S 并垂直于画面 P 的视线，即视点和心点的连线 Ss°。

视高——视点 S 对基面 G 的距离，即 Ss。

视距——视点 S 对画面 P 的距离，即 Ss°。

视平面——过视点 S 所作的水平面，以字母 H 表示。

视平线——视平面 H 与画面 P 的交线，以 h-h 表示。

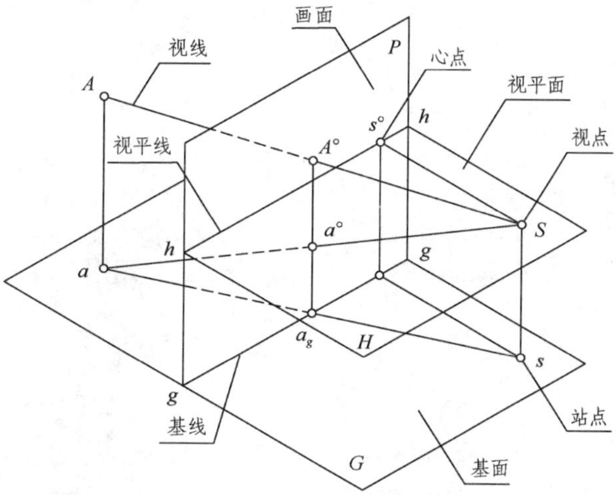

图 12-2　透视的常用术语

图 12-2 中，点 A 是空间任意一点。自视点 S 引向点 A 的直线 SA 就是通过点 A 的视线。视线 SA 与画面 P 的交点 A°就是空间点 A 的透视。点 a 是空间点 A 在基面 G 上的正投影，称为点 A 的基点（也可称为“基面投影”）。基点 a 的透视 a°称为点 A 的基透视。

点 A 的透视 A°与其基透视的连线 $A^{\circ}a^{\circ}$垂直于基线 g-g 和视平线 h-h。

本书规定，点的透视用相同于空间点的字母并于其右上角加“°”来标记。

三、透视投影的分类和选择

（一）透视投影的分类

如图 12-3 所示，把物体的长、宽 、高三个方向分别定为 X 轴、Y 轴、Z 轴。那么根据物体的坐标轴与画面关系的不同，可将透视图分为三类。

1. 一点透视

当三个轴向中的两个与画面平行，另一个与画面垂直时，作出的透视图只有一个消失点（灭点）F，称为一点透视（或平行透视）。此时建筑物的一个立面平行于画面。

一点透视可用来表现横向场面宽广、能显示纵向深度的建筑群和室内透视。一点透视能显示主要面的正确比例关系。为了显示室内家具或庭院布置情况，也常选用一点透视。

2. 两点透视

当三个轴向中的一个与画面平行，另两个与画面倾斜时，作出的透视图有两个消失点（灭点）F_x、F_y，称为两点透视（或成角透视）。

两点透视是人们常用的一种透视图，透视效果真实自然。常用来表现建筑物外形或室内等。

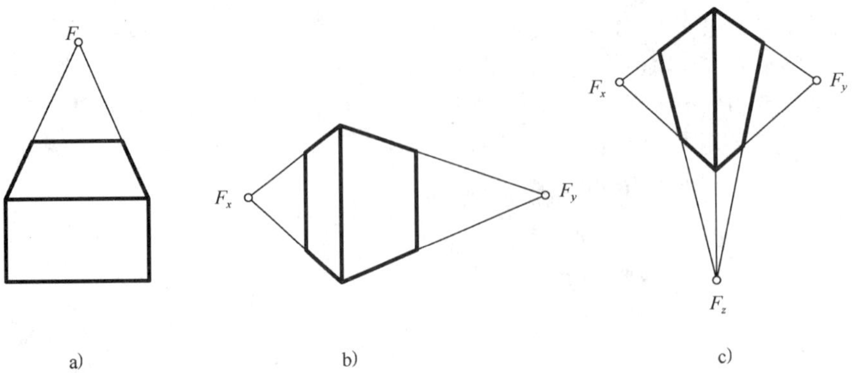

图 12-3　透视的分类

3. 三点透视

当三个轴向都与画面倾斜时，作出的透视图有三个消失点（灭点）F_x、F_y、F_{zy}，称为三点透视（或斜透视）。

三点透视主要用来表现高耸的建筑物，对鸟瞰图尤其适用。

（二）透视投影的选择

视点、画面、物体是透视投影形成的三要素，它们之间的相对位置关系决定了物体的透视形象。从理论上讲，无论三者之间的相对位置如何变化，都可以准确地画出物体的几何意义上的透视投影来。但是作为用来反映建筑真实形象的透视投影，应当符合人们在正常情况下处于最适宜位置观察建筑物时所获得的最佳的视觉印象。因此，这三者之间的相对位置不能随意确定，否则，就不能准确地反映我们的设计意图。

1. 视点的选择

（1）选定视角

当人的头部保持不动，而以一只眼睛观看前方时，其所见的范围是以人眼（即视点）为顶点，以中心视线为轴线的圆锥，称为视锥。视锥的顶角就成为视角。在绘制建筑的透视投影时，为了保证物体清晰可见，一般我们将视角控制在60°以内，最佳为28°～37°。画室内透视时，由于受到空间限制，视角可稍大于60°，但不宜超过90°，否则会失真。绘制室外透视时视角一般采用$\alpha = 30°$，以便使用30°三角板作图，如图 12-4 所示。

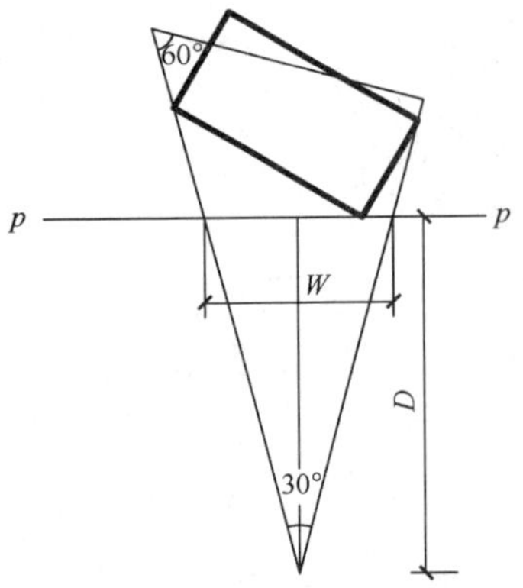

图 12-4　视角为30°时，选定站点的方法

图 12-5 所示说明了视角大小对透视投影的影响，12-5a）图视距近，视角大，图形小，形象失真；图 12-5b）图视距正常，图形适中，无失真现象。

（2）选定站点的位置

站点位置的选择应保证透视投影具有较强的立体感并能反映建筑的体型特点，充分表现出设计者的主要意图。

如图 12-6 所示，由站点 S_1 所获得的透视图的灭点 F_y 在建筑物透视图形内，只见到形体的一个面，完全没有立体感；由站点 S_2 所获得的透视图的灭点 F_y 过于靠近右侧面，不能充分表现体量感；S_3 位置最好，体量感强；S_4 的位置太靠右，使长面变短，短面变长，失真。

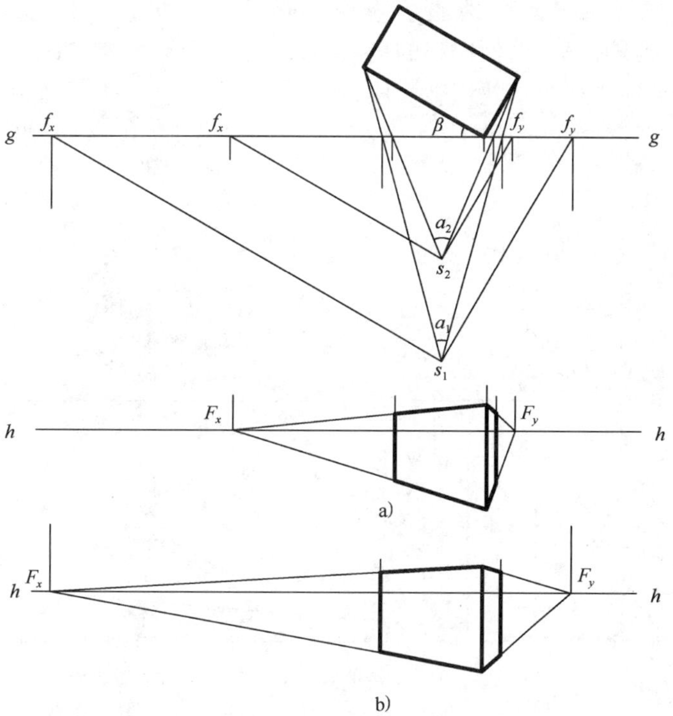

图 12-5　视角大小对透视图的影响

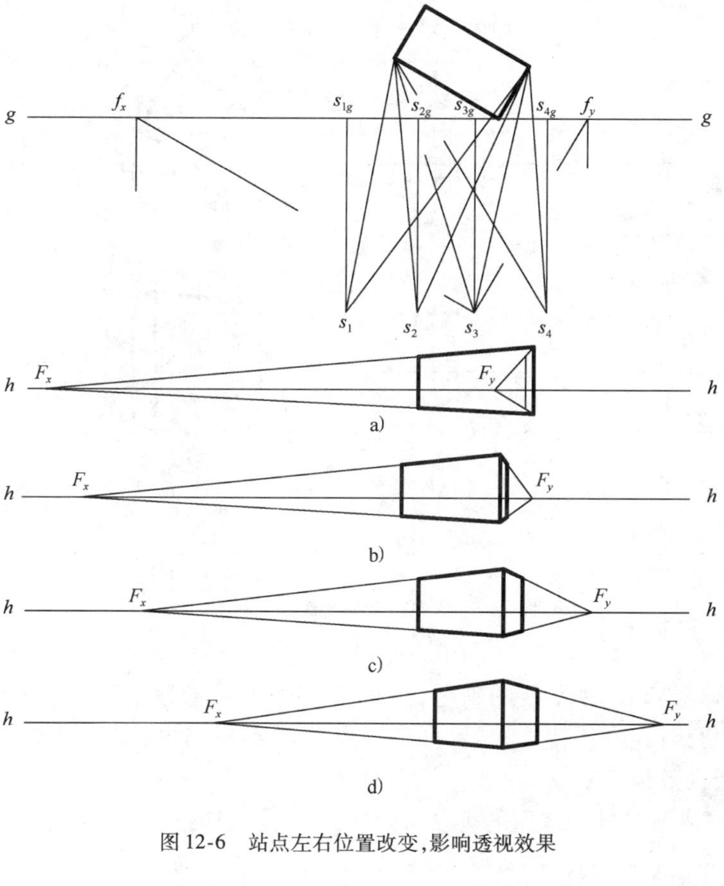

图 12-6　站点左右位置改变,影响透视效果

站点位置的选择，应使视中心线 ss_0 垂直于 p-p 线，垂足 s_g 以在画面宽度 W 的中心为最佳位置，也允许在中间 W 范围内移动，但偏移的范围不以超出 1/3W 宽度范围，否则会严重失真。

图 12-7 所示的形体由三个体块组合而成，图 12-7a) 中，站点 s 在画面宽度 W 的中间，使透视图中可以看到三个体块。而图 12-7b) 中的站点 s 在 W 宽度范围之外，透视图中只能看到两个体块，严重失真。

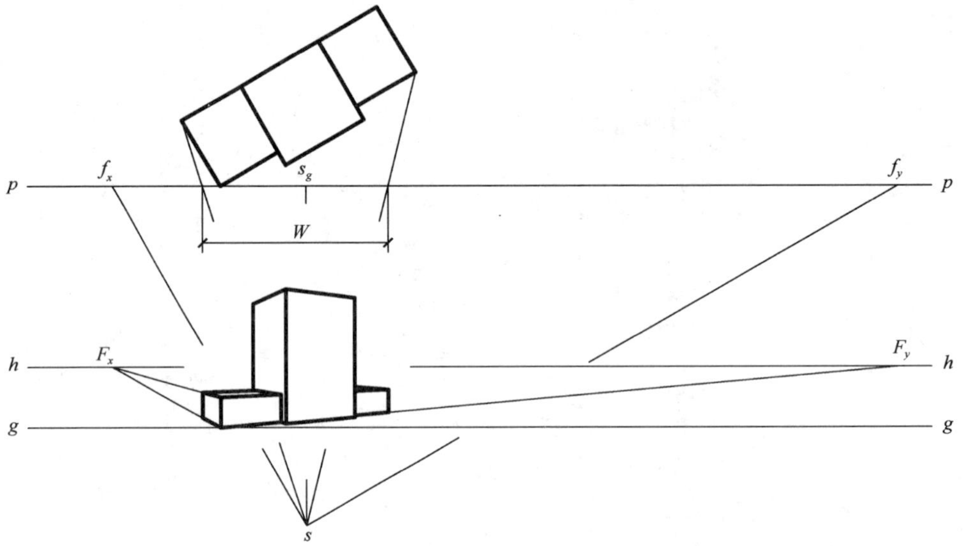

a)

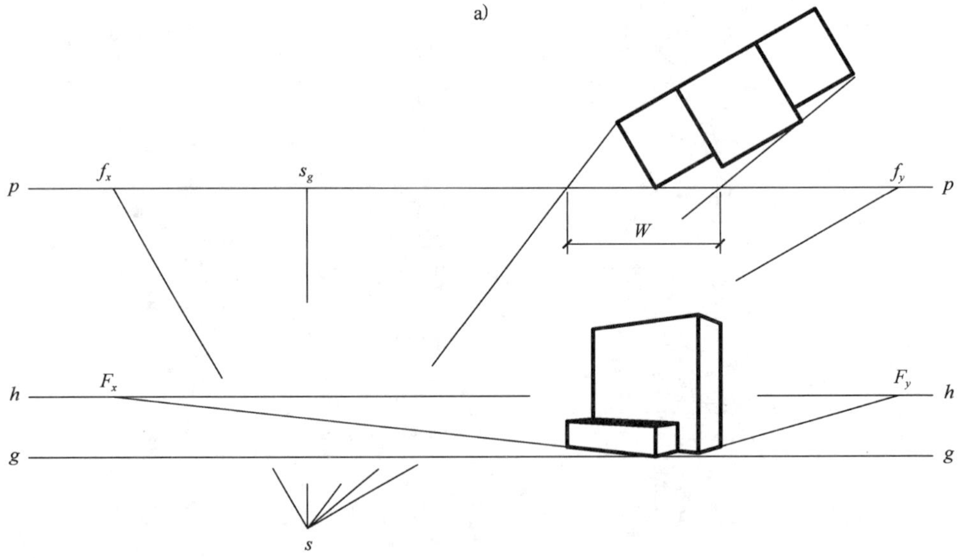

b)

图 12-7　视中心应在画面宽度 W 内

(3) 选定视高

视高的选择就是指确定视平线的高度，在室外透视中，一般取人的眼睛到地面的高度作为视高，约 1.6m。但有时为取得特殊效果，可将视点按需要升高或降低。如图 12-8 所示，说明改变视高会影响透视效果。

图 12-8a) 中的视平线接近房屋的墙脚，墙角线向灭点消失缓慢，檐口线消失陡斜，适宜于

画平房。

图 12-8b）中的视平线取在高度正中，透视效果呆板，一般不取。

图 12-8c）中的视平线取在接近于檐口线处，消失情况与图 12-8a）相反，适宜于画平房。

图 12-8d）中的视平线高于建筑物，这种透视给人以舒展、开阔、居高临下的感觉，称为鸟瞰透视，适宜于画规划图和室内透视图。

图 12-8e）中的视平线与地坪线重合，两边墙角线和地面线重合，适宜于画雄伟的建筑物。

图 12-8f）中的视平线低于建筑物底面，这样画出的透视图可给人以高耸、雄伟、挺拔的感觉。也可用于绘制高层建筑物中屋檐的局部透视。

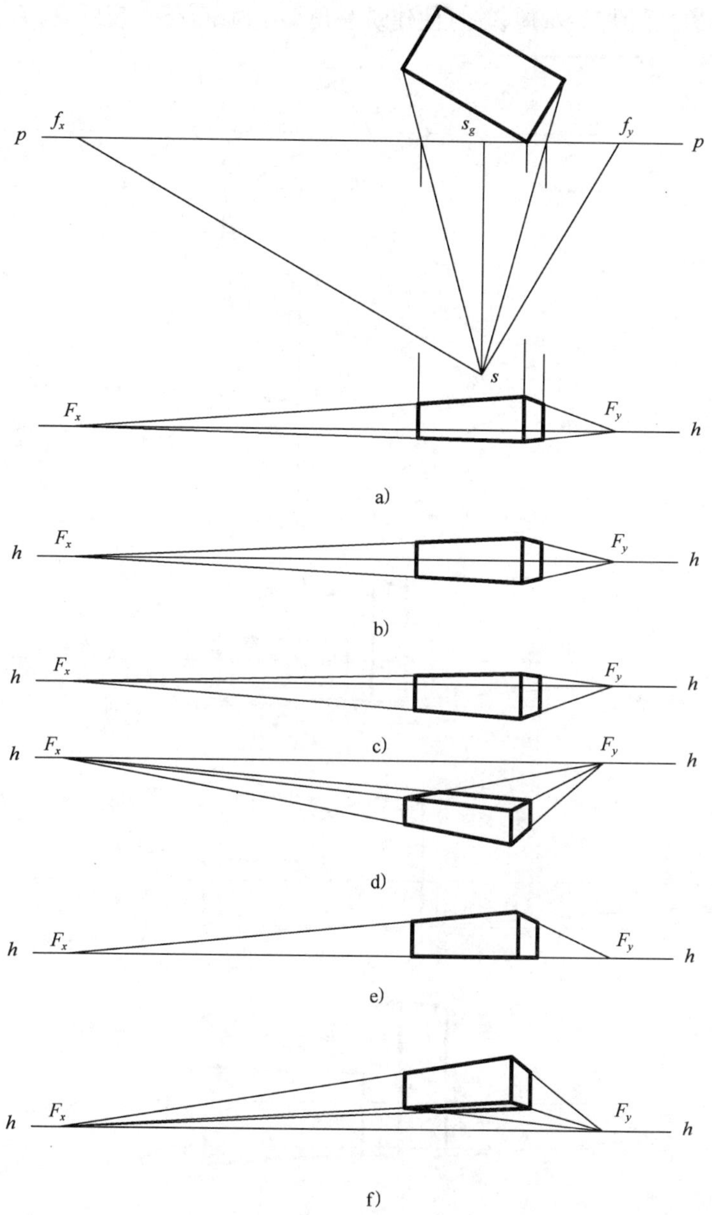

图 12-8　改变视高影响透视效果

2. 画面位置和角度的选择

(1)画面位置

如果其他因素不变,只将画面平行移动,所得的透视投影为相似形。即画面位置不同只影响透视投影的大小,而透视投影的形象不变。

如图 12-9 所示,画面在如图所示 P_1、P_2、P_3 位置分别得到透视投影图 12-9a) ~ c)。画面 P_1 在形体之前,建筑物上与画面平行的轮廓线在其上的透视长度较正投影图中的长度缩短。因此将所得透视投影[图 12-9a)]称为缩小透视。画面 P_3 在形体之后,建筑物上与画面平行的轮廓线在其上的透视长度较正投影图中的长度增大。因此所得透视[图 12-9c)]称为放大透视。画面 P_2 与形体相交,,所得透视[图 12-9b)]在画面之后为缩小透视在画面之前为放大透视。建筑物的透视通常取缩小透视[图 12-9a)],并且使建筑一角靠于画面,便于反映真高。

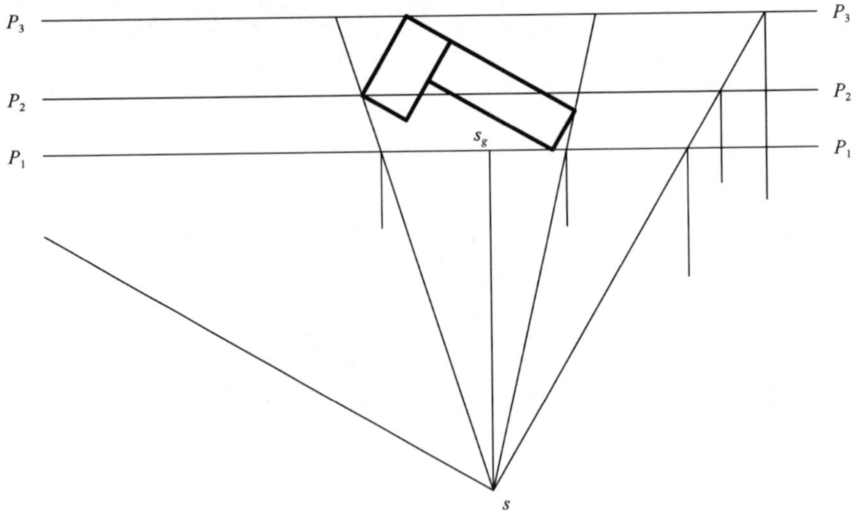

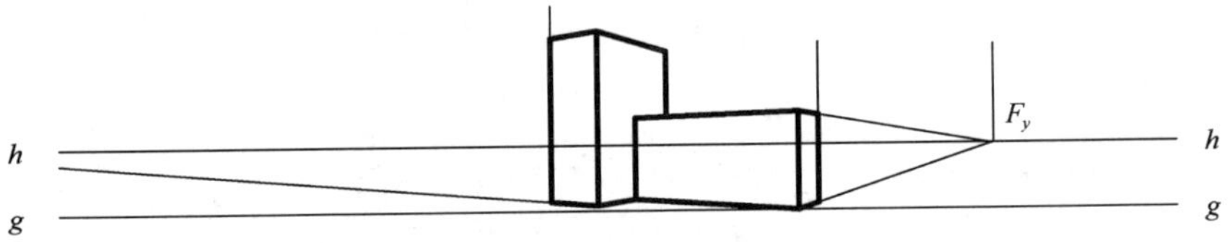

a)

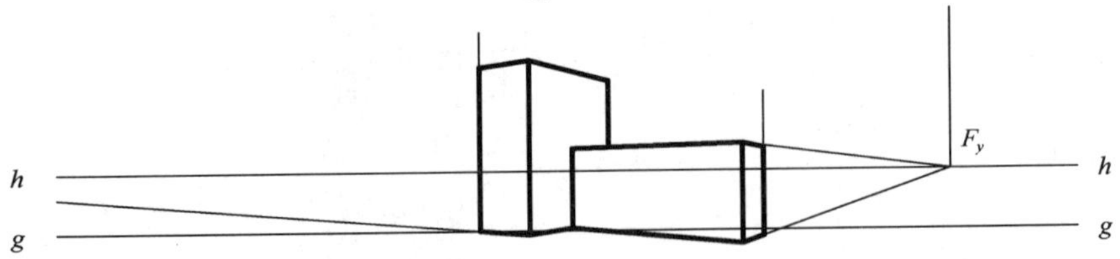

b)

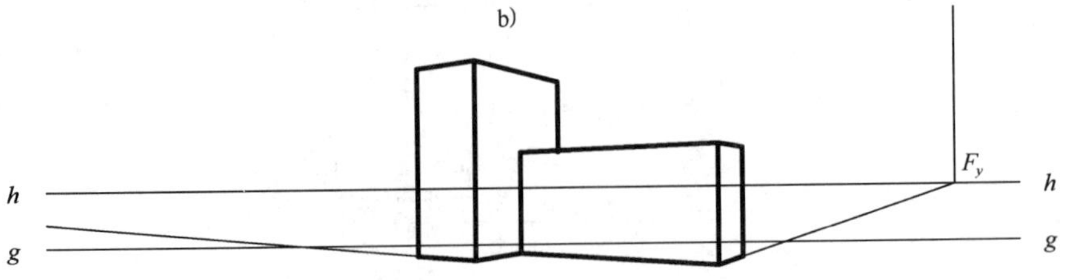

c)

图 12-9　画面前后平行移动,产生放大或缩小透视

(2)建筑物与画面的夹角

当建筑物与画面的夹角 θ 为 0°时,所得透视投影为一点透视。夹角 θ 不为 0°时,所得透视投影为两点透视。夹角 θ 越小立面上水平线的灭点越远,立面的透视越开阔。夹角 θ 越大立面上水平线的灭点越近,立面透视就越窄。在两点透视中,通常选择 θ 角的大小以建筑物的两个主要立面在透视图中的宽度之比与实际宽度之比大致相符为宜。

一般情况下,建筑物的主要面与画面的夹角 θ 通常取 30°左右。这使透视现象平缓,符合建筑物的实际尺度,也可使建筑物的主要面、次要面分明。

如图 12-10a)、b)所示的位置为常用的透视角度下得出的,主次分明,主要面长宽比例符合实际情况;图 12-10d)忌用,因形体的长面与宽面同画面倾角大致相等,透视图上两个方向斜度一致,主次不分明,特别是对平面图为正方形的形体,透视图特别显得呆板。

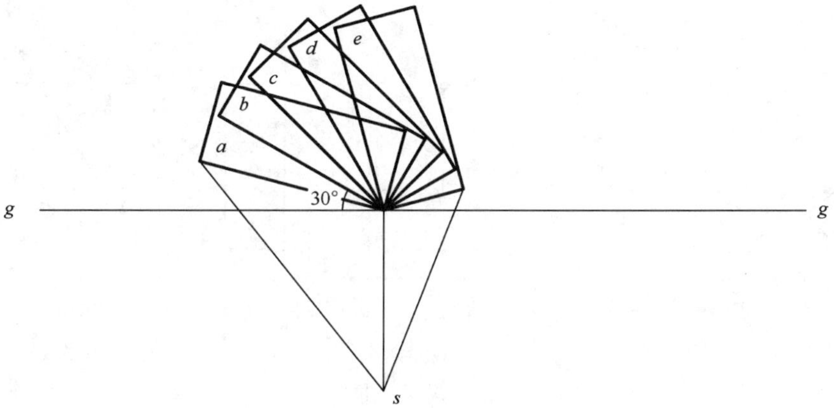

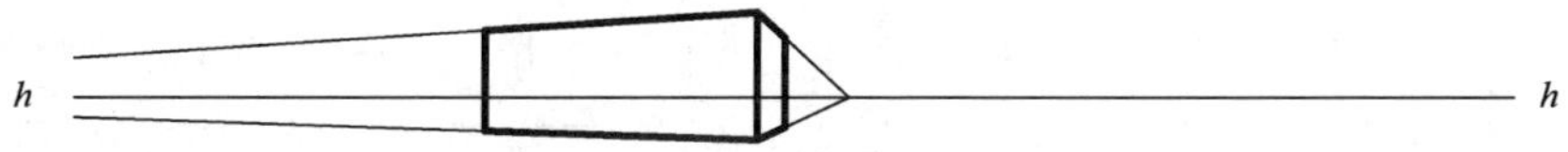

a)

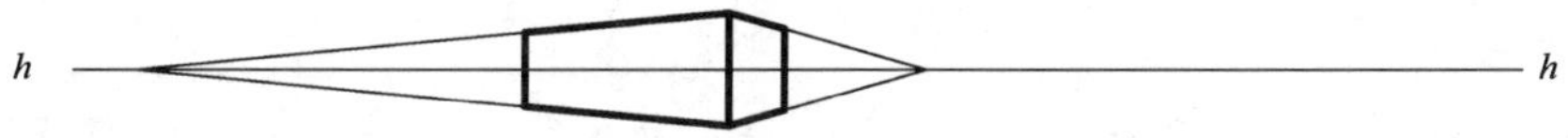

b)

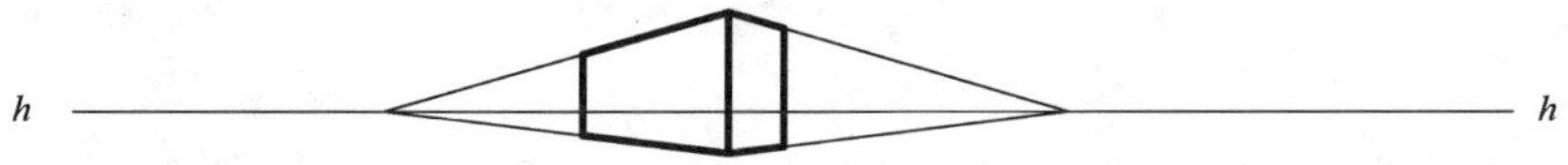

c)

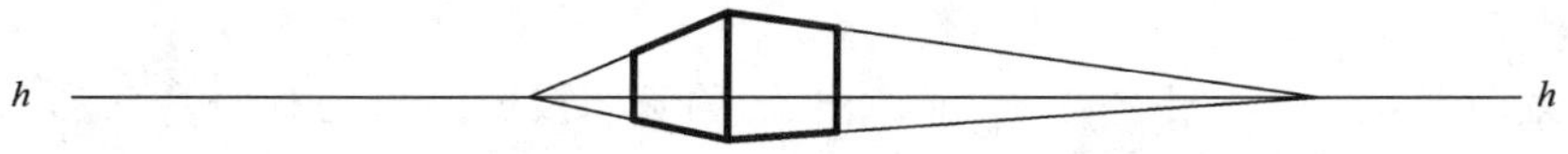

d)

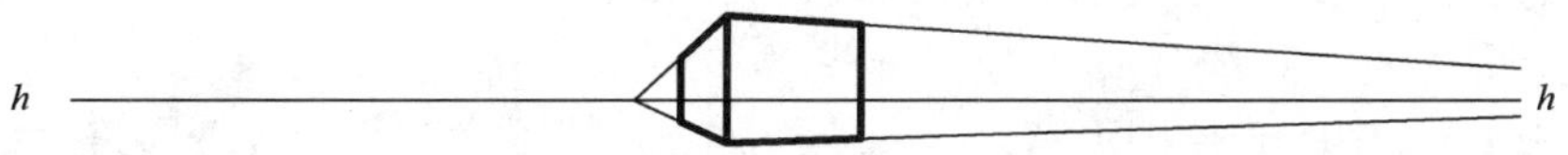

e)

图 12-10　改变画面与建筑物的角度对透视效果的影响

四、透视的基本作图

过空间形体上各点作视线，求出视线与画面的交点，依次连接各交点，就得到形体的透视。求点的透视，实质上就是求直线（视线）与平面（画面）的交点。

如图 12-11a）所示，已知空间点 A 的正投影（a'，a）、视点 S 的正投影（$s°$，s）、画面 P 和基面 G，求点 A 的透视及基透视 $A°$、$a°$（A 在基面上的正投影 a 的透视）。作图时，将基面与画面分开，上下对齐安放，取消边框，使基面上的画面线 p-p 和画面上的视平线 h-h 及基线 g-g 互相平行，如图 12-11b）、c）。

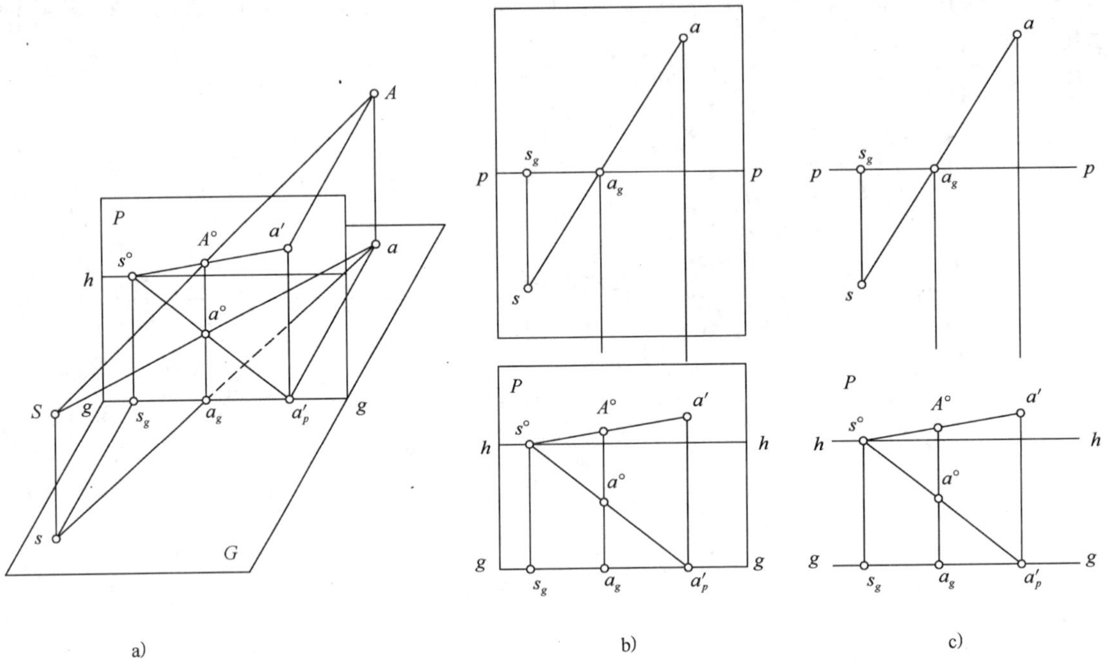

图 12-11　点的透视作图

a）立体图；b）投影面展开；c）作点 A 的透视及基透视

作图步骤：

（1）作视线（视线 SA、Sa 在画面和基面上的正投影）：即在画面上连接心点 $s°$ 与点 a'、心点 $s°$ 与点 ap'，在基面上连接站点 s 与点 a。

（2）求视线 SA、Sa 与画面的交点 $A°$、$a°$。

①求出基面上 sa 与 p-p 线的交点；即作出 S_A 的基面投影（sa）与画面 P 在基面上的积聚投影（p-p 线）的交点 a_g。

②求点的透视（视线与画面的交点）：过点 a_g 作投影连线，与 $s°a'$、$s'a_g$ 交于点 $A°$、$a°$，即为点 A 的透视和基透视。连线 $A°a°$ 就是铅垂线 Aa 的透视。

这里应指出，作图时为使图形清晰、不重叠，通常把基面置于上方，画面置于下方，两个面的间距可随意，但左右必须对齐。

第二节　透视图的基本画法

一、建筑师法(视线法)

(一)直线的透视、迹点和灭点

1. 直线的透视及基透视一般仍为直线

如图 12-12 所示,由视点 S 向直线 AB 引视线 SA、SB 组成一个视平面与画面相交,交线是一条直线,即 AB 的透视 $A^{\circ}B^{\circ}$,同样其基透视 $a^{\circ}b^{\circ}$也是直线。

$A^{\circ}B^{\circ}$的长度称为 AB 的透视长度。

2. 直线上点的透视与基透视分别在直线的透视和基透视上

如图 12-12 所示,点 K 在直线 AB 上,则 K°在 $A^{\circ}B^{\circ}$上(一般情况下 $AK:KB \neq A^{\circ}K^{\circ}:K^{\circ}B^{\circ}$),$k^{\circ}$在 $a^{\circ}b^{\circ}$上。

3. 直线的迹点

直线与画面的交点称为直线的迹点,以字母 T 表示。

迹点的透视即为其本身 T,其基透视 t 在基线上。直线的透视必通过直线的画面迹点 T,其基透视必通过迹点的基透视 t。

如图 12-13 所示,AB 延长后与画面相交于 T,T 即 AB 在画面上的点,其透视是其本身,$A^{\circ}B^{\circ}$通过 T,$a^{\circ}b^{\circ}$通过 t,Tt 垂直于 g-g。

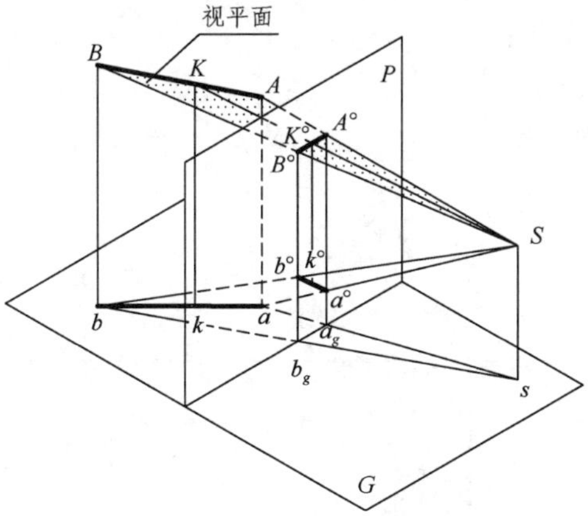

图 12-12　直线的透视

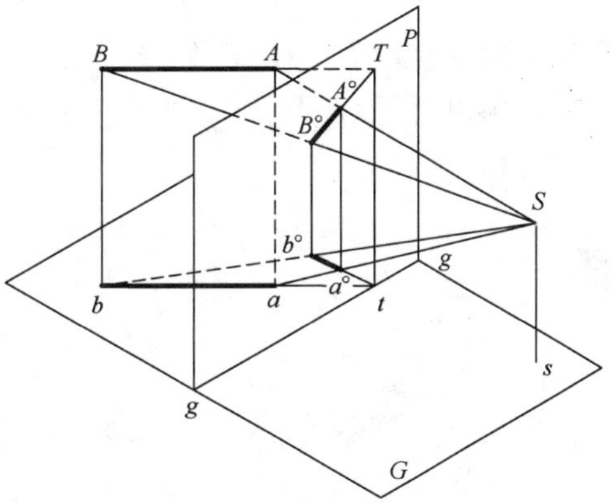

图 12-13　直线的迹点

4. 直线的灭点

直线上距画面无限远点的透视称为直线的灭点,以字母 F 表示。

从几何学知道,两平行直线相交于无限远点,因而,通过一直线上无限远点 F_{∞} 的视线必与该直线平行。

如图 12-14 所示,要求直线 AB 上距画面无限远点 F_{∞} 的透视,则自 S 向无限远点引视线 SF_{∞},视线 SF_{∞} 必与直线 AB 平行。SF_{∞} 与画面 P 的交点 F 就是 AB 的灭点。直线 AB 的透视 $A^{\circ}B^{\circ}$的延长线必通过灭点 F。同理可求直线 AB 的投影 ab 上无限远点 f_{∞} 的透视 f,f 称为 AB 的基灭点。基灭点 f 必位于 h-h 上,延长直线 AB 的基透视 $a^{\circ}b^{\circ}$必通过其基灭点 f。Ff 垂直于 h-h。

(二)建筑师法求直线的透视

直线的灭点 F 与直线的迹点 T 的连线 TF 称为直线的全线透视。利用迹点和灭点确定直线的全线透视,然后再借助视线的水平投影作直线线段的透视画法,习惯上称为建筑师法(或视线法)。

建筑师法求直线的透视通常分两步:

(1)求直线的全线透视 TF;

(2)确定直线的透视长度,即端点的透视。

其空间分析如图 12-15 所示。

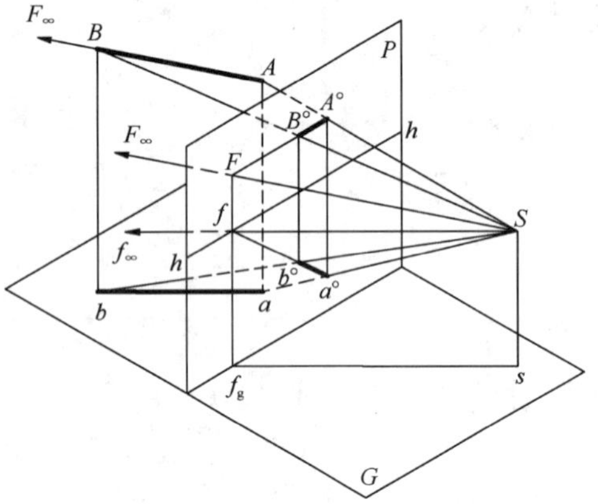

图 12-14　直线的灭点

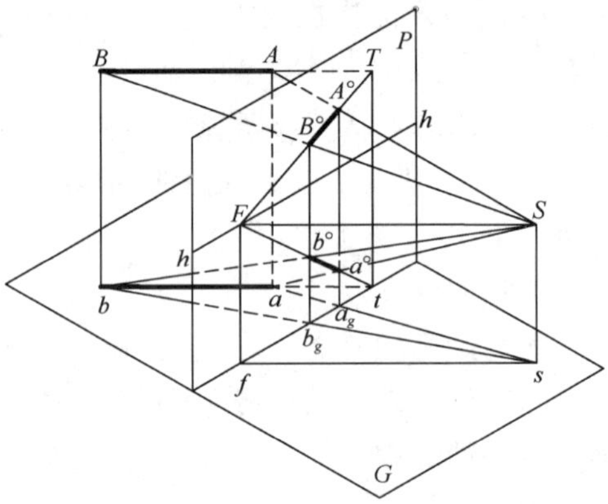

图 12-15　建筑师法作直线的透视

1. 基面上的直线的透视

其空间分析如图 12-16a)所示。

具体作图如图 12-16b)所示。

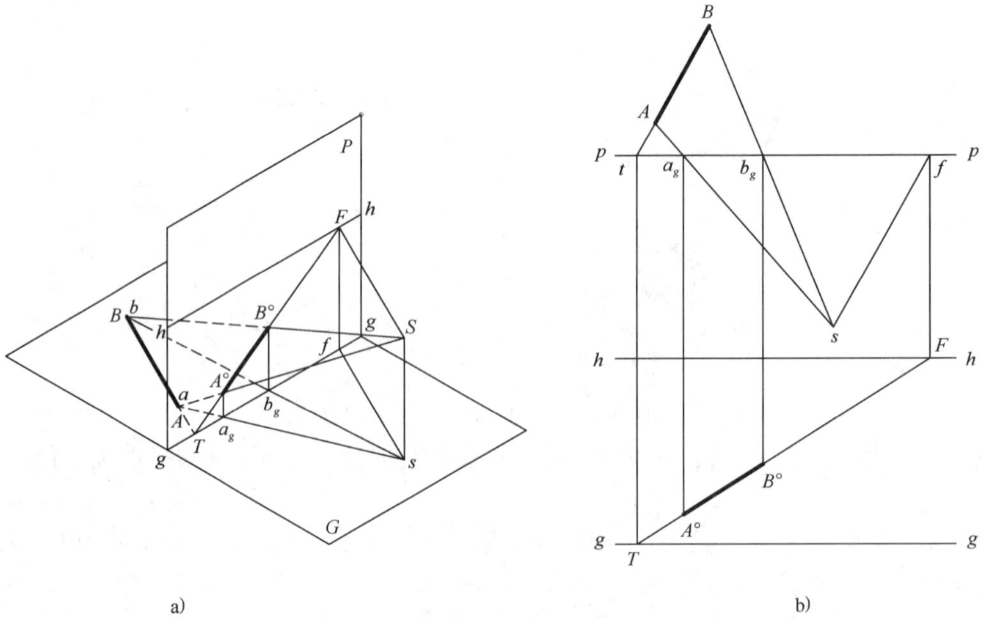

图 12-16　基面上的直线的透视

(1)在基面上作视线 SF_∞ 的水平投影 $sf/\!/AB$ 交基线于 f。

(2)连接 SA、SB 分别交 $p\text{-}p$ 于 a_g、b_g，延长 AB 交 $p\text{-}p$ 于 t。

(3)过 t 及 f 作竖直线，分别交 $g\text{-}g$，$h\text{-}h$ 于 T、F。连接 TF 即得 AB 的全线透视。

(4)过 a_g、b_g 作竖直线与 TF 相交于 A°、B°，即得 AB 的透视 $A^\circ B^\circ$。

2. 基面平行线的透视

其空间分析如图 12-17a)所示。

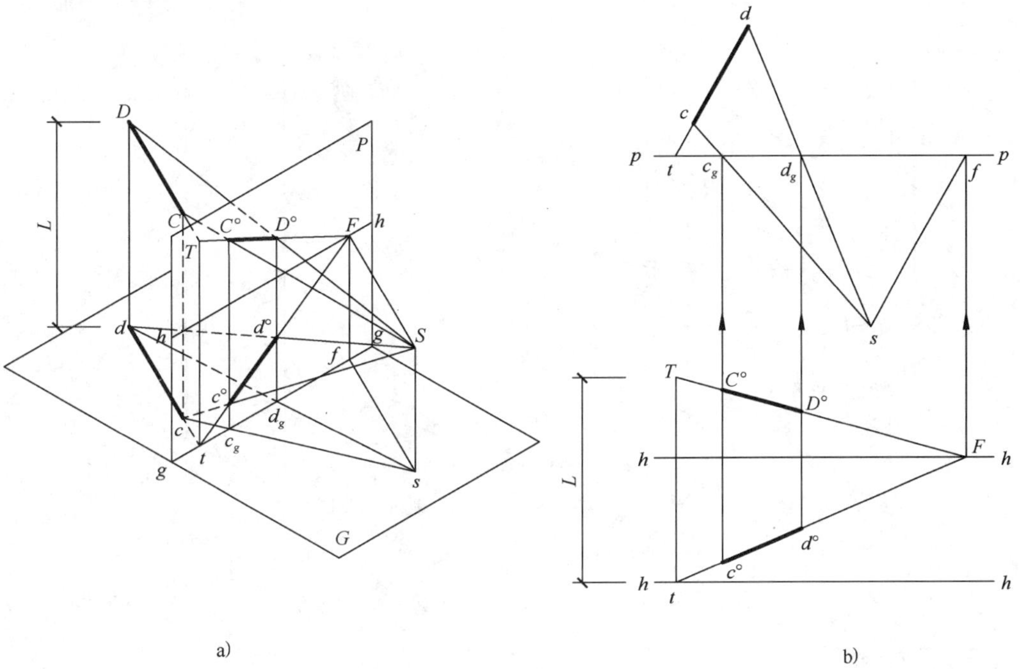

图 12-17　基面平行线的透视

求基面平行线 CD 的透视，应注意两点：

(1)由于 $CD/\!/cd$，故而两者具有相同的灭点 F。

(2)CD 的迹点 T 对 $g\text{-}g$ 的距离 Tt，正是水平线 CD 离开基面的高度 L。

具体作图如图 12-17b)所示：

(1)求基面平行线 CD 的基透视 $c^\circ d^\circ$ 的方法与求基面上直线 AB 的透视 $A^\circ B^\circ$ 相同。

(2)过 $g\text{-}g$ 上的 t 点作向上的竖直线 Tt，使其等于 CD 离开基面的高度 L。

(3)连接 TF。

(4)过 c_g、d_g 作竖直线与 TF 相交于 C°、D°，即得 CD 的透视 $C^\circ D^\circ$。

3. 基面垂直线的透视

设空间直线 AB 垂直于基面，则 AB 既无迹点也无灭点，求 AB 的透视可借助辅助线作图，如图 12-18a)所示。过 A、B 两点分别作画面的垂直线，使其分别交画面于 T_A、T_B 两点，T_A、T_B 两点水平投影重合于 $g\text{-}g$ 上的 t 点；由于 AT_A、BT_B 都垂直于画面，因此其灭点集中于 S°。连接 $S^\circ T_A$、$S^\circ T_B$ 即得两辅助线的全透视。其余作法如前。

具体作图见 12-18b)所示：

(1)在基面上连接 s 与点 ab，交 $p\text{-}p$ 于点 $a_g b_g$。

(2)过点 ab 作向下的竖直线与 $p\text{-}p$ 交于点 t。

(3)将点 t 下投到 $g\text{-}g$ 上，连接 $S^\circ t$。

(4)将点 $a_g b_g$ 下投到 $S^\circ t$ 上，即得 AB 的基透视 $a^\circ b^\circ$。

(5)过 $g\text{-}g$ 上的 t 点作真高线 $tT_A = L_1$，$tT_B = L_2$。

(6)连接 $T_A S^\circ$、$T_B S^\circ$ 与过 $a^\circ b^\circ$ 的上投线分别交于 A°、B°，连接 $A^\circ B^\circ$ 即得 AB 的透视。

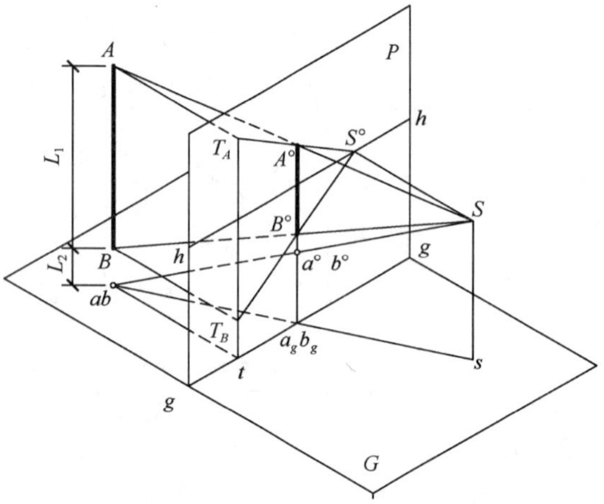

a)

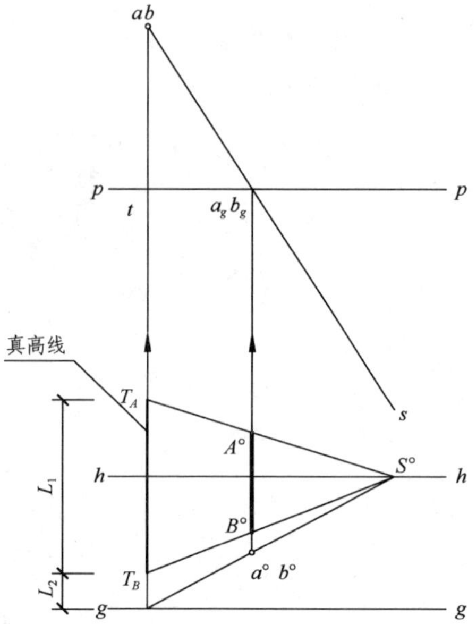

b)

图 12-18　基面垂直线的透视

(三)平面的透视

直线平面由直线围合而成，要求平面的透视只需求出平面各顶点的透视，将其顺次相连即可得平面的透视。

如图 12-19 所示，作平面的透视的步骤如下：

(1)求出平面图中互相垂直的两主向(X 轴方向、Y 轴方向)直线的灭点：自站点 s 平行于两主向直线作视线的基面正投影与 $p\text{-}p$ 线相交于 f_x、f_y，再由 f_x、f_y 下投到视平线 $h\text{-}h$ 上，即得两主向灭点 F_x、F_y。

(2)平面图中点 a 在 $p\text{-}p$ 线上，也就是在画面上，其透视 a° 应在基线上。自 a 点直接下投到 $g\text{-}g$ 线上，即得 a 点的透视 a°。

(3)直线 ab、aj 分别是 X 方向和 Y 方向的直线，自 a° 向 F_x、F_y 引直线，即可得 ab 和 aj 的全线透视。连接 s 点与 b、c、i…各点与 $p\text{-}p$ 线相交于 b_g、c_g、i_g…各点，再从这些点下投到相应的全线透视上，即可得 b、c、i…各点的透视 b°、c°、i°…。

(4)至于 cd、ei 线则无须作出其迹点，可由 c°、i° 向 F_x 引直线，然后自 sd 和 se 与 $p\text{-}p$ 的交点 d_g、e_g 向下投，即可得其透视 d°、e°。

按此作法，可将平面上各点的透视求出来，从而得到平面的透视。

在本例中，求点 i 的透视 i° 的方法有两种：其一如本例中所示；其二是通过 i° 的两组全线透视 $a^\circ F_y$ 和 NF_x 相交得 i°。

如果建筑物体形大，两灭点相距较远，视平线高度一般取人眼的平均高度 1.6m 左右，这

时视平线 h-h 与基线 g-g 相距很近，两直线的全线透视交角很小，致使交点定位不准确。此外，透视图上作图线太多，使图面不清晰。为避免上述缺点，可在透视图下方（必要时可在上方）作一透视平面图。

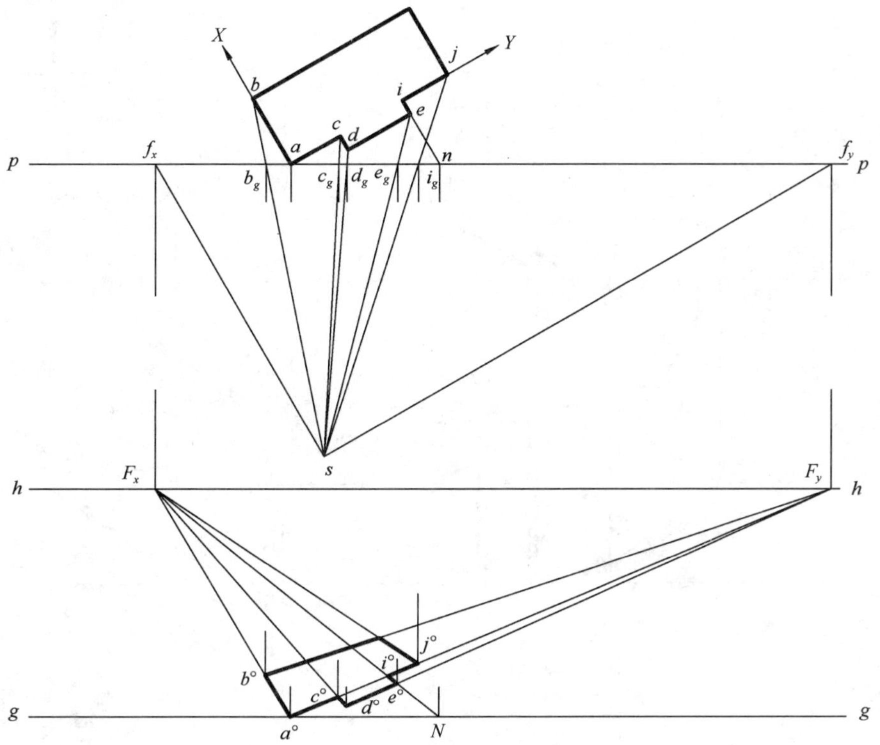

图 12-19　平面的透视

建筑形体在降低基面后所作的平面图的透视，称为透视平面图。其作法是在基线 g-g 之下设一条辅助基线 g_1-g_1（与 g-g 平行），它就是降低的基面 G_1 在画面 P 上的投影，也是 G_1 与画面 P 的交线。然后用原来的视平线和视点作出平面图的透视。这样拉开了 h-h 与 g_1-g_1 之间的距离。当视点、画面、物体三者之间的相对位置不变时，灭点的位置也不变，因此，无论 g_1-g_1 与 h-h 之间的距离拉开多大，物体的透视图的大小不变，改变 g_1-g_1 线的位置，仅使透视平面图的上下宽度改变，而左右长度不改变。降低基面后作透视平面图的方法同上例。

4. 立体的透视

以图 12-20 为例。

（1）降低基面，作出立体的透视平面图，如图 12-20d）所示。

（2）将 $a_1°$ 上投至 g-g 得 $a°$ 点。将 $a°$ 与 F_x、F_y 相连，再将 $b_1°$、$c_1°$、$i_1°$、$j_1°$ 上投与 $a°F_x$、$a°F_y$ 相交得 $b°$、$c°$、$i°$、$j°$ 各点。连接 $c°F_x$ 并延长，与过点 $d_1°$ 的上投线相交得 $d°$ 点。将 $d°$ 与 F_y 相连，与过点 $e_1°$ 的上投线相交得点 $e°$。

（3）由于点 a 在画面上，点 a 的透视 $a°$ 为本身。过 $a°$ 作真高线，使其等于立体的高度，得到 $A°$。将 $A°$ 与 F_x、F_y 相连，过 $b°$、$c°$、$i°$、$j°$ 作竖直线，与 $A°F_x$、$A°F_y$ 相交得 $B°$、$C°$、$I°$、$J°$ 各点。按上述（2）中所述方法求得 $D°$、$E°$ 点。

（4）连接各顶点完成立体的透视，如图 12-20c）所示。

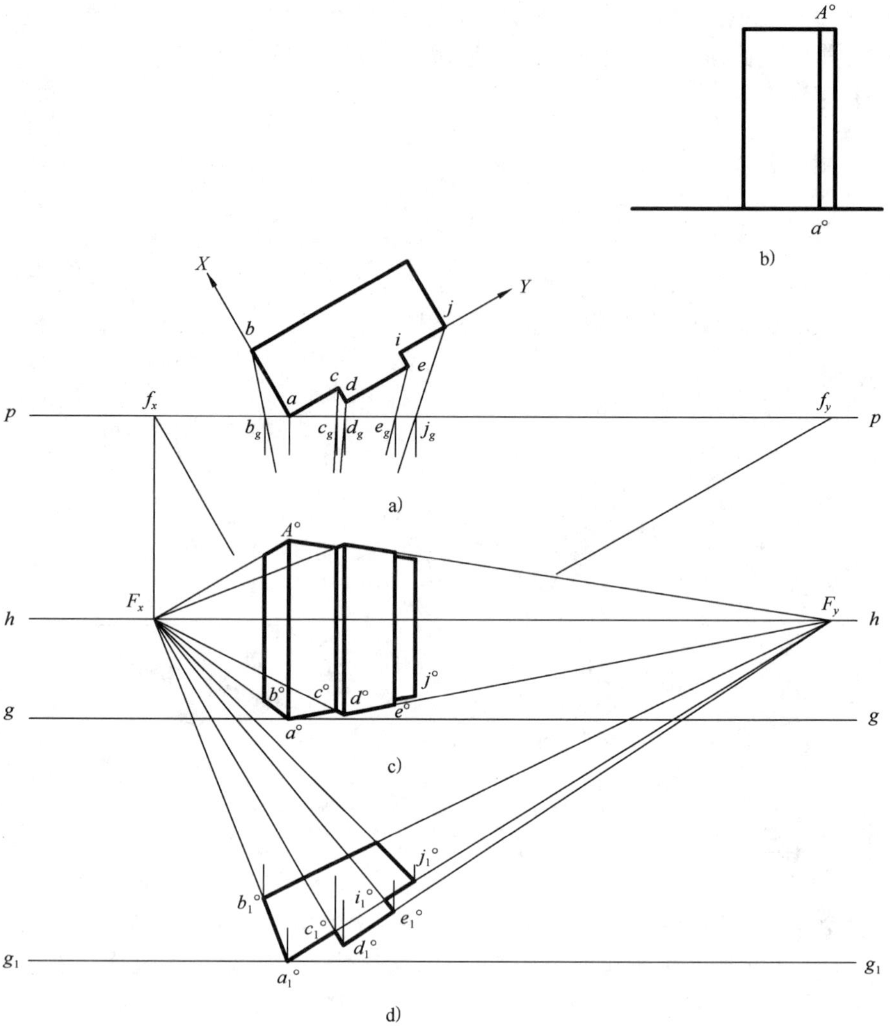

图 12-20 立体的透视

a)平面图;b)左侧立面图;c)透视图;d)透视平面图

二、量点法

(一)量点的概念与作法

1. 量点的概念

在图 12-21a)中,AB 是基面上的一条直线,TF 是其全线透视。为了在 TF 线上确定 A 点的透视 A°,先在基面上作辅助线 AA_1 与基线 g-g 交于 A_1,并使 $TA_1=TA$。A_1 位于基线上,为辅助线 AA_1 的画面迹点。过视点 S 作视线平行于 AA_1,该视线与画面的交点即是 AA_1 的灭点 M。M 位于视平线 h-h 上。连接 A_1M 得 AA_1 的全线透视。A 点的透视 A° 必在 A_1M 上,A° 又在 TF 上,则 TF 与 A_1M 两直线的交点就是 A° 点。B 点的透视 B° 的求法与 A° 点的求法相同,所以在基线上量取 $TB_1=TB$,$BB_1 /\!/ AA_1$,则 BB_1 的灭点仍为 M。B_1M 为 BB_1 的全线透视。B_1M 与 TF 的交点即为 B 点的透视 B° 点。

图中辅助线 AA_1、BB_1 的灭点 M 点称为直线 AB 的量点。这种利用量点确定透视长度的方法称为量点法。

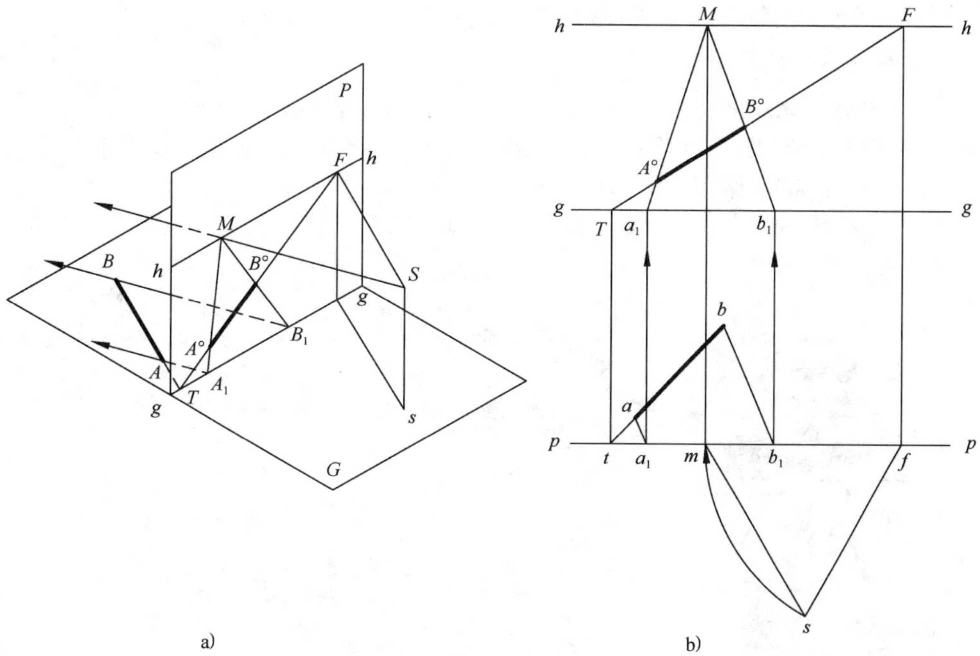

图 12-21　量点的概念与作法

2. 量点的作法

从图 12-21a）中可知，$\triangle ATA_1$ 为等腰三角形，辅助线 AA_1 是等腰三角形的底边。$\triangle SFM$ 与 $\triangle ATA_1$ 相似，所以也为等腰三角形，即 $SF = MF$。由此可知量点 M 到灭点 F 的距离等于灭点 F 到视点 S 的距离，即欲求 M，可在视平线上过 F 量取长度等于 SF，即可得量点 M。

图 12-21b）所示为用量点法求基面上的线 AB 的透视的作图方法。

要求直线 AB 的透视应先求直线的量点。在平面上求直线 AB 的量点，其步骤如下：

（1）在平面上求出直线 AB 的灭点的基面投影 f；

（2）以 f 为圆心，sf 为半径作圆弧与 p-p 相交即得量点的基面投影 m；

（3）将 m 上投到 h-h 上即得 AB 的量点 M。

求得直线的量点 M 之后，即可来求直线 AB 的透视了。其步骤如下：

（1）求直线 AB 的灭点 F 和画面迹点 T，连接 TF，即得直线 AB 的全线透视；

（2）在 g-g 线上量取 $Ta = Ta_1$，$Tb = Tb_1$，得 a_1、b_1 点；

（3）连接 $M\,a_1$ 和 $M\,b_1$ 分别与 TF 相交即得 A、B 两点的透视 $A°$、$B°$。连接 $A°B°$，即为 AB 的透视。

如果 AB 为一条水平线，距离基面有一定距离 L，作法与此例基本相同。如图 12-22 所示，可先按图 12-21b）所示步骤作出水平线的基透视

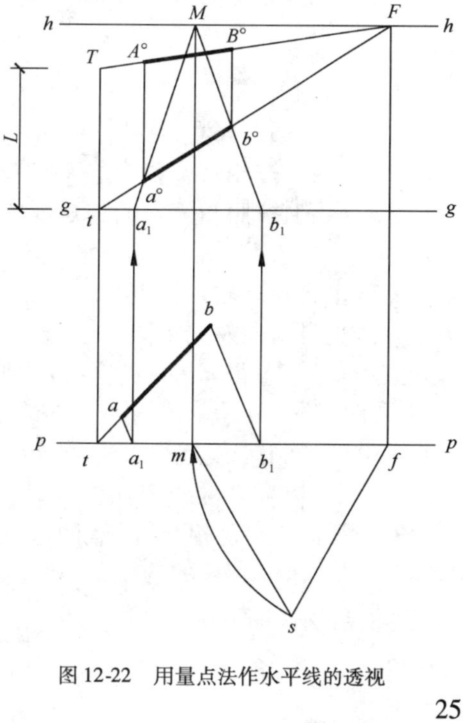

图 12-22　用量点法作水平线的透视

$a°b°$,再过 $a°$、$b°$作上投线与水平线 AB 的全线透视 TF 相交即得 $A°B°$。

(二)平面图的透视画法

图 12-23 所示为量点法作平面的透视的实例。作图方法如下:

(1)求灭点和量点:由于平面上 X、Y 两组轮廓线与画面相交,故在平面图上可求得灭点、量点的投影 f_x、f_y、m_x、m_y,如图 12-23a)所示。

(2)画面相交线透视求法:如图 12-23b)所示。

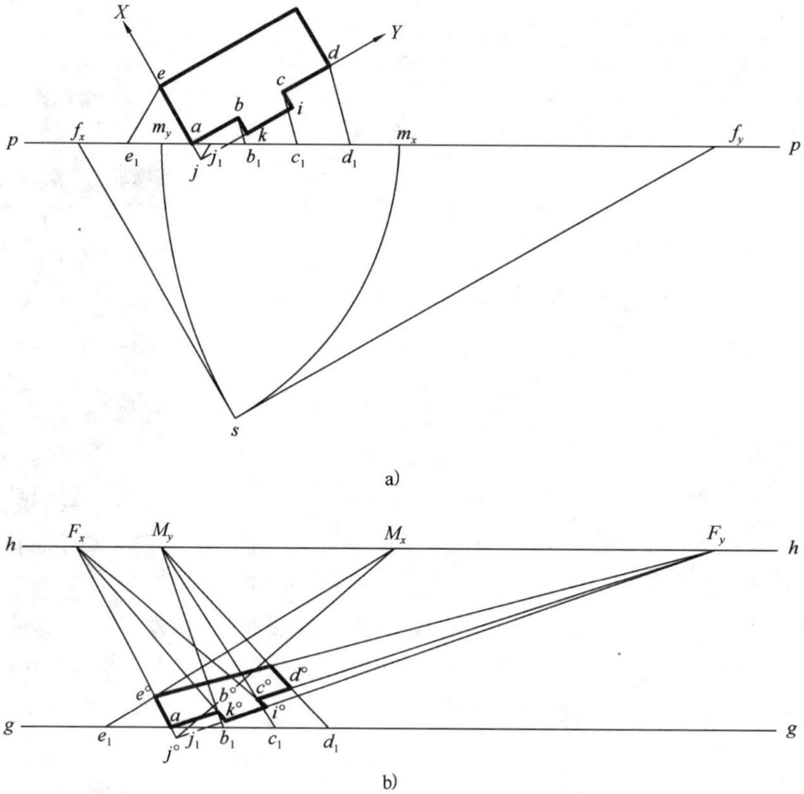

图 12-23 量点法作透视平面图

①在 h-h 线上按相对位置确定灭点 F_x、F_y,量点 M_x、M_y。

②在 g-g 线上按照与灭点的相对位置确定 a 点。将平面图中过 a 点的两条主向直线 ad、ae 作为两个方向尺寸度量的基准线。根据平面图中 Y 方向基准线上 a、b、c、d 各点间的实际距离,在 g-g 线上自 a 向右量得点 b_1、c_1、d_1。根据平面图中 X 方向基准线上 e、a 点间的实际距离,在 g-g 线上自 a 向左量得点 e_1。

③连接 aF_x、aF_y 得 ad、ae 的全线透视。连接 b_1M_y、c_1M_y、d_1M_y 与 aF_y 相交,其交点分别为 b、c、d 的透视 $b°$、$c°$、$d°$。连接 e_1M_x 与 af_x 相交,其交点为 e 的透视 $e°$。

(3)不与画面相交线透视求法。平面图中线段 kl 不与画面相交,本例将 kl 与 ae 延长得交点 j。j 点位于 X 方向基准线上,但因 j 点在画面之前,因此在 g-g 线上自 a 点向右量取 $aj_1=aj$。连接 j_1M_x 并延长与 $a°e°$相交得 j 点的透视 $j°$。$j°F_y$ 为 kl 的透视方向。连接 $b°F_x$、$c°F_x$ 并延长,与 $j°F_y$ 相交即可得 k 及 l 的透视 $k°$、$l°$,连线 $k°l°$即得 kl 的透视。如图 12-23b)所示。

(三)量点法作图举例

图 12-24a)中,给出了一平顶小屋的平、立面图。现利用量点法放大 1.5 倍求其透视。此

例中因所选视高太低，因此在作图过程中采用降低基面法作出该建筑的透视平面图。要将本建筑物放大1.5倍作图，先作出基线 $g\text{-}g$，再在 $g\text{-}g$ 线上方定出视平线 $h\text{-}h$，使其到 $g\text{-}g$ 线的距离为1.5倍的视高。在 $h\text{-}h$ 上确定 F_x、F_y、M_x、M_y，使任意两点之间的距离等于平面图中相应距离的1.5倍。将 b 点到上述任一点的距离放大1.5倍，保持相对位置不变在 $g_1\text{-}g_1$ 线后上定出 b 点后，将 X 方向、Y 方向上各点距离 b 点的距离放大1.5倍之后按相对位置确定在 $g_1\text{-}g_1$ 线上。如图12-24b）所示。

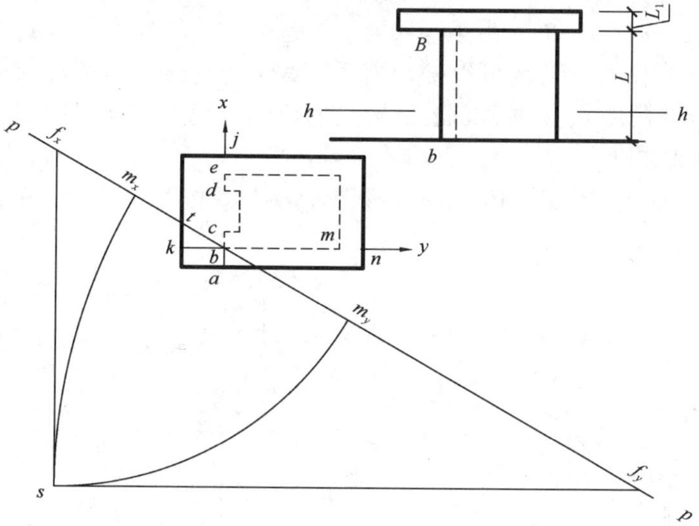

a）

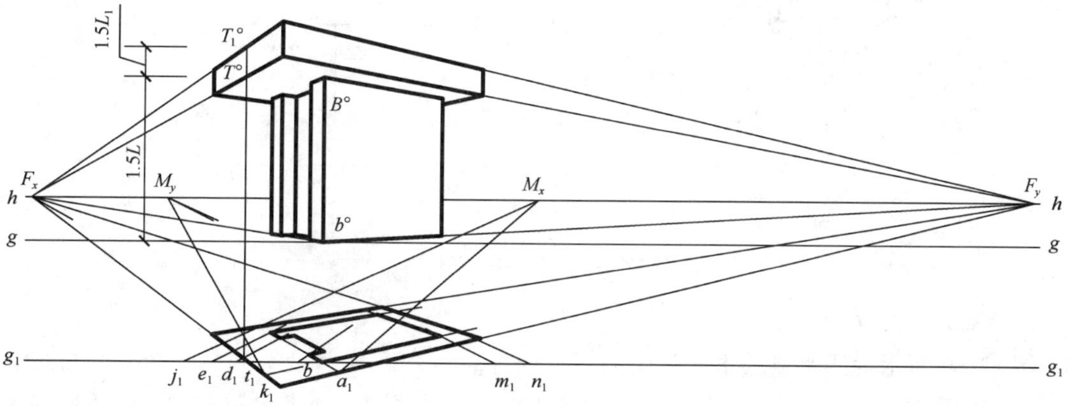

b）

图12-24　量点法作图实例

从平面图中可知，小屋的墙角线 bB 位于画面上，则其透视 $b°B°$ 是其本身，反映其真高。本例中要求放大1.5倍作图，因此自 $g\text{-}g$ 线上的 $B°$ 点向上作竖直线，使其长度等于1.5倍 bB，即可得墙角线的透视 $b°B°$。再由透视平面图其他各点向上作竖直线，定出其他墙角线的位置，再与其真高线 $b°B°$ 和灭点 F_x、F_y 相配合，即可作出整个墙体的透视。

利用透视平面图中顶板边线与 $g\text{-}g$ 线的交点 t 作竖直线，在此竖直线上量取顶板的真实高度的1.5倍（即 $1.5h_1$）和真实厚度的1.5倍（即 $1.5h_2$）得到点 $T°$ 和 $T_1°$；由此向 F_x、F_y 引直线结合透视平面图，即可完成全部透视作图。

三、距点法

1. 距点的概念

求一点透视时，建筑物只有一组主向轮廓线与画面垂直而产生灭点，即心点 $s°$。这些画面垂直线的透视是指向心点 $s°$ 的。如图 12-25a）所示，基面上方有一垂直于画面的直线 AB，其透视方向为 $Ts°$，为了在该直线上确定 A、B 各点的透视，可设想在基面上，自 A、B 各点作同一方向的 45°辅助线 AA_1、BB_1，与基线交于 A_1、B_1。D 点为求得的这些辅助线的灭点。A_1D、$B1D$ 与 $Ts°$ 的交点就是 A、B 两点的透视 $A°$、$B°$。由于这些辅助线是 45°的，所以 $TA_1 = TA$，$TB_1 = TB$，由此也不难得出 $Ss° = DS$。利用灭点 D，就可以按画面垂直线上点对画面的距离求得该点的透视，因此，点 D 称为直线 AB 的距点。它实际上是量点的特例。距点根据所作辅助线方向不同，可取在心点 $s°$ 的左侧或右侧。

图 12-25b）所示为用距点法求直线 AB 的一点透视 $A°$、$B°$，其作图与量点法求直线透视相似，不再赘述。

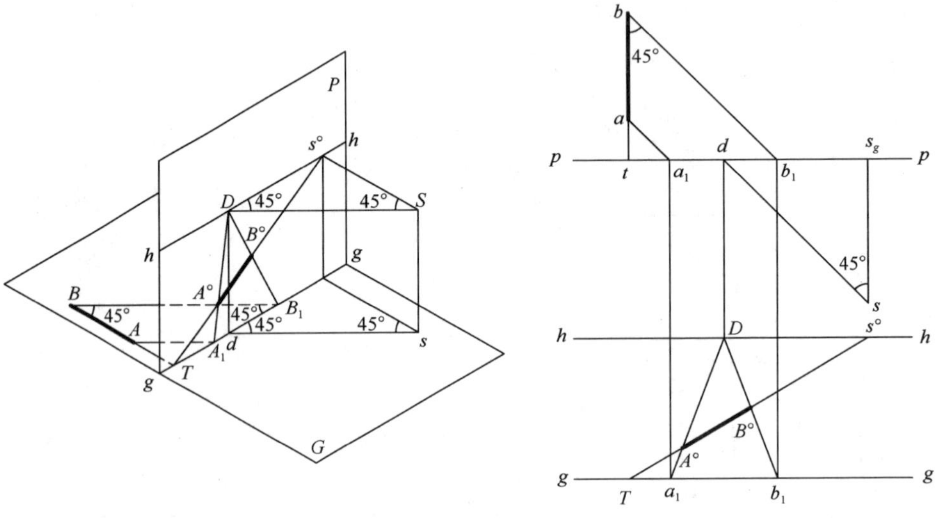

图 12-25 距点的概念与作法

2. 距点法作图举例

图 12-26 所示为用距点法求一建筑的一点透视。

（1）选择站点 s 和视平线 h-h，如图 12-26a）所示。在平面图上求出距点的基面投影 d。将 Y 向尺寸延长到与 p-p 线相交，得各直线迹点的基面投影 1、a、b、c 各点（也可看作延长到与 X 轴相交），把 X 向各平行线延长到与 Y 轴相交得 2、3、4 各点。

（2）在画面上定出基线 g-g，g_1-g_1 和视平线 h-h，并定出 $s°$、s_g 和 D。

（3）作透视平面图：

①把平面图上 p-p 线上各点 1、a、b、c 按照其与 s_g 的相对位置画到 g_1-g_1 线上，即得 1_1、a_1、b_1、c_1 各点。根据 Y 方向基准线上 1、2、3、4 个点间的实际距离，在 g_1-g_1 线上自 1_1 向右量得点 2_1、3_1、4_1。

②连接 2_1D、3_1D、4_1D，与 $s°1_1$ 相交得 $2_1°$、$3_1°$、$4_1°$。将 $s°$ 与 a_1、b_1、c_1 连成直线，得 $s°a_1$、$s°b_1$ 、$s°c_1$ 线。

③过 $2_1°$、$3_1°$、$4_1°$ 作水平线到相应的直线上，即可完成透视平面图。

（4）作透视图：

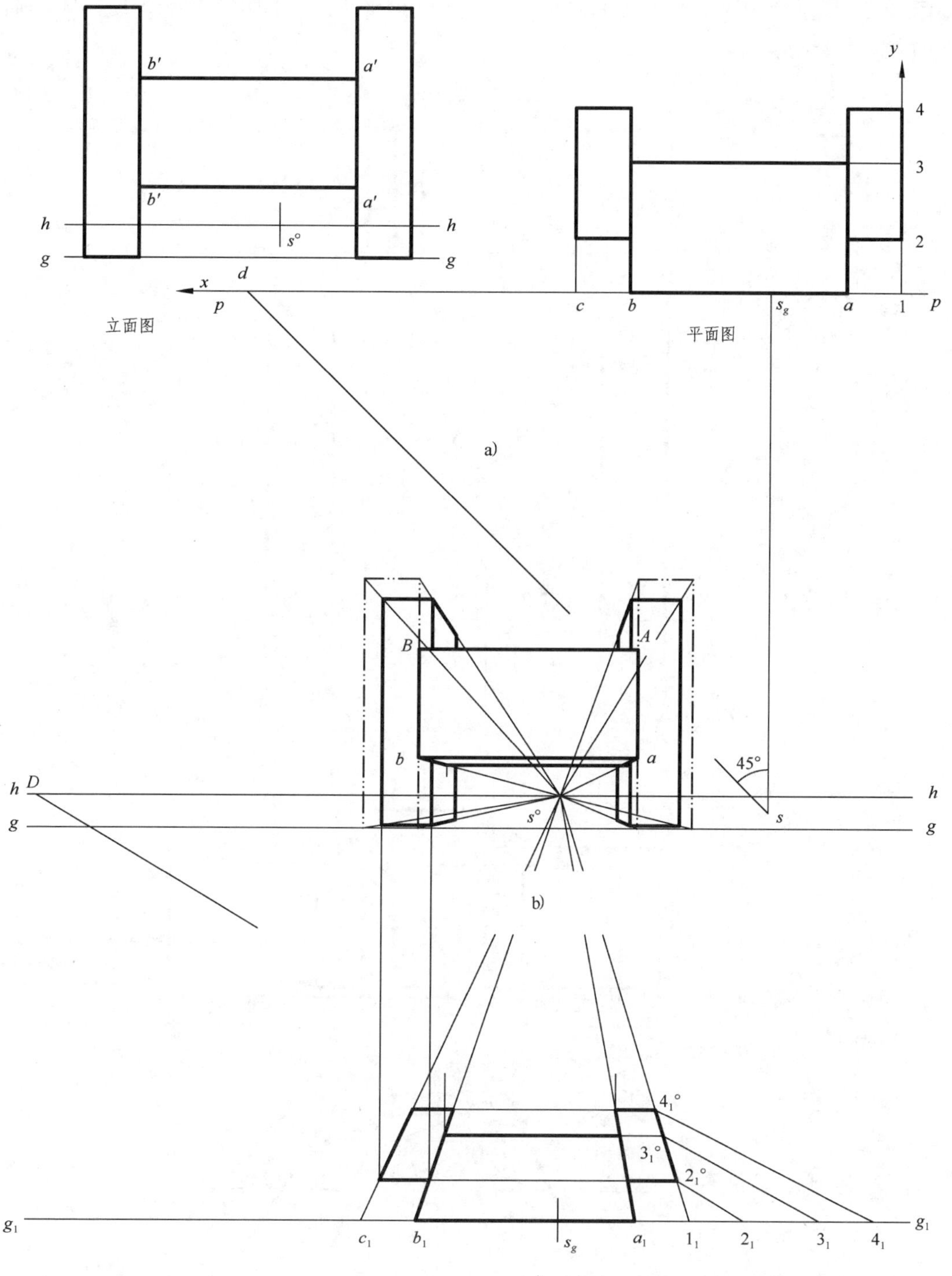

图 12-26　用距点法求形体的一点透视

a）已知；b）透视图；c）透视平面图

①在画面上以 $s°$ 点为基准，用细双点画线画出立面图，并将个角点与 $s°$ 相连，得一组直线，即一组画面垂直线的全线透视。

②过透视平面图中的各点作竖直线，与透视图中的相应线相交，即得透视图。

图 12-27 所示为用距点法求一地铁站室内透视。此例为了作图清晰准确，也采取了降低基面的办法来绘制。

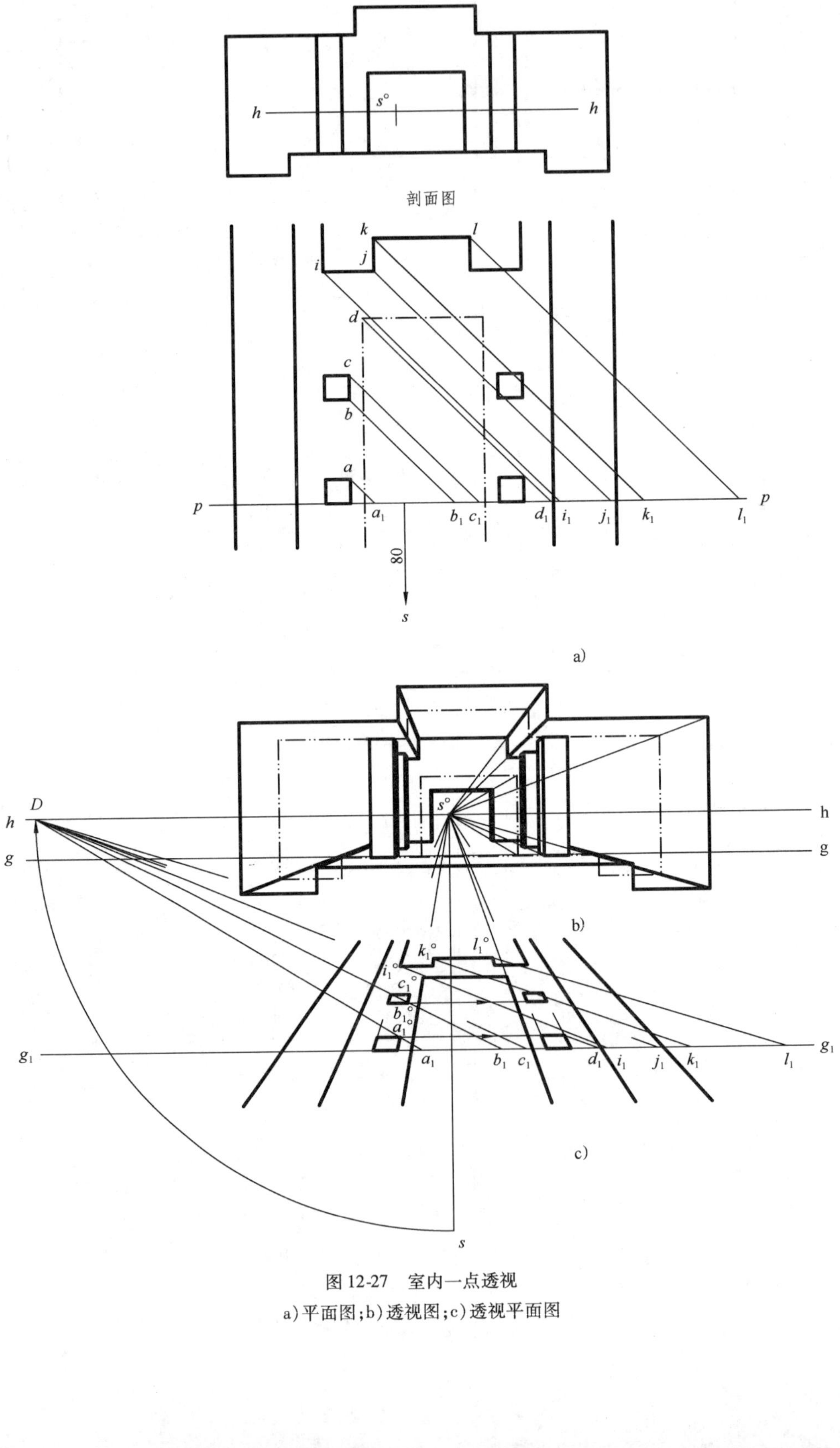

图 12-27　室内一点透视

a）平面图；b）透视图；c）透视平面图

四、斜线灭点和平面灭线的应用

1. 斜线灭点

如前图 12-14 所示，直线的灭点为直线上无限远点的透视，而过无限远点的视线平行于空间直线，且其灭点与基灭点在一条铅垂线上。

图 12-28 中，坡屋面斜线 AB、BC 与基面的夹角分别为 α、β，其灭点分别为过 S 所作的 AB、BC 的平行线与画面的交点 F_1、F_2。

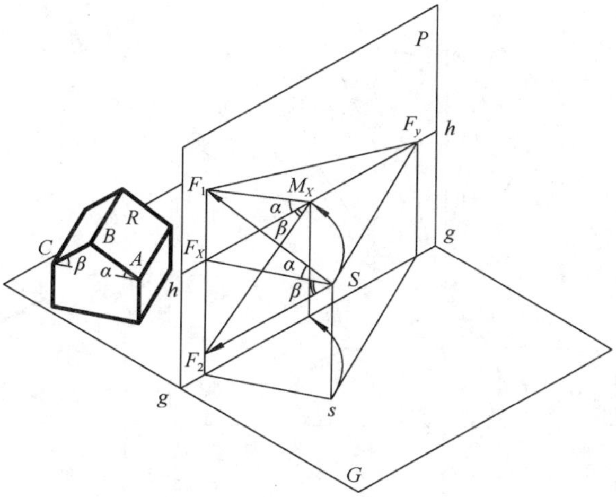

图 12-28　斜线灭点的求法

$\triangle F_1SF_2$ 是平行于山墙面的铅垂面，因此，它与画面的交线 F_1F_2 必然是一条铅垂线。即斜线的灭点 F_1、F_2 和主向灭点 F_x 位于同一条铅垂线上，且 $\angle F_1SF_x=\alpha$ 和 $\angle F_2SF_x=\beta$。

将铅垂面 F_1SF_2 绕铅垂轴 F_1F_2 旋转到与画面重合，如图所示，此时 F_1F_2 位置不变，点 S 旋转到视平线上，重合于量点 M_x，$\angle F_1SM_x$ 和 $\angle F_2SM_x$ 不变仍为 α、β。

通过以上分析知求斜线灭点的方法：

(1)求主向灭点 F_x、F_y；

(2)求 M_x、M_y；

(3)过 M_x(或 M_y)作倾角为 α、β 的斜线与过主向灭点 F_x(或 F_y)的铅垂线相交，即为斜线灭点 F_1、F_2。

(二)斜线灭点应用举例

图 12-29 所示为作等坡屋顶建筑透视实例。

注意此例中 ab 是 x 方向，因此求斜线灭点 F_1、F_2 时应过 M_x 作图。如 ab 为 g 方向则过 M_y 作图。作图步骤如下：

(1)首先在平面图上按前述方法求出主向灭点和量点在基线上的投影 f、f_y、m_x。

(2)在画面上确定点 a 并按相对位置确定 F_x、F_y 及 M_x。

(3)过 M_x 作倾角为 α、β 的斜线与过 F_x 的铅垂线相交得斜线灭点 F_1、F_2。

(4)求出画面上的点 A 的透视 $A°$ 以及 C 点的透视 $C°$。过 $A°$、$C°$作 $A°F_1$、$C°F_2$ 为 AB 及 BC 的透视方向。反向延长 $C°F_2$ 与 $A°F_1$ 相交，交点即是 B 点的透视 $B°$。求出 D 点的透视 $D°$。作 $B°F_1$ 与 $B°F_y$ 相交求得 E 点的透视 $E°$。

(5)依次连接各点即得该建筑的透视图。

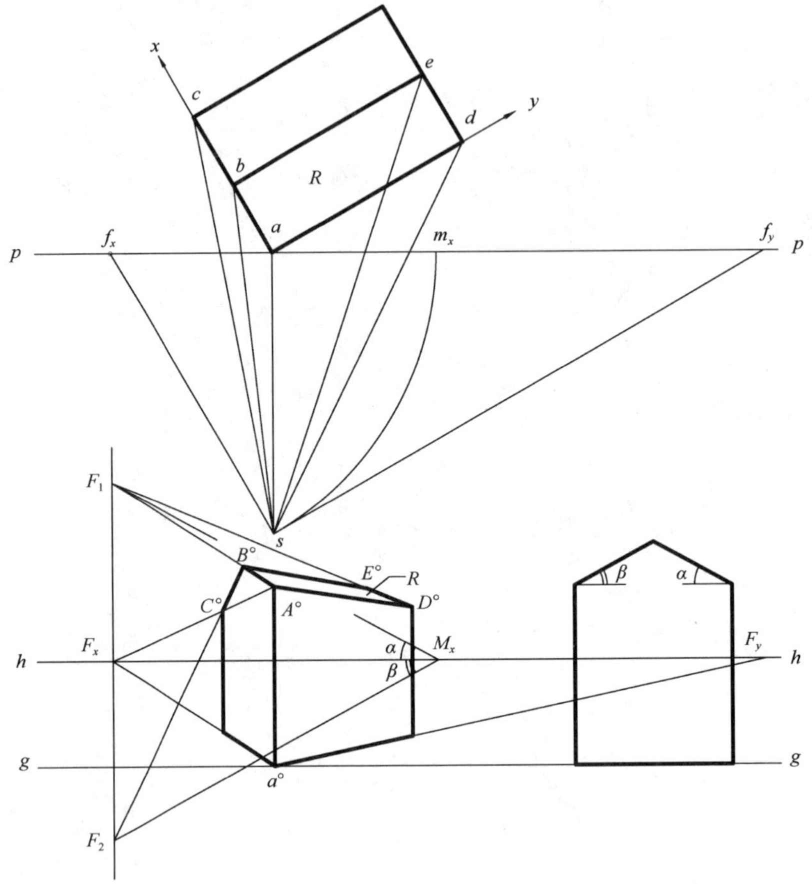

图 12-29 斜线灭点的应用

(三)平面灭线

通过视点作已知平面的平行面,该平面与画面的交线就是该平面的灭线。

两条相交直线可以确定一个平面,因此平面上两条相交直线的灭点的连线即是该平面的灭线。相互平行的平面具有相同的灭线,水平面的灭线与视平线重合。图 12-28 中,F_1 与 F_y 的连线 F_1F_y 即是坡屋面 R 的灭线。

(三)平面灭线应用举例

图 12-30 所示为求等坡屋顶($\alpha = 30°$)相交建筑的透视图。

作图步骤如下:

(1)按前述方法求出主向灭点 F_x、F_y,以及山墙斜线的灭点 F_1、F_2、F_3、F_4。

(2)屋面 R 的檐口和屋脊的灭点是 F_y,两端斜线的灭点是 F_1,因此,F_1 和 F_y 的连线 F_1F_y 就是屋面 R 的灭线。同理,连接 F_3、F_x 即得屋面 Q 的灭线 F_3F_x。

(3)按前述方法作出建筑主体的透视。

(4)屋面 Q 和屋面 R 的交线(即天沟)BC,其灭点既在灭线 F_1F_y 上又在灭线 F_3F_x 上。因此,这两条灭线的交点 F_5 就是两个屋面交线 BC 的灭点。

(5)连接 $B°F_5$ 并延长,与 $D°F_y$ 的延长线相交即得 C 点的透视 $C°$。连接 $B°C°$ 即得天沟 BC 的透视。

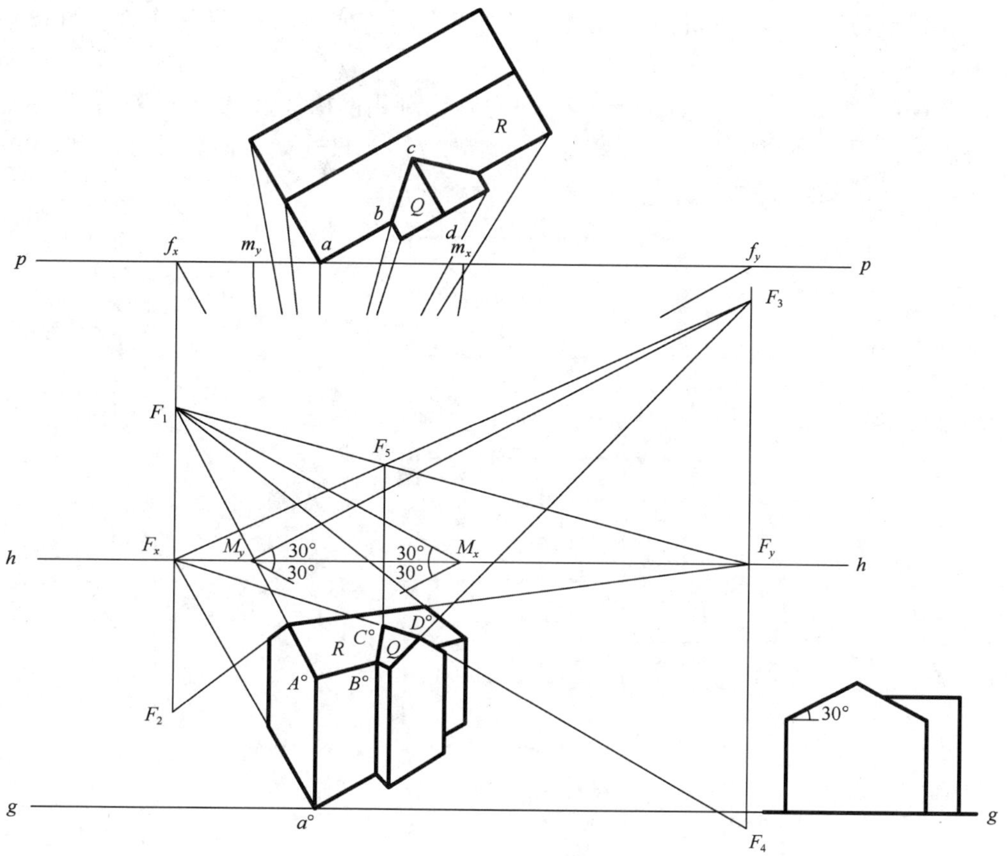

图 12-30　平面灭线的应用

第三节　透视图的辅助画法

一、网格法

若在物体的平面图中，按一定比例画出网格，然后画出网格的透视。按照建筑物水平投影在网格中的位置，定出其在透视网格中的位置。由此作出基透视后，再用真高线完成物体的透视。这种绘制透视图的方法就称为网格法。

网格法也可用于立面，作法与平面图的透视作法相同。

1. 两点透视网格

图 12-31a）所示建筑物的主要轮廓线规则，可采用两点透视网格作图。此例为放大 2 倍作图，具体做法如下：

（1）在平面图上画好正方形网格。网格的单位长度宜与平面图的模数一致，并使建筑物的主要轮廓线与网格线重合。本例中房屋宽 6m（3 的倍数），因此网格的长、宽各为 3m。当网格和平面图都采用同一比例时，两格就代表了房屋的宽度 6m，如图 12-31a）所示。

（2）用量点法放大 2 倍作出网格的两点透视，如图 12-31b）所示。

(3)作建筑物的透视平面图：把平面图形状描绘到对应的网格上，即得建筑物的透视平面图，如图 12-31c)所示。

(4)竖高度，作形体的透视图：如图 12-31d)所示，利用网格线迹点 O，过 O 作铅垂线作为真高线，将 A、B、C、D 各点的真高量在真高线上，连接 F_y 与 A，过 $a°$作铅垂线与 A 相交得 Aa 的透视真高 $A°a°$。同理可应用 F_x、F_y 求得各部分的透视高度。

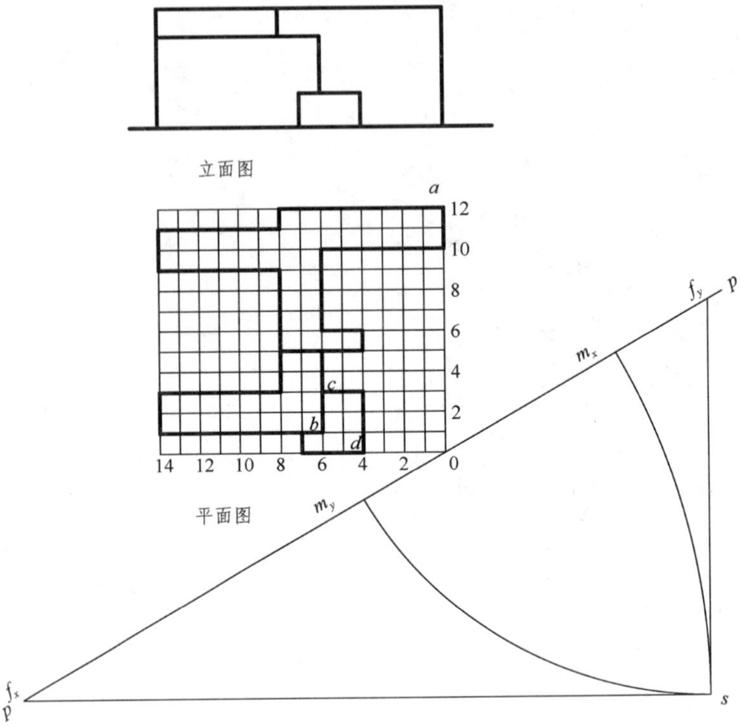

a)

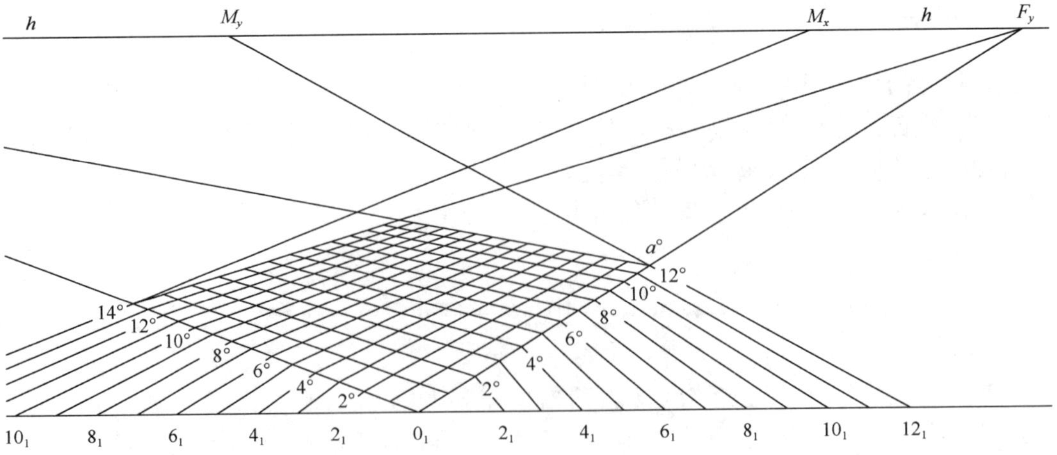

b)

图 12-31

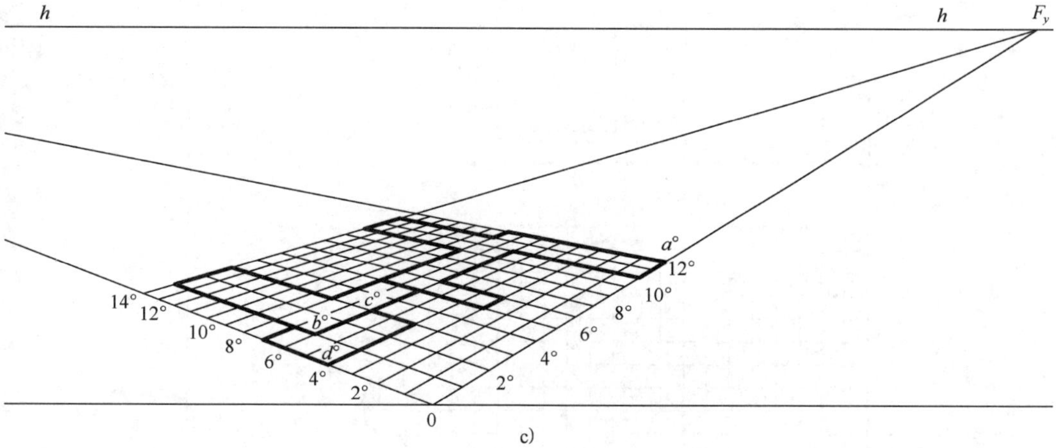

c)

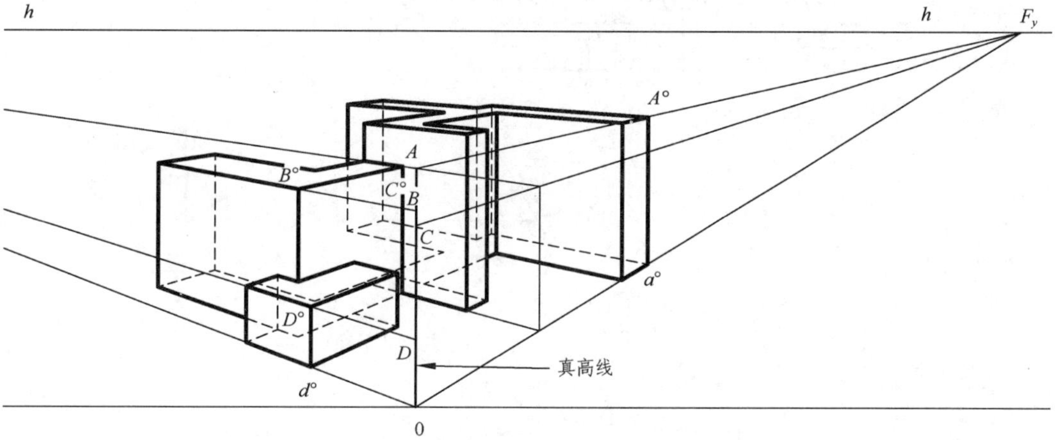

d)

图 12-31　利用两点透视网格作形体的透视

a)已知平面图;b)方格网透视图;c)透视平面图;d)竖高度作形体的透视图

网格法作一点透视,其作法与上例相似,不再赘述。

2. 用网格法绘制建筑群的鸟瞰图

鸟瞰透视图是指视点高于建筑物的透视图。鸟瞰图多用于绘制某一区域建筑群的透视图。

图 12-32 所示为应用网格法所作的建筑群的透视。此例为放大 3 倍作图,做法如下:

(1)选用两点透视作图。作方格网平行于建筑的主要轮廓线。

(2)在图 12-32a)上定出 p-p 线,站点 s,求出 f_x、f_y、m_x、m_y。

(3)选定视高。放大 3 倍定出 h-h、g-g 线。在 h-h 线上定出 F_x、F_y、M_x、M_y。作出放大 3 倍后的方格网的透视。把建筑总平面图描绘到相应的格子上,得到建筑群的透视平面图,如图 12-32c)所示。

(4)作建筑群的透视,过 O 点竖真高线。应用与图 12-31 相同的办法求出各定点的透视高度,完成全图,如图 12-32b)所示。

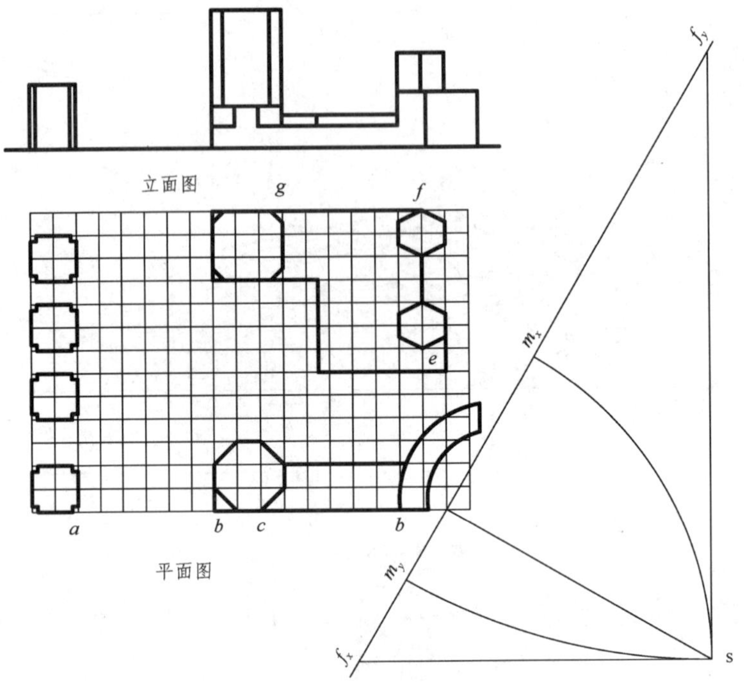

a)

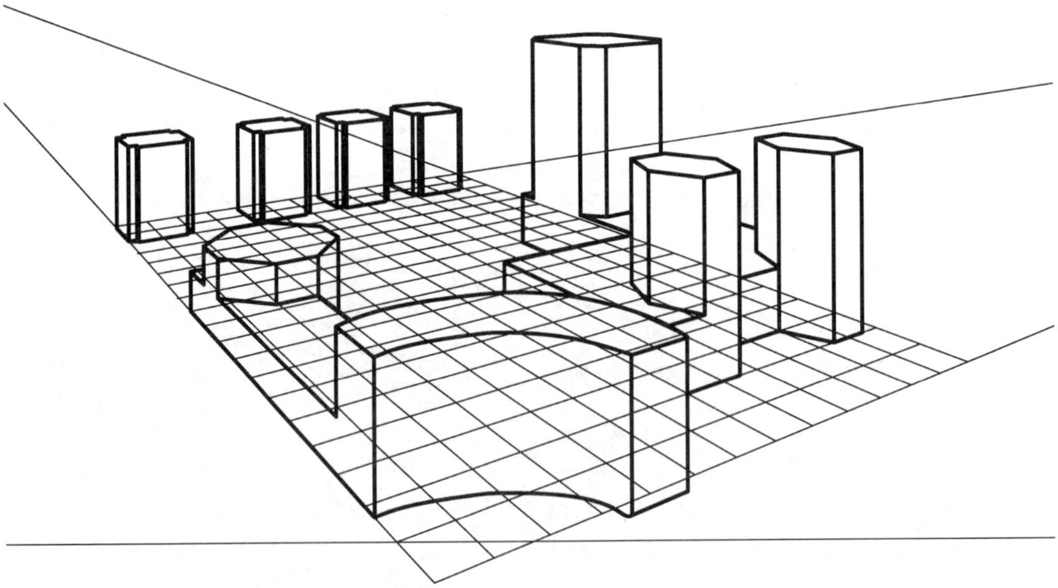

b)

图 12-32

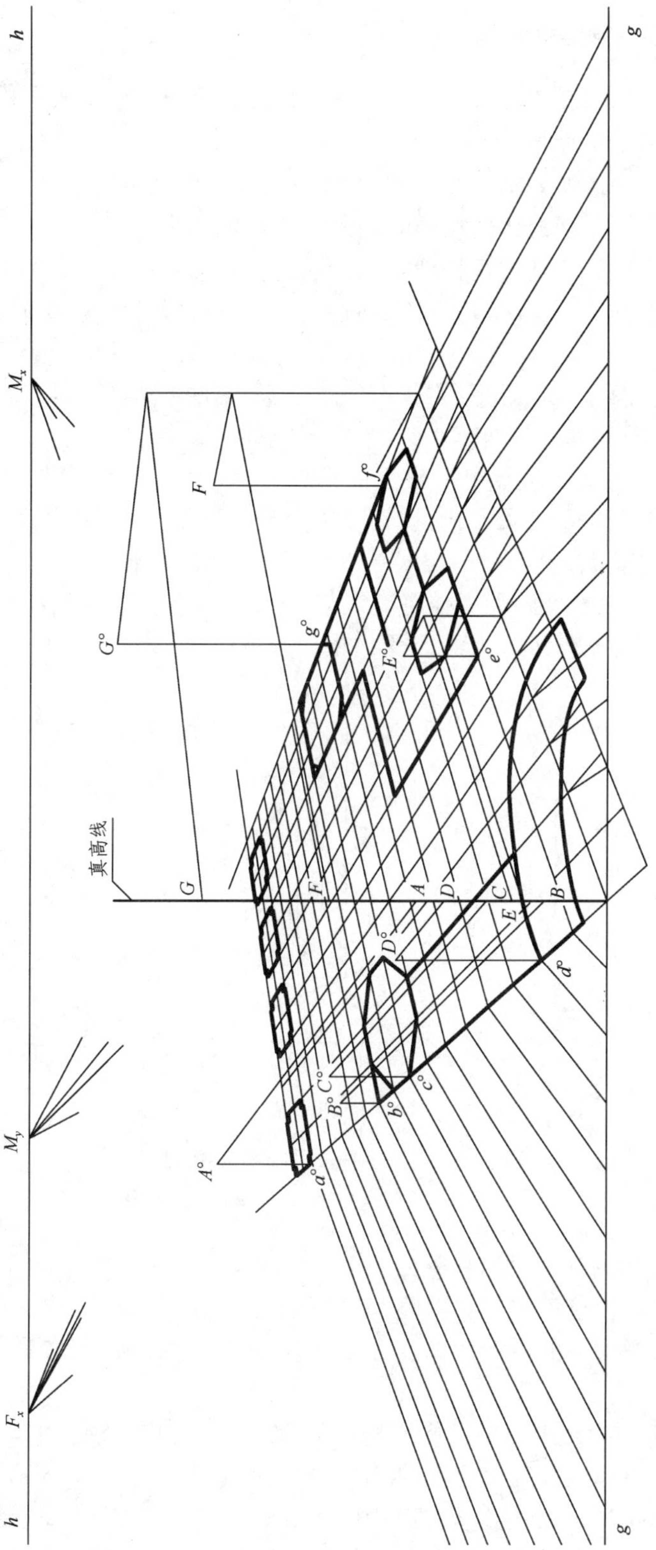

c)

图 12-32　用网格法作建筑群的透视

a)已知平面图;b)透视图;c)透视平面图

二、透视细部的简捷画法

对于建筑物一些细部的透视，可利用一些简捷做法来完成，以便简化作图，节省时间。

1. 线段的透视分割

要将一条线段的透视分割为等长或不等长的几段，可利用平面几何中的理论，即用一组平行线可将任意两直线分割成比例相同的线段。从透视的形成可知：空间直线若与画面平行则直线上各段长度之比等于其透视长度之比；空间直线若为一般位置直线则直线上各段长度之比不等于其透视长度之比。因此分割画面平行线与一般位置直线的透视所采用的方法也不同。

如图 12-33a）所示，画面平行线 AB 上的 C、D 两点把 AB 分为三段，其长度之比为 $AC:CD:DB=2:1:3$，则其透视 $A^\circ C^\circ:C^\circ D^\circ:D^\circ B^\circ=2:1:3$。

如图 12-33b）所示，如果要把一般位置线段 AB 分为 2∶1∶3 三段，则要在透视图中应先将其基透视 $a^\circ b^\circ$ 分为所需的三段。因此，可从 b 点作水平线 $b^\circ a_1$，在其上截取 a_1、b_1、c_1 三点，使 $a_1c_1:c_1d_1:d_1b^\circ=2:1:3$，连接点 a_1 与 a° 并延长交视平线于辅助灭点 F_1，则 c_1F_1、d_1F_1 就可与 $a^\circ b^\circ$ 相交得出分点 c°、d°，经 c°、d° 作竖直线与 AB 相交即可得出 C°、D° 两所需的分点。

上述方法也可用来作等分点的透视，如图 12-33c）所示。

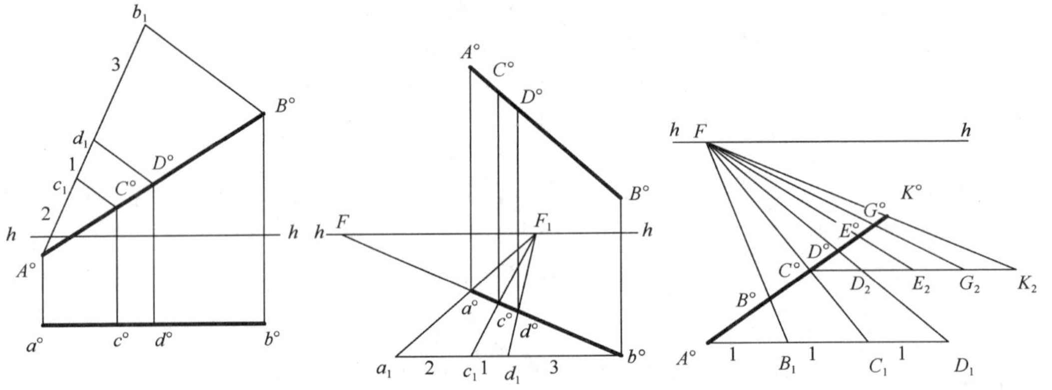

a) b) c)

图 12-33 线段的分割

2. 矩形的分割

图 12-34a）所示为利用对角线等分矩形的透视图的实例。矩形对角线的交点就是矩形的中点，矩形的中线必通过该中点。因此，在透视图上求作矩形中线的透视，可首先在矩形的透视图上画对角线，得中点的透视 O°，然后再过 O° 点作竖直中线和水平中线的透视，即可得矩形纵横两等分点的透视。

图 12-34b）所示为利用一组平行线和对角线按所需比例（图中为 3∶2∶2）分割矩形的透视图的实例。首先，以适当长度为单位，在矩形的铅垂边 $A^\circ D^\circ$ 上，自 D° 截取三个分点 c_1、b_1、a_1，使 $D^\circ c_1:c_1b_1:b_1a_1=3:2:2$。连线 a_1F 与 $B^\circ C^\circ$ 相交于 d 点。连线 c_1F、b_1F 与矩形 $a_1d\ C^\circ D^\circ$ 的对角线 dD° 相交于点 m 和 n，过点 m 和 n 各作铅垂线，即将矩形分割为宽度之比为 3∶2∶2 的三个矩形。

图 12-34c）所示为利用辅助灭点分割矩形的透视图的实例。图 12-33b）所示的方法将矩

形的边分成所需的比例（图中为 2∶1∶2∶1∶2 和 1∶1∶1∶1），然后通过各分点作竖直线就可以分别将建筑的两个立面进行所需的分割。

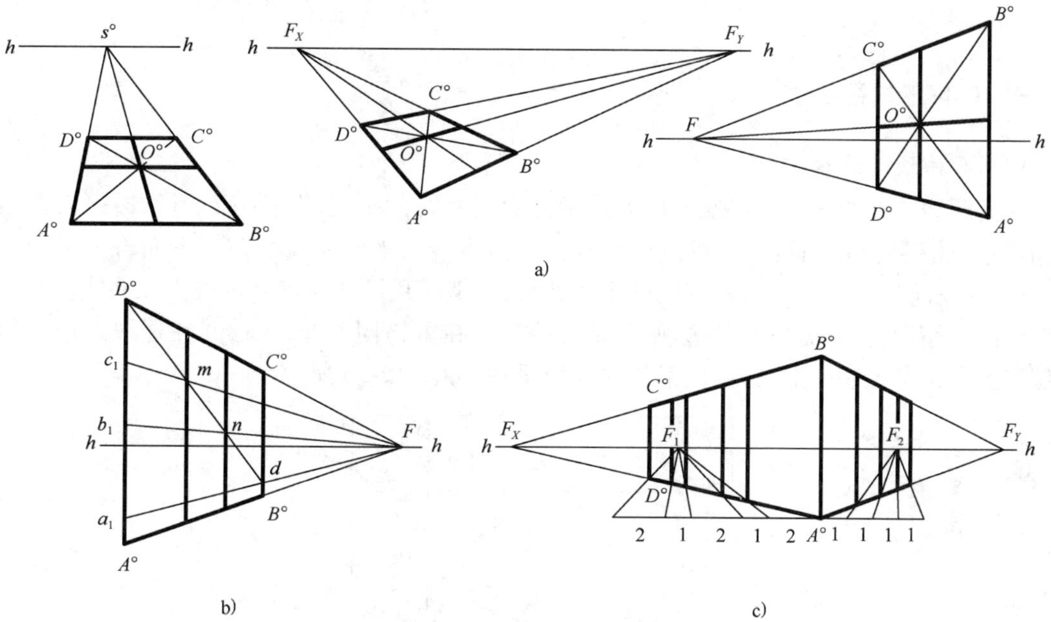

图 12-34　矩形的分割

a）利用对角线等分矩形；b）任意分割矩形 c）利用辅助线分割矩形

3. 矩形的延续

图 12-35a）所示为利用连续等大矩形对角线平行的几何条件作等大矩形延续的透视实例。矩形对角线互相平行，其透视消失于同一灭点。因此在透视图中将矩形的对角线延伸与过 F_1 的垂线相交为对角线的斜线灭点 F_1，连接 $D°F_1$ 与 $B°F$ 相交得 $E°$。过 $E°$ 作竖直线与 $A°F_1$ 相交即得另一等大矩形的透视。

图 12-35b）所示为利用对角线相交的几何条件作等大延续矩形的透视实例。图中首先作出矩形 $ABCD$ 中点 O 的透视 $O°$，然后过 $O°$ 作 BC 的平行线的透视交 $C°D°$ 于 $E°$，连接 $A°E°$ 并延长与 $B°F$ 相交于 $G°$，过 $G°$ 作竖直线与 $A°F$ 相交即得另一等大矩形的透视。同理，完成一系列等大矩形的透视。

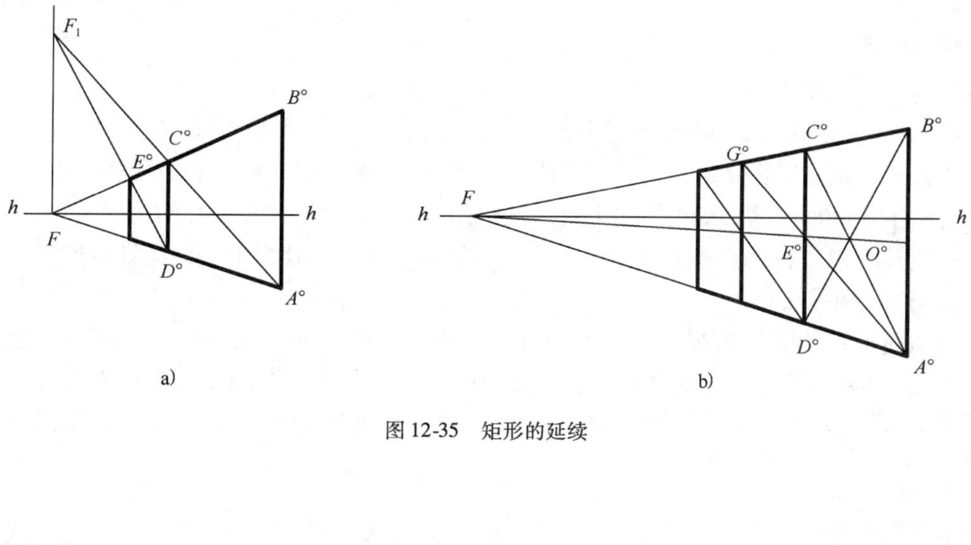

图 12-35　矩形的延续

第四节　曲面及曲面体的透视

一、曲线的透视

1. 平面曲线的透视

平面曲线若在画面上，透视为其本身；平面曲线所在的平面若与画面平行，透视为该曲线的相似形；曲线所在平面若通过视点，透视为一段直线。平面曲线所在的平面若不与画面平行，透视形状将发生变化。对不规则的平面曲线，一般采用网格法求其透视。在曲线所在的平面上绘制方格网，求出方格网的透视，目估各控制点在方格网上的位置，并在透视网格上的对应位置上定出各控制点的透视，圆滑连线完成透视，如图 12-36 所示。

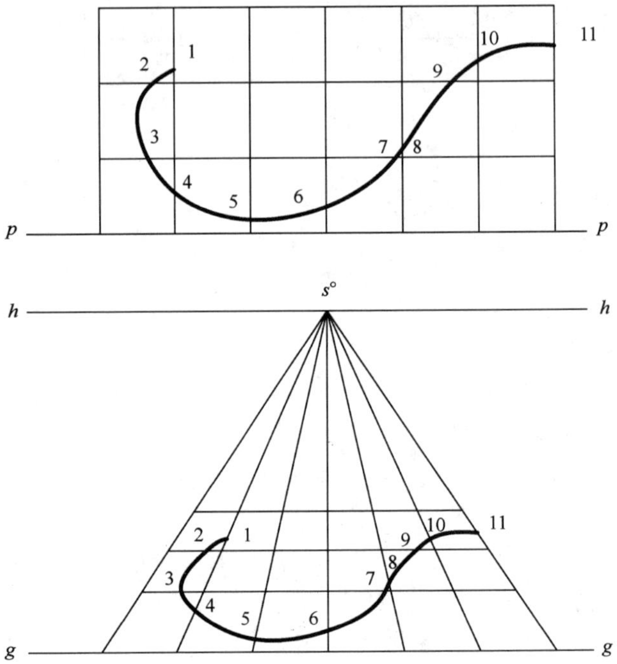

图 12-36　用网格法作曲线的透视

2. 圆的透视

1) 平行于画面的圆

圆在画面上，透视为其实形；当圆平行于画面时，其透视仍为圆。圆的透视的大小依圆距离画面的远近而定。如图 12-37 所示，当圆在画面上时，求出圆心的透视 $o°$，然后以实际半径作圆。当圆不在画面上时，求灭点，作圆心的透视方向线 $o°s°$ 并求得圆心的透视 $o_1°$；作直径的透视方向线并求得直径的透视长度 $A°B°$，以 $o_1°$ 为圆心，以 $o_1°A°$ 为半径作圆即得圆的透视如。

2) 不与画面平行的圆

不与画面平行的圆的透视在一般情况下为椭圆。为了作出其透视，可采用八点法作图。即如图 12-38 所示，利用圆的外切正方形与圆的切点及对角线与圆的交点求透视的方法。

图 12-38a) 所示为八点法作水平圆的透视。首先作出圆的外切正方形的透视及对角线、

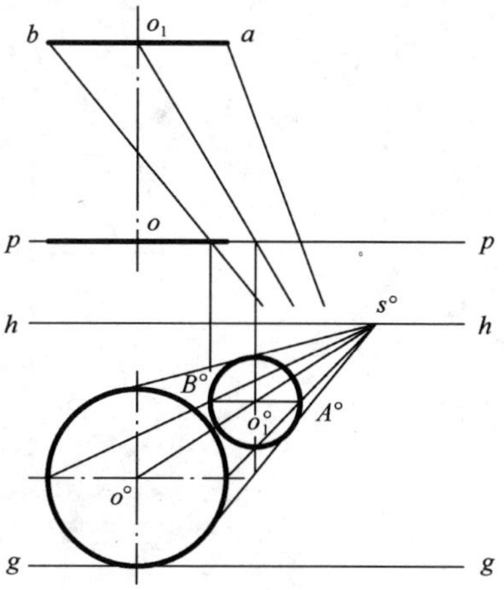

图 12-37　平行于画面的圆的透视

中线的透视，中线的透视与正方形透视交点即为四个切点的透视 1°、2°、3°、4°。再用辅助半圆在 g-g 线上确定 9、10 两点并引线至 $s°$。9 $s°$、10 $s°$ 与对角线的透视相交得对角线与圆的四个交点的透视 5°、6°、3、7°、8°。顺次用平滑曲线连接此八点即得圆的透视。

图 12-38b）所示为铅垂圆的透视，其作法与水平圆类同。

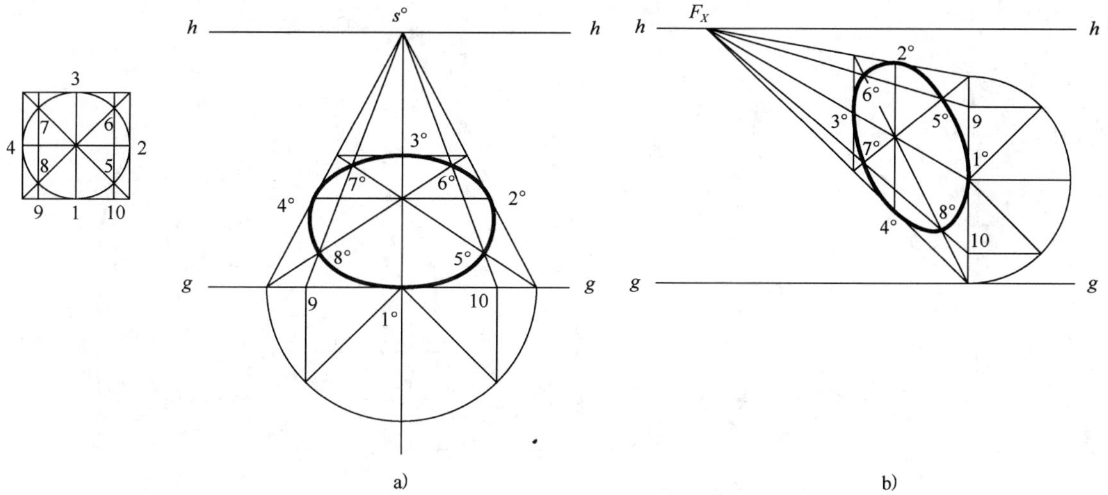

图 12-38　不平行画面圆的透视

a）水平圆；b）铅垂圆

二、曲面体的透视

1. 圆柱体的一点透视

1）正垂圆柱的透视

图 12-39 所示为一正垂圆柱的透视。如图所示，将画面设在前柱面上，其透视为其实形，求出柱底面的透视并作其公切线，加深可见轮廓线即可完成透视。

2）铅垂圆柱的透视

图 12-40 所示为铅垂柱的透视作法。利用图 12-38a）所示的方法求出柱的上下底面的透

视并作其公切线，加深可见轮廓线即可完成透视。

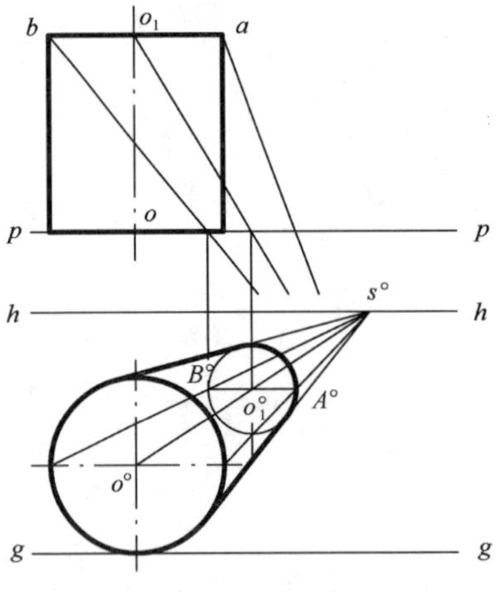

图 12-39　正垂圆柱的透视

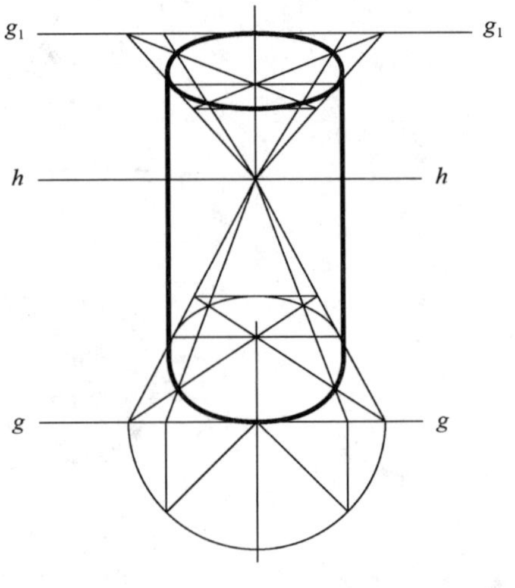

图 12-40　铅垂柱的透视

3）圆柱拱券的透视

图 12-41 所示为放大 2 倍所作的圆柱拱券的透视。

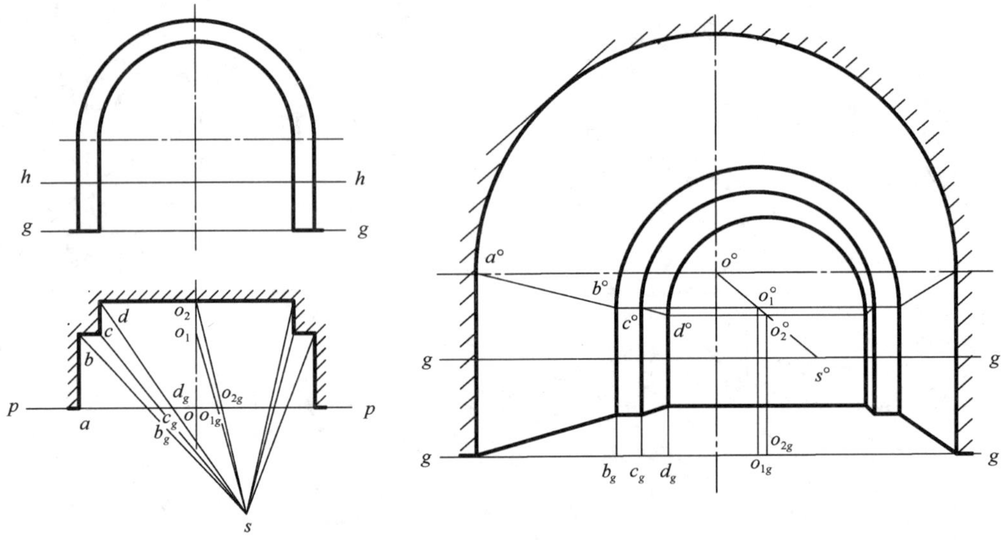

图 12-41　圆柱拱券的透视

（1）在画面上放大 2 倍定出基线 g-g、视平线 h-h 及心点 s°。

（2）在平面图上求出通过各点的视线与基线的交点。将这些点之间的距离放大 2 倍之后确定在画面的 g-g 线上。

（3）在画面上确定前拱圆心 o°，并以 2 倍 o° 为半径作半圆求得与画面相交处的拱及直线的透视如图。

（4）作出圆柱拱券轴线的透视方向 $o^\circ s^\circ$，并求出后墙面处圆拱的透视圆心 $o_1{}^\circ$，以 $o_1{}^\circ$ 为圆心，以 2 倍 $o_{1g}b_g$ 为半径作圆，为后墙面圆拱的透视，轴线与圆的连接点为 b°。

（5）以 $o_1{}^\circ$ 为圆心，以 2 倍 $o_{1g}c_g$ 为半径作圆为后墙面上拱券的透视。轴线与圆的连接点为

c°。同理,以 o_2°为圆心,以 2 倍 $o_{2g}d_g$ 为半径画圆求得另一圆的透视,其他作法如图所示。

2. 曲面立体的两点透视

图 12-42 所示为拱形门洞的两点透视作图实例。本例中采用 12-38b)所示的八点法作出前后拱的透视,其余部分作图如前,不再详述。

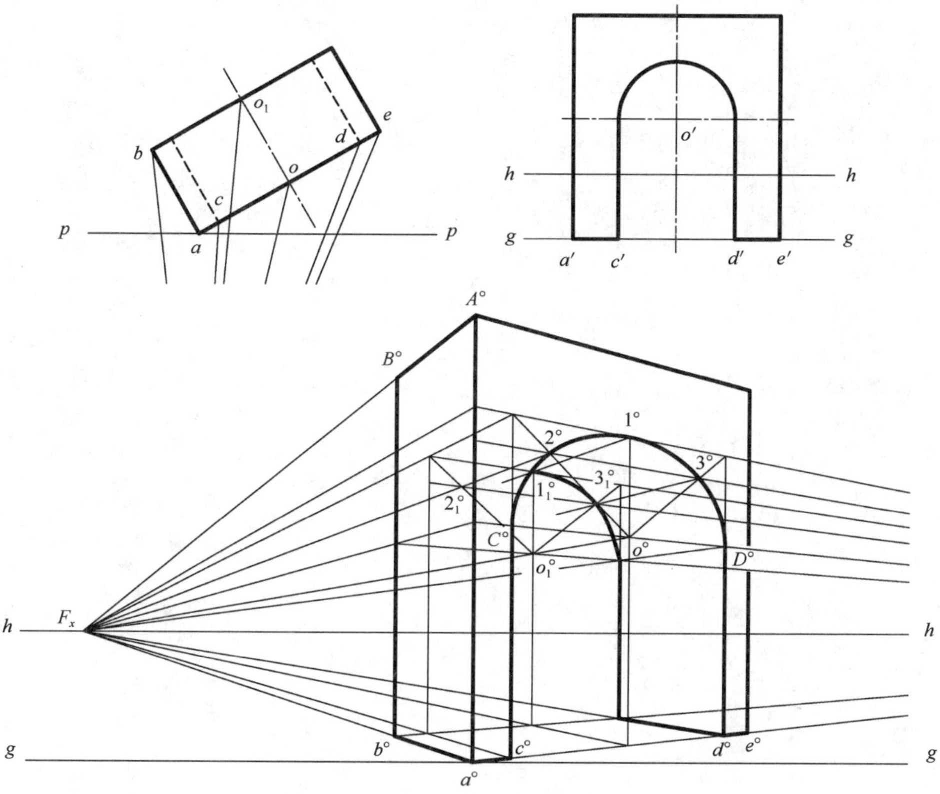

图 12-42 拱形门洞的两点透视

复习思考题

1. 透视图分几类?
2. 如何利用建筑师法作透视图?
3. 如何利用量点法作透视图?
4. 如何利用距点法作一点透视?
5. 如何确定斜线灭点及平面灭线?
6. 作透视图有哪些简捷方法可以应用?
7. 如何作各种位置圆的透视?
8. 如何作相交圆拱的透视?